SYNTHESIS AUTOMOTIVE CHASSIS

종합 자동차 섀시

저자약력

김태준

| 마산대학교 기계자동차과 교수

이경부

| 마산대학교 기계자동차과 교수

박영식

| 한국폴리텍대학 스마트전기자동차과 교수

종합 자동차 섀시

초판 인쇄 2025년 9 월 20일
초판 발행 2025년 9 월 30일

| 지 은 이 | 김태준 이경부 박영식
| 발 행 인 | 조규백
| 발 행 처 | 도서출판 구민사
(07293) 서울특별시 영등포구 문래북로 116, 604호(문래동3가 46, 트리플렉스)
| 전 화 | (02) 701-7421
| 팩 스 | (02) 3273-9642
| 홈페이지 | www.kuhminsa.co.kr
| 신고번호 | 제 2012-000055호(1980년 2월 4일)
| ISBN | 979-11-6875-603-8 (93550)

| 정 가 | 29,000원

PREFACE

머리말

자동차는 이제 생활필수품으로 자리잡으면서 그 수요는 점차 급증하고 있다. 또한 과학 기술의 발달에 따라 자동차 산업이 날로 발전하면서 자동차에 적용되는 전자 제어화, 첨단화는 더욱 가속화 되고 있다. 특히 마이크로컴퓨터의 발달로 최근의 자동차는 무인자동차로 첨단화되고 있는 추세이며, 현재와 미래의 엔지니어들은 자동차의 시스템에 대한 이론을 이해하고 이들 시스템이 어떻게 상호작용을 하고 있는지에 대하여 숙지하는 능력을 갖출 필요가 있다.

그러나 교재를 집필하면서 교육 내용상 기초 내용이 필요한 시스템은 현재 사용되지 않는 시스템도 일부 설명할 필요가 있다. 그리고 이 책을 학습함으로써 자동차의 섀시 장치의 기초를 이해하고 섀시에 관련된 전문 지식과 소양을 길러 현장 적응력이 있고 자동차 산업 발전에 이바지 하는 전문 기술인이 되어야하기 때문에 본 저자는 오랜 강의와 실무 경험을 바탕으로 자동차를 전공하는 학생들과 자동차에 관심이 있는 일반인들에게 일반적인 자동차섀시에 대한 정보는 물론, 날로 발전하고 있는 자동차 시스템의 새로운 기술 정보를 제공하여 앞으로의 기술 진보에 유연하게 대응할 수 있도록 다음의 몇 가지 사항에 중점을 두고 이 책을 집필하였다.

본 책의 주요 특징과 내용을 살펴보면 다음과 같다.

1. 자동차 섀시의 기본적인 개요를 다루어 섀시장치에 대한 기본 개념을 습득하도록 하였다.
2. 자동차 섀시 부품에 대한 실습내용을 수록함으로써 이론적인 내용을 공고히 하도록 실습에 대한 소개가 이루어지도록 하였다.

3. 일반적인 자동차 부품에 대한 내용의 뒤에는 전자제어화 및 첨단화 내용을 수록하였다. 예를 들면 조향장치 다음에는 동력조향장치, 모터구동 동력조향장치의 순으로 소개함으로써 소개하고자 하는 섀시분야 전체를 다루어 교육의 연속성을 부여하였다.
4. 수동변속기, 자동변속기, 무단변속기의 개요 및 변속기 실습에 대한 내용을 기술하였다.
5. 첨단화 내용으로 무단변속기, ECS, 전동방식 조향장치, 4WS, ABS, EBD, TCS, VDC, AEB, EPB 및 에어백의 개요 등을 수록하였다.

독자 여러분들은 이러한 의도를 충분히 이해하고 본 교재의 내용을 숙지함으로써 앞으로의 기술 진보에 능동적으로 대처할 수 있게 될 것이다. 끝으로 이 책이 자동차섀시에 대한 충실한 지침서가 될 수 있도록 신기술이 포함된 내용의 수정 및 보완을 약속드리며, 이 책의 출판을 위해 도와주신 도서출판 구민사의 조규백 대표님과 직원 여러분께 감사드리며 독자 여러분들의 건투를 기원하는 바이다.

저자 씀

차 례

04 CHAPTER 드라이브라인 · 차동장치 — 95

05 CHAPTER 휠 · 타이어 — 145

06 CHAPTER 현가장치[Suspension System] — 189

07 CHAPTER 조향장치[Steering System] — 277

08 CHAPTER 제동장치[Brake System] 357

09 CHAPTER 에어백시스템[SRS] —— 471

CHAPTER 01

자동차 섀시

[NCS를 활용한] Synthesis Automotive Chassis

1. 자동차 섀시의 개요

자동차를 구성하고 있는 부분을 크게 나누면 차체(body)와 섀시(chassis)로 분리할 수 있다. 먼저 차체는 운전자나 승객 및 화물을 실을 수 있는 부분으로 차의 용도와 성능에 따라 다양한 디자인으로 설계가 이루어지고 있다.

섀시는 차량의 차체를 탑재하지 않은 상태로 섀시만으로도 주행은 가능하다. 구성요소에는 동력발생장치, 동력전달장치, 현가장치, 제동장치, 조향장치 등으로 이루어진다.

(a) 바디

(b) 섀시

그림 1. 자동차의 구성

2. 자동차 섀시의 구성

섀시를 구성하는 각 장치는 자동차가 주행하는데 필요한 장치들로 이루어져 있고, 자동차의 성능을 좌우하는 주된 역할을 한다.

2.1. 동력발생장치(power unit)

동력발생장치(engine)는 자동차의 동력을 발생시키는 장치로서 엔진주요부, 연료장치, 윤활장치, 냉각장치, 점화장치, 흡·배기장치 등으로 구성되어 있다. 또한 최근에는 무공해 자동차를 지향하는 전기자동차의 전기모터, 각종 대체연료를 사용하는 내연기관 및 외연기관 등의 차세대 자동차가 등장하고 있다.

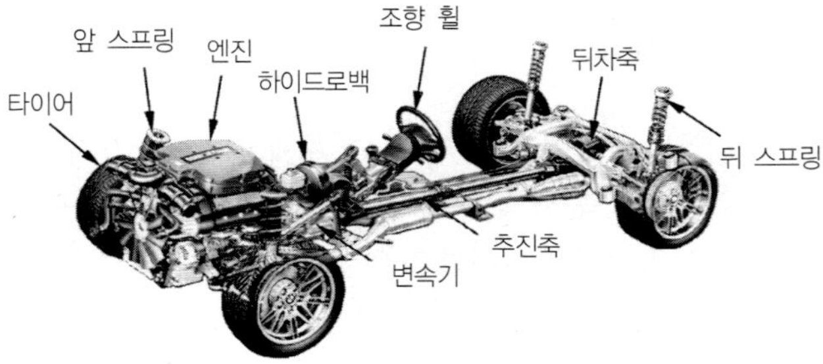

그림 2. 섀시의 구성

2.2. 동력전달장치(power train)

동력전달장치는 동력발생장치에서 발생한 동력을 주행상황에 맞는 적절한 상태로 변화를 주어 바퀴에 전달하는 장치이다.

2.3. 휠과 타이어(wheel & tire)

휠은 타이어가 설치되는 부분이며 타이어는 노면과 직접 접촉되어 주행을 하는 부분이다. 타이어는 자동차의 하중부담, 완충, 구동력과 제동력 등을 발휘하는 기초 부품이라 할 수 있기 때문에 주행시 발생하는 응력에 견딜 수 있어야 한다.

2.4. 현가장치(suspension system)

현가장치는 주행 중 노면으로부터 발생하는 진동이나 충격을 완화하여 차체나 각 장치에 직접 전달되는 것을 방지하는 장치로 승차감을 좋게 하고, 자동차의 주행시 안전성을 향상시키는데 중요한 역할을 하고 있다.

2.5. 조향장치(steering system)

조향장치는 운전자의 의지대로 자동차의 방향을 바꾸기 위한 장치이며, 엔진의 동력을 이용한 동력 조향장치(power steering)와 전기모터를 이용한 전동동력 조향장치, 그리고 주행속도에 맞게 앞뒤바퀴를 모두 조향하는 4WS(4-wheel steering)기술도 개발되어 사용되고 있다.

2.6. 제동장치(brake system)

제동장치는 주행 중의 자동차를 감속하거나 정지시키고, 정차시에 자동차가 스스로 굴러가지 않게 고정시키기 위하여 사용되는 장치이며, 모든 바퀴를 제동하는 풋 브레이크와 뒷바퀴만을 고정하는 주차 브레이크가 있다. 또, 노면과 제동의 진행상태에 따라 자동으로 제어되는 전자제어식의 ABS(anti lock brake system)도 사용되고 있다.

2.7. 보조장치(auxiliary equipment)

보조장치는 자동차에서 상기한 장치 이외에 보다 편리하고 안전한 상태를 위한 장치로서 각종 등화 및 계기류, 경음기, 공조장치 등이 있다.

3. 동력전달방식

3.1. 앞 엔진 앞바퀴 구동식(FF구동식 : front engine front drive type)

엔진, 클러치, 트랜스액슬(변속기+종감속기어 및 차동기어) 등이 앞쪽에 설치된 형식으로서, 앞바퀴가 구동 및 조향바퀴가 된다. FF구동방식의 특징을 후륜 구동방식과 비교하면 다음과 같다.

엔진의 동력 → 클러치 → 트랜스액슬(변속기) ↓ 종감속 및 차동장치 → 구동축 → 앞바퀴

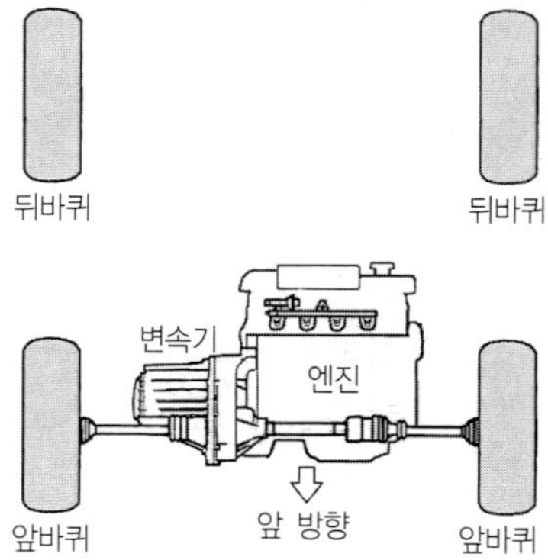

그림 3. FF구동방식의 동력 전달기구

[1] 장점

① 추진축이 필요 없으므로 바닥이 편평하게 되어 거주성이 좋다.
② 동력전달거리가 단축된다.
③ 선회 및 미끄러운 노면에서 주행 안전성이 크다.
④ 적차시 앞뒤 차축의 하중분포가 비교적 균일하다.
⑤ 뒤차축이 간단하다.

[2] 단점

① 앞차축의 구조가 복잡하다.
② 기계식 조향일 경우 핸들의 조작에 큰 힘이 필요하다.
③ 브레이크 조작시 하중이 앞으로 쏠리므로 앞 타이어와 패드의 마모가 비교적 크다.
④ 고속 선회에서 언더 스티어링(under steering)현상이 발생된다.

3.2. 앞 엔진 뒷바퀴 구동식(FR구동식 : front engine rear drive type)

자동차의 앞쪽에 엔진, 클러치, 변속기가 설치되고 뒤쪽에는 종감속기어 및 차동기어장치, 차축, 구동바퀴를 두고 앞쪽과 뒤쪽사이에 드라이브라인으로 연결한 표준 구동방식으로서 FF방식과 비교한 주요 특징은 다음과 같다.

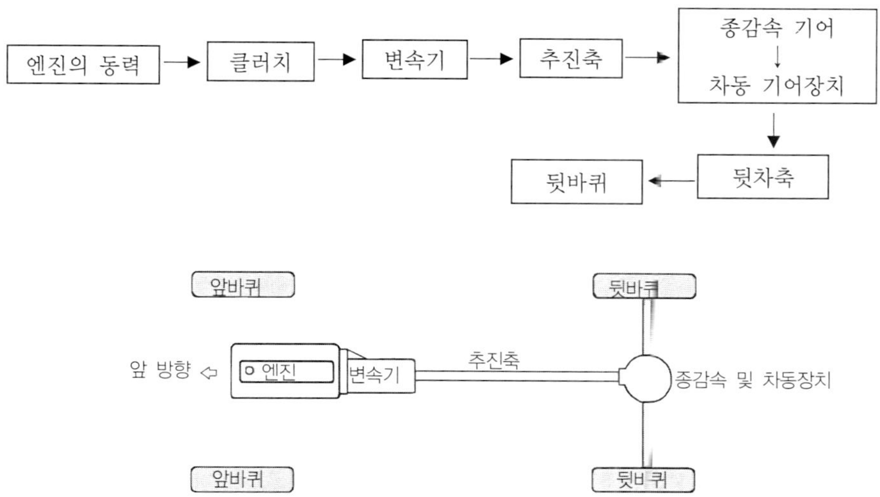

그림 4. FR 구동방식의 동력 전달기구

[1] 장점

① 앞차축의 구조가 간단하다.
② 적차상태에 따라 전후 차축의 하중분포의 편차가 적다.
③ FF방식보다 앞 타이어와 패드의 마모가 적다.

[2] 단점

① 긴 추진축을 사용하므로 차실 내의 공간 이용도가 낮다.
② 공차상태에서 빙판길이나 등판 주행시 뒷바퀴가 미끄러지는 경향이 있다.
③ 긴 추진축을 사용하므로 진동발생(휠링 : whirling)과 에너지 소비량이 FF방식에 비하여 많다.

3.3. 뒤 엔진 뒷바퀴 구동식(RR구동식 : rear engine rear drive type)

엔진과 동력전달장치가 뒤쪽에 설치된 형식으로서 뒷바퀴에 의해 구동되며 그 특징은 다음과 같다.

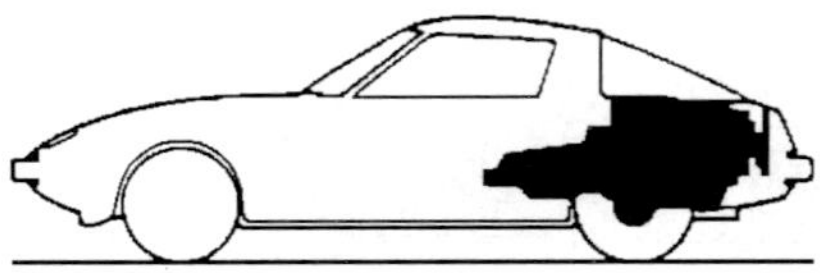

그림 5. RR구동방식

[1] 장점

① 앞차축의 구조가 간단하며 동력전달 경로가 짧다.
② 언덕길 및 미끄러운 노면에서의 발진성이 용이하다.

[2] 단점

① 변속 제어기구의 길이가 길어진다.
② 엔진 냉각이 불리하다.
③ 고속 선회시 오버 스티어링(over steering)이 발생된다.
④ 미끄러운 노면에서 전륜의 안내력이 약하다.

3.4. 뒤 엔진 앞 구동식(RF구동식 : rear engine front drive type)

자동차의 뒷부분에 엔진을 장착하고 앞바퀴를 구동하는 방식으로 이 방식은 거의 채용하지 않는다.

3.5. 전륜 구동방식(4WD : 4-wheel drive type)

자동차의 앞부분에 엔진과 변속기를 장착하고 앞, 뒷바퀴를 구동시키는 방식으로 그 특징은 구동력이 커서 산악로, 진흙길, 험로 주행시 탁월한 효과를 발휘한다.

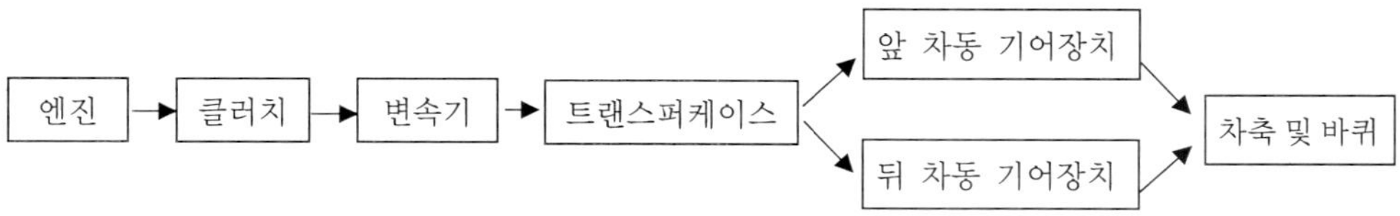
엔진
클러치
변속기
트랜스퍼케이스
앞 차동 기어장치
뒤 차동 기어장치
차축 및 바퀴

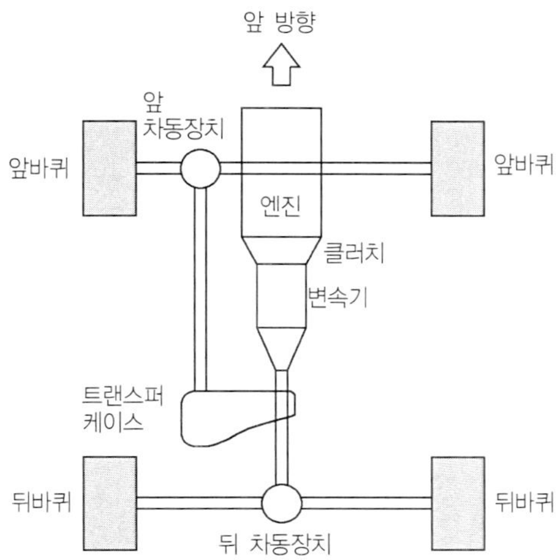
앞 방향
앞 차동장치
앞바퀴
앞바퀴
엔진
클러치
변속기
트랜스퍼 케이스
뒤바퀴
뒤바퀴
뒤 차동장치

그림 6. 4WD 구동방식

CHAPTER 02

클러치[clutch]

[NCS를 활용한] Synthesis Automotive Chassis

학습목표

클러치의 역할 및 원리를 이해하고 클러치 관련 장치의 작동유와 클러치 유격을 점검하고 소음과 출력을 비교, 분석하여 고장부분을 조정, 수리, 교환할 수 있다.

1. 정비지침서에 따라 클러치의 역할 및 원리를 이해할 수 있다.
2. 안전작업 절차에 따라 클러치 관련 장치를 점검할 수 있다.
3. 정비지침서에 따라 클러치 관련 장치의 작동 상태를 확인하여 고장원인을 파악할 수 있다.
4. 정비지침서에 따라 클러치 관련 장치의 세부 조정목록을 확인하여 조정내용을 파악할 수 있다.
5. 차종에 따라 조정부품 및 규정치를 확인하여 초기 설정범위 값으로 조정할 수 있다.
6. 정비지침서에 따라 수리 및 조정에 필요한 장비를 선택하여 사용할 수 있다.
7. 정비지침서에 따라 탈거와 조립절차 계획을 수립하여 관련된 지식을 바탕으로 장비 및 공구를 준비할 수 있다.
8. 정비지침서에 따라 교환과 수리가능 여부를 판단하여 수리부품을 확인할 수 있다.
9. 클러치장치 관련 부품들의 점검과 진단결과에 따라 교환목록을 확인하고 클러치 관련 장치 부품을 교환 및 에어빼기를 할 수 있다.
10. 정비지침서에 따라 클러치장치의 고장진단 장비를 사용하여 고장원인을 분석할 수 있다.
11. 정비지침서에 따라 작업 후 클러치 작동 상태를 검사할 수 있다.

1. 클러치(clutch)의 개요

클러치(clutch)는 엔진 플라이휠과 변속기 입력축 사이에 설치되며, 엔진의 동력을 변속기에 전달하거나 차단하는 역할을 한다. 엔진 시동을 걸때나 기어를 변속할 때는 동력을 끊고, 출발할 때에는 엔진의 동력을 서서히 연결하는 일을 하며, 그 조작은 운전석에서 페달을 사용하여 조작할 수 있도록 되어 있다.

1.1. 클러치의 필요성

① 엔진은 자기 기동(self starting)이 불가능하므로 엔진을 가동할 때 일단 무부하 상태로 하기 위하여
② 변속시 엔진의 토크를 일시 차단하기 위하여
③ 관성 운전시 엔진과의 연결을 차단하기 위하여

1.2. 클러치의 요구조건

① 동력의 접속이 원활할 것.
② 미끄럼이 없이 동력을 확실하게 전달할 것.
③ 동력의 차단이 확실하고 신속하게 행하여 질 것.
④ 평형이 좋아야 한다.
⑤ 연결전후 소음이 없어야 한다.
⑥ 방열능력이 좋아야 한다.
⑦ 내구성이 좋아 고장이 적고 수명이 길어야 한다.
⑧ 회전 관성이 작아야 한다.
⑨ 구조가 간단하고 다루기 쉬워야 한다.

1.3. 클러치의 종류

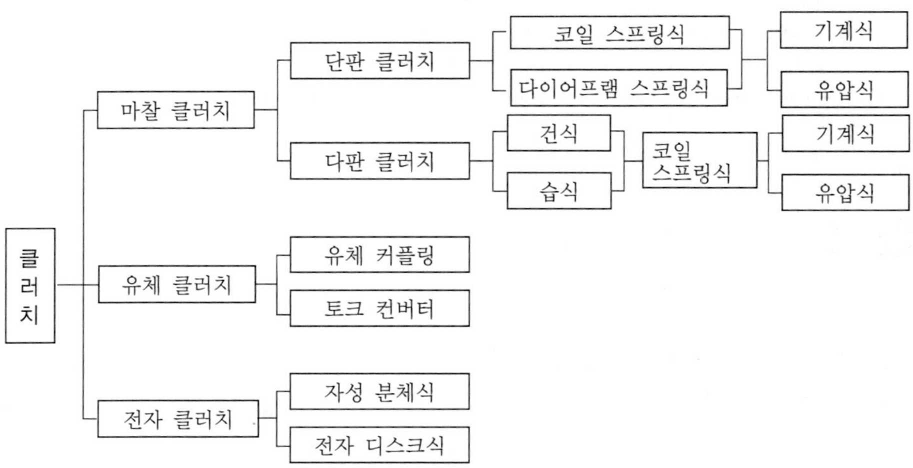

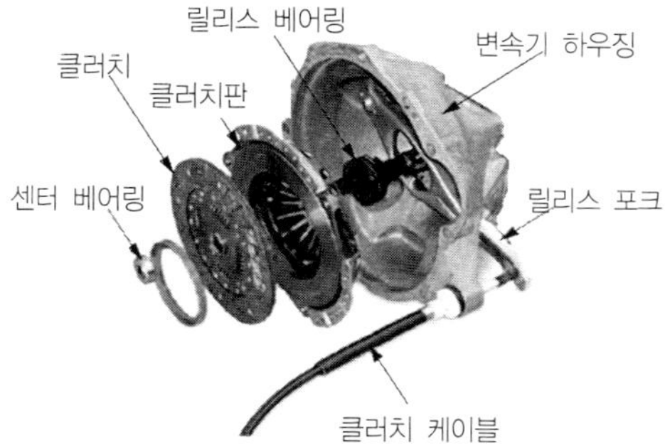

(a) 기계식 클러치

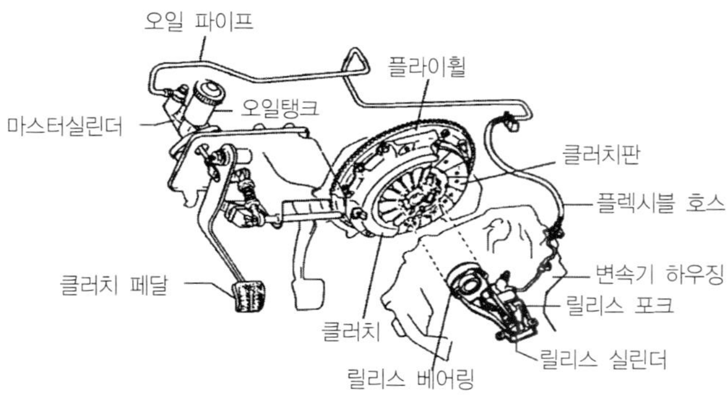

(b) 유압식 클러치

그림 1. 클러치의 구성도

2. 클러치의 구조 및 작동

2.1. 단판 클러치

2.1.1. 클러치의 구조

단판 클러치는 클러치판, 압력판, 클러치 스프링, 릴리스 레버, 클러치 하우징 등과 이들이 설치되는 엔진 플라이휠 및 변속기 입력축 등으로 구성되어 있다. 엔진 동력이 전달될 경우에는 클러치 압력판 스프링에 의하여 클러치판이 엔진 플라이휠과 압력판 사이에 압착되어 크랭크축과 일체로 회전하게 된다. 클러치판이 회전하면 이것과 스플라인을 통해서 변속기 입력축이 회전한다.

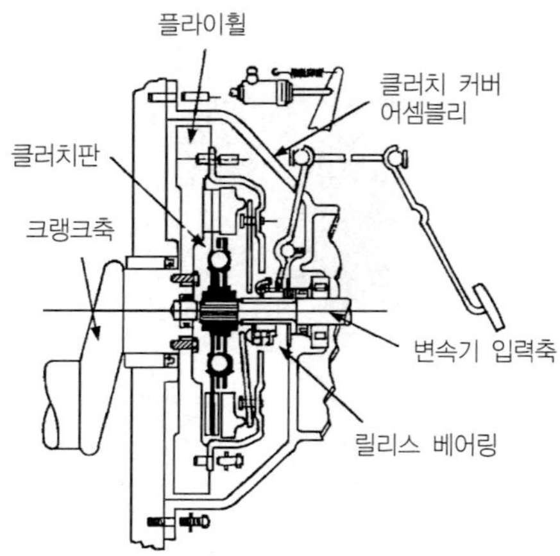

그림 2. 단판 클러치의 단면도

엔진 동력이 차단될 경우에는 릴리스 베어링이 릴리스 레버를 밀게 되므로 압력판이 뒤로 밀리게 된다. 이로 인하여 클러치판이 플라이휠과 접촉하지 않게 되어 동력전달이 차단된다.

[1] 클러치판(clutch plate 또는 clutch disc)

클러치판은 클러치 중 가장 중요한 요소로서 접속시에는 서서히, 원활하게 동력을 전달하는 역할을 한다. 클러치판은 원형의 강판으로 되어 있으며 그 가장자리에 마찰물질로 된 페이싱(facing)이 리벳으로 설치되어 있다.

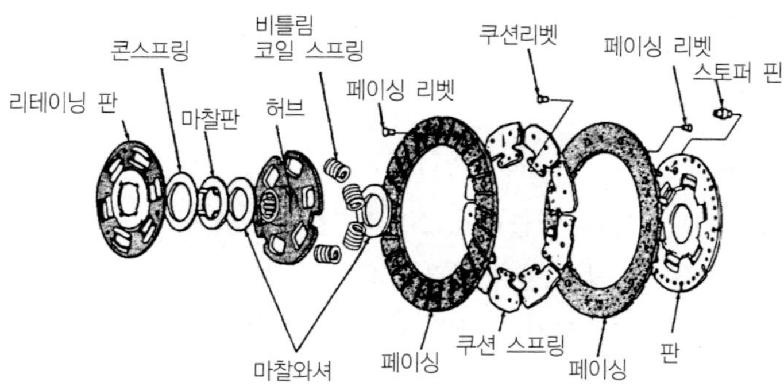

그림 3. 클러치 디스크의 구조

클러치판의 중심부에는 허브(hub)가 설치되어 있고 그 내부에 클러치 축(변속기 입력축)에 끼우기 위한 스플라인이 있으며, 비틀림 코일 스프링(torsional coil spring, 댐퍼 스프링(damper spring)이 설치되어 있다. 이 비틀림 코일 스프링은 클러치판이 플라이휠에 접속되어 동력이 전달할 때의 회전 충격을 흡수하는 일을 한다. 또 쿠션 스프링은 클러치판의 접촉 충격을 흡수하여 클러치판의 변형, 편마멸, 파손 등을 방지한다.

클러치 페이싱의 요구조건은 적정한 마찰계수를 가져야 하고 내마멸성, 내열성이 크고, 온도변화에 따라 마찰계수의 변화가 없어야 한다. 따라서 긴 섬유의 석면 직물에 수지 가공한 위빙 라이닝(weaving lining)과 짧은 섬유의 석면과 합성수지를 혼합하여 가열 성형한 몰드 라이닝(mold lining)이 있다.

그러나 오늘날 환경문제로 인해 페이싱의 재료는 비석면 재료를 채용하고 있는 실정이다. 페이싱의 마찰계수는 일반적으로 0.3~0.5 수준으로 제작되어야 가장 좋은 성능을 발휘할 수 있다.

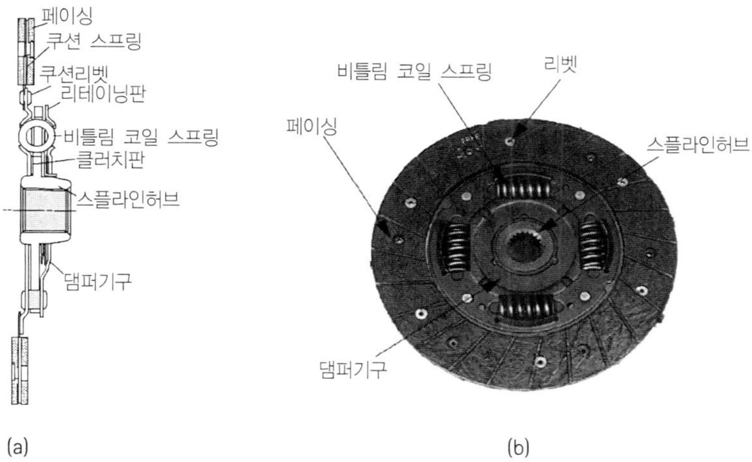

그림 4. 클러치판의 구조

[2] 변속기 입력축(클러치 축)

변속기 입력축은 클러치판이 받은 엔진의 동력을 변속기에 전달하는 역할을 하며, 그 구조는 스플라인부, 베어링부 및 기어부로 되어 있다.

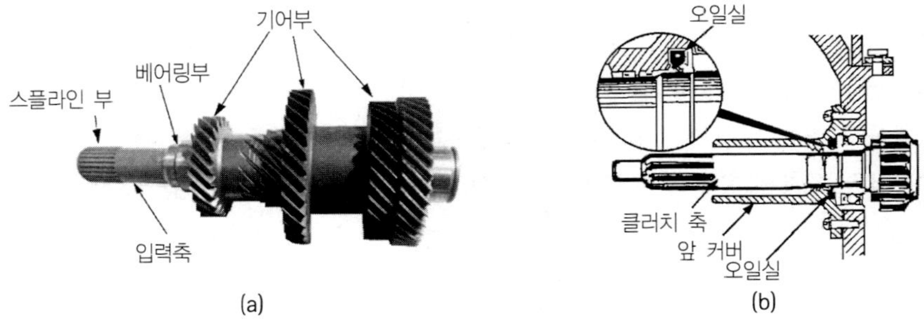

그림 5. 변속기 입력축과 오일 실

변속기 입력축의 스플라인부에는 클러치판 허브의 스플라인이 끼워져 클러치판이 길이 방향으로 미끄럼 운동을 한다. 그리고 베어링부는 변속기 케이스에 지지된다. 이 베어링에는 변속기케이스 내의 오일이 클러치 하우징으로 누출되는 것을 방지하기 위한 실(seal)이 설치되어 있다.

[3] 압력판(pressure plate)

① 압력판은 스프링의 장력으로 클러치판을 플라이휠에 압착시키는 역할을 하며, 클러치판과 접촉하는 면은 평면으로 정밀 가공되어 있고 그 반대쪽에는 스프링 시트와 릴리스 레버 설치부가 있다.

② 압력판과 플라이휠은 항상 함께 회전하므로 동적 및 정적평형이 되어 있어야 한다.

③ 재질은 내마모성, 내열성 및 열전도성이 좋은 특수주철로 되어 있다.

그림 6. 압력판의 구조

[4] 릴리스 레버(release lever)

① 강판을 프레스 가공하여 제작하거나 특수 주철제로 되어 있다.

② 클러치 페달을 밟으면 릴리스 베어링이 릴리스 레버의 한쪽 끝을 누르면 클러치 커버의 피벗을 중심으로 다른 한쪽 끝이 클러치 스프링 장력을 이기고 클러치판을 누르고 있던 압력판을 분리시키는 역할을 한다. 릴리스 레버는 굽힘 응력이 반복하여 작용하므로 충분한 강성이 필요하다.

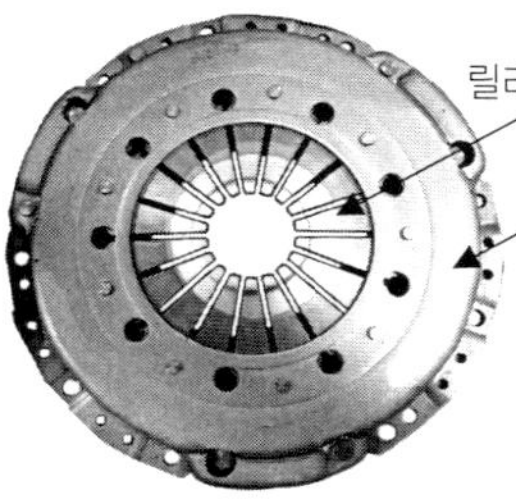

(a) 다이어프램형

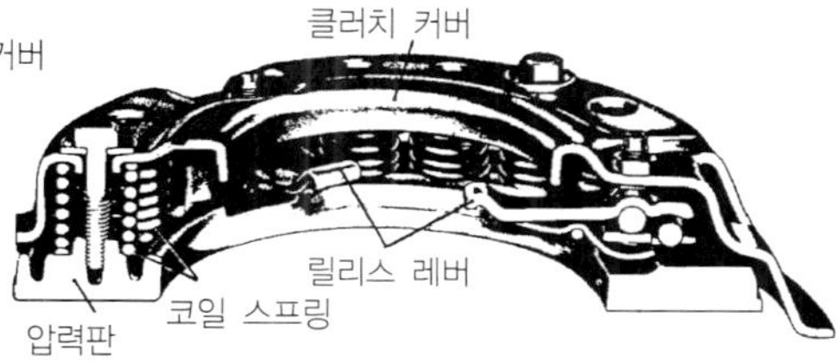

(b) 코일형

그림 7. 릴리스 레버

[5] 클러치 스프링(clutch spring)

① 클러치 스프링은 클러치 커버와 압력판 사이에 설치되어 있고, 압력판을 밀어서 클러치판이 플라이휠에 압착되도록 하는 역할을 한다.

② 단판 클러치의 클러치 스프링은 코일 스프링, 다이어프램 스프링이 있다.

③ 클러치 스프링은 동력전달 성능에 크게 영향을 미치기 때문에 주로 스프링 강으로 되어 있다.

[6] 클러치 커버(clutch cover)

클러치 커버는 강판을 프레스로 성형한 것으로서 압력판, 릴리스 레버, 클러치 스프링 등이 조립되어 플라이휠에 함께 설치되며, 릴리스 레버 높이 조정장치가 설치되어 있는 것도 있다. 클러치 커버의 어셈블리의 종류는 오번형, 인너 레버형, 아웃 레버형, 반원심력형, 다이어프램형이 있다.

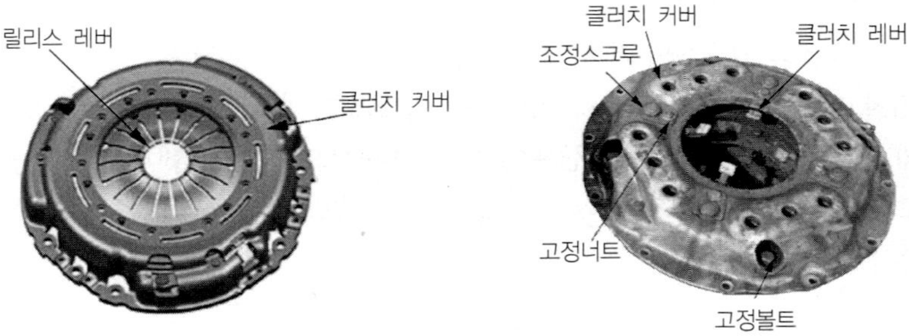

(a) 다이어프램형 (b) 코일형

그림 8. 클러치 커버의 종류

[7] 릴리스 베어링(release bearing)

릴리스 포크에 의해 클러치 축의 길이방향으로 작동하며 회전중인 릴리스 레버를 눌러 클러치를 개방한다. 스러스트 볼 베어링이 들어 있는 케이스로 되어 있고 베어링 칼럼에 압입되어 있으며, 보통 그리스가 채워지고 오일 주유를 별도로 하지 않는다.

릴리스 베어링의 종류에는 앵귤러 접촉형, 볼 베어링형, 카본형, 자동 조심형이 있고, 카본형은 구리 또는 납을 포함한 특수한 흑연을 사용하므로 주유가 불필요하다. 특히 영구주유 베어링은 주유하지 않아도 되므로 분해 수리시에 솔벤트 등의 세척제를 사용해서는 안 된다.

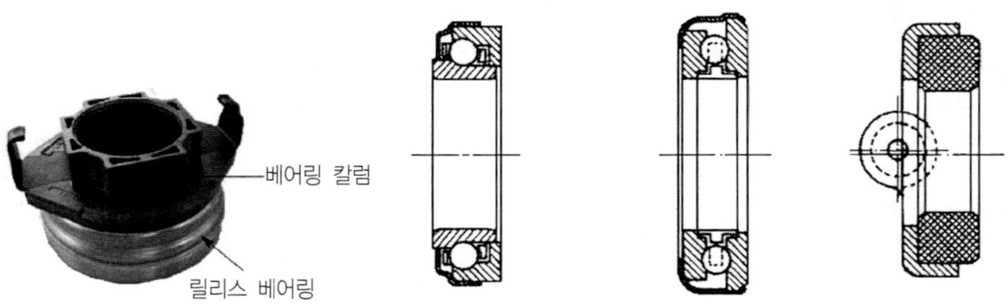

(a) 앵귤러 접촉형 (b) 볼 베어링형 (c) 카본형

그림 9. 릴리스 베어링

[8] 릴리스 포크(release fork)

주철 또는 강판을 프레스 성형하여 베어링 칼럼에 끼워져 클러치 페달의 답력이 릴리스 포크의 선단에 가해지며, 그것을 레버 비에 의해 증대시켜 릴리스 베어링을 미는 작용을 하는데 요크부와 핀 고정부가 있고 끝부분에 리턴 스프링을 설치하여 페달을 놓았을 때 신속하게 복귀한다.

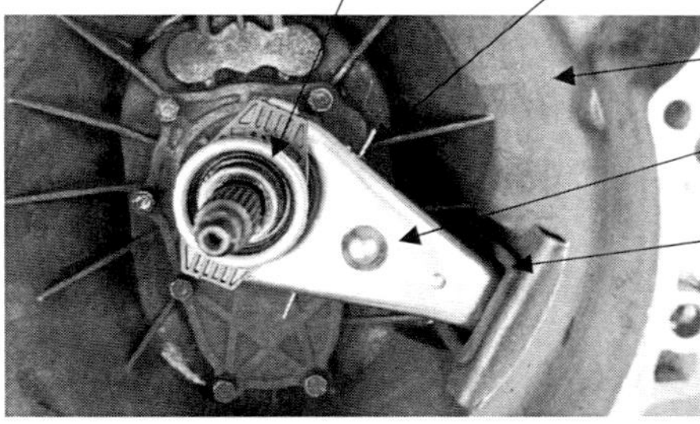

그림 10. 릴리스 포크

2.1.2. 코일스프링식 클러치

[1] 동력전달시

압력판은 스프링 장력에 의해 항상 클러치판을 플라이휠에 압착하고 있어 그 마찰력으로 동력을 전달한다.

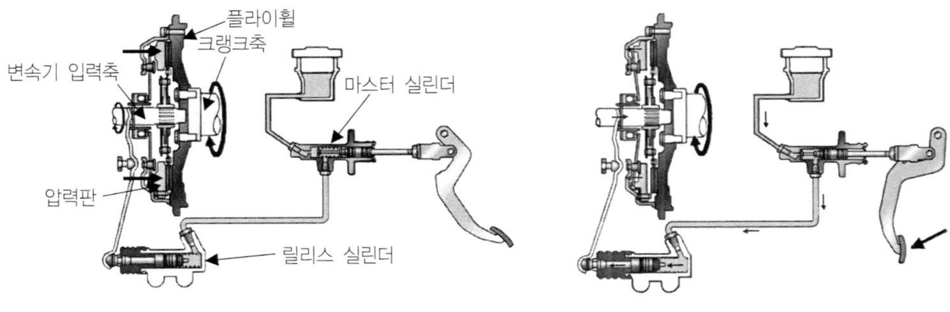

(a) 클러치 연결 (b) 클러치 분리

그림 11. 클러치의 작동

[2] 동력차단시

릴리스 베어링을 눌러 릴리스 레버에 의해 압력판과 플라이휠은 서로 떨어져 동력이 전달되지 않는다.

2.1.3. 다이어프램 스프링식 클러치

다이어프램 스프링은 코일 스프링 형식의 릴리스 레버와 클러치 스프링의 역할을 동시에 하는 접시모양의 스프링(다이어프램 스프링)을 사용하는 것으로 다이어프램 스프링의 바깥쪽 끝은 압력판과 접촉하며 피벗 링(pivot ring)에 의해 지지된다.

작동은 중앙부의 핑거(finger : 코일 스프링의 릴리스 레버 역할)가 약간 볼록하게 되어 있는 것으로 바깥쪽 끝에 피벗 링을 사이에 두고 커버에 설치되어 있다. 이 피벗 링을 지점으로 하여 압력판을 누르고 있다. 릴리스 베어링이 핑거부에 압력을 가하면 전체 다이어프램 스프링이 안쪽으로 구부러지며 압력판을 뒤쪽으로 밀어 클러치를 차단한다. 핑거에 하중이 해제되면(클러치 페달을 놓으면) 다이어프램 스프링이 원위치로 복귀하여 다시 클러치가 동력을 전달하게 된다.

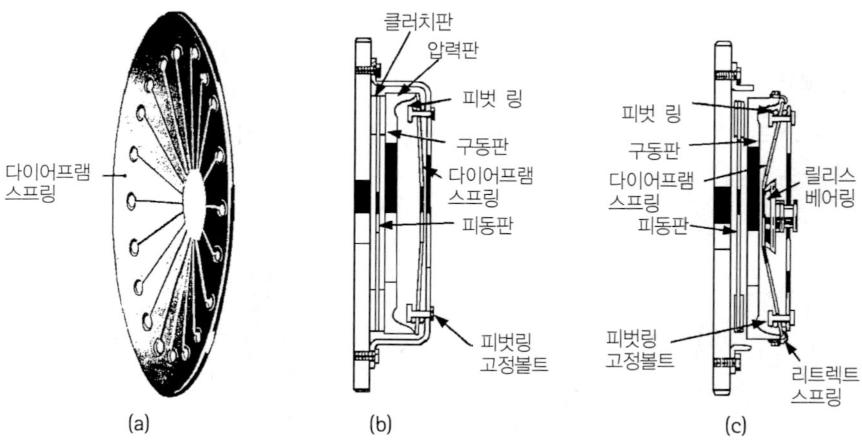

그림 12. 다이어프램 스프링형의 구성

[1] 다이어프램 스프링의 특성(코일 스프링과의 비교)

① 압력판에 작용하는 압력이 균일하다.

② 부품이 원판 형태이기 때문에 회전평형이 좋다.

③ 구조와 취급이 간단하다.

④ 클러치 페달을 밟는 힘이 가볍다.

⑤ 클러치 페이싱이 어느 정도 마모되어도 압력판에 가해지는 압력의 변화가 거의 없다.

⑥ 코일스프링은 고속회전시 원심력이 작용하여 변형되어 스프링 장력이 작아지는 경향이 있으나 다이어프램형은 이러한 현상이 없다.

2.2. 클러치의 조작기구

클러치 페달의 조작력을 클러치 본체에 전달하는 것으로 릴리스 베어링, 릴리스 포크(release fork), 클러치 페달, 페달의 조작력을 릴리스 포크에 전달하는 부분으로 되어 있다. 조작력을 전달하는 방법에는 와이어나 로드를 사용하는 기계식과 유압을 이용한 유압식이 있고 어느 경우에나 레버비, 링크의 배치, 피스톤의 단면적(유압식의 경우) 등을 적절하게 선정하여 페달 밟는 힘이 적게 들도록 설계하고 있다.

① 클러치 페달은 페달 답력을 줄이기 위해 지렛대의 원리를 사용하여 설계하고, 설치 방법은 펜던트식(pendant type)과 플로어식(floor type)이 있다.

② 페달을 밟은 후부터 릴리스 베어링이 릴리스 레버에 닿을 때까지의 거리를 자유간극(또는 클러치 유격)이라고 한다.

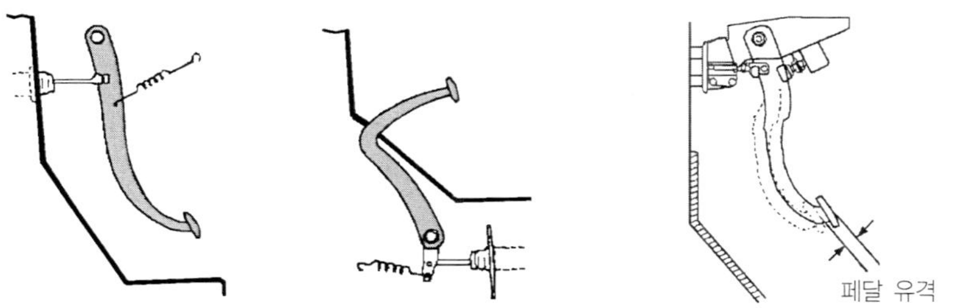

(a) 펜던트식　(b) 플로어식　(c) 클러치 페달의 자유간극

그림 13. 클러치 페달의 종류 및 자유간극

㉮ 자유간극이 적을 경우 : 주행시 클러치가 미끄러질 염려가 있고 이 미끄럼으로 인해 클러치 페이싱이 과열되고 마모가 촉진된다.

㉯ 자유간극이 너무 클 경우 : 동력전달 차단이 제대로 이루어지지 않아 기어 변속시에 소음발생 및 기어의 손상을 초래한다.

③ 클러치 페달의 자유간극은 기계식의 경우는 20～30mm, 유압식의 경우는 6~13mm 정도가 필요하며 클러치가 완전히 차단된 상태에서도 바닥과 페달의 간격도 20mm 이상 유지되어야 정상적인 클러치 조작이 행해진다.

④ 페달을 밟는 힘이 너무 크면 운전자의 피로가 증가되므로 중・소형 자동차는 8～15kgf, 대형 자동차는 15～20kgf 정도이다.

2.2.1. 기계식

① 클러치의 페달 답력을 로드나 와이어로 릴리스 포크에 전달하여 릴리스 베어링을 움직이게 한다.

② 구조가 간단하고 작동이 확실하나 작동력에 한계가 있으므로 소형 자동차에 주로 사용한다.

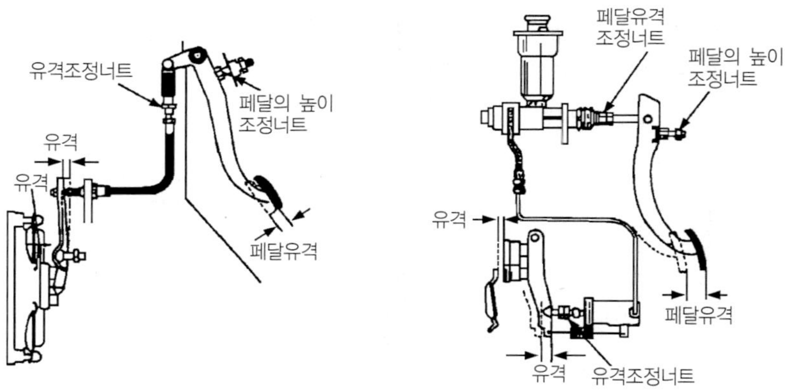

(a) 기계식 (b) 유압식

그림 14. 클러치 작동기구의 구성

2.2.2. 유압식

① 마스터실린더와 그 유압을 받아 릴리스 포크를 움직이는 릴리스 실린더(또는 슬레이브 실린더)로 구성되어 있으며, 대부분은 이 형식을 주로 사용한다.
② 작동 오일은 브레이크 오일을 사용한다.

[1] 유압식의 장점

① 각 부분의 마찰이 작기 때문에 페달 밟는 힘이 작아도 된다
② 오일 압력 전달이 신속하기 때문에 클러치 조작이 신속하다.
③ 엔진과 클러치 페달의 설치 위치를 자유롭게 할 수 있다.
④ 엔진의 설치를 유연하게 할 수 있다.

[2] 유압식의 단점

① 구조가 복잡하다.
② 오일이 새거나 공기가 침입되면 조작이 둔감해진다.

2.2.3. 클러치 마스터실린더(clutch master cylinder)

① 실린더는 주철제 또는 알루미늄이고 위에는 오일을 보급하기 위한 오일탱크가 있다.
② 피스톤과 리턴스프링이 조립되어 있고 그 내부에는 오일의 누유를 방지하는 피스톤 컵과 피스톤 패킹이 설치되어 있다.

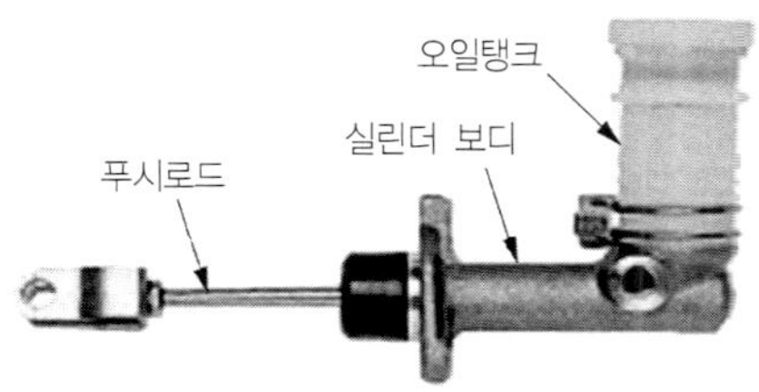

그림 15. 클러치 마스터실린더

2.2.4. 릴리스 실린더(release cylinder)

① 클러치 마스터실린더에서 보내진 유압을 피스톤과 푸시로드에 작용시켜서 릴리스 포크를 미는 작용을 한다.

② 오일에 포함되어 있는 공기를 빼기 위한 공기 블리더 스크루와 릴리스 포크를 푸시로드에 항상 접촉시키기 위한 리턴 스프링이 설치되어 있다.

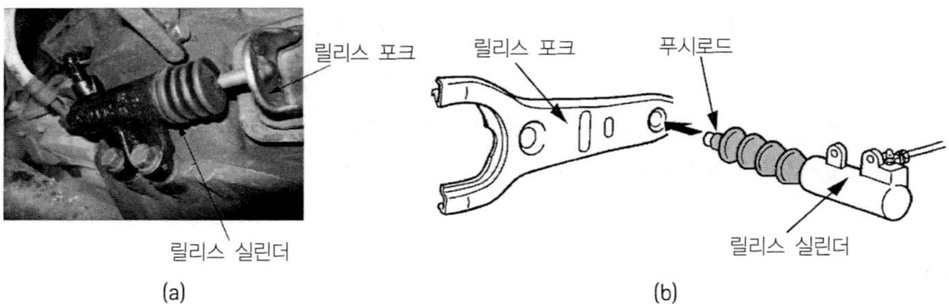

그림 16. 릴리스 실린더와 포크

2.2.5. 이그니션 록 스위치

이그니션 록 스위치는 클러치 페달에 장착되어 있으며 클러치 페달을 밟지 않으면 통전이 되지 않아 시동이 걸리지 않는다.

2.3. 클러치의 성능

2.3.1. 클러치의 용량

클러치 용량이란 클러치가 전달 할 수 있는 회전력(torque)의 크기로서, 일반적으로 기관의 최대용량의 1.5~2.5배 정도로 설계한다. 클러치가 전달할 수 있는 회전력은 클러치가 슬립되지 않아야 하므로 다음과 같은 조건을 만족시켜야 한다.

$$T \leq F \cdot \mu \cdot r \cdot n$$

T : 전달 회전력[kgf · m]　　F : 스프링 총장력[kgf]
μ : 마찰계수(보통 0.3~0.5)　　r : 클러치판의 유효반경[m]
n : 접촉하는 마찰면의 수(단판 클러치의 경우 양면이므로 n = 2)

즉, 클러치가 회전하는 동안 토크(T) 전달은 접선방향의 힘(F)과 축의 중심거리의 곱으로 나타내며, 이 힘(F)은 평균반경에 작용한다고 가정한다. 여기서 클러치판의 유효반경(r)은 페이싱의 안쪽 반경을 r_1, 바깥쪽 반경을 r_2라 하면 다음과 같이 나타낼 수 있다.

$$r = \frac{(r_1 + r_2)}{2}$$

그리고, 클러치 스프링이 압력판을 누르는 힘을 F, 클러치 페이싱의 외경을 D, 내경을 d 라고 하면 클러치 압력판에 작용하는 압력은 다음과 같이 나타낼 수 있다.

$$P = \frac{\text{전스프링의 힘}}{\text{마찰면의 접촉면적}} = \frac{F}{\frac{\pi}{4}(D^2 - d^2)} \; [kg/cm^2]$$

[1] 클러치 용량이 너무 크면

클러치의 조작이 힘들고 접속충격과 더불어 운전자의 의지와 무관하게 엔진이 정지하는 엔진 스톨(engine stall) 현상이 발생하기 쉽다.

[2] 클러치 용량이 너무 적으면

슬립이 발생하므로 동력을 충분히 전달할 수 없으며, 클러치 디스크 페이싱의 마모가 빨리 진행된다.

2.3.2. 클러치의 전달효율

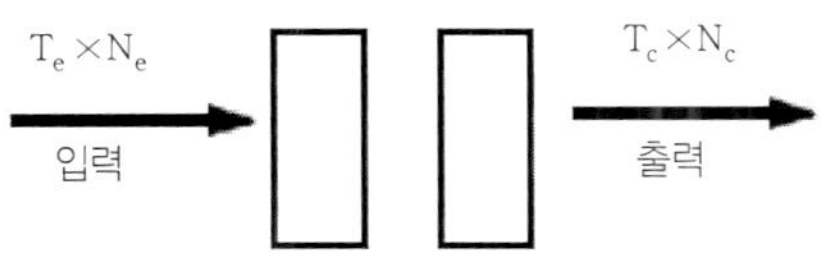

$$\text{전달효율} = \frac{\text{클러치에서나오는동력}}{\text{클러치로들어가는동력}} \times 100$$

회전마력은 토크와 회전수의 곱에 비례하므로 위 식은 다음과 같이 된다.

$$\eta = \frac{T_c \cdot N_c}{T_e \cdot N_e}$$

T_e : 엔진의 토크[kg·m], T_c : 클러치의 출력 토크[kg·m]
N_e : 엔진의 회전수[rpm], N_c : 클러치의 회전수[rpm]

[예제 1] 22kg·m의 토크를 전달하도록 설계된 건식 단판 클러치가 있다. 클러치 디스크의 외경이 20cm, 내경이 13cm이다. 다음의 물음의 답하시오.

(1) 클러치 디스크의 접착면 유효반경은 몇 cm인가 ?
(2) 스프링 총장력이 350kg일 때 클러치 디스크의 마찰계수는 ?
(3) 클러치 압력판 압력은 몇 kg/cm²인가 ?

풀이

(1) 유효반경

$$r = \left(\frac{r_1 + r_2}{2}\right) = \left(\frac{10 + 6.5}{2}\right) = 8.25\text{cm}$$

(2) 마찰계수

$T \leq F \cdot \quad \cdot r \cdot n$에서

$$= \frac{T}{F \cdot r \cdot n} = \frac{22 \times 10^2}{350 \times 8.25 \times 2} = 0.38$$

(3) 압력판의 압력

$$P = \frac{F}{\frac{\pi}{4}(D^2 - d^3)} = \frac{350}{\frac{\pi}{4}(20^2 - 13^2)} = 1.93\text{kg/cm}^2$$

[예제 2] 기어를 1단으로 변속한 다음 출발하고자 할 때, 엔진의 회전수 1,800rpm에서 회전력이 22kg·m이었다. 이 때 클러치의 출력회전수가 1,750rpm, 출력회전력이 20kg·m이면 클러치의 전달 효율은 몇 %인가?

풀이 $$\eta = \frac{T_c \cdot N_c}{T_e \cdot N_e} = \frac{1750 \times 20}{1800 \times 22} = 0.8838 = 88.4\%$$

2.4. 듀얼클러치(DCT : dual clutch transmission)

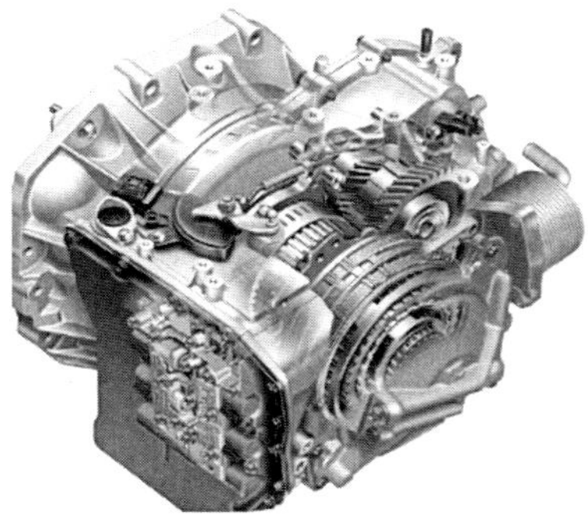

그림 17. DCT

2.4.1. 듀얼 클러치 변속기의 개요

듀얼 클러치 변속기는 클러치가 2개이고, 톱니바퀴가 배열된 회전축이 2개이다. 즉, 듀얼클러치 변속기는 각 단을 2개의 축으로 구분하여 배열하고(1-3-5, 2-4-6), 2개의 축을 각각 담당하는 클러치를 2개를 둠으로써 다음 변속을 최대한 빠르게 한 변속기이다.

하나의 회전축은 1-3-5단을 담당하고 다른 회전축은 2-4-6단을 담당하되, 클러치와 연결된 회전축선은 하나이지만 안쪽과 바깥쪽으로 구분하여 회전축을 구동한다. 즉, 1-3-5단이 물릴 때는 안쪽 회전축이 회전하고, 2-4-6단이 물릴 때는 바깥쪽 회전축이 회전한다.

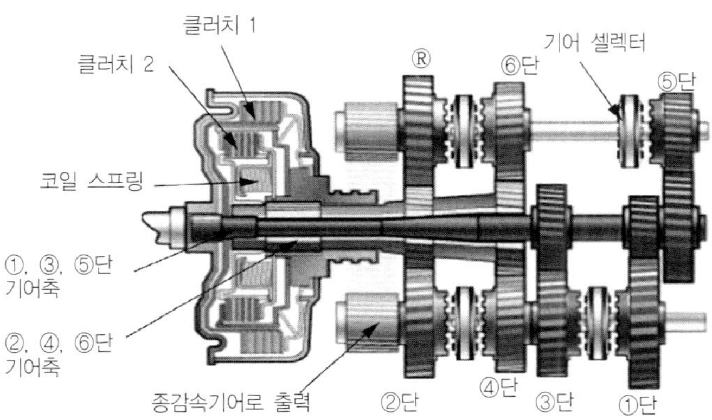

그림 18. DCT의 구조

클러치는 클러치 박스내에 2개의 클러치가 있어서 클러치 1은 1-3-5단 회전축과 물려있고, 클러치 2는 2-4-6단 회전축과 물려있다. 즉, 밀면 1번 클러치가 물리고 당기면 2번 클러치가 물리는 것이다. 기어 셀렉터 포크는 유압 또는 모터를 이용하여 작동한다.

[1] DCT의 장점

① 매우 빠르고 부드러운 변속

② 동력 손실이 매우 적고 연비가 좋다.

③ 일반 오토 미션과 같이 편리하다

[2] DCT의 단점

① 구조상 공간이 협소하여 클러치의 마찰면을 싱글 클러치만큼 크게 할 수가 없다.

② 허용 토크값이 낮다.

③ 미션이 차지하는 공간과 무게가 크다.

듀얼클러치는 구조상 싱글클러치 만큼 마찰면을 크게 할 수 없으므로 싱글클러치 보다 작은 마찰면으로 인하여 허용 토크값이 낮을 수밖에 없는 구조적인 불리한 점이 있다. 이를 보완하기 위하여 습식클러치를 사용하는데, 습식클러치는 클러치의 마찰열을 식혀줌으로써 마찰력을 높이는 원리이기 때문에 습식 듀얼클러치(wet DCT) 방식이 건식 듀얼클러치(dry DCT) 방식보다 허용 토크를 높일 수 있고, 이로 인해 습식 듀얼클러치는 고성능 차량에 많이 사용되고 있다.

2.4.2. 주요 구성부품

① 수동변속기

② 듀얼 클러치

③ 오일펌프, 오일냉각기, 오일필터

④ 전자-유압식 변속기 컨트롤 유닛

⑤ 입력신호 감지용 센서들

⑥ 클러치 1 및 클러치 2 조작용 전자식 액추에이터

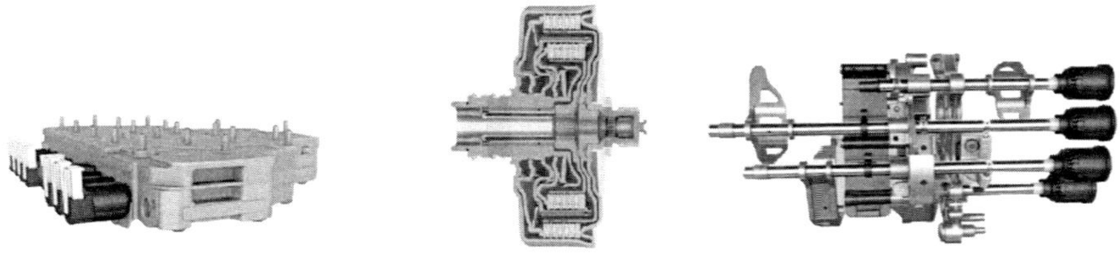

(a) DCT 유압 콘트롤 유닛 (b) DCT 듀얼 클러치 (c) DCT 셀렉터 로드

그림 19. DCT의 구성부품

2.4.3. 기어 변속과정

1단기어로 자동차가 주행하고 있을 때 엔진으로부터 온 회전력이 클러치 1을 통해 1-3-5단 회전축에 회전력을 전달하고, 1단 기어가 기어비 만큼 엔진 회전수를 줄여 토크를 높여서 구동축에 회전력을 전달한다. 이때 클러치 2는 떨어져 있는 상태이므로 2-4-6단 회전축은 회전하지 않고 있는 상태이다. 2단으로 변속 시점이 가까이 오면 2단 기어 옆에 있는 도그 기어가 2단 기어에 물리면서 회전할 준비를 한다.

TCU는 입력신호들을 평가하여 2단으로의 최적 변속시점에 도달하였음을 확인하면, 1단을 담당하는 클러치 1을 분리하고, 동시에 2단을 담당하는 클러치 2를 접속한다. 이때 클러치 1과 클러치 2의 분리와 접속과정은 서로 오버랩(overlap)된다. 그리고 전체 변속과정은 3/100~4/100초 범위 내에서 완료되므로 사실상 변속과정에서 기관으로부터 변속기 출력축으로의 동력전달은 중단됨이 없이 계속된다.

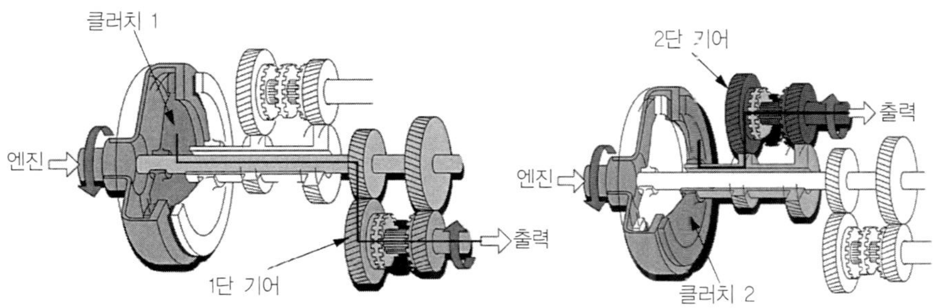

(a) 안쪽 회전축 (b) 바깥쪽 회전축

그림 20. 기어의 변속과정

다운시프트는 반대순서이지만 다운시프트시 2개의 클러치와 회전축이 교대로 작동하기 때문에 6단에서 4단으로 바로 가지 못하고 6단에서 4단으로 가기 위해서는 5단을 거쳐 4단으로 순차적(6→5→4)으로 다운이 되어야 한다.

3. 클러치 실습

안전 및 주의사항

1. 클러치 관련 장치 정비 전 정비지침서를 숙지하여 실습순서를 정하고 공구 및 실습 기기와 재료 등을 충분히 준비한다.
2. 실습장 및 주위를 깨끗이 정리정돈하고 유류 등의 인화성 물질은 안전하게 별도로 보관하며 소화기를 비치하여 화재사고에 대비한다.
3. 클러치 관련 장치 정비시작 전 안전교육을 실시한다.
4. 복잡한 부분을 분해할 경우에는 조립작업을 쉽게 하기 위하여 기능상이나 외관상 악영향이 없는 부분에 각인(刻印) 또는 조립 표시등을 하여 둔다.
5. 자동차를 자동차 리프트로 들어 올릴 때는 주변의 안전 상태를 확인해야 한다.
6. 부품을 분해하면서 조립되었던 상태·변형·오작동부분 및 손상 등을 점검한다.
7. 분해한 부품은 순서대로 잘 정리하여야 하며 또 교환하여야 하는 부품과 다시 사용할 부품을 구분하여 정리하고 다시 사용할 부품은 충분히 청소 및 세척을 한다.
8. 정비시 부품을 떨어지지 않도록 하며 작업장 바닥에 이물질이 있으면 즉시 닦아낸다.
9. 볼트 및 너트 체결시 적절한 공구를 사용하여 무리한 힘을 가하지 말고 정비지침서에 규정된 토크로 조인다.
10. 클러치 오일은 지정 메이커 순정품을 사용한다.
11. 클러치 오일은 알콜 성분이 있어 인체나 차체에 묻었을 경우에는 즉시 닦아내야 한다.
12. 실습 종료 후 실습장 주위의 정리정돈을 깨끗이 한다.

실습기기 및 재료

공구 및 측정기기

일반 공구세트, 특수공구, 작업등, 에어공구, 전동공구, 토크렌치, 바이스, V블록, 고임목, 변속기 잭, 리프트, 안전스탠드, 다이얼 게이지, 버니어 캘리퍼스, 직각자, 안전보호구(방독면, 방진마스크, 보안경, 보호 장갑, 방진 보호복, 작업복)

실습 재료

클러치 관련 장치 교환부품, 클러치 관련 장치 전용오일, 수동변속기 기어오일, 그리스, 세척유, 부싱, 개스킷, 걸레, 클러치 장착 차량

기타

정비지침서, 장비 및 공구 사용설명서

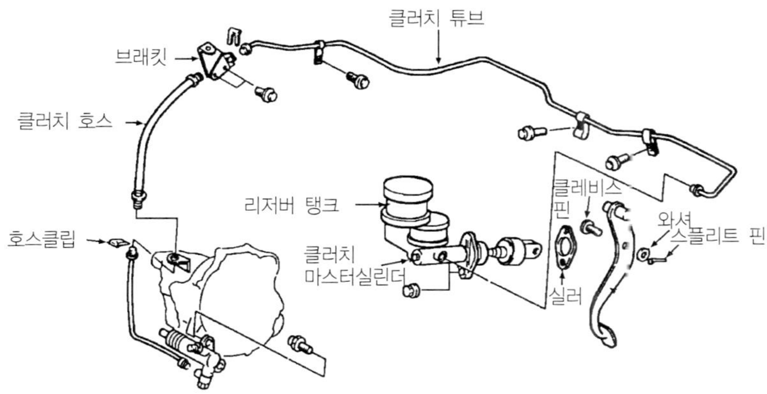

그림 21. 클러치의 구성

3.1. 클러치의 고장점검

고장현상	원 인	정 비
미끄러짐(slipping)	디스크 페이싱 과도한 마모	디스크 교환
	디스크 페이싱 표면에 오일이나 그리스가 묻어있는 상태임	누유 확인 및 신품 교환
	압력판, 플라이휠 손상	교환
	압력 스프링 손상 또는 약화	교환
	페달 자유간극이 너무 적을 때	재조정
	릴리스 레버의 작동이 원활하지 않음	릴리스 레버 지점을 점검하고, 이상 마모시 교환
	유압식의 경우 마스터실린더의 리턴 포터에 먼지 및 이물질이 혼입	작동 점검의 조정
기어변속이 어렵다	디스크 손상 또는 휨 발생	수정 또는 신품 교환
	디스크 허브와 축 스플라인부 부식으로 작동이 원활하지 않음	녹 제거, 그리스 도포 또는 교환
	디스크 페이싱 표면에 오일이나 그리스가 묻음	누유 확인 및 교환
	압력 스프링 약화	교환
	페달 자유간극이 너무 클 때	규정간격으로 조정
	유압식의 경우 오일 누설, 공기유입, 막힘	수리 혹은 필요시 부품교환

고장현상		원 인	정 비
발진시 떨림		디스크 페이싱 표면에 오일이나 그리스가 묻음	누유 확인 및 교환
		디스크 페이싱 과도한 마모	클러치 디스크 교환
		압력판과 플라이휠의 손상 및 과도한 런아웃(run-out)	교환
		엔진 마운팅 러버(rubber)의 조립상태 풀림 또는 러버의 변형	풀림상태 조임 및 교환
페달 작동이 곤란		페달 축, 디스크 스플라인, 릴리스 레버측의 윤활이 불량함	윤활, 교환
소음	클러치를 사용하지 않을 때	페달 자유간극이 너무 적을 때	수정
		디스크 페이싱의 과도한 마모	교환
		허브와 축 과대마모 또는 소착	교환
	클러치 분리 후 소음	릴리스 베어링의 마모 및 손상	교환
	클러치가 분리될 때 소음	베어링 섭동부에 그리스 부족	수정
		클러치 어셈블리 또는 베어링 장착이 불량함	수정

3.2. 클러치 커버 및 디스크

3.2.1. 탈거

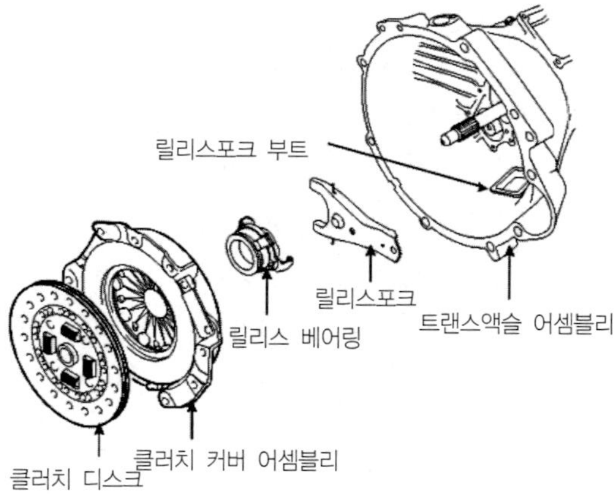

그림 22. 트랜스액슬, 클러치 커버, 클러치 디스크 설치도

① 수동변속기를 탈거한다.
② 클러치 커버 장착 볼트를 뒤틀림을 방지하기 위해서, 여러 번에 걸쳐 대각선으로 풀어 클러치 커버 및 디스크를 탈거한다.

그림 23. 클러치 커버 및 클러치 디스크 탈거

3.2.2. 점검

[1] 클러치 커버

① 진공 브러시 혹은 마른걸레 등을 사용하여 클러치 하우징에서 먼지를 제거해야 하며 절대 압축공기를 사용해서는 안된다.
② 플라이 휠 및 클러치 커버 압력판의 표면의 마모, 균열(crack), 깊은 흠집, 파임 또는 과도한 변색이 있는지 점검한다.
③ 압력판의 마찰면은 적절한 솔벤트로 닦는다.
④ 플라이휠에 있는 다웰핀이 완전히 박혀 있는지와 손상이 없는지 점검한다.
⑤ 직각자와 간극 게이지를 가지고 압력판 표면의 편평도를 측정한다.

그림 24. 플라이휠 점검

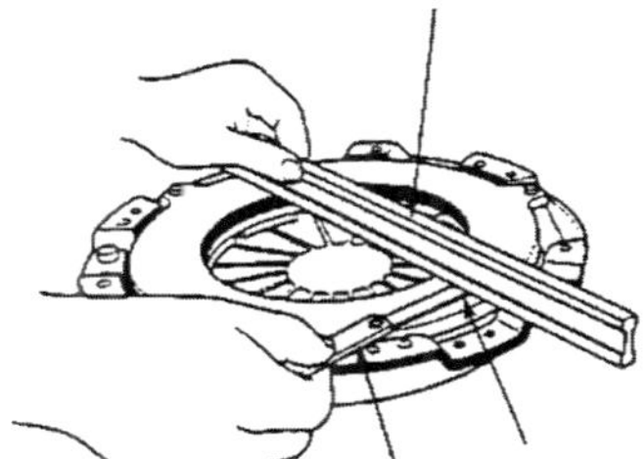

그림 25. 압력판 점검

⑥ 세 곳 이상을 측정해야 하며, 측정값이 한계값(0.5mm 이하)을 벗어나면, 압력판을 교환한다.

[2] 클러치 디스크

① 디스크를 취급할 때는 페이싱은 만지지 않고 작업해야 한다.

② 클러치 디스크 페이싱의 미끄러짐 또는 오일의 흔적이 있는지 점검한다. 만약 검게 탄 흔적이나, 오일에 젖어 있다면 교환해야 한다.

③ 클러치 디스크의 두께를 측정한다.

④ 리벳에서 라이닝 표면까지의 깊이를 측정한다. 만약 측정값이 한계값(0.3mm)보다 적거나 그리스나 오일이 페이싱에 묻어 있으면 클러치 디스크를 교환한다.

⑤ 클러치 디스크 편평도를 측정한다. 만약 측정값이 한계값(0.5mm 이하)보다 크면 클러치 디스크를 교환한다.

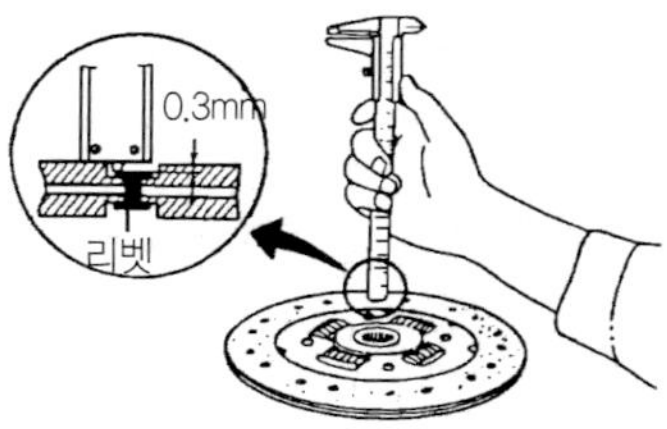

그림 26. 리벳 깊이측정

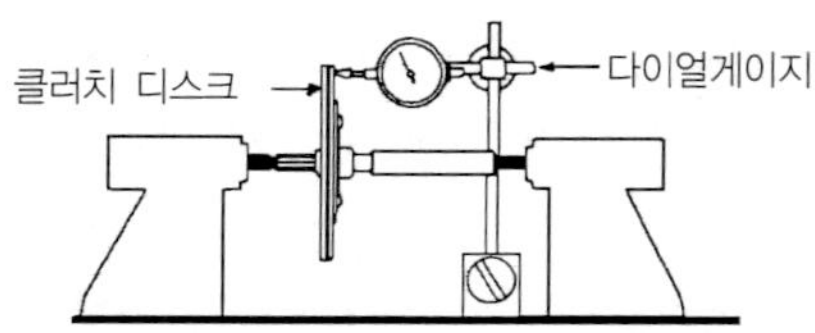

그림 27. 디스크의 편평도 측정

3.2.3. 장착

① 디스크 스플라인부와 수동변속기 입력축부에 적정량의 그리스를 도포한다.

㉮ 미도포시 : 스플라인부의 과다마모 및 습동 저항 과다로 클러치 끊김 불량

㉯ 과다 도포시 : 주행시 그리스가 비산 되면서 클러치 디스크면이 오염되어 마찰력 상실로 슬립 발생

㉰ 디스크 방향 오조립시 : 클러치 끊김 불량으로 변속 불량현상, 주행 중 소음발생

② 조립시 클러치 커버에 있는 구멍 3개를 다웰핀에 맞춘다.

③ 특수공구를 끼워놓고 클러치 디스크를 넣고 클러치 커버를 장착한다.

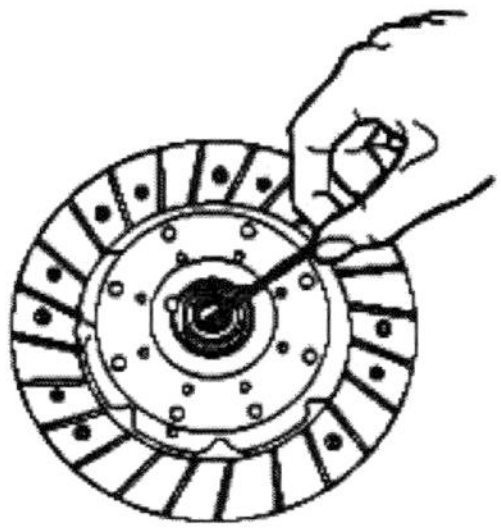

그림 28. 클러치 디스크에 그리스 도포

그림 29. 디스크 장착

④ 클러치 커버에 마운팅 볼트를 대각선 방향으로 조인다. 다이어프램 스프링에 변형이 되지 않도록 여러 단계로 나누어서 조인다.

⑤ 수동변속기를 장착한다.

그림 30. 클러치 커버 장착

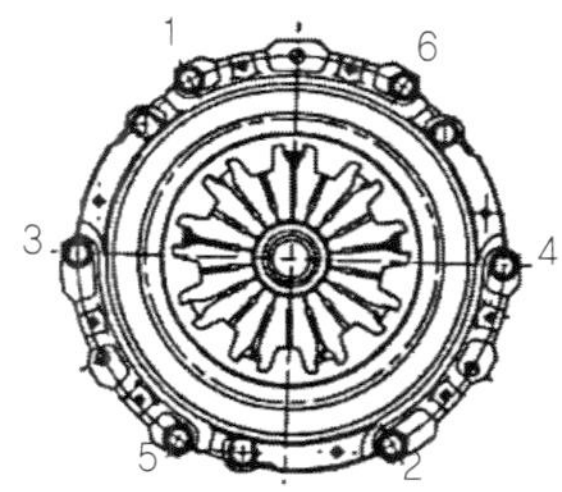

그림 31. 클러치 커버 설치

3.3. 클러치 릴리스 포크 및 클러치 릴리스 베어링

3.3.1. 탈거

① 수동변속기를 탈거한다.

② 릴리스 포크 핀을 양쪽으로 잡아 당겨 릴리스 베어링과 릴리스 포크를 함께 탈거한다.

③ 클러치 하우징으로부터 릴리스 포크 부트(boot)를 탈거한다.

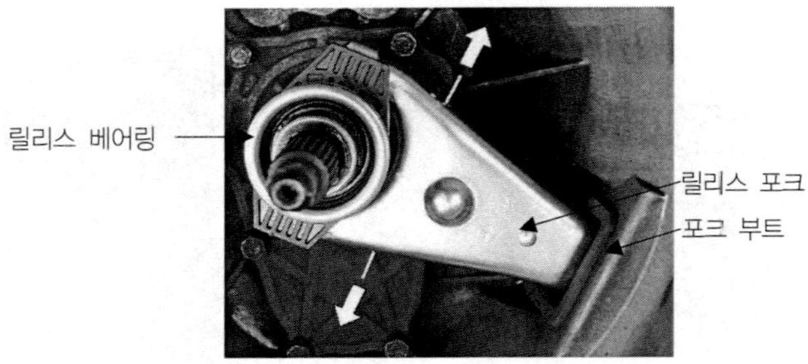

그림 32. 릴리스 포크 및 릴리스 베어링 탈거

3.3.2. 점검

① 손으로 돌려 보면서 릴리스 베어링의 유격을 점검한다. 유격이 과도하면 새것으로 교환한다.

② 베어링의 고착, 손상, 비정상적인 소음을 점검한다.

③ 릴리스 베어링과 릴리스 포크의 접촉부위에 비정상적인 마모가 있는지 점검한다.

④ 릴리스 베어링의 그리스는 영구 주유식이므로 솔벤트에 담구어서는 안된다.

3.3.3. 장착

① 해당 위치에 그리스를 도포한다.

② 릴리스 포크 볼트 위에 릴리스 포크를 일치시킨다.

③ 릴리스 포크를 좌, 우로 움직여 보아 릴리스 포크가 베어링과 잘 맞는지 릴리스 베어링이 부드럽게 움직이는지를 확인한다.

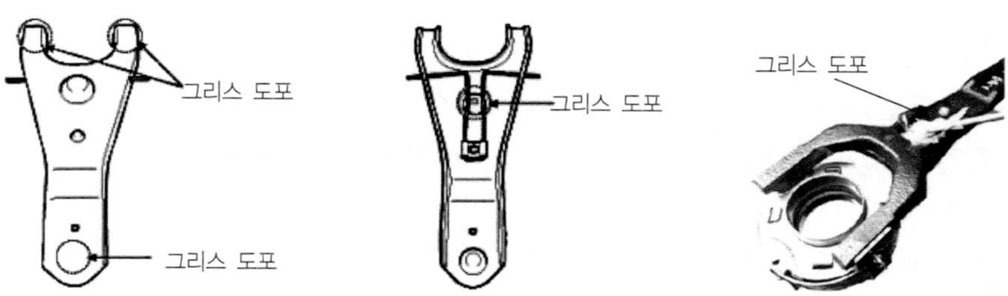

(a) (b) (c)

그림 33. 그리스 도포 부위

④ 릴리스 포크 부트(fork boot)를 장착한다.

⑤ 수동변속기를 장착한다.

3.4. 클러치 릴리스 실린더

그림 34. 클러치 유압계통

3.4.1. 탈거

① 사이드 커버를 탈거한다.

① 릴리스 실린더로부터 클러치 파이프를 탈거한다.

② 클러치 하우징으로부터 릴리스 실린더를 탈거한다.

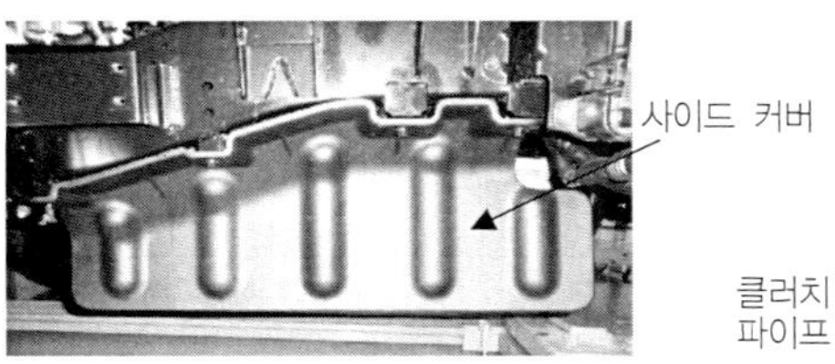

그림 35. 사이드 커버 탈거

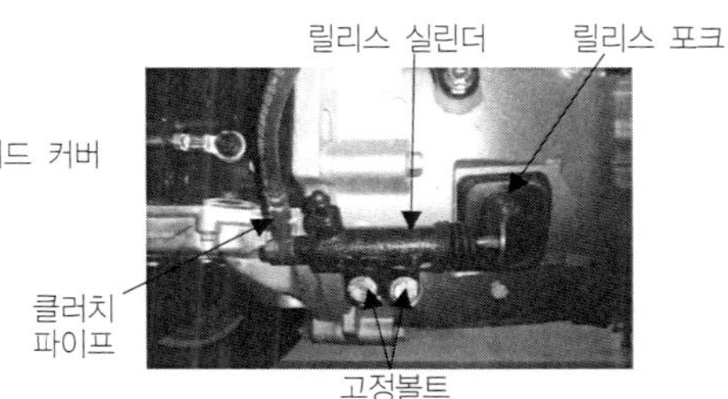

그림 36. 릴리스 실린더 탈거

3.4.2. 점검

① 클러치 릴리스 실린더에서 액 누설을 점검한다.

② 클러치 릴리스 실린더 부트의 손상을 점검한다.

3.4.3. 장착

① 릴리스 포크와 실린더 푸시로드가 접촉하는 부위에 그리스를 도포한다.

② 클러치 하우징에 릴리스 실린더를 장착하고 클러치 파이프를 연결한다.

③ 릴리스 실린더에 부트(boot)가 잘 장착되어있는지 확인한다.

④ 클러치 유압 장치에 공기빼기 작업을 한다.

3.4.4. 클러치 유압회로 공기빼기 작업

① 클러치 오일을 클러치 마스터실린더 오일탱크에 채운다.

그림 37. 오일탱크에 오일 채우기

② 비닐호스를 릴리스 실린더의 공기빼기 나사에 연결한 다음 끝부분을 클러치 오일을 받을 용기에 넣는다.

③ 공기빼기 나사를 반쯤 풀고, 클러치 페달을 여러 번 밟아서 릴리스 실린더와 파이프로 오일을 압송하면서 오일양은 수시로 점검한다.

④ 릴리스 실린더와 클러치 파이프에 오일이 완전히 차면 공기빼기나사를 꼭 조인다.

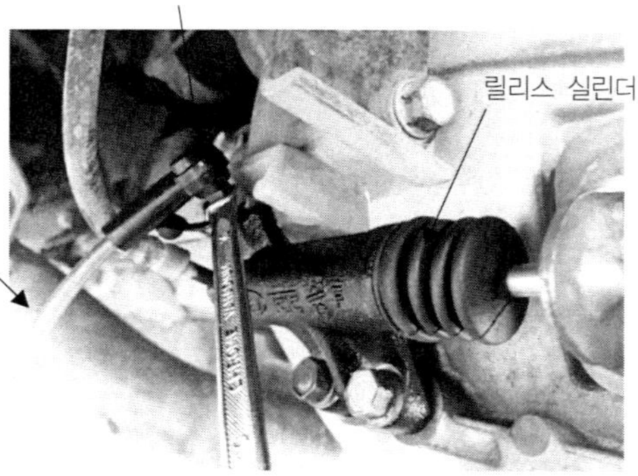

그림 38. 릴리스 실린더에 비닐호스 설치

⑤ 클러치 페달을 여러 번 밟은 후, 페달을 밟은 상태에서 공기빼기나사를 풀고 오일과 기포를 배출한다.

⑥ 클러치 페달을 놓기 전에 공기빼기 나사를 다시 조인다.

⑦ 오일탱크의 오일양을 수시로 점검하면서 용기 속으로 뽑아 낸 오일속에 기포가 발생하지 않을 때까지 앞의 작업 ⑤번과 ⑥번 작업을 반복하여 공기가 완전히 빠져 오일만 배출될 때 공기빼기나사를 완전히 조인다.

⑧ 규정된 양의 클러치 오일을 오일탱크에 채운다.

⑨ 클러치 페달을 여러 번 밟고 유압계통이 원활하게 움직이는지 점검하면서 유압계통에 오일누출 유무를 점검한다.

3.5. 클러치 마스터실린더

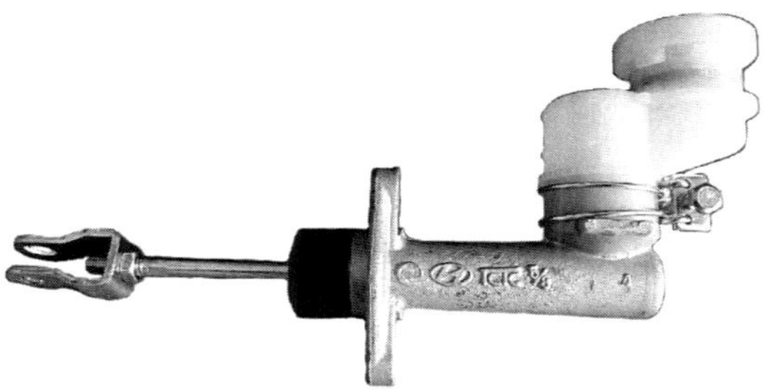

그림 39. 클러치 마스터실린더

3.5.1. 탈거 및 장착

① 릴리스 실린더의 공기빼기 나사를 풀고 클러치 오일을 회수 통에 배출한다.
② 클레비스 핀, 와셔, 코터 핀(분할 핀)을 분리한 다음 클러치 페달과 마스터실린더 클레비스의 연결부분을 분리한다.
③ 마스터실린더 쪽에서 클러치 튜브를 분리한다.
④ 마스터실린더 고정 볼트를 푼 다음 마스터실린더를 떼어낸다.
⑤ 부트의 손상이나 노후 여부를 점검하고, 필요하면 교환한다.
⑥ 피스톤 스냅 링의 결함 유무를 점검하고, 필요하면 교환한다.
⑦ 장착은 탈거의 역순으로 한다.

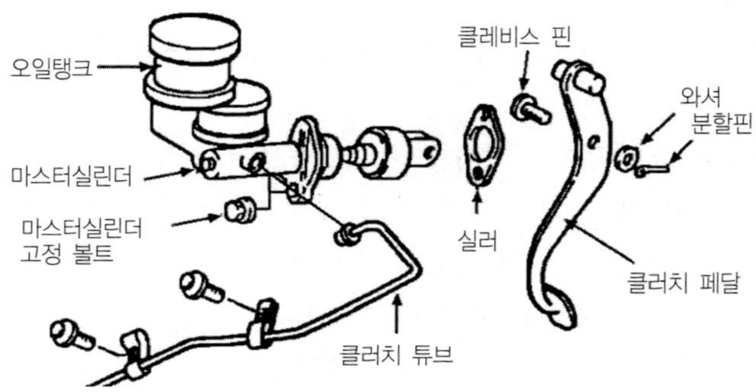

그림 40. 마스터실린더 떼어내기

3.6. 클러치 페달(clutch pedal)

3.6.1. 클러치 페달 높이

[1] 클러치 페달 높이 측정

① 차실 내의 바닥에서 카펫을 들어낸다.
② 클러치 페달에 힘을 가하지 아니한 상태에서 곧은자를 밑판(토우 보드)과 클러치 페달의 패드 윗면에 직각이 되도록 설치하여 높이를 측정한다.

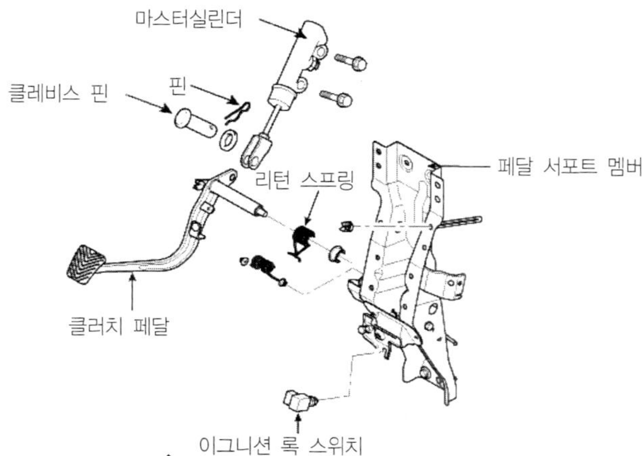

그림 41. 클러치 페달

[2] 클러치 페달 조정방법

① 클러치 스위치가 부착된 자동차에서는 클러치 스위치의 커넥터를 분리시킨 다음 밑판과 클러치 페달 상부까지의 거리인 클러치 페달의 높이를 측정하여 규정 값 이내에 있는지를 확인한다.

② 페달의 높이가 규정 값을 벗어난 경우에는 그림의 고정너트 A를 풀고 클러치 스위치나 고정볼트(B)를 돌려 높이를 조정한 후 고정너트 A를 조인다.

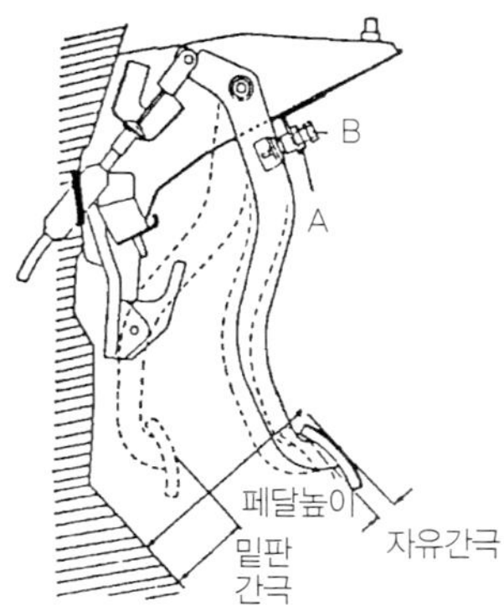

그림 42. 클러치 페달 간극

3.6.2. 클러치 페달의 자유간극

[1] 자유간극 점검방법

① 클러치 페달의 패드 쪽을 가볍게 누르면서 반작용의 저항을 느끼는 지점까지의 거리인 페달 자유간극을 측정하여 규정 값과 비교한다.

② 클러치가 분리되었을 때 클러치 페달과 밑판사이의 거리를 측정하여 규정 값 이내에 있는지를 확인한다.

그림 43. 클러치 페달 자유간극 점검

[2] 기계식 클러치 페달의 자유간극 조정방법

조정너트를 시계 반대방향으로 돌리면 클러치 페달의 자유간극이 커지고, 시계방향으로 돌리면 자유간극이 작아진다.

(a) 기계식 (b) 유압식

그림 44. 클러치 페달 자유간극 조정

[3] 유압식 클러치 페달의 자유간극조정

① 고정너트를 풀고 푸시로드를 돌려 조정한 다음 고정너트를 조인다.

② 조정을 끝 낸 후 클러치 페달을 완전히 눌렀을 때 클러치 페달의 패드 면에서 밑판까지의 거리를 측정하여 규정 값을 벗어난 경우에는 다시 조정하도록 한다.

3.7. 이그니션 록 스위치

3.7.1. 점검

[1] 이그니션 록 스위치 배선점검

① IG OFF 상태에서 이그니션 스위치 커넥터를 탈거한다.

② IG ON으로 하고 이그니션 록 스위치 배선 측 신호단자와 차체 접지사이의 전압(11.5V~13V)을 점검한다.

③ 이그니셔 록 스위치 배선 측 단자와 차체 접지사이의 저항(통전 1.0Ω)을 점검한다.

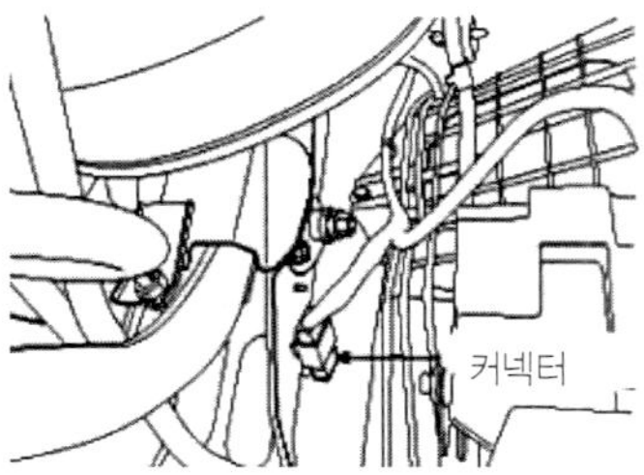

그림 45. 이그니션 록 스위치 커넥터

[2] 이그니션 록 스위치 단품점검

① 이그니션 록 스위치를 탈거한다.

② 이그니션 록 스위치를 화살표 방향으로 밀어 B지점에서 통전이 되는지 확인한다.

③ 규정값

㉮ 전 행정(A) : 12.0±0.3mm

㉯ ON-OFF 전환점(B) : 2.0mm

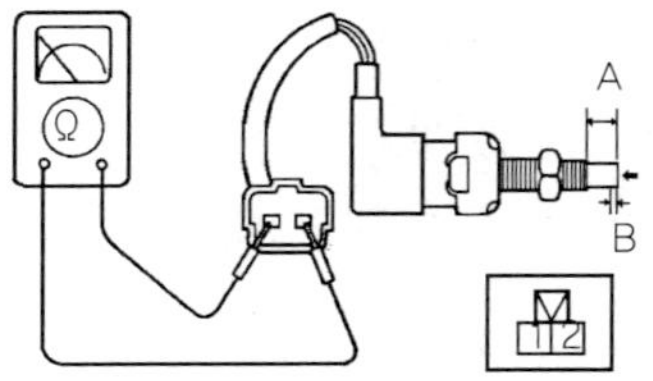

그림 46. 이그니션 록 스위치 단품 점검

조 건	클러치 페달을 밟음	클러치 페달 밟지 않음
스위치 상태	눌려진 상태(통전 ○)	떨어진 상태(통전 ×)

3.7.2. 탈거 및 장착

① IG OFF 상태에서 이그니션 록 스위치 커넥터를 탈거한다.

② 너트를 풀어 이그니션 스위치를 탈거한다.

③ 장착은 탈거의 역순으로 한다.

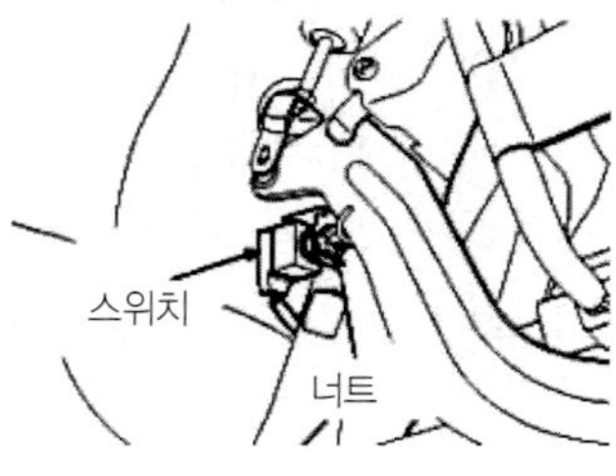

그림 47. 이그니션 록 스위치 탈거

선행학습 보고서

선 행 학 습 명	클러치 정비				
실 습 목 적	클러치 원리와 역할 이해, 점검, 진단, 수리, 정비, 교환, 검사				
실 습 일	월 일	학 번		성 명	

1. 학습내용	평가항목	성취수준		
		상	중	하
클러치 서술형	클러치의 필요성에 대하여 서술하시오.			

2. 학습내용	평가항목	성취수준		
		상	중	하
클러치 서술형	클러치의 요구조건에 대하여 서술하시오.			

3. 학습내용	평가항목	성취수준		
		상	중	하
클러치 서술형	클러치 릴리스 레버의 역할에 대하여 서술하시오.			

4. 학습내용	평가항목	성취수준		
		상	중	하
클러치 서술형	클러치 릴리스베어링의 역할에 대하여 서술하시오.			

5. 학습내용	평가항목	성취수준		
		상	중	하
클러치 서술형	다이어프램 스프링의 특성에 대하여 서술하시오.			

6. 학습내용	평가항목	성취수준		
		상	중	하
클러치 서술형	클러치 자유간극(유격)에 대하여 서술하시오.			

7. 학습내용	평가항목	성취수준		
		상	중	하
클러치 서술형	유압식 클러치의 정점 및 단점에 대하여 서술하시오.			

8. 학습내용	평가항목	성취수준		
		상	중	하
클러치 서술형	클러치 성능에 대하여 서술하시오.			

9. 학습내용	평가항목	성취수준		
		상	중	하
클러치 서술형	듀얼 클러치의 장점 및 단점에 대하여 서술하시오.			

선 행 학 습 명	클러치 점검				
실 습 목 적	클러치 원리와 역할 이해, 점검, 진단, 수리, 정비, 교환, 검사				
실 습 일	월 일	학 번		성 명	

1. 학습내용	평가항목	성취수준		
		상	중	하
클러치 점검	변속기를 탈거하고 클러치를 교환하시오.			

2. 학습내용	평가항목	성취수준		
		상	중	하
클러치 점검	클러치 페달을 탈거하고 육안검사 후 이상 부위를 교환하고 다시 장착한 후 아래 사항을 점검하고 판정 및 조치사항을 기록하고 조정하시오.			

점검항목	규정값(한계값)	측정값	판 정	정비 및 조치사항
자유간극(유격)			□ 양호 □ 불량	
페달 높이			□ 양호 □ 불량	
밑판 간극			□ 양호 □ 불량	

3. 학습내용	평가항목	성취수준		
		상	중	하
클러치 점검	이그니션 록 스위치를 탈거 및 조립하고 아래 사항을 점검하시오.			

점검항목	규정값(한계값)	측정값	판 정	정비 및 조치사항
신호단자와 차체 접지 사이 전압			□ 양호 □ 불량	
배선측 단자와 차체 접지사이 저항			□ 양호 □ 불량	

CHAPTER 03

변속기[Transmission]

[NCS를 활용한] Synthesis Automotive Chassis

학습목표

변속기의 역할 및 원리를 이해하고 변속기 관련 장치의 오일점검과 기어조작 및 작동상태와 소음을 분석하여 고장부분을 조정, 수리, 교환할 수 있다.

1. 정비지침서에 따라 수동변속기의 역할 및 원리를 이해할 수 있다.
2. 안전작업 절차에 따라 변속기 관련 장치를 점검할 수 있다.
3. 정비지침서에 따라 변속기 관련 장치의 작동상태를 확인하여 고장원인을 파악할 수 있다.
4. 정비지침서에 따라 변속기 관련 장치의 세부 조정목록을 확인하여 조정내용을 파악할 수 있다.
5. 차종에 따라 조정부품 및 오일의 규정치를 확인하여 초기 설정 범위 값으로 조정할 수 있다.
6. 정비지침서에 따라 수리 및 조정에 필요한 장비를 선택하여 사용할 수 있다.
7. 정비지침서에 따라 탈거와 조립절차 계획을 수립하여 관련된 지식을 바탕으로 장비 및 공구를 준비할 수 있다.
8. 정비지침서에 따라 교환과 수리가능 여부를 판단하여 수리부품을 확인할 수 있다.
9. 변속기장치 관련 부품들의 점검과 진단결과에 따라 교환목록을 확인하고 수동변속기 관련 장치 부품을 교환할 수 있다.
10. 정비지침서에 따라 수동변속기장치의 고장진단 장비를 사용하여 고장원인을 분석할 수 있다.
11. 정비지침서에 따라 작업 후 수동변속기 작동 상태를 검사할 수 있다.

1. 수동변속기(manual transmission)

1.1. 수동변속기(manual transmission)의 개요

엔진의 회전력은 회전속도의 변화에 관계없이 항상 일정하지만 그 출력은 회전속도에 따라서 크게 변화하는 특징이 있다.

(a) FR 기어식

(b) FF 기어식

그림 1. 변속기의 종류

자동차가 필요로 하는 구동력은 도로의 상태, 주행속도, 적재 하중 등에 따라 변화하므로 변속기는 이에 대응하기 위해 엔진과 추진축 사이에 설치되어 엔진의 출력을 자동차의 주행속도에 알맞게 회전력과 속도로 바꾸어서 구동바퀴로 전달하는 장치이다.

수동변속기는 선택 기어식 변속기라고도 하는데 그 종류에는 앞 엔진 뒷바퀴 구동(FR) 자동차에 사용되는 변속기(transmission)와 앞 엔진 앞바퀴 구동(FF) 자동차에 사용되는 트랜스액슬(trans axle)로 대별할 수 있다.

1.1.1. 변속기의 필요성

① 엔진의 토크를 변화시켜 전달한다.
② 엔진의 회전속도를 변화시켜 전달한다.
③ 엔진 시동시, 정차시 엔진의 공회전운전을 가능케 한다.
④ 구동륜의 회전방향을 변화시킨다(후진).

1.1.2. 변속기의 구비조건

① 소형 경량이고 내구성과 신뢰성이 있으며 취급이 용이할 것.
② 적절한 변속비에 의해 단계가 없이 연속적으로 변속될 것.
③ 조작이 쉬우며 신속, 확실, 정숙하게 행해 질 것.
④ 동력전달 효율이 좋을 것.

1.2. 수동변속기의 종류

1.2.1. 점진 기어식(progressive gear type)

보통 전진 3단, 후진 1단으로 되어 있으며 1단 → 2단 → 3단으로 점진적으로 변속이 가능하며 주로 트랙터 등 농기계와 오토바이에 많이 사용한다.

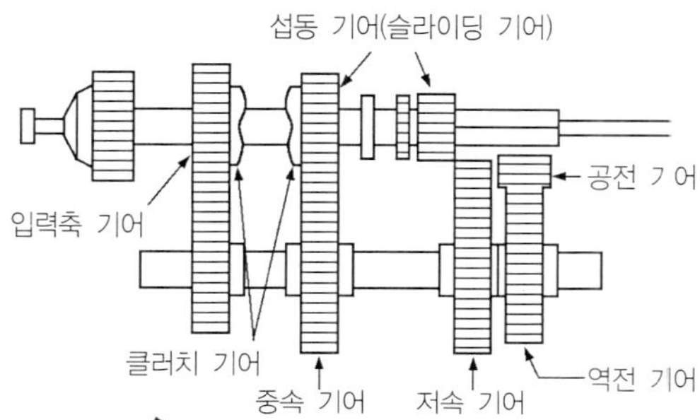

그림 2. 점진 기어식 변속기

1.2.2. 선택 기어식(selective gear type)

[1] 섭동기어 물림식(sliding mesh type)

① 주축과 부축(카운터 샤프트)은 평행이고 주축상의 기어는 축의 스플라인 부분에 끼워져 축 방향으로 이동하는 슬라이딩 기어가 있으며 부축상의 각 기어는 축에 고정되어 있으며 주 구동기어(메인 드라이브기어)에 의해 항상 회전한다.

② 변속기 변속레버의 조작에 의하여 주축상의 기어를 선택하여 축 방향으로 밀어줌으로써 부축상의 기어와 물리게 되어 주축이 회전한다.

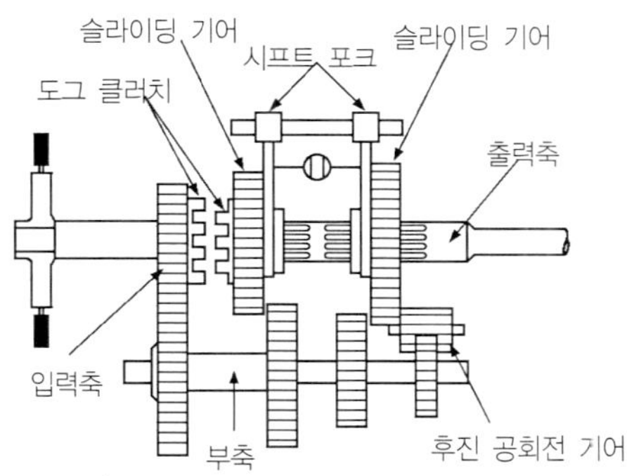

그림 3. 섭동 기어식 변속기

③ 구조가 간단하고 정비가 쉬우며, 주행 중의 기어 변속은 양축상의 원주 속도가 서로 다를 경우 기어 물림이 어려워 기어를 손상시킬 수 있는 단점을 가지고 있다.
④ 후진시 일단 자동차를 정지시키고 기어 변속을 해야 손상을 방지할 수 있다.

[2] 상시 물림식(constant mesh type)

① 주축상의 기어는 부축기어와 항상 맞물려 있고 주축상에서 공회전하고 있다.
② 도그 클러치(또는 클러치 기어)로 기어의 회전을 주축에 전달하는 역할을 하며 스플라인을 통해서 주축에 끼워져 있다.
③ 변속시 주축에서 공회전하고 있는 기어 안쪽의 도그 클러치에 끼워지므로 주축과 기어를 고정시켜서 동력을 전달한다.
④ 기어 자체를 이동시켜서 변속하지 않기 때문에 기어의 마모, 소음이 비교적 적어서 대형버스나 트럭 등에 사용되고 있다.

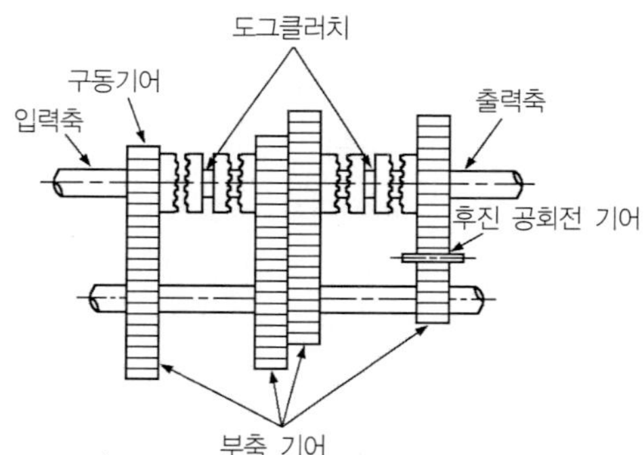

그림 4. 상시 물림식 변속기

[3] 동기 물림식(synchro mesh type)

상시 물림식의 도그 클러치를 개량하여 맞물리기가 더욱 쉽도록 주축 위를 항상 공회전하고 있는 변속기어와 주축에 스플라인으로 결합되어 있는 허브 기어사이에 원추모양의 마찰면을 가진 클러치(원추 클러치)를 설치하고 클러치 기어 대신에 슬리브를 사용한다. 장점은 원활하게 기어 물림이 가능하고 전반적으로 변속조작이 신속 용이하므로 섭동 물림식이나 상시 물림식보다도 가속성을 크게 향상시킬 수 있다.

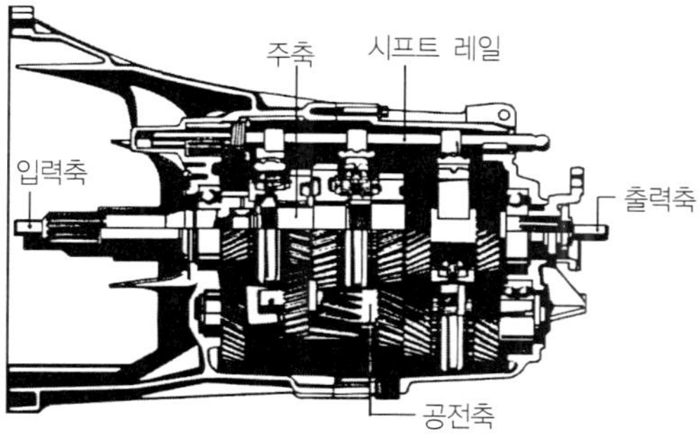

그림 5. 동기 물림식

(1) 동기 물림식의 장점

① 변속시 소음이 적고 변속이 쉽다.

② 변속시 가속페달을 밟거나 더블 클러치 조작이 불필요하다.

③ 기어가 보호되고 수명이 길다.

④ 헬리컬 기어형이므로 물림율이 커서 하중부담 능력이 크다.

동기화 또는 싱크로 메시란 싱크로나이저 링의 마찰력에 의해서 주축과 부축기어를 동조(同調)시키는 기구를 말한다. 즉, 주축과 부축상의 기어의 원주 속도가 같아지는 것을 말한다. 싱크로 메시에는 일정 부하형, 관성 고정형이 있으며 관성 고정형에는 키 형식과 핀 형식이 있다.

(2) 일정 부하형(constant load type)

① 변속조작을 급격히 하여 완전히 동기(同期)되지 않았을 때에도 콘 기어를 물릴 수 있는 형식이다.

② 클러치에 작용하는 부하가 일정한 것이 특징이다.

(3) 관성 고정형(inertia lock type)

동기작용이 완전히 종료되지 않으면 기어 물림이 되지 않는 형식이다.

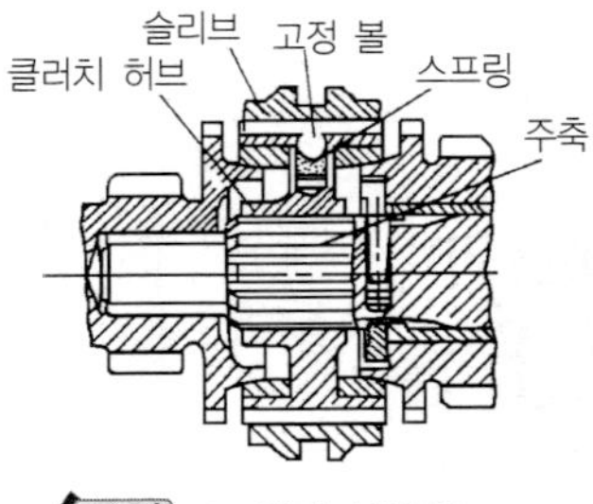

그림 6. 일정 부하형

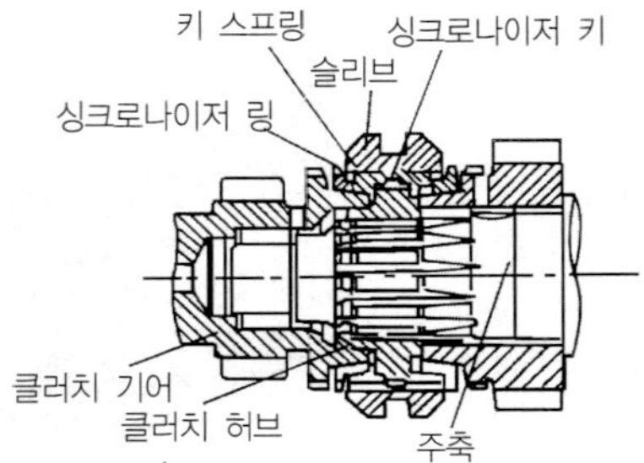

그림 7. 관성 고정형

1) 키 형식(key type)

① 싱크로나이저 허브는 주축 스플라인에 물리고 그 외부에 슬리브가 끼워져서 동력을 전달한다.

② 슬리브 내면의 스플라인과 허브가 서로 맞물리고 바깥둘레에는 변속 포크가 끼워지는 홈이 있어 변속레버의 조작에 의해 축 방향으로 움직인다.

③ 싱크로나이저 링은 각 기어의 콘부에 물려 브레이크를 작용시키는 역할(클러치 역할)을 한다. 일반적으로 싱크로나이저 안쪽면에는 나사가 있어 클러치작용을 유효하게 하도록 만들어져 있다.

④ 싱크로나이저 키(변속 키)는 뒷면에 돌기부분이 있어 허브에 파진 3개의 홈에 들어가 싱크로나이저 링에 의해 슬리브 안쪽 면에 항상 눌려져 있다. 키의 양쪽 끝은 싱크로나이저 링의 홈에 일정한 틈새를 두고 끼어 있어 싱크로나이저 링을 미는 역할을 한다. 또한, 클러치 허브와 슬리브를 고정하여 기어물림이 빠지지 않게 한다.

⑤ 키 스프링은 싱크로나이저 키를 슬리브 내면에 압착시킨다.

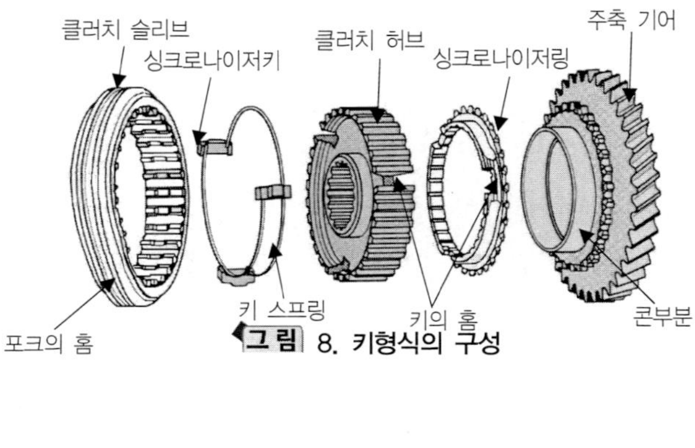

그림 8. 키형식의 구성

2) 핀식(pin type)

클러치 허브는 주축상의 스플라인에 끼워지고 그 외주에 변속 포크가 끼워지는 클러치 슬리브가 스플라인을 따라 전후방향으로 섭동할 수 있게 끼워져 있다. 클러치 슬리브의 주위에는 6개의 구멍이 있고 그 각각에 싱크로나이저 핀과 안내핀이 차례로 끼워져 있다.

싱크로나이저 핀은 앞뒤의 싱크로나이저 링과 결합되고 중앙부의 직경을 작게 하여 그곳에 필요한 만큼의 각도를 가지고 있다. 안내핀은 앞뒤의 싱크로나이저 링에 고정되지 않으며 중앙부의 계단은 클러치 슬리브에 두어진 고정 볼(locking ball)에 의해 밀려져 있다. 싱크로나이저 링과 함께 클러치작용을 하는 콘(바깥 링, outer ring)은 각 기어의 스플라인에 걸쳐 설치되어 있다.

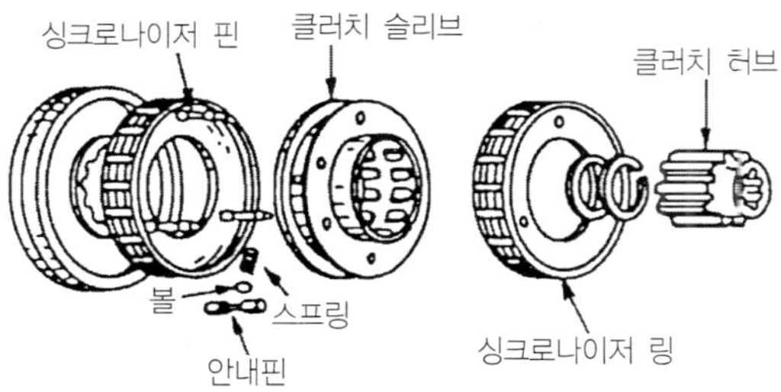

그림 9. 핀형식 싱크로메시 기구의 구성품

3) 서보식(servo type)

서보 효과(배력작용)를 이용하여 동기시키는 것이다. 슬리브가 왼쪽으로 이동하면 싱크로나이저 링과 접촉하여 링을 오므라들게 한다. 이와 동시에 싱크로나이저 링은 슬리브와 마찰력으로 인해서 회전방향으로 움직이게 되고 동시에 스러스트 블록과 접촉되어 그것을 밀어낸다. 스러스트 블록은 브레이크 밴드를 밀게 된다. 브레이크 밴드는 앵커 블록에 의해서 슬리브와 싱크로나이저 링의 마찰력을 클러치 기어에 전달하여 동기작용을 한다. 슬리브는 싱크로나이저 링을 압축하는 힘이 강해져서 마찰력이 증대되고 스러스트 블록을 통해 브레이크 밴드를 누르는 힘도 증대되어 앵커 블록은 브레이크 밴드에 의해서 밀려나 올라가고 브레이크 밴드를 벌어지게 한다.

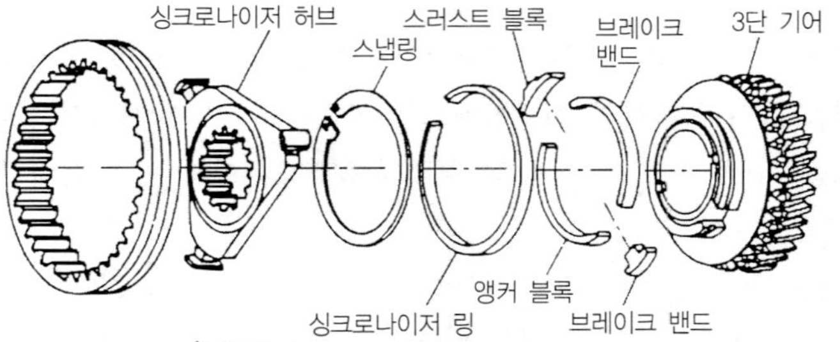

그림 10. 서보형의 구성부품 분해도

이와 같은 작동으로 싱크로나이저 링과 슬리브의 마찰력은 더욱 강하게 됨으로써 싱크로나이저 링과 슬리브의 마찰력은 한층 더 강해져 동기물림을 완료한다. 고속회전에서 아주 가혹한 변속조작을 하는 경주용 자동차에 주로 사용되고 있다.

1.2.3. FR 변속기

① FR 변속차량은 앞 엔진 뒷바퀴 구동차량으로 입력방향과 출력방향이 한 직선상에 놓여 있으며, 변속기는 입력축, 부축 및 출력축으로 구성되어 있다.

② 클러치 축(clutch shaft)은 스플라인 부의 클러치 디스크가 마찰운동을 하게 되어 있고, 엔진회전은 클러치 축 후단의 입력축 기어를 경유하여 부축의 각단 기어를 회전시켜서 출력축 각단 기어를 회전시킴으로써 추력 시킨다.

1.2.4. FF 변속기

전륜구동(FF형식) 변속기는 앞 엔진 앞바퀴 구동차량으로 변속기와 차동장치가 일체로 되어 있으므로 트랜스액슬(transaxle)이라 하며, 엔진과 트랜스액슬이 모두 엔진 룸(engine room)에 장착된다. 트랜스액슬의 특징은 다음과 같다.

① 구동축의 전달경로가 앞바퀴에 직접 전달됨으로써 차실 내의 유효공간이 넓다.

② 별도의 케이스를 사용하여 종 감속기어를 설치하지 않아도 되므로 자동차의 경량화로 연료소비율이 감소된다.

③ 앞바퀴에 많은 하중이 작용하기 때문에 횡풍에 대한 안전성 및 직진성이 양호하다.

④ 방향 안전성과 험한 도로 주행시에 안전성이 양호하다.

⑤ 제동시의 안전성이 양호하다.

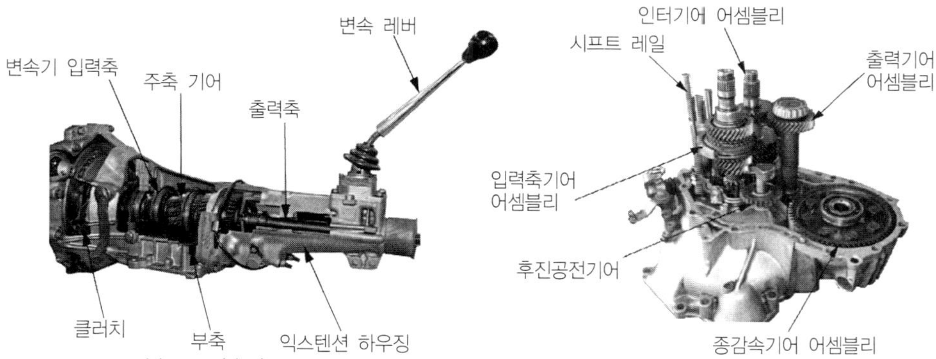

(a) FR 변속기 (b) FF 변속기

그림 11. 변속기의 종류

1.2.5. 변속 조작기구

[1] 직접 조작방식 변속기(floor shift type)

직접 조작방식은 변속레버는 변속기의 뒷부분에 부착되어 변속레버에 의해 시프트 포크(shift fork)가 선택되고, 각 시프트 포크는 시프트 레일(shift rail)과 함께 앞뒤로 작동하며, 시프트 레일에 고정된 시프트 포크가 싱크로나이저 슬리브 홈에 들어가서 슬리브를 작동시킨다. 또한 슬리브는 각 기어의 클러치 기어와 싱크로 허브를 연결하게 되어 변속이 이루어진다.

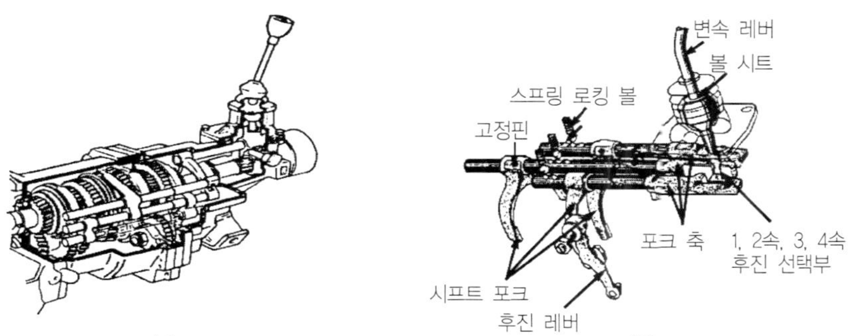

(a) (b)

그림 12. 직접 조작방식

[2] 원격 조작방식 변속기

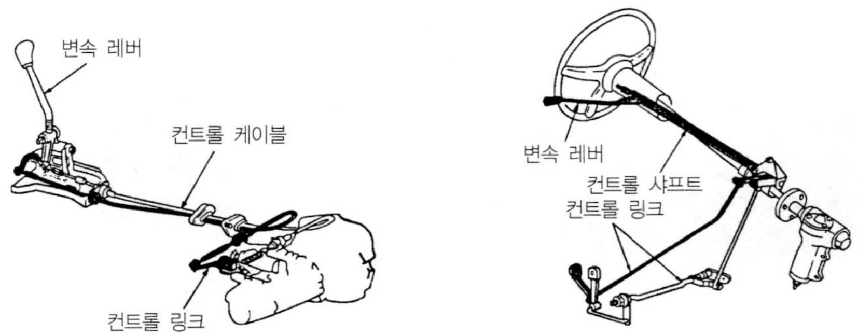

(a) 플로어 시프트식 (b) 컬럼 시프트식

그림 13. 원격 조작방식 변속기

(1) 컬럼형 원격 조작방식 변속기

컬럼형(column) 원격 조작방식 변속기는 연결로드를 이용한 것으로, 이 형식은 변속레버를 움직이면 연결로드가 움직이면서 시프트포크가 작동하여 변속이 이루어진다.

(2) 플로어형 원격 조작방식 변속기

운전석 옆에 있는 변속레버의 동작에 따라 시프트 케이블과 셀렉터 케이블이 움직이게 되고, 2개의 케이블은 시프트 레버와 셀렉터 레버를 움직여 변속이 이루어지게 된다.

[3] 오조작 방지기구

(1) 2중 물림 방지기구

1) 인터록 플런저(inter-lock plunger)

변속기에는 기어가 변속될 경우, 동시에 2중으로 변속이 이루어지지 않도록 아래 그림과 같이 인터록 플런저(2중 물림방지 장치)가 마련되어 있다. 각 시프트 레일(바)에는 홈이 있고, 홈에는 인터록 플런저가 삽입되어 있으며, 시프트 레일을 움직이면 인터록 플런저가 밀려나면서 다른 2개의 축을 고정하여 1개의 기어 외에는 변속되지 못하도록 되어 있다.

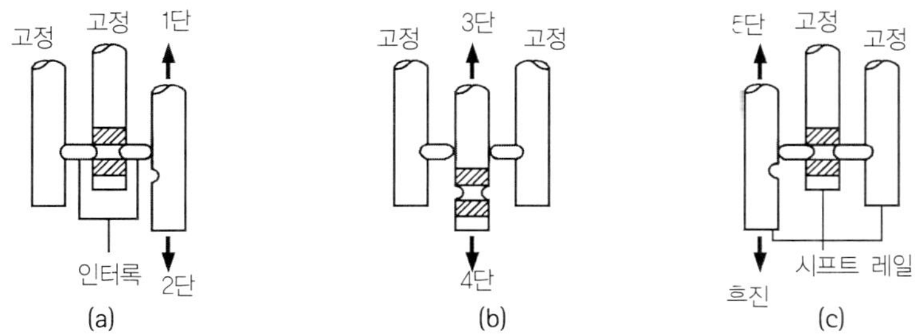

그림 14. 인터록 플런저

2) 인터록 플레이트(inter-lock plate)

트랜스액슬에는 2중 물림방지 기구로 다음의 그림과 같이 인터록 플레이트가 사용되고 있으며, 컨트롤 핑거가 3개의 시프트 러그중 하나를 선택하게 되면 다른 시프트 러그는 인터록 플레이트에 의해 고정되어 시프트 포크를 움직이지 못하게 하여 기어가 2중으로 선택되는 것을 방지하고 있다.

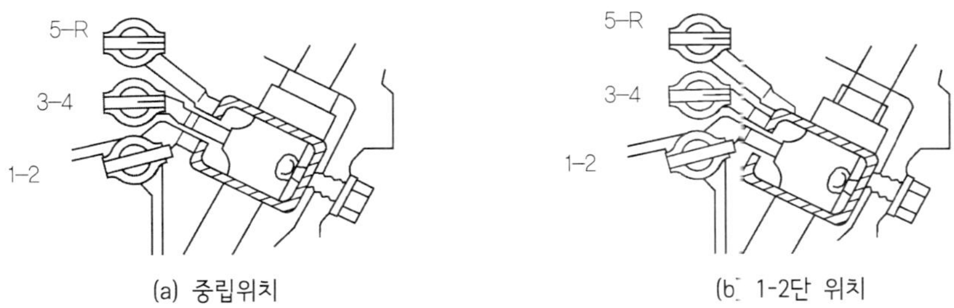

그림 15. 인터록 플레이트

(2) 포핏 스프링 및 플러그

포핏 스프링은 볼을 일정한 힘으로 밀어 시프트 레일의 헐거운 움직임을 제한하는 역할을 하며, 스프링에 가하는 장력은 플러그를 돌려 조정할 수 있도록 되어 있다. 만약 스프링의 장력이 너무 약하면 시프트 레일이 움직여 기어 빠짐의 원인이 될 수 있고, 장력이 너무 세면 시프트 레일이 움직이지 않거나 변속할 때 변속이 무거워진다. 일명 록킹볼(locking ball)이라고도 한다.

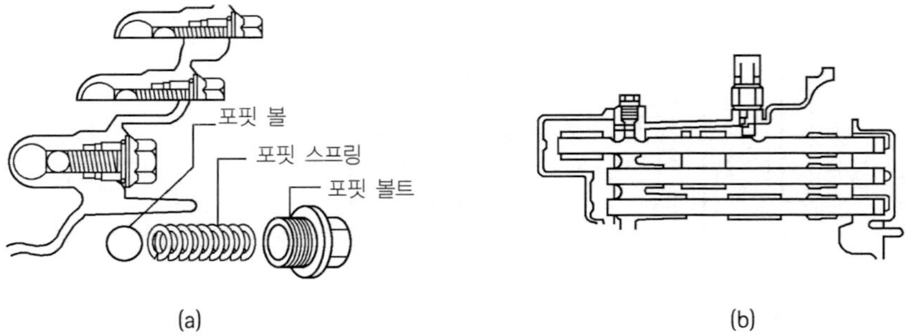

그림 16. 포핏 스프링 및 플러그

[4] 후진 오작동 방지기구

5단용 트랜스액슬이 탑재된 자동차에서는 5단에서 중립으로 변속할 때 과도한 변속조작, 즉 오버 시프트(over shift)에 의해 후진기어와 공전 기어의 잇면(齒面)이 크게 손상될 염려가 있기 때문에 후진 오작동을 방지할 목적으로 컨트롤 샤프트에 스토퍼가 장착되어 있어 5단에서 후진으로의 변속이 되지 않도록 하고 있다.

(1) 3-4단 변속을 할 때

컨트롤 샤프트에 있는 스토퍼의 위치는 스토퍼 브래킷과 떨어져 있다.

(2) 3-4단의 중립에서 5단 또는 후진으로 변속할 때

스토퍼의 위치는 그림과 같이 스토퍼 브래킷과 접촉되면서 쉽게 변속이 이루어진다.

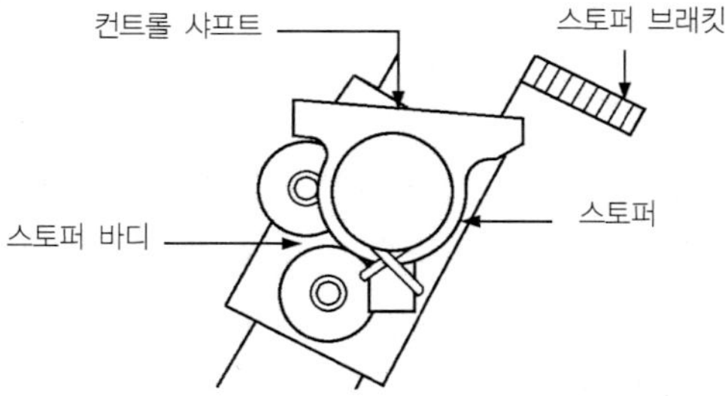

그림 17. 3-4단 변속을 할 때

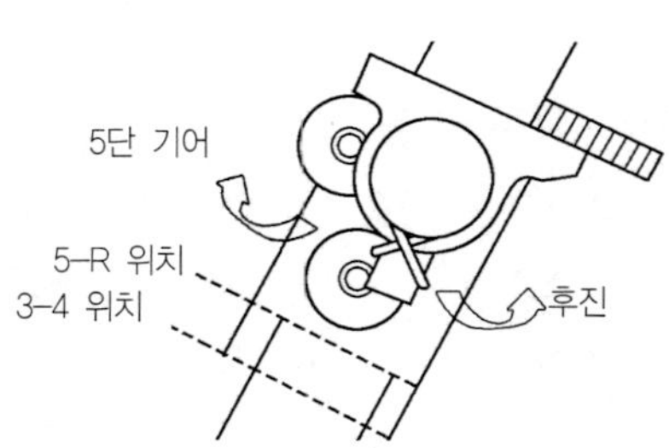

그림 18. 3-4단의 중립에서 5단 또는 후진으로 변속할 때

(3) 5단 변속 후 중립으로 변속될 때

스토퍼가 스토퍼 브래킷과 간섭이 되어 후진으로의 변속이 불가능하게 된다.

1.3. 수동변속기 센서 및 스위치

1.3.1. 차량속도 센서

차량속도 센서는 홀 센서 방식으로 변속기에 설치되어 있는 디퍼렌셜 기어의 회전속도를 감지하여, 차량속도를 검출한다. ECM(ECU)에 입력된 차속 정보는 현재 엔진 회전수와 차량 속도를 비교하여 주행 변속단을 연산, 최적의 연료량 계산을 위한 보정 신호로 사용된다. 또한 차량의 계기판(속도계) 신호와, 에어컨 컨트롤 모듈, 네비게이션, 파워 슬라이딩 도어 모듈 등에 차속정보가 사용된다.

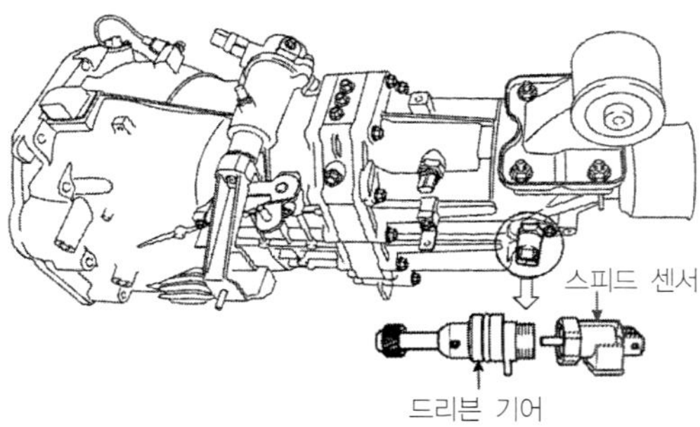

그림 19. 차량속도 센서

1.3.2. 중립 스위치

중립 스위치는 수동변속기에 장착되어 있으며, 중립 스위치는 기어가 중립에 위치해 있을 때 작동해서 ECM(ECU)로 신호를 보낸다.

1.3.3. 후진등 스위치

후진단 러그의 이동으로 후진 스위치가 눌러져 작동되며, 후진 등을 점등하는 역할을 한다.

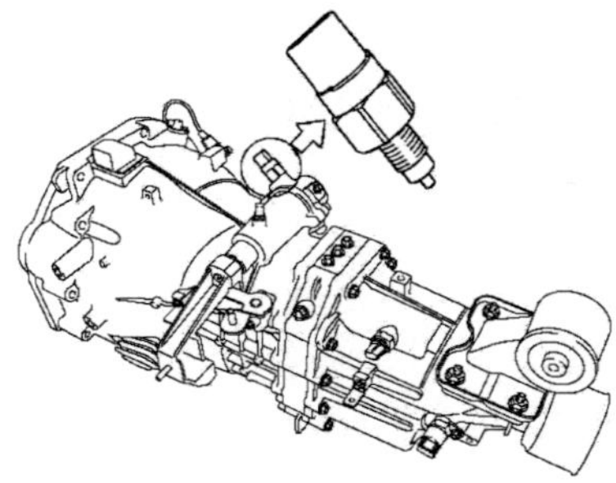

그림 20. 중립스위치

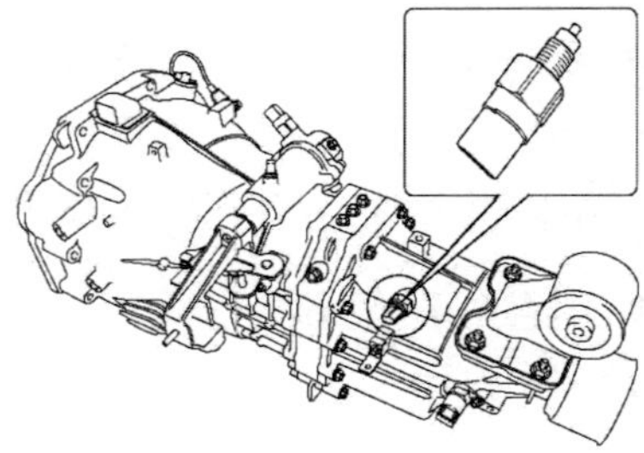

그림 21. 후진등 스위치

1.4. 구동력(tractive force)

구동력은 구동바퀴가 자동차를 미는 힘을 말하며, 구동바퀴의 반경을 R(m), 축의 회전력을 T(kgf · m)라 하면 구동력 F(kgf)는 다음과 같은 식으로 나타낼 수 있다.

$$F = \frac{T}{R}$$

1.5. 변속비(gear ratio)

변속 레버를 저속으로 선택하면 바퀴의 회전속도는 느리지만 축의 토크는 증가한다. 이와 같이 토크의 증대를 가져오는 것이 변속비이고, 변속비는 다음과 같이 구한다.

$$\text{변속비}(i) = \frac{\text{출력(피동)기어 잇수}(Z_o)}{\text{입력(구동)기어 잇수}(Z_i)} = \frac{\text{입력축(엔진) 회전속도}(N_i)}{\text{출력축(추진축) 회전속도}(N_o)}$$

변속비 〉 1 : 감속

변속비 〈 1 : 증속(오버 드라이브)

변속비 = 1 : 등속(직결)

이 변속비는 종감속 기어비와 함께 자동차의 주행성능 즉 최고속도, 가속성능, 등판성능, 연료소비율 등에 아주 밀접한 관계가 있을 뿐만 아니라 엔진 소음과 배출가스에도 영향을 준다. 자동차의 경우 변속은 변속기 이외에 최종 감속기어로도 감속을 하고 있으므로 엔진과 구동바퀴 사이의 변속비를 총 감속비라 한다.

총 감속비(i_t)= 변속기의 변속비(i_m) × 종감속 기어의 감속비(i_f)

1.6. 자동차의 주행속도

자동차의 주행속도는 주행저항을 고려하지 않으면 엔진의 회전수, 변속비, 종감속비, 바퀴의 지름에 따라서 결정이 된다. 즉, 자동차의 주행속도는 다음과 같이 된다.

$$V = \frac{\pi \times D \times N}{i_m \times i_f} \times \frac{60}{1000} (\mathrm{km/h})$$

V : 자동차 주행속도(km/h). D : 바퀴의 지름(m)
i_m : 변속기 기어비. i_f : 종감속비
N : 엔진 회전수(rpm)

[예제 1] 엔진 회전수가 4,800rpm, 종감속비가 4.8, 타이어의 지름이 70cm이고, 4속 변속비 1일 때, 차량의 주행속도[km/h]를 구하시오.

풀이 자동차의 주행 속도는 주행저항을 고려하지 않으면 엔진의 회전수, 변속비, 종감속비, 바퀴의 지름에 따라서 결정이 된다.

$$V = \frac{60}{1000} \times \pi \times D \times \frac{N}{i_m \times i_f} [\mathrm{km/h}]$$

$$= \frac{60}{1000} \times \pi \times 0.7 \times \frac{4,800}{1 \times 4.8} = 131.95\mathrm{km/h}$$

1.7. 동력 인출장치(power take-off)

① 자동차 엔진의 동력을 주행 이외의 용도로 이용하는 경우에 장착하는 장치이며, 소방 자동차의 펌프나 덤프트럭의 유압펌프 등의 구동에 사용한다.

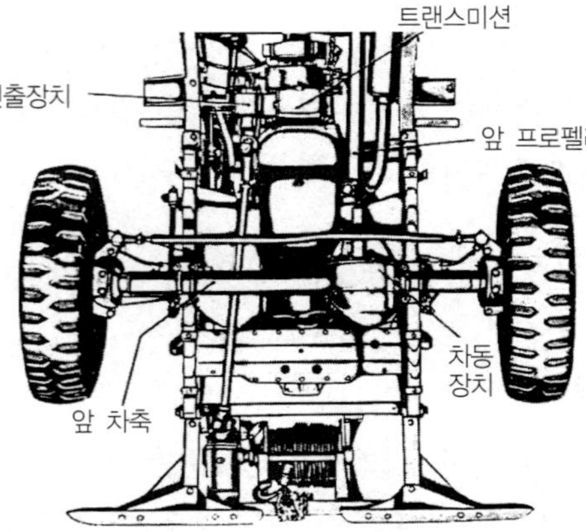

그림 22. 동력 인출장치(PTO)

② 동력 인출장치는 변속기 케이스의 측면에 설치하고 부축의 동력인출 구동기어로부터 동력을 인출하게 되어 있으며 동력의 변환은 시프트 포크에 의해서 아이들 기어를 섭동한다. 이것에는 회전방향이 일방향인 싱글타입과 회전방향을 바꿀 수 있는 듀얼(dual)식이 있다.

2. 자동변속기(automatic transmission)

2.1. 자동변속기(automatic transmission)의 개요

자동변속기는 클러치 조작 기구를 조작하지 않아도 쉽게 운전할 수 있는 장치로 운전자의 가속페달에 의해 엔진에서 발생한 동력을 자동으로 회전속도와 회전력을 변화시켜 바퀴를 구동하는 장치로 구조는 토크컨버터, 유성기어장치, 작동기구(클러치, 브레이크), 변속제어 기구(유압제어, 전자제어)가 있다.

2.1.1. 자동변속기의 장점

① 기어변속이 간단하고 엔진 스톨이 없어 운전하기가 편리하다.

② 엔진의 힘이 유체를 매개체로 전달하므로 발진 및 가속과 감속이 원활하다.

그림 23. 자동변속기

③ 유체를 매개체로 사용하므로 진동 및 충격흡수가 크다.

④ 구동력이 커 등판 발진이 쉽고 등판능력이 크다.

2.1.2. 자동변속기의 단점

① 구조가 복잡하고 가격이 비싸다.

② 가속성이 낮고 최고속도가 다소 낮다.

③ 연료소비량이 수동에 비해 약 10% 정도가 증가한다.

④ 정비성이 불리하고 차를 밀거나 끌어서 시동을 걸 수 없다.

2. 2. 시프트 레버 위치와 기능

① P(parking-주차) : 엔진 시동이 되며 출력축은 기계적으로 파킹기구에 완전 고정된다.

② R(reverse-후진) : 엔진 시동 불가능하다.

③ N(neutral-중립) : 엔진 시동이 되며 엔진 출력이 출력축으로 전달되지 않는다.

④ D(drive-주행) : 스로틀 개도 및 차속에 따라서 자동적으로 변속이 되며 킥 다운은 4-3-2로 주행 중 가속페달을 약 85% 이상 밟을 때 된다. 1속에서 엔진 브레이크가 작동되지 않는다.

⑤ 2(second) : 1→2속에서 자동변속 되며 엔진 브레이크는 작동되지 않는다. 빙판길 등에서 주로 사용한다. 댐퍼 클러치는 2속에서 댐퍼 클러치 작동영역에 진입되면 자동적 작동한다.

그림 24. 시프트 레버

⑥ L(lock-up) : 1속 발진이며 엔진 브레이크가 작동한다. 내리막 길 등 엔진 브레이크를 필요로 할 때 사용한다.

⑦ sport mode(+, -) : manual AT처럼 운전할 수 있도록 자유도를 높여 변속을 실현시키고 Select lever가 D에서 오른 쪽으로 이동하면 sport mode로 인식한다.

3. 무단변속기(CVT : continuously variable transmission)

3.1. 무단변속기(CVT)의 개요

무단변속기(CVT : continuously variable transmission)란 연속적으로 가변(可變)시키는 장치이다. 무단변속기의 최대 장점은 무단으로 변속을 실행하므로 변속기에서 발생할 수 있는 변속 충격방지 및 연료 소비율 향상과 가속성능이 우수한 점이다.

그림 25. 무단변속기

무단변속기의 종류에는 크게 변속방식에 의한 분류와 동력 전달방식에 의한 분류할 수 있으며, 변속방식에는 벨트방식과 트로이드방식으로 나누며 현재는 주로 벨트방식을 사용한다. 또한 벨트방식에서도 전동기로 제어하는 건식과 유압으로 제어하는 습식이 있으며, 유압으로 제어하는 습식이 주로 사용된다. 동력 전달장치에는 전자 분말방식과 토크컨버터 방식이 있다. 무단변속기는 엔진을 항상 최적 운전상태로 유지할 수 있어 효율이 10~20% 정도 높아진다.

변속 모드는 P, R, N, D, Ds, L레인지 등 총 6개의 모드로 구성되어 있으며 자동변속기 주행상태에서 D_4, D_3, D_2, L과는 달리 D레인지는 이코노미 모드(economy mode)이며, Ds는 파워 모드(power mode)이다.

3.2. 무단변속기의 장점

[1] 가속성능의 향상

무단변속기는 변속비가 연속적으로 이루어지므로 엔진 회전속도를 일정한 구간으로 유지하여 변속할 수 있기 때문에 운전자의 성향에 따라 필요한 구동력 영역에서 운전을 할 수 있다.

[2] 연료소비율의 향상

기존의 자동변속기는 댐퍼 클러치 제어 영역을 변속기 충격이나 내구성 문제 때문에 댐퍼 클러치 영역에 제한을 두었으나 무단변속기는 중간에 차단되는 변속이 없으므로 댐퍼 클러치 영역을 기존 자동변속기보다 많은 영역으로 할 수 있다. 그리고 최적의 연료 소비율 곡선에 따라 운전할 수 있어 연료 소비율이 향상된다.

[3] 변속기 충격감소

변속 패턴이 없어 출력축 토크 변동에 의한 차이가 없기 때문에 변속기 충격이 없고 원활한 가속을 할 수 있다.

[4] 무게 감소

기존의 자동변속기에 비해 부품 수요가 적어 무게가 가벼워진다.

Tip

자동차의 메이커에 따라 여기에서는 기술하지 않은 다른 운전모드들이 여러 가지 있으며 여기서는 생략한다. 그리고 자동변속기의 상세 내용, 반자동 변속기와 전자 클러치, 무단변속기(CVT) 등에 대항 다양하고 전문적 자료들은 자동변속기 전문서작들을 참고하기 바란다.

4. 수동변속기 실습

안전 및 주의사항

1. 수동변속기 관련 장치 정비 전 정비지침서를 숙지하여 실습순서를 정하고 공구 및 실습 기기와 재료 등을 충분히 준비한다.
2. 실습장 및 주위를 깨끗이 정리정돈하고 유류 등의 인화성물질은 안전하게 별도로 보관하며 소화기를 비치하여 화재사고에 대비한다.
3. 수동변속기 관련 장치 정비시작 전 안전교육을 실시한다.
4. 복잡한 부분을 분해할 경우에는 조립작업을 쉽게 하기 위하여 기능상이나 외관상 악영향이 없는 부분에 각인(刻印) 또는 조립 표시등을 하여 둔다.
5. 자동차를 자동차 리프트로 들어 올릴 때는 주변의 안전 상태를 확인해야 한다.
6. 부품을 분해하면서 조립되었던 상태·변형·오작동부분 및 손상 등을 점검한다.
7. 분해한 부품은 순서대로 잘 정리하여야 하며 또 교환하여야 하는 부품과 다시 사용할 부품을 구분하여 정리하고 다시 사용할 부품은 충분히 청소 및 세척을 한다.
8. 정비시 오일 및 부품을 떨어지지 않도록 하며 작업장 바닥에 이물질이 있으면 즉시 닦아낸다.
9. 볼트 및 너트 체결시 적절한 공구를 사용하여 무리한 힘을 가하지 말고 정비지침서에 규정된 토크로 조인다.
10. 수동변속기 오일은 지정 메이커 순정품을 사용한다.
11. 실습 종료 후 실습장 주위의 정리정돈을 깨끗이 한다.

실습기기 및 재료

공구 및 측정기기

일반 공구세트, 특수공구, 작업등, 에어공구, 전동공구, 토크렌치, 바이스, 프레스, V블록, 고임목, 변속기 잭, 리프트, 안전스탠드, 다이얼 게이지, 베어링 풀러, 직각자, 사운드 스코프 미터, 줄자, 플래시, 검사망치, 안전보호구(방독면, 방진마스크, 보안경, 보호 장갑, 방진 보호복, 작업복)

실습재료

수동변속기 관련 장치 교환부품, 수동변속기 전용오일, 수동변속기 기어오일, 그리스, 스페이스 조정심, 세척유, 부싱, 개스킷, 볼 베어링, 싱크로나이저 링, 걸레, 수동변속기 장착 차량

기타

정비지침서, 장비 및 공구 사용설명서

4.1. 수동변속기의 고장진단

고장현상	원 인	정 비
소음, 진동	변속기 및 엔진 마운팅의 헐거움 및 파손	조임 및 마운트 교환
	샤프트 엔드 플레이(shaft end play) 부적당	엔드 플레이 수정
	기어의 마모 및 손상	기어 교환
	규격 불량 오일 사용	규정오일로 교환
	오일 부족	오일 보충
	엔진 공회전수가 규정 rpm과 일정치 않음	공회전 속도 조정
오일 누설	오일 실(oil seal), O-링 파손 및 손상	오일 실, 오링 교환
	부적당한 실런트(sealant)사용	규정 실런트로 재봉합
기어변속 불량	컨트롤 케이블(control cable)의 불량	컨트롤 케이블 교환
	싱크로나이저 링과 콘 부의 접촉 불량 및 마모	수리 및 교환
	싱크로나이저 스프링 약화 및 파손	교환
	등급이 다른 오일 사용	규정 오일로 교환
기어 빠짐	기어 시프트 포크 마모	시프트 포크 교환
	포핏 스프링(poppet spring) 절손	포핏 스프링 교환
	싱크로나이저 허브, 슬리브 스플라인 마모	교환

4.2. 수동변속기 기어오일 교환

① 먼저 차량을 평탄한 곳에 주차시킨 다음 차량을 리프트로 들어 올린다.

그림 26. 리프트에 차량 설치

② 드레인 플러그(drain plug)를 탈거하여 변속기 기어오일을 완전히 배출시킨 후 드레인 플러그 가스켓을 새것으로 교환하고 잠근다.

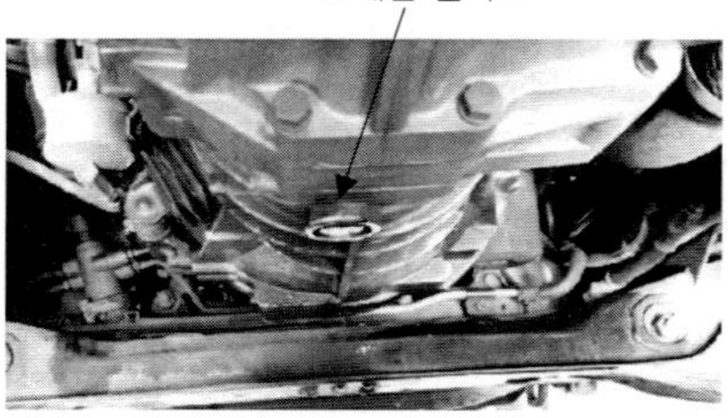

(a) 드레인 플러그 탈거

(b) 오일 배출

그림 27. 변속기 오일 배출

③ 필러 플러그(filler plug)로 변속기 기어오일이 넘치는 수준까지 채우는 것이 기어오일의 규정량이다.

④ 변속기 기어오일은 차종별로 기어오일의 종류와 규정량이 달라진다.

(a) 필러 플러그

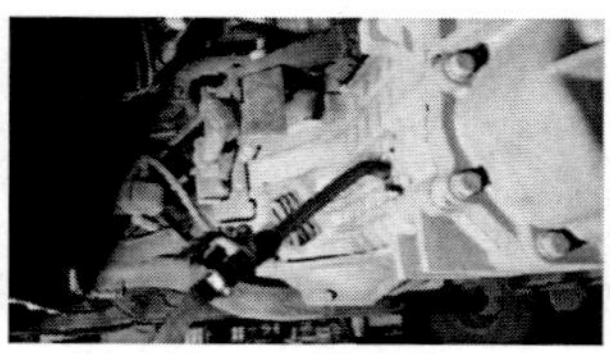

(b) 오일 주입

(c) 오일 점검

그림 28. 오일주입 및 오일점검

4.3. 수동변속기 탈착 및 장착

4.3.1. FR 변속기

① 배선에 전압이 공급되는 것을 방지하기 위해 배터리 (-)단자를 분리한다.

그림 29. 배터리 (-)단자 분리

② 기동전동기에서 B단자 및 ST단자를 분리하고 변속기에서 기동전동기 고정 볼트를 분리하고 기동전동기를 탈거한다.

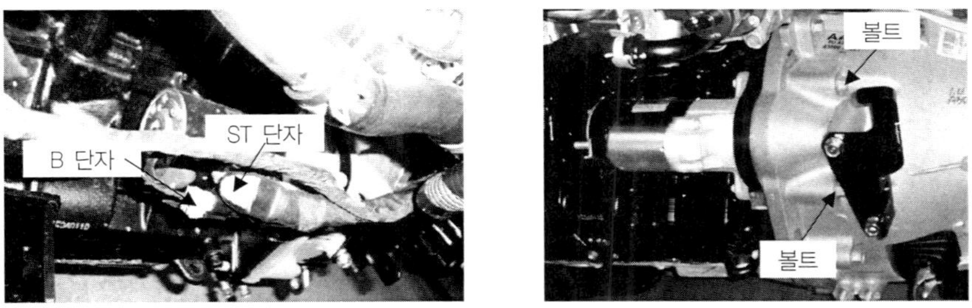

(a) B단자, ST단자 분리　　(b) 고정볼트 분리

그림 30. 기동전동기 탈거

③ 변속기 오일을 배출한다.

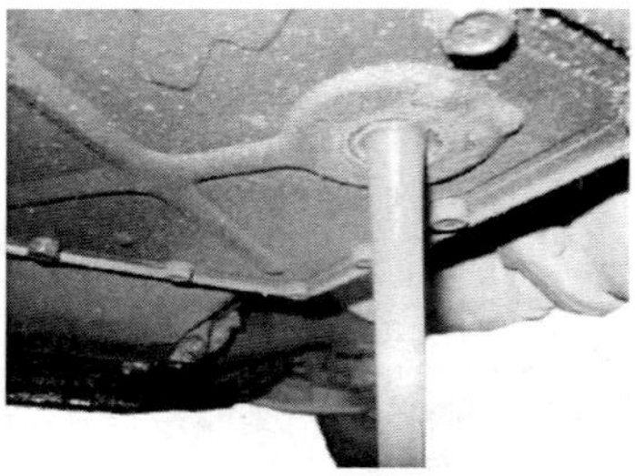

그림 31. 변속기 오일 배출

④ 프로펠러 샤프트와 종감속기어 플랜지에 조립시 일치 마크를 표시를 하고 탈거한다.

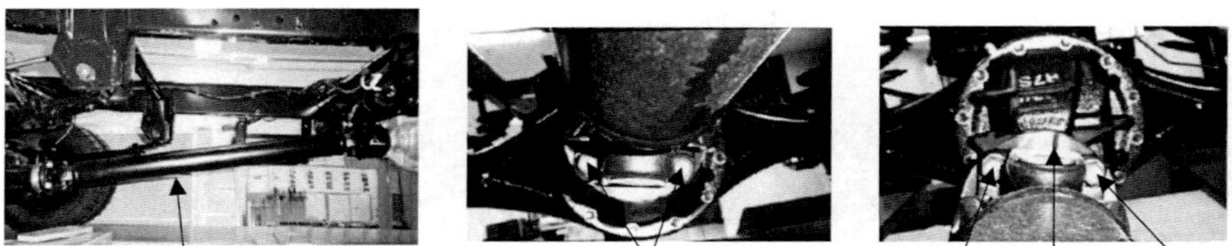

(a) 프로펠러 샤프트 (b) 볼트 탈거 (c) 볼트 및 일치마크

그림 32. 프로펠러 샤프트 탈거

⑤ 사이드 커버를 탈거한다.

⑥ 볼트를 풀어 접지선, CKP 센서 커넥터, 중립 스위치 커넥터, 차속센서 커넥터와 후진등 스위치 커넥터를 탈거하고 와이어링을 브래킷에서 분리한다.

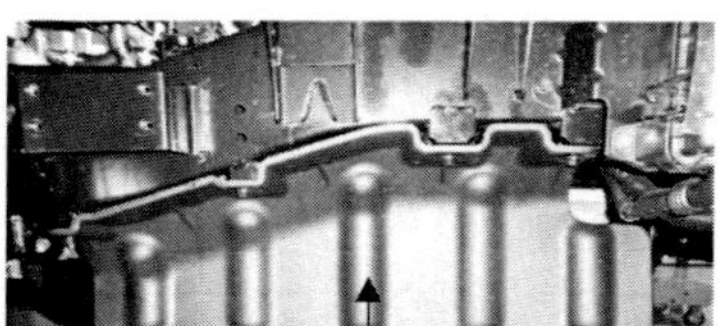

그림 33. 사이드 커버 탈거

그림 34. 각종 커넥터 및 와이어링 분리

⑦ 핀과 와셔를 탈거하고 케이블 가이드를 브래킷에서 분리한 후 컨트롤 케이블을 탈거한다.

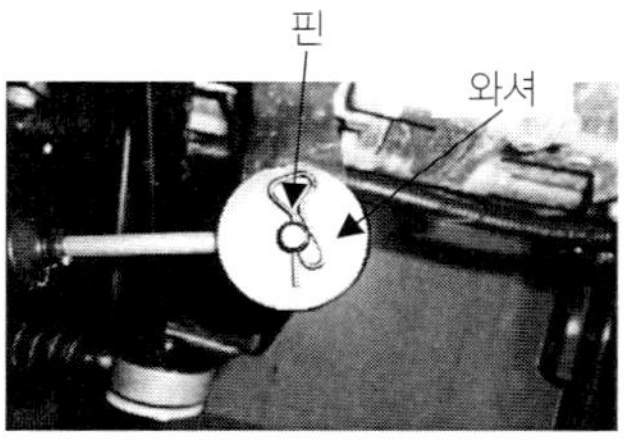

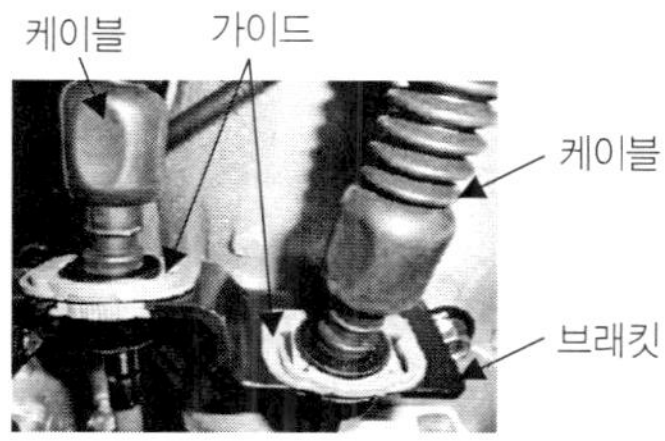

그림 35. 컨트롤 케이블 탈거

⑧ 케이블 브래킷에서 와이어링을 분리한다.
⑨ 릴리스 실린더를 변속기에서 분리한다.
⑩ 변속기를 잭으로 지지하고 롤 서포트 브래킷 볼트 및 너트를 탈거한다.
⑪ 변속기 고정 볼트 및 너트를 푼다.

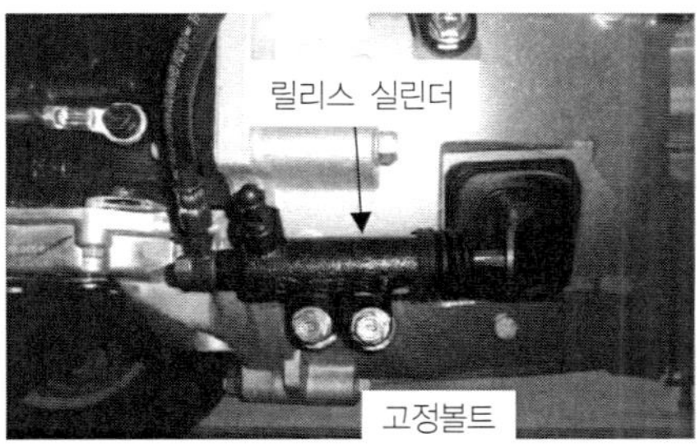

그림 36. 릴리스 실린더 분리

(a) 변속기 잭 설치

(b) 볼트 탈거

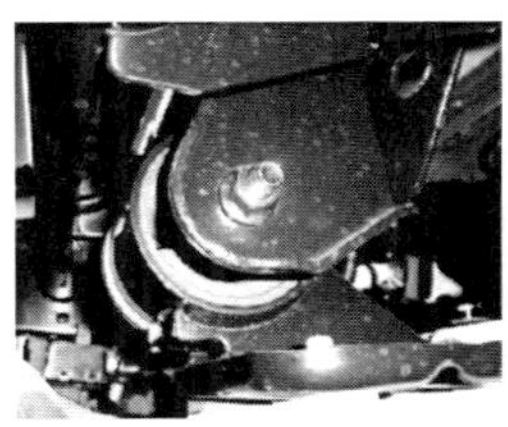

(c) 너트 탈거

그림 37. 브래킷 볼트 및 너트 탈거

⑫ 변속기에 간섭된 와이어링과 배선, 튜브 또는 서스펜션 부품에 손상을 주지 않도록 주의하면서 변속기를 탈거한다.

⑬ 장착은 탈거의 역순으로 한다.

(a)

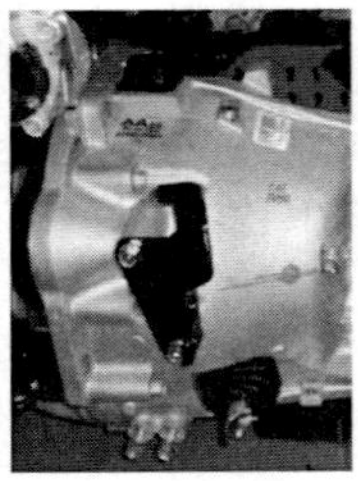

(b)

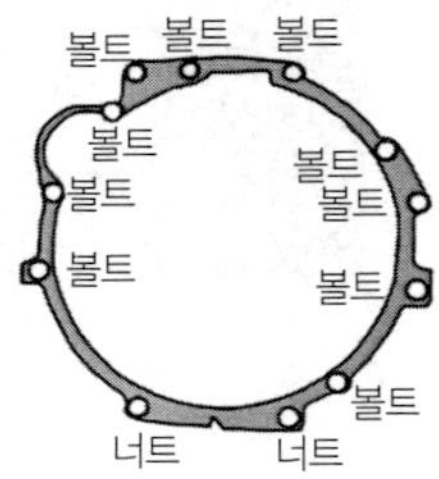

(c)

그림 38. 볼트 및 너트 탈거

4.3.2. FF 변속기 탈착 및 장착

[1] 트랜스액슬 탈거

① 축전지 (−)단자, 에어클리너 및 호스, 후진등 스위치 커넥터, 클러치 튜브 및 클립을 떼어낸다.

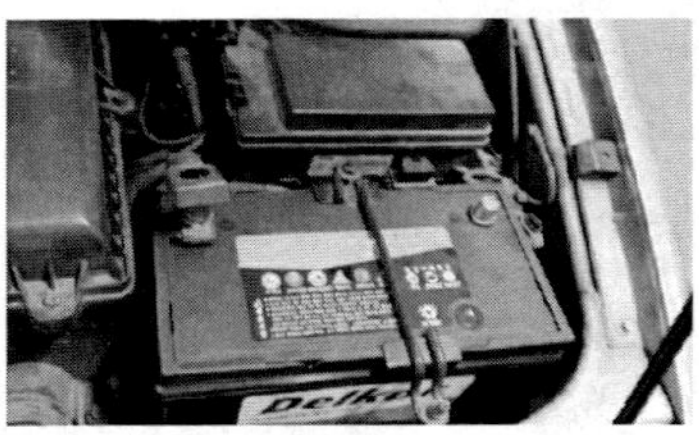

그림 39. 축전지 (−)단자 탈거

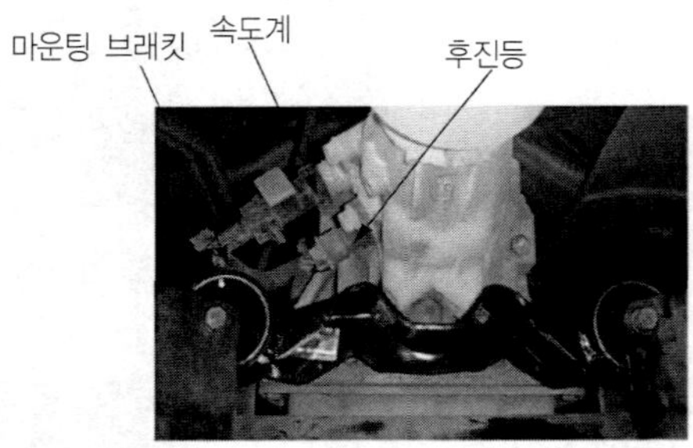

그림 40. 각종 커넥터 및 마운팅 브래킷 탈거

② 클러치 릴리스 실린더, 속도계 케이블, 선택 케이블 및 변속케이블을 떼어낸다.

그림 41. 에어클리너 탈거

그림 42. 클러치 릴리스 실린더 탈거

③ 기동전동기 마운팅 볼트를 푼 다음 특수공구를 사용하여 엔진을 지지한다.

그림 43. 선택 케이블 및 변속케이블 탈거

그림 44. 특수공구로 엔진 지지

④ 트랜스액슬 마운팅 브래킷 및 인슐레이터를 떼어낸 후 자동차 들어 올리고 타이어를 떼어낸다.

⑤ 드레인 플러그를 풀고 오일을 배출시킨 후 타이로드, 로워 암 볼 조인트 및 구동축을 떼어낸다.

⑥ 기어박스 조인트 및 리턴 튜브 마운팅 볼트를 떼어낸 다음 앞 소음기, 보조 프레임 마운팅 볼트를 푼다.

⑦ 트랜스액슬 앞·뒤 마운팅 브래킷, 트랜스액슬 사이드 마운팅 브래킷을 떼어낸다.

⑧ 트랜스액슬을 잭으로 지지하여 떼어낸다.

그림 45. 잭으로 트랜스액슬지지

[2] 트랜스액슬 장착

장착은 탈거 순서의 반대로 하며, 이때 마운팅 브래킷 설치는 엔진 마운팅 브래킷 → 트랜스액슬 마운팅 브래킷 → 뒤 롤 스토퍼 마운팅 브래킷 → 앞 롤 스토퍼 마운팅 브래킷 → 순서로 한다.

그리고 앞 스토퍼 롤 마운팅 브래킷을 설치할 때 인슐레이터가 손상되면 엔진 공전상태에서 심한 진동을 일으킨다. 트랜스 액슬을 장착한 후 오일을 규정량으로 주입하고 각 변속단 마다 이상이 없는 지 검사를 한다.

4. 4. 수동변속기 센서 및 스위치

4.4.1. 차량 속도센서

[1] 점검

① 커넥터와 와이어링 손상을 점검한다.

② 엔진을 정지(IG KEY "OFF")하고 차속센서 커넥터를 탈거한 후 IG KEY "ON" 시킨 후 차속센서 커넥터의 전원단자 전압(규정값 : 11.5~13.0V)을 점검한다.

③ 엔진을 정지(IG KEY "OFF")하고 차속센서 커넥터를 탈거한 후 IG KEY "ON" 시킨 후 차속센서 커넥터의 신호단자 전압(규정값 : 8.0~11.5V)을 점검한다.

④ 엔진을 정지(IG KEY "OFF")하고 차속센서 커넥터를 탈거한 후 IG KEY "ON" 시킨다.

㉮ 차속센서 커넥터의 신호단자와 차체 접지간 전압을 점검한다.

㉯ 차속센서 커넥터의 신호단자와 접지 단자간 전압을 점검한다.

㉰ 규정값 : ㉮-㉯ = 200mV

⑤ 차속센서 단품점검

㉮ 엔진을 정지(IG KEY "OFF")시킨다.

㉯ 차속센서 커넥터를 탈거한다.

㉰ 차속센서와 드리븐 기어 어셈블리를 탈거한다.

㉱ 차속센서 드리븐 기어의 회전상태와 마모를 점검한다.

㉲ 차속센서 커넥터를 장착 후 IG KEY "ON" 한다.

㉳ 드리븐 기어를 손으로 회전시켜 계기판 및 차속 관련 계통의 차속신호가 발생되면 정상이다.

[2] 탈거

① 차량 속도센서 커넥터를 탈거한다.

② 차량 속도센서를 탈거한다.

③ 볼트를 풀어 드리븐 기어를 탈거한다.

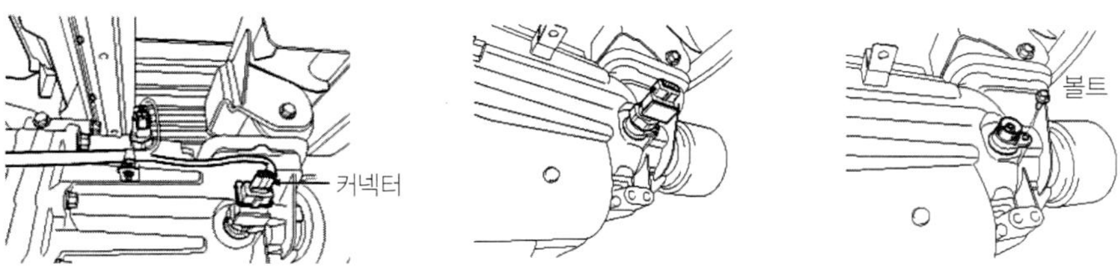

(a) 커넥터 탈거 (b) 차량 속도센서 탈거 (c) 드리븐 기어 탈거

그림 46. 차량 속도센서 탈거

[3] 장착

① 스플라인을 확인해서 마모가 심할 경우 신품으로 교환한다.

② 장착시 O-링은 신품으로 교환한다.

③ 장착은 탈거의 역순으로 한다.

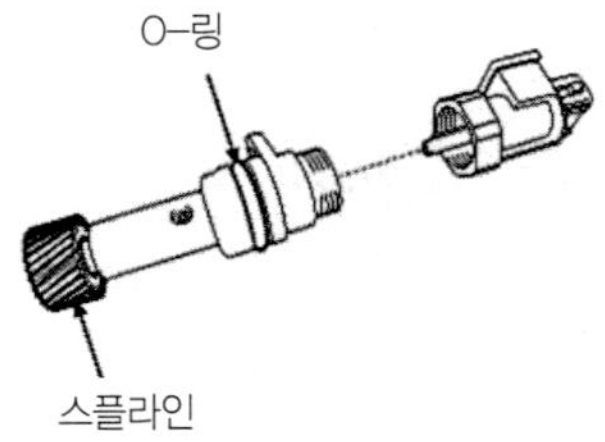

그림 47. 차량 속도센서

4.4.2. 중립 스위치

[1] 점검

① 중립 스위치 커넥터를 탈거한다.

② 핀 번호 1과 2사이의 통전을 점검한다. 시프트 레버를 중립으로 했을 때 통전이 되어야 정상이다.

③ 중립 위치에서 통전되지 않으면 중립 스위치를 교환한다.

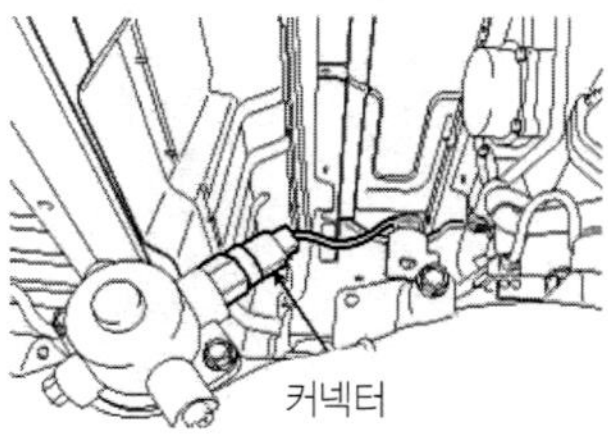

그림 48. 중립 스위치 커넥터 탈거

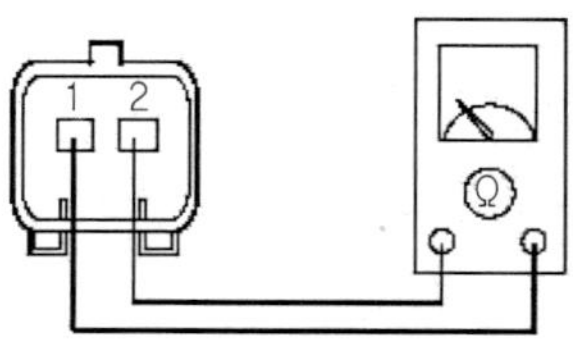

조 건	1	2
중 립	●—	—●
기 타		

그림 49. 중립 스위치의 점검

[2] 교환

① 중립 스위치 커넥터를 탈거한다.

② 중립 스위치를 탈거한다.

③ 신품 중립 스위치를 장착하고 커넥터를 연결한다.

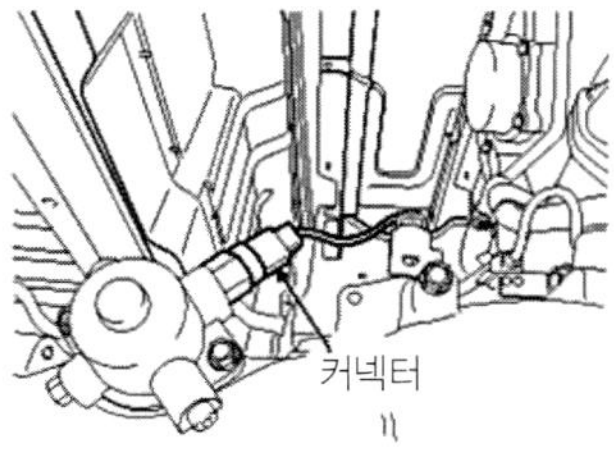

그림 50. 중립스위치

4.4.3. 후진등 스위치

[1] 점검

① 후진등 스위치 커넥터를 탈거한다.

② 핀 번호 1과 2사이의 통전을 점검한다. 시프트 레버를 후진했을 때 통전이 된다.

③ ON-OFF 변환점에서 0.5mm 이상 유지되어야 백업 등이 ON된다.

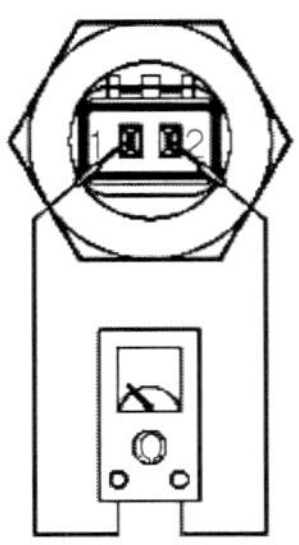

조 건	1	2
R레인지	●	●
기 타		

그림 51. 후진등 스위치 점검

[2] 교환

① 후진등 스위치 커넥터를 탈거한다.

② 후진등 스위치를 탈거한다.

③ 신품으로 교환하여 장착한다.

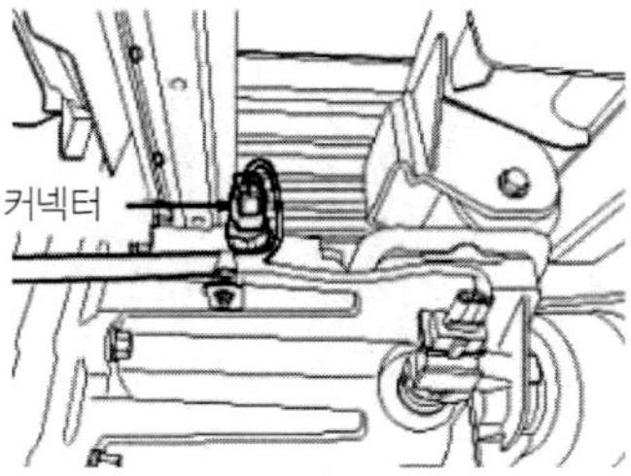

그림 52. 후진등 스위치 교환

선행학습 보고서

선 행 학 습 명	수동변속기 정비				
실 습 목 적	수동변속기 원리와 역할 이해, 점검, 진단, 수리, 정비, 교환, 검사				
실 습 일	월 일	학 번		성 명	

1. 학습내용	평가항목	성취수준		
		상	중	하
수동변속기 서술형	변속기의 필요성에 대하여 서술하시오.			

2. 학습내용	평가항목	성취수준		
		상	중	하
수동변속기 서술형	변속기의 구비조건에 대하여 서술하시오.			

3. 학습내용	평가항목	성취수준		
		상	중	하
수동변속기 서술형	동기물림식 변속기의 장점에 대하여 서술하시오.			

4. 학습내용	평가항목	성취수준		
		상	중	하
수동변속기 서술형	FR변속기 및 FF변속기의 특성에 대하여 서술하시오.			

5.	학습내용	평가항목	성취수준		
			상	중	하
수동변속기 서술형		2중 물림장지기구의 종류 및 작동에 대하여 서술하시오.			

6.	학습내용	평가항목	성취수준		
			상	중	하
수동변속기 서술형		차량속도 센서의 역할에 대하여 서술하시오.			

7.	학습내용	평가항목	성취수준		
			상	중	하
수동변속기 서술형		중립 스위치 및 후진등 스위치 역할에 대하여 서술하시오.			

8.	학습내용	평가항목	성취수준		
			상	중	하
수동변속기 서술형		구동력 및 변속비에 대하여 서술하시오.			

9.	학습내용	평가항목	성취수준		
			상	중	하
수동변속기 서술형		동력 인출장치에 대하여 서술하시오.			

선행학습명	수동변속기 점검				
실습목적	수동변속기 원리와 역할 이해, 점검, 진단, 수리, 정비, 교환, 검사				
실습일	월 일	학번		성명	

1. 학습내용	평가항목	성취수준		
		상	중	하
수동변속기 점검	차량속도 센서를 점검하시오.			

점검항목	규정값(한계값)	측정값	판 정	정비 및 조치사항
전원단자 전압			□ 양호 □ 불량	
신호단자 전압			□ 양호 □ 불량	

2. 학습내용	평가항목	성취수준		
		상	중	하
수동변속기 점검	중립스위치를 점검하시오.			

점검항목	규정값(한계값)	측정값	판 정	정비 및 조치사항
중립시 통전여부	□ 통전 □ 비통전	□ 통전 □ 비통전	□ 양호 □ 불량	

3. 학습내용	평가항목	성취수준		
		상	중	하
수동변속기 점검	후진 등 스위치를 점검하시오.			

점검항목	규정값(한계값)	측정값	판 정	정비 및 조치사항
R레인지시 통전여부	□ 통전 □ 비통전	□ 통전 □ 비통전	□ 양호 □ 불량	

CHAPTER 04

드라이브라인 · 차동장치

[NCS를 활용한] Synthesis Automotive Chassis

학습목표

드라이브라인 및 차동장치의 역할 및 원리를 이해하고 드라이브라인 관련 장치의 소음, 충격, 진동, 소손, 누유 및 동력전달 여부를 점검하고 작동 상태와 제어장치를 진단 및 관련 측정 장비로 점검하여 문제의 부분을 조정, 수리, 교환할 수 있으며, 차동장치의 오일점검과 진동, 소음, 충격, 슬립 여부를 점검하고 작동 상태와 제어장치를 진단 및 관련 장비로 분석하여 고장부분을 조정, 수리, 교환할 수 있다.

1. 정비지침서에 따라 드라이브라인 및 차동장치의 역할 및 원리를 이해할 수 있다.
2. 안전작업 절차에 따라 드라이브라인 및 차동장치의 관련 장치를 점검할 수 있다.
3. 정비지침서에 따라 드라이브라인 및 차동장치의 관련 장치의 작동 상태를 확인하여 고장원인을 파악할 수 있다.
4. 정비지침서에 따라 드라이브라인 및 차동장치의 관련 장치의 세부 조정목록을 확인하여 조정내용을 파악할 수 있다.
5. 차종에 따라 조정부품 및 오일의 규정치를 확인하여 초기설정 범위 값으로 조정할 수 있다.
6. 정비지침서에 따라 수리 및 조정에 필요한 장비를 선택하여 사용할 수 있다.
7. 정비지침서에 따라 탈거와 조립절차 계획을 수립하여 관련된 지식을 바탕으로 장비 및 공구를 준비할 수 있다.
8. 정비지침서에 따라 교환과 수리가능여부를 판단하여 수리부품을 확인할 수 있다.
9. 드라이브라인 및 차동장치의 관련 부품들의 점검과 진단결과에 따라 교환목록을 확인하고 드라이브라인 및 차동장치의 관련 장치 부품을 교환할 수 있다.
10. 정비지침서에 따라 드라이브라인 및 차동장치의 고장진단 장비를 사용하여 고장원인을 분석할 수 있다.
11. 정비지침서에 따라 작업 후 드라이브라인 및 차동장치의 작동 상태를 검사할 수 있다.

1. 드라이브라인(drive line)의 개요

드라이브라인은 변속기의 출력을 구동축에 전달하는 부분이며 FR형식은 추진축과 자재이음, 슬립이음으로 되어 있으며, FF형식은 이러한 구성품이 필요 없이 구동축이 연결된다. 현가 스프링을 사이에 두고 프레임에 설치되어 있는 구동축은 노면으로부터의 충격과 적재량의 크기에 따른 스프링의 변형으로 상하운동을 한다.

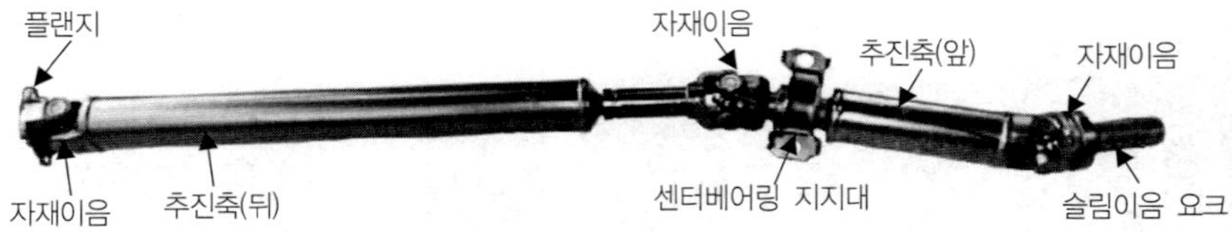

그림 1. 드라이브라인의 구성

1. 1. 슬립이음(slip joint)

슬립이음은 변속기 주축 뒤끝에 스플라인을 통하여 설치되며, 차축의 상하운동에 따라 변속기와 종감속 기어사이에서 길이 변화를 수반하게 되는데 이때 추진축의 길이 변화를 가능하도록 하기 위해 두고 있다.

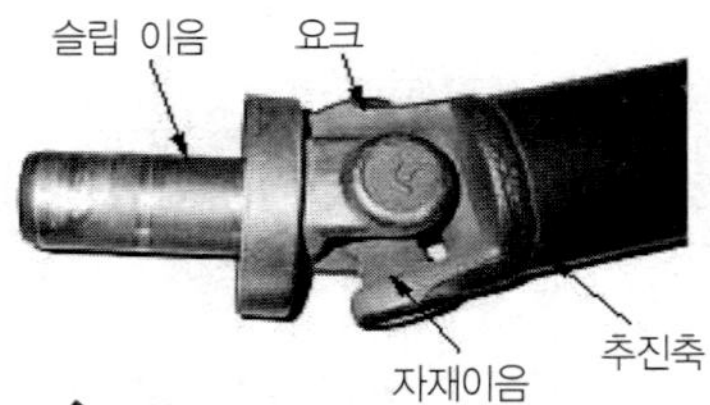

그림 2. 슬립이음, 자재이음

1. 2. 자재이음(universal joint)

자재이음은 변속기와 종감속 기어사이의 구동 각도 변화를 주는 장치이며, 종류에는 십자형 자재이음, 플렉시블 이음, 볼엔드 트러니언 자재이음, 등속도 자재이음 등이 있다.

1.2.1. 십자형 자재이음(훅 조인트)

이 형식은 중심부의 십자축과 2개의 요크(yoke)로 구성되어 있으며 십자축과 요크는 니들 롤러 베어링을 사이에 두고 연결되어 있다. 그리고 이 형식은 변속기 주축이 1회전하면 추진축도 1회전하지만 그 요크의 각속도는 변속기 주축이 등속도(等速度)회전하여도 추진축은 90° 마다 변동하여 진동을 일으킨다. 이 진동을 감소시키려면 각도를 12~18° 이하로 하여야 하며 추진축의 앞·뒤에 자재이음을 두어 회전속도 변화를 상쇄시켜야 한다.

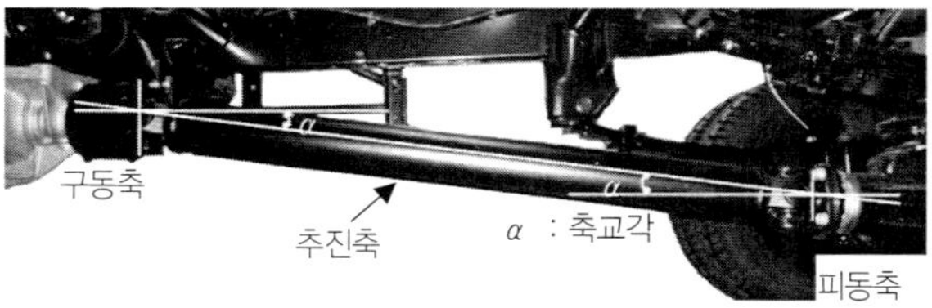

(a) 조립상태

(b) 십자형 자재이음

그림 3. 십자형 자재이음

1.2.2. 플렉시블 이음(flexible joint)

이 형식은 3가닥의 요크사이에 가죽이나 경질 고무로 만든 커플링(coupling)을 끼우고 볼트로 조인 것이다. 이 형식은 마찰부분이 없어 주유가 필요 없으며 회전이 조용하다. 그러나 구동축과 피동축의 경사각이 3~5° 이상 되면 진동을 일으키기 쉬워 동력전달 효율이 저하한다.

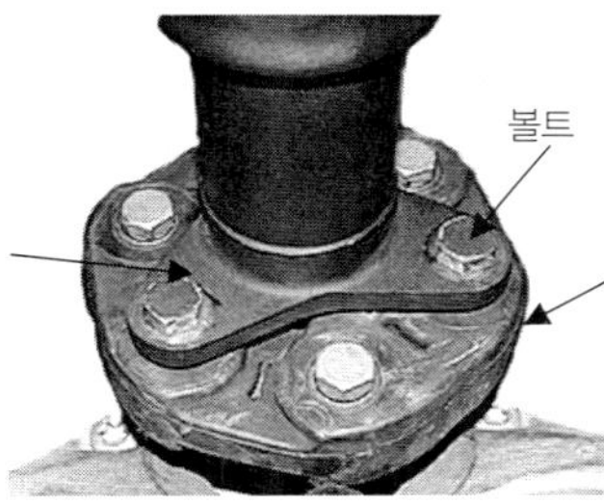

그림 4. 플렉시블이음

1.2.3. 등속도(CV) 자재이음

일반적인 자재이음에서는 동력 전달각도 때문에 추진축의 회전 각속도가 일정하지 않아 진동을 수반하는데 이 진동을 방지하기 위해 개발 된 것이다. 드라이브라인의 각도 변화가 큰 경우에는 동력전달 효율이 높으나 구조가 복잡하다. 이 형식은 주로 앞바퀴 구동방식(FF) 차량의 차축에서 사용된다. 종류에는 트랙터형, 벤딕스 와이스형, 제파형, 파르빌레형, 이중 십자이음이 있다.

[1] 트랙터형(tractor type)

양쪽 요크사이에 2개의 미끄럼 운동부가 있으며, 십자형 자재이음을 2개 합친 것과 같다.

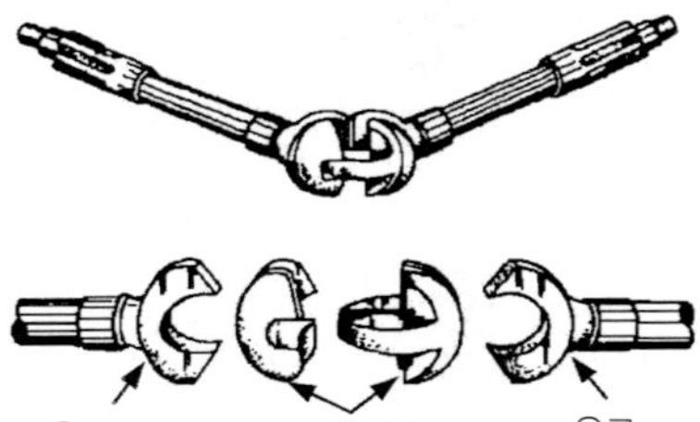

그림 5. 트랙터형

[2] 벤딕스 와이스형(bendix weiss type)

동력전달용으로 4개의 볼(ball)을 사용하며, 그 중심에 볼을 1개 두고 중심을 잡도록 하고 있으며 동력전달용 볼이 안내 홈을 따라 움직여 그 중심은 축이 형성하는 각의 2등분 선상에 있게 되어 있다. 이 형식은 볼의 수가 적어 용량이 작기 때문에 중심 지지용 베어링이 2개가 필요하다.

[3] 제파형(rezeppa type)

안내 홈과 볼을 이용하는 점은 벤딕스 와이스형과 비슷하나 축이 만나는 각도에 따라 볼 리테이너(ball retainer)가 움직여 볼의 위치를 바른 곳에 유지시키게 되어 있다.

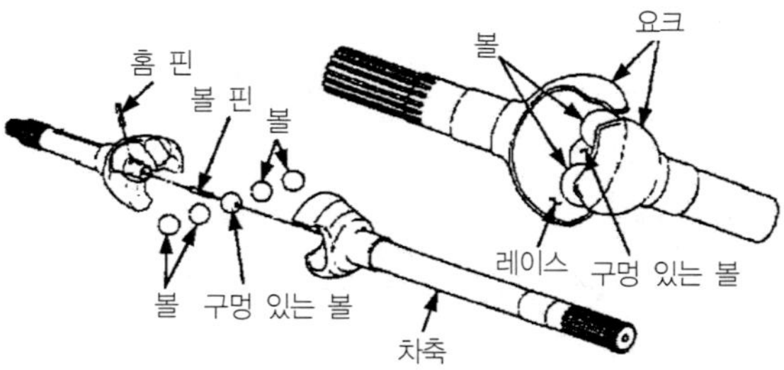

그림 6. 벤딕스 와이스형

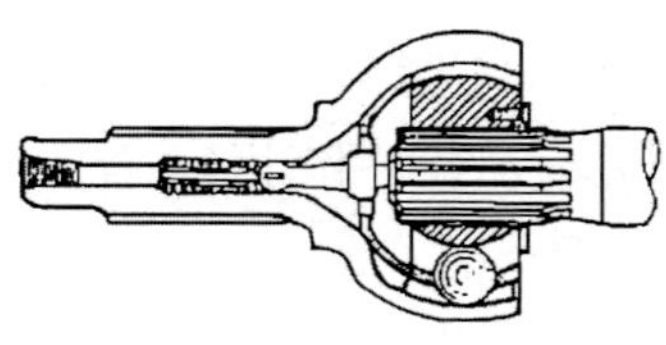

그림 7. 제파형

[4] 파르빌레형(parville type)

제파형을 개량한 것으로 아우터 레이스(outer race)의 안쪽 면과 인너 레이스(inner race)의 바깥쪽 면이 같은 중심을 갖는 둥근 모양이며, 리테이너를 사이에 두고 조립되어 있다. 이에 따라 각도를 이룰 때에는 아우터 레이스와 인너 레이스가 리테이너를 사이에 두고 미끄럼운동을 하여 소정의 각도를 이루도록 한다. 또 볼 홈은 각도를 이룰 때 홈의 모양과 리테이너에 의해 볼을 소정의 위치에 유지시킨다.

구조가 간단하고 용량이 커 앞바퀴 구동차량에서 사용한다. 또한 변속기 쪽에 있는 것을 더블 오프셋 이음(double off-set joint), 바퀴 쪽에 있는 것을 버필드 이음(birfield joint)라 부른다.

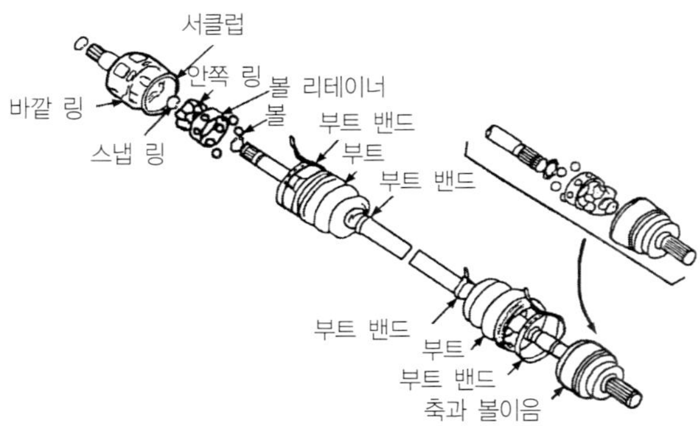

그림 8. 더블 오프셋 이음

[5] 2중 십자이음

십자형 자재이음 2개를 마주 대고 중심 요크로 결합한 것이며, 중심 지지용 볼을 설치하고 있다.

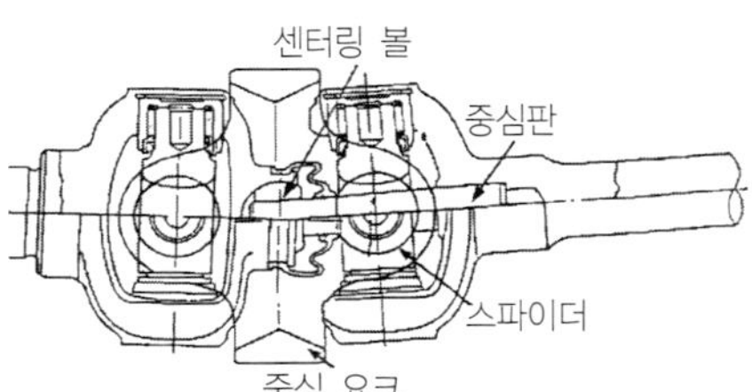

그림 9. 2중 십자이음

1.3. 추진축(propeller shaft)

추진축은 끊임없이 변화하는 엔진의 동력을 받으면서 고속회전하고 강한 비틀림을 받으므로 비틀림 진동을 일으키거나 축이 구부러지거나 기하학적인 중심과 질량 중심이 일치하지 않으면 휠링(whirling)이라는 굽음 진동을 일으킨다. 이에 견딜 수 있도록 속이 빈 강관(steel pipe)을 사용한다. 회전평형을 유지하기 위해 평형추가 부착되어 있으며 또 그 양쪽에는 자재이음의 요크가 있다.

축간거리(軸間距離)가 긴 자동차에서는 추진축을 2~3개로 분할하고, 각 축의 뒷부분을 센터 베어링으로 프레임에 지지하고, 또 대형 자동차의 추진축에는 비틀림 진동을 방지하기 위한 토션 댐퍼(torsional damper)를 두고 있다.

그림 10. 추진축 및 센터베어링

1.4. 센터베어링

앞, 뒤 추진축의 중간을 지지하고 앞 추진축의 뒤끝의 스플라인축에 설치되어 있으며, 센터베어링 주위를 둘러싸고 있는 탄성체인 고무 부싱이 베어링을 통해서 전달되는 추진축의 진동을 방지하여 프레임이나 차체로 전달되지 않도록 하는 역할을 한다.

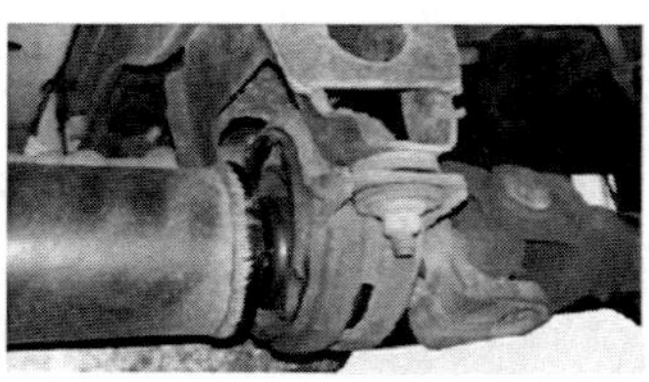

(a) 센터베어링의 설치상태

(b) 센터베어링의 구조

그림 11. 센터베어링의 구조

1.5. 구동축(drive shaft)

① FF자동차에서 차동기어(differential gear)로부터 구동바퀴로 동력을 전달하는 축이며, 동력을 보다 원활하게 전달하기 위해 좌우축의 길이가 같은 형과 트랜스 액슬의 위치에 따라 보조축을 사용하는 형이 있다(대부분 양축 길이가 상이하다).

② 등속이음은 바퀴의 상하운동에 의한 구동축의 각도와 길이의 변화를 흡수하기 위해 바퀴측(내측)에는 버필드형 이음을 차동 기어측(외측)에는 트리포드형 또는 더블 오프셋형 이음을 사용하고 있다.

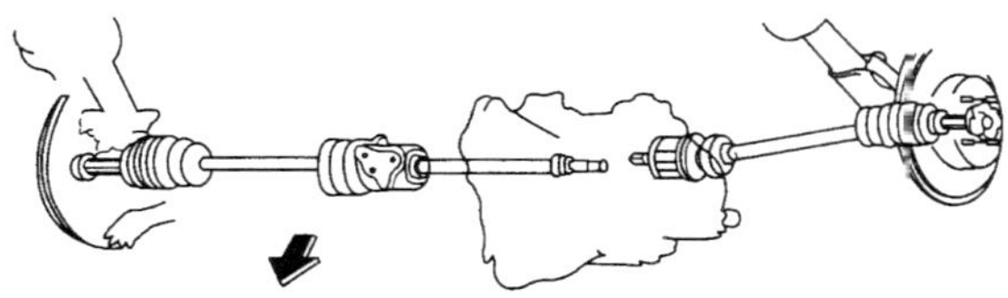

그림 12. 앞바퀴 구동 차축

2. 종감속 기어와 차동장치

2.1. 종감속 기어(final reduction gear)의 개요

엔진의 동력을 변속기에서 변환시켜 FR의 경우는 추진축과 자재이음을 통하여 종감속 및 차동기어를 거쳐 구동축에 연결되나, FF의 경우는 변속기 안에 있는 종감속 및 차동기어를 거쳐 구동축을 통해서 구동바퀴로 회전력을 전달한다.

그림 13. FR차량의 종감속 기어와 차동기어

종감속 기어는 주행에 필요한 충분한 회전력을 확보하고, FR차량의 경우에는 추진축의 회전을 구동축에 직각으로 전달하는 기능도 담당한다. 종감속 기어는 구동 피니언(drive pinion)과 링 기어(ring gear)로 구성되어 있고 종감속 기어와 차동기어를 일체로 리어 액슬 하우징(rear axle housing) 내에 조립되어 있다.

종감속의 종류에는 웜과 웜 기어, 스퍼베벨 기어, 스파이럴 베벨기어, 하이포이드 기어(hypoid gear)가 있다.

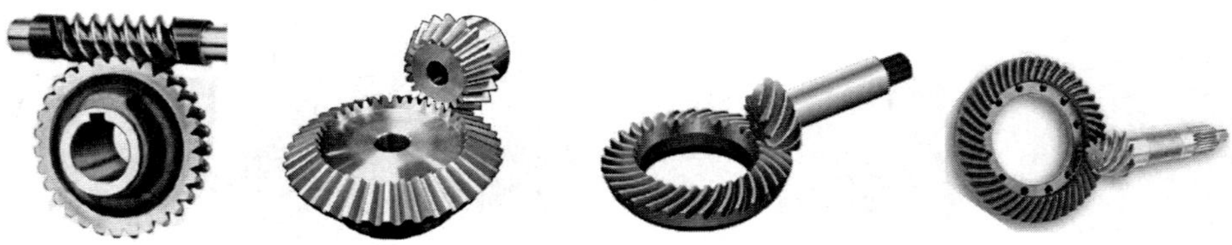

(a) 웜기어 (b) 스퍼 베벨 기어 (c) 스파이럴 베벨 기어 (d) 하이포이드 기어

그림 14. 종감속 기어의 종류

2.1.1. 하이포이드 기어

하이포이드 기어는 링 기어의 중심보다 구동 피니언의 중심이 10~20% 정도 낮게 설치된 스파이럴 베벨기어의 전위(off-set) 기어이다.

[1] 하이포이드 기어의 장점

① 구동 피니언의 오프셋에 의해 추진축 높이를 낮출 수 있어 자동차의 중심이 낮아져 안전성이 증대된다.

② 동일 감속비, 동일 치수의 링 기어인 경우에 스파이럴 베벨기어에 비해 구동 피니언을 크게 할 수 있어 강도가 증대된다.

③ 기어 물림률이 커 회전이 정숙하다.

[2] 하이포이드 기어의 단점

① 기어 이의 폭 방향으로 미끄럼 접촉을 하므로 압력이 커 극압 윤활유를 사용하여야 한다.

② 제작이 조금 어렵다.

2.1.2. 종감속비

종감속비는 링 기어의 잇수와 구동 피니언의 잇수비로 나타낸다.

$$종감속비 = \frac{링기어의\ 잇수}{구동피니언의\ 잇수}$$

$$총감속비 = 변속비 \times 종감속비$$

종감속비는 나누어서 떨어지지 않는 값으로 하는데 그 이유는 특정의 이가 항상 물리는 것을 방지하여 이의 편 마멸을 방지하기 위함이다. 또 종 감속비는 엔진의 출력, 차량중량, 가속성능, 등판능력 등에 따라 정해지며, 종 감속비를 크게 하면 가속성능과 등판능력은 향상되나 고속성능이 저하한다.

2. 2. 차동장치(differential system)

2.2.1. 차동장치의 개요

차동장치는 자동차가 선회할 때 양쪽 바퀴가 미끄러지지 않고 원활하게 선회하려면 바깥쪽 바퀴가 안쪽 바퀴보다 더 많이 회전하여야 하며, 또 요철(凹凸)노면을 주행할 때에도 양쪽 바퀴의 회전속도가 달라져야 한다. 즉, 차동장치는 노면의 저항을 적게 받는 구동바퀴 쪽으로 동력이 더 많이 전달될 수 있도록 하며 차동 사이드 기어, 차동 피니언, 피니언축 및 케이스로 구성되어 있다.

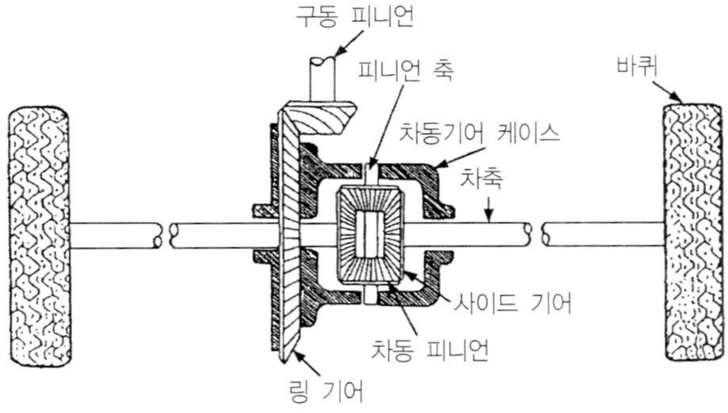

그림 15. 차동장치의 구성도

2.2.2. 차동장치의 원리

차동장치는 래크와 피니언의 원리를 응용한 것이며, 양쪽의 래크 위에 동일한 무게를 올려놓고 핸들을 들어 올리면 피니언에 걸리는 저항이 같아져 피니언이 자전(自轉)을 하지 못하므로 양쪽 래크와 함께 들어 올려진다(자동차가 직진할 때).

그러나 래크 한쪽의 무게를 가볍게 하고 피니언을 들어 올리면 가벼운 래크를 들어 올리는 방향으로 피니언이 자전을 하며 양쪽 래크가 올라간 거리를 합하면 피니언을 들어올린 거리의 2배가 된다(자동차가 선회할 때). 여기서 래크를 사이드 기어로 바꾸고 좌우 차축 축을 연결한 후 차동 피니언을 종감속 기어의 링 기어로 구동시키도록 하고 있다.

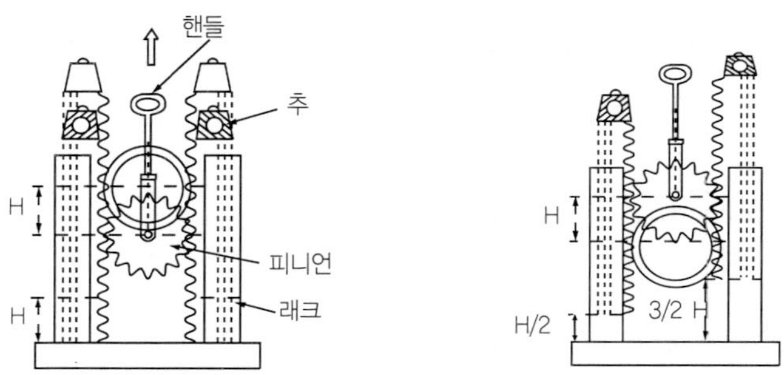

그림 16. 래크와 피니언의 원리

2.2.3. 차동장치의 작용

자동차가 평탄로를 직진할 때에는 좌우 구동바퀴의 회전저항이 같기 때문에 좌우 사이드 기어는 동일한 회전속도로 차동 피니언의 공전(空轉)에 따라 전체가 1개의 덩어리가 되어 회전한다.

그러나 차동작용은 좌우 구동바퀴의 회전 저항차이에 의해 발생하고, 바퀴를 통과하는 노면의 길이에 따라 회전하므로 커브 길을 선회할 때 안쪽 바퀴는 바깥쪽 바퀴보다 저항이 증대되어 회전수가 감소하며 그 분량만큼을 바깥쪽 바퀴를 가속시킨다. 그리고 한쪽 사이드기어가 고정되면(가령, 오른쪽 바퀴가 진흙탕에 빠진 경우) 이때는 차동 피니언이 공전하려면 고정된 사이드기어(왼쪽) 위를 굴러가지 않으면 안되므로 자전을 시작하여 저항이 적은 오른쪽 사이드 기어만을 구동시킨다.

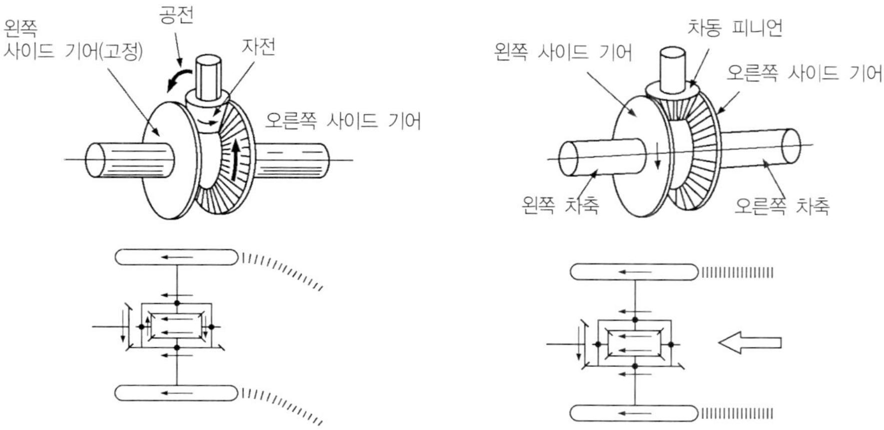

(a) 회전시 (b) 직진시

그림 17. 차동장치의 작용

[예제 1] 구동 피니언의 잇수가 6, 링 기어의 잇수가 30이고, 추진축이 1000rpm으로 회전할 경우 왼쪽바퀴가 150회전하였다. 이 경우의 오른쪽바퀴의 회전수는 얼마인가 ?

풀이 직진하거나 선회하더라도 양쪽 바퀴의 회전수 합은 언제나 일정하다.

- 종감속비(i_f) = 30/6 = 5
- 링 기어의 회전수= 1000 × 5 = 200rpm
- 양 바퀴의 회전수의 합= 200 × 2 = 400rpm

∴ 오른쪽 바퀴의 회전수= 400 − 150 = 250rpm

2.3. 자동 제한 차동장치(LSD : limited slip differential)

2.3.1. 자동 제한 차동장치의 개요

일반적인 차동장치는 노면(路面)이 양호한 곳을 주행할 때에는 좌・우 바퀴에 동일한 크기의 동력이 분배되지만, 커브 길을 선회하거나 미끄럼이 생기기 쉬운 도로에서는 노면의 저항이 작은 쪽 바퀴가 공전하여 구동력이 감소되고, 반대쪽 구동바퀴는 저항이 증가되어 회전을 하지 못한다.

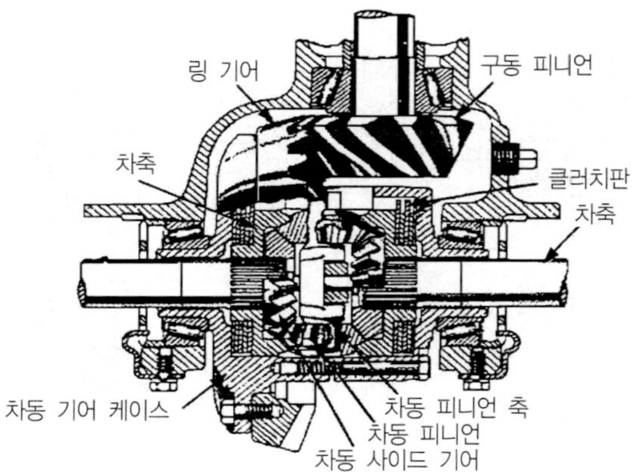

그림 18. 자동 제한 차동장치의 단면도

이것을 방지하기 위해 미끄럼으로 공전하고 있는 바퀴의 구동력을 감소시키고 반대쪽 저항이 큰 구동바퀴에 공전하고 있는 바퀴의 감소된 분량만큼의 동력을 더 전달시킴으로서 미끄럼에 따른 공전 없이 주행할 수 있도록 하는 장치이다. 자동 제한 차동장치의 장점은 다음과 같다.

① 미끄러운 노면에서 출발이 쉽다.
② 미끄럼이 방지되어 타이어 수명을 연장할 수 있다.
③ 고속 직진주행을 할 때 안전성이 좋다.
④ 요철 노면을 주행을 할 때 뒷부분의 흔들림을 방지할 수 있다.

2.3.2. 다판 클러치사용 자동 제한 차동장치의 작동

이 장치는 자동차가 직진할 경우에는 양 피니언축이 각각 클러치를 작용시키는 위치에 있다. 이에 따라 차동장치의 작용을 하지 않고 전체가 하나로 되어 구동한다. 그러나 한쪽 바퀴의 저항이 감소하여 반대편 바퀴보다 회전속도가 빨라지면 저항이 작아진 뒷차축의 회전이 가장 빠르게 되고 차동기어 케이스가 다음을 따르고 저항이 큰 뒷차축의 회전은 가장 느리게 된다.

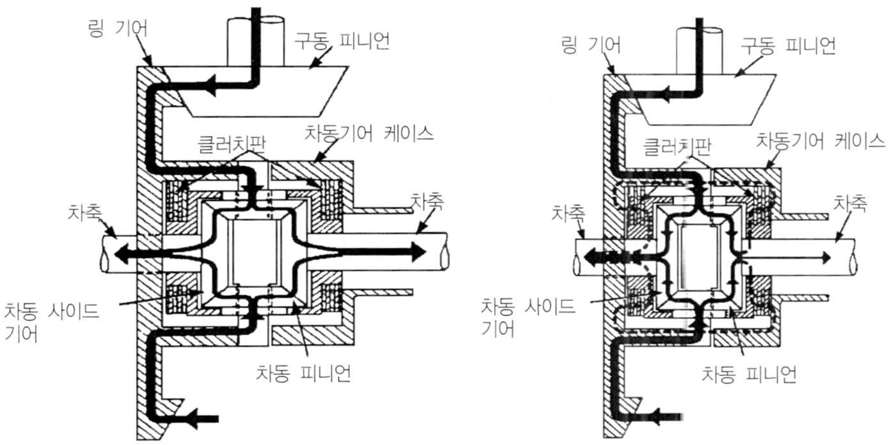

그림 19. 다판 클러치 자동 제한 차동장치의 작동

이 경우 일반적인 차동장치에서는 링 기어의 회전력이 양쪽의 뒷차축에 동일하게 분배되지만 이 형식에서는 양쪽의 클러치가 피니언 축에 의하여 발생하는 압착력 하에서 미끄러지면서 회전하게 되어 회전이 빠른 쪽의 뒷차축이 클러치를 거쳐 차동기어 케이스를 구동하기 때문에 그 회전력을 저항이 큰 뒷차축에 더하게 된다.

2.3.3. 넌 스핀(non-spin) 차동장치의 작동

이 장치는 차동기어 케이스가 구동되면 직진상태에서는 차동기어 케이스 → 스파이더 → 클러치 → 사이드기어 → 뒷차축 순서로 동력이 전달된다. 그러나 자동차가 선회를 시작하면 바깥쪽 바퀴가 안쪽 바퀴보다 더 빨리 회전하기 때문에 뒷차축과 직결된 클러치가 기어 이의 백래시 범위에서 회전방향으로 나아가게 된다. 이때 중심 캠도 회전하려고 하나 키(key)에 의해 움직임이 제한되어 있고, 또 상태 편의 클러치와도 물려있어 움직일 수 없다. 이에 따라 바깥쪽 클러치가 중심 캠의 이에 의해 밀어 올려져 스파이더와 클러치의 물림이 풀린다. 스파이더와 클러치의 물림이 풀리면 바깥쪽 클러치가 양쪽 바퀴의 회전속도 차이로 회전방향으로 나가 클러치의 이가 분리되며, 클러치 이가 분리되면 스프링의 장력으로 다음의 이와 물리게 된다.

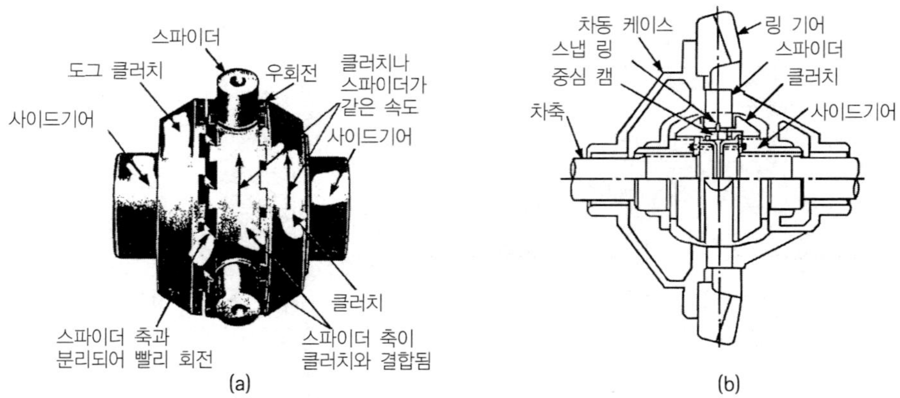

그림 20. 넌 스핀 차동장치의 구조

이와 같은 작용을 반복하여 차동작용을 하며 선회할 때에는 바깥쪽 바퀴가 프리 휠링(free wheeling)되어 안쪽바퀴만 구동된다. 또 한쪽 바퀴가 진흙탕에 빠졌을 경우에는 양쪽의 뒷차축이 직결된 것과 같이 되어 점착력이 작아진 쪽의 바퀴에 관계없이 주행할 수 있다.

2. 4. 차축(axle shaft)

2.4.1. 앞바퀴 구동(FF)방식의 앞 차축

이 형식은 앞바퀴 구동방식 승용자동차나 4바퀴 구동방식의 구동축으로 사용되며 등속(CV) 자재이음을 설치한 구동축과 조향너클, 차축 허브, 허브 베어링 등으로 구성되어 있다.

동력의 전달은 앞바퀴 구동방식은 트랜스액슬에서 직접 앞 차축으로 보내지며, 4륜 구동방식에서는 트랜스퍼 케이스 → 앞 추진축 → 앞 종감속 기어를 통하여 양끝에 등속 자재 이음이 설치된 앞 차축과 차축 허브를 거쳐 앞바퀴로 보내진다. 차량의 하중은 바퀴에서 차축 허브를 거쳐 허브베어링에 전달된 반력(反力) 조향 너클과 현가 스프링을 통하여 차체에 전달되어 지지된다.

2.4.2. 뒷바퀴 구동(FR)방식의 뒤 차축 지지방식

이 방식은 차동장치를 거쳐 전달된 동력을 뒷바퀴로 전달하며 뒤차축의 끝 부분은 스플라인을 통하여 차동 사이드기어에 끼워지고, 바깥쪽 끝에는 구동바퀴가 설치된다. 뒤차축의 지지방식에는 전부동식, 반부동식, 3/4부동식 등 3가지가 있다.

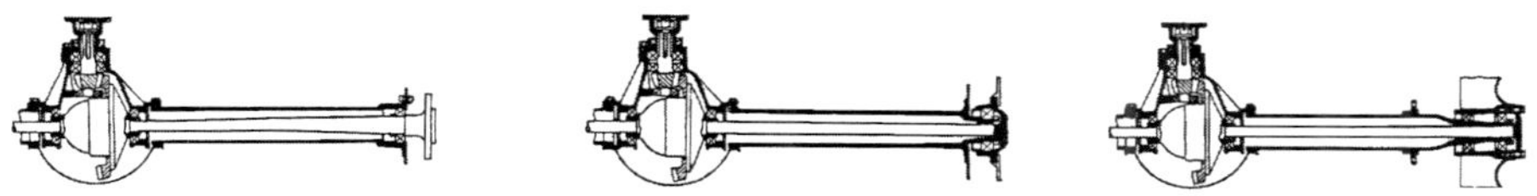

(a) 반 부동식 (b) 전 부동식 (c) 3/4 부동식

그림 21. 뒤 차축 지지방식

[1] 전부동식

이 형식은 안쪽은 차동 사이드기어와 스플라인으로 결합되고, 바깥쪽은 차축 허브와 결합되어 차축 허브에 브레이크 드럼과 바퀴가 설치된다. 차축 허브에 2개의 베어링이 끼워지며 동력전달은 종 감속기어 → 차동장치 → 뒤차축 → 차축 허브 → 바퀴순서로 이루어지며 뒤 차축은 동력만 전달한다. 이에 따라 바퀴를 빼지 않고도 뒤 차축을 빼낼 수 있다. 그리고 차량에 가해지는 하중 및 충격과 바퀴에 작용하는 작용력 등은 차축 하우징이 받는다.

[2] 반부동식

이 형식은 구동바퀴가 직접 뒤차축 바깥에 설치되며, 뒤차축의 안쪽은 차동 사이드기어와 스플라인으로 결합되고 바깥쪽은 리테이너(retainer)로 고정시킨 허브베어링과 결합된다. 이에 따라 내부 고정장치를 풀지 않고는 차축을 빼낼 수 없다. 뒷바퀴 구동방식 승용자동차에서 많이 사용된다. 반부동식은 차량 하중의 1/2을 뒷차축이 지지한다.

[3] 3/4 부동식

이 형식은 뒤 뒷차축 바깥 끝에 차축 허브를 두고, 차축 하우징에 1개의 베어링을 두고 허브를 지지하는 방식이다. 3/4 부동식은 뒤차축이 차량 하중의 1/3을 지지한다.

2.4.3. 차축 하우징(axle housing)

차축 하우징은 종감속 기어, 차동장치 및 뒷차축을 포함하는 튜브 모양의 고정축이며 중간에는 종 감속기어와 차동장치의 지지를 위해 둥글게 되어 있고, 양끝에는 플랜지 판이나 현가스프링 지지부분이 마련되어 있다. 차축 하우징의 종류에는 벤조형, 분할형, 빌드업형 등 3가지가 있다.

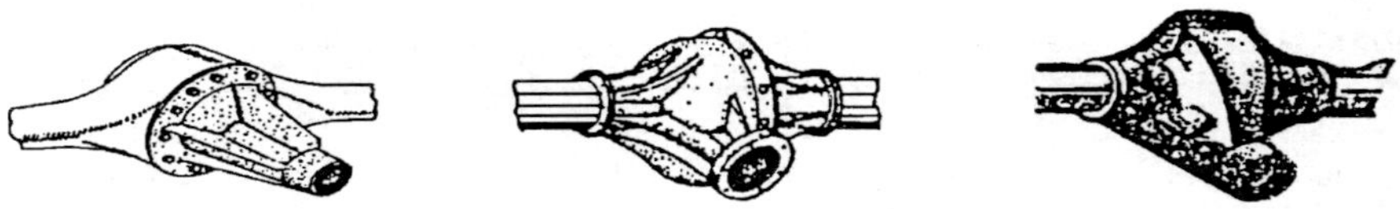

(a) 벤조형 (b) 스플릿형 (c) 빌드업형

그림 22. 차축 하우징의 종류

2.5. 4바퀴 구동장치(4WD : 4wheel drive)

2.5.1. 4바퀴 구동장치의 개요

4바퀴 구동장치(4WD)는 구동력 확보에 의한 주파성 향상이나 차량 안정성, 조종성 향상 등을 목적으로 한 앞·뒤 바퀴 구동력 분배 기능뿐만 아니라 차동장치나 조작 기구를 이용하여 선회할 때 앞·뒤 바퀴의 선회 반지름에 생기는 회전차이를 흡수하는 기능 등을 가지고 있다. 4바퀴 구동장치의 특징으로는 다음과 같다.

① 구동력이 균등하게 배분되므로 험난한 도로나 눈길에서의 주행능력이 우수하다.

② 앞·뒷바퀴로 구동력이 분배되므로 등판능력이 향상된다.

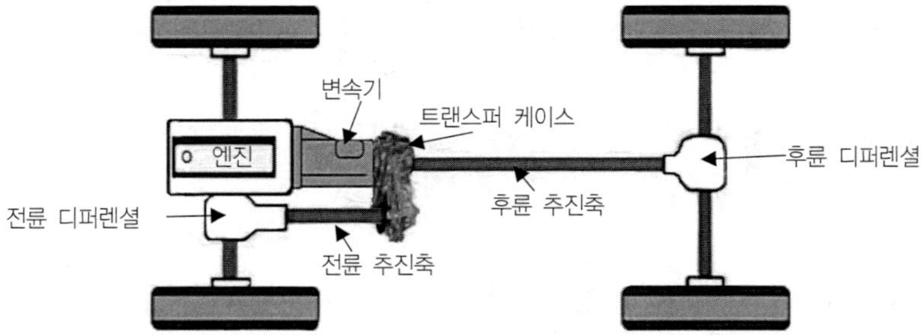

그림 23. 4바퀴 구동장치의 구성

③ 차동장치나 조작 기구를 이용하여 선회할 때 앞·뒷바퀴의 선회 반지름 차이에 의해 발생하는 회전차이를 흡수하므로 방향 안정성이 향상되고, 높은 선회속도를 유지할 수 있다.

④ 고 출력 차량에서 급발진 및 가속할 때의 타이어 점착력보다 구동력이 커서 발생하는 공전을 방지한다.

⑤ 2바퀴 구동방식 차량은 제동할 때 먼저 고착되는 바퀴의 코너링 포스가 현저히 감소하여 조향성능이 매우 저하되지만, 4바퀴 구동방식 차량은 4개의 바퀴가 모두 고착(lock)될 때까지 코너링포스 저하가 적으므로 급제동을 할 때에도 높은 조향 안정성 확보가 가능하다.

2.5.2. 4바퀴 구동장치의 기본형식 및 특징

[1] 파트 타임형식(part time type)

이 형식은 필요에 따라 수동조작으로 앞·뒷바퀴를 기계적으로 직결하는 것이며, 4바퀴가 마찰계수가 같은 노면에 있을 때는 앞·뒷바퀴 구동력 분배는 동적하중 분배에 비례하고, 어느 한쪽이 미끄럼을 일으켜도 타이어의 점착력에 해당하는 구동력이 분배된다. 엔진을 세로방향으로 배치한 앞 엔진 앞바퀴 구동(FF)차량의 경우 생산비용 면에서 매우 유리하고 주행할 때 일반 도로에서는 2바퀴 구동으로 하면 동력손실이 적어 경제적인 운행이 가능하다.

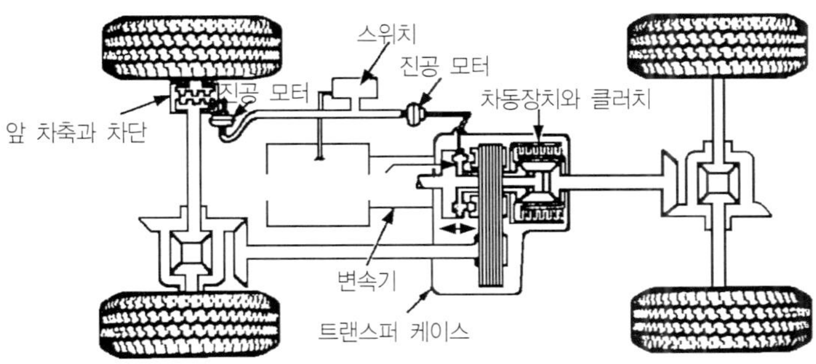

그림 24. 파트 타임형식

그러나 앞·뒷바퀴의 구동축이 같은 회전을 하기 때문에 내륜 차이에 의해 타이어와 노면사이에 강제 미끄럼이 생기는 "타이트 코너 브레이크 현상" 이 발생하여 타이어 마모가 증가하고 연료 소비율이 커진다.

타이트 코너 브레이크(tight corner brake)는 커브에서는 뒷바퀴는 앞바퀴보다 안쪽을 통과하며, 이를 "내륜 차이" 라고 한다. 또, 구동바퀴의 중심에 차동장치가 설치되는 것으로부터 알 수 있듯이, 바깥쪽 바퀴가 앞쪽 바퀴보다 긴 거리를 통과한다. 따라서 앞·뒷바퀴를 같은 회전수로 회전시키는 "파트타임 4바퀴 구동방식" 에서는 진행거리가 가장 긴 앞바퀴의 바깥쪽 타이어의 회전수가 부족하게 되어 미끄러지게 된다. 이때 운전자는 브레이크페달을 밟은 것처럼 느끼기 때문에 이것을 "타이트 코너 브레이크" 라고 부른다.

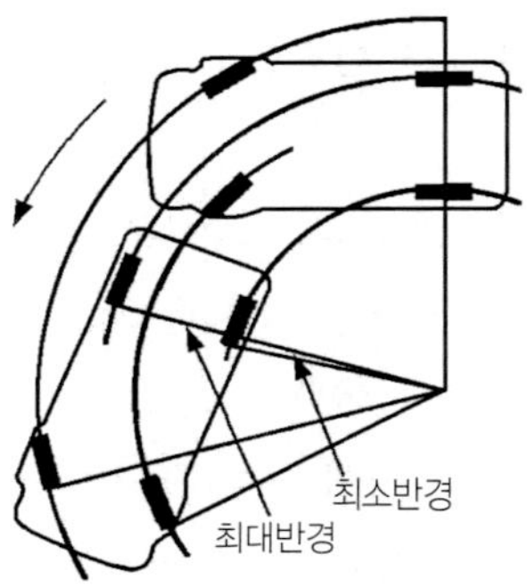

그림 25. 타이트 코너 브레이크

[2] 풀타임형식(pull time type)

엔진 동력을 항상 4바퀴에 전달하는 방식으로 기구가 복잡하여 가격이 비싸며, 연료 소비율이 큰 단점이 있었으나, 최근에는 연료 소비율이 향상되었으며, 험한 도로 및 가혹한 사용 조건뿐만 아니라, 포장도로에서도 안정성이 입증되어 많이 실용화되고 있다.

(1) 고정 분배방식

풀타임 4바퀴 구동장치에서는 중앙 차동장치를 두어 앞바퀴와 뒷바퀴가 진행한 거리의 차이에 맞추어 회전수를 흡수하고, 앞·뒷바퀴에 일정한 비율로 구동력을 분배하는 방식이다.

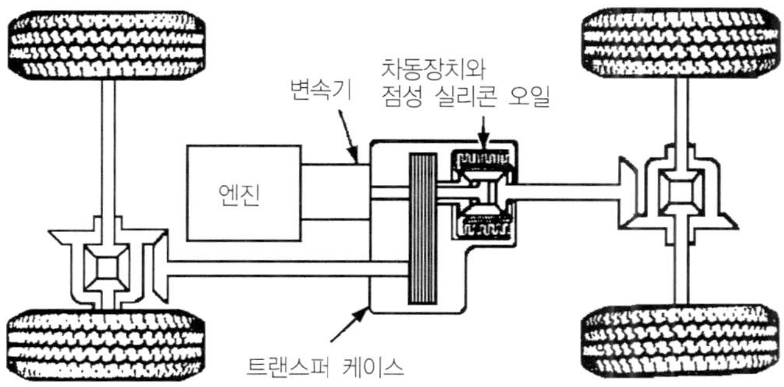

그림 26. 풀타임형식

분배 비율은 최대 구동력 확보 및 바퀴 스핀방지를 위하여 앞·뒷바퀴의 동적 하중 배분에 거의 비례하여 설정되는 것이 일반적이며, 차동장치에는 베벨기어나 유성기어가 사용된다. 또, 앞·뒷바퀴 한쪽이 공회전하면 변속레버의 스위치로 중심 차동장치를 고정하여 앞·뒷바퀴가 같이 회전하게 함으로서 자동차를 움직이게 한다.

(2) 가변 분배방식(torque split type)

앞·뒷바퀴 회전차이에 따라 구동력을 자동적으로 분배하며, "비스커스 구동(viscous drive)방식" 과 "유압 다판 클러치 방식" 으로 크게 나뉜다. 이것들을 단독으로 전후 구동계통에 배치하거나, 차동 제한기구로서 차동기어에 병렬로 배치하여 앞·뒷바퀴로 구동력 분배를 가변으로 하게 된다.

이들 방식은 주행상태에 따라서 앞·뒷바퀴로 구동력을 분배시키는 기능 외에 타이어 슬립 한계를 높여서 주행 및 조정 안정성, 제동 안정성, ABS제어 성능을 향상시키는 기능을 한다. 마찰 클러치를 이용한 회전 감응방식 앞·뒷바퀴 회전차이에 따라 차동 제한 토크가 증감되는 회전속도 차이 감응방식, 전자제어에 의해 차동 제한 회전력을 가변제어 하는 방식이 있으며, 어느 것이나 차동 제한 회전력을 발생시켜 저속 회전측의 전달력을 증대시키는 작용을 한다.

2.5.3. 4바퀴 구동장치의 분류 및 작동

[1] 고정 분배방식

(1) 베벨 기어방식

차량의 목적이나 성격으로부터 등 토크분배가 필요한 동시에 지름방향의 치수에 제약이 있을 때나 차동장치와의 공용화(共用化)에 의한 신뢰성 확보 등의 이유에서 스트레이트 베벨기어(straight bevel gear)가 사용된다.

잇수의 선정은 피니언이 10~11, 사이드 기어는 14~25가 일반적이다. 피니언을 같은 간격으로 배치하는 잇수 조건은 좌우 사이드 기어의 잇수의 합이 피니언 개수의 정수배가 되지 않으면 안 된다.

(2) 유성 기어방식

단순 유성 기어방식이나 이중 유성 기어방식은 일반적으로 차량 목적이나 성격 등으로부터 일정한 비율의 토크 분배가 필요한 동시에 축방향의 크기에 제약이 있을 때 등에 채용되는 일이 많다.

1) 구성

단순 유성 기어방식은 입력은 캐리어이고, 앞바퀴 출력은 선 기어이며 뒷바퀴 출력요소는 링 기어이다. 이중 유성 기어방식은 입력은 링 기어이고 앞바퀴 출력은 캐리어이며 뒷바퀴 출력요소는 선 기어이다.

2) 잇수 선정

유성기어는 여러 개의 피니언이 맞물리는 점에 작용하는 하중을 분담하기 위하여 장치의 컴팩트화가 가능하지만 기어의 조립성능이나 회전 중의 동적 평형을 고려해서 피니언의 배치와 개수, 각 기어의 잇수를 선정할 필요가 있다.

[2] 가변 분배방식

(1) 비스커스 변속기 방식

1) 기능

변속기의 출력을 앞바퀴(또는 뒷바퀴)에 직접 전달하고, 뒷바퀴는 비스커스 변속기를 통해 전달하는 경우 낮은 마찰의 도로에서의 직접 구동바퀴의 슬립이나 선회할 때에 앞바퀴가 뒷바퀴보다도 빨리 회전하여 회전속도 차이가 생기면 비스커스 변속기 내의 실리콘 오일의 전단응력에 의해 전달력이 발생하고 뒷바퀴(또는 앞바퀴)에 회전력을 전달한다. 앞바퀴의 회전이 트랜스퍼 케이스 기어로 전달되면 비스커스 커플링(viscous coupling)을 이용하여 뒷바퀴에 구동력을 전달한다.

고정 분배방식에서 사용되는 중앙 차동 기어장치가 없으므로 구조가 간단하며 기존의 앞바퀴 구동방식(FF)차량의 적용도 비교적 간단하다. 비스코스 커플링은 점성 유체(실리콘 오일)의 전단저항을 이용하여 회전력을 전달하는 일종의 점성 클러치로서 엔진 회전이 직접 전달되나 원활한 회전이 가능하다.

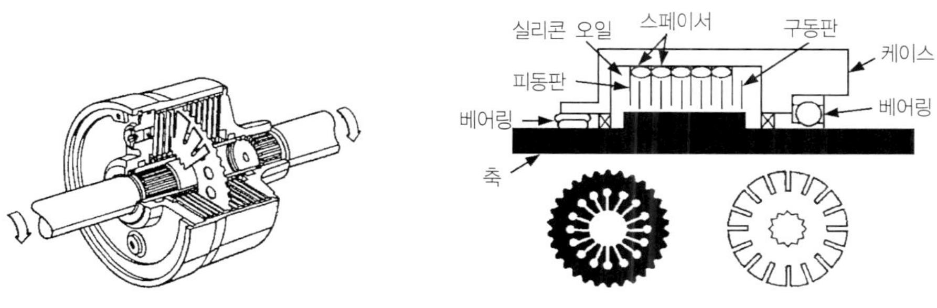

(a) (b)

그림 27. 비스커스 커플링의 구조

2) 특징

주행 중 앞바퀴가 미끄러운 노면에서 공전하는 경우 앞 · 뒷바퀴의 회전수 차이에 따라서 뒷바퀴의 구동력을 크게 하여 주행이 가능하도록 한다. 선회할 때에는 4개의 바퀴 모두에서 코너링 포스가 발생하므로 앞바퀴 구동차량에서 발생하는 언더 스티어링 현상과 뒷바퀴 구동 차량에서 발생하는 오버 스티어링 현상이 없어지고, 뉴트럴 스티어링이 가능해져 안정된 조향성능이 확보된다.

3) 전달 회전력 용량 설정

추진축 상에 배치하는 방식은 낮은 마찰도로에서의 출발성능이 충분히 확보될 수 있도록 토크용량을 설정하면 높은 마찰도로에서의 극저속의 큰 조향각도 선회를 할 때에 타이트 코너 브레이크 현상이 발생하기 쉬우므로 이를 피하기 위해 용량을 적게 하면 고성능 엔진 차량에서는 낮은 마찰도로의 급발진을 할 때 직결 측의 구동바퀴 슬립이 과다하게 되어 조정성이나 안정성이 손상되기 쉽기 때문에 일반적으로 회전 차이가 20~40rpm일 때 전달 회전력에 의해 생기는 보타력의 증가나 차실 내의 부밍 노이즈 등이 어떤 허용값 이내로 되도록 선정한다.

(2) 유압 다판 클러치 방식

1) 기능

변속기의 출력을 앞바퀴 또는 뒷바퀴에 직접전달하고, 뒷바퀴 또는 앞바퀴에 유압 다판 클러치를 통해 전달하는 방식이다. 뒷바퀴에 유압 다판 클러치를 통해 전달하는 경우 앞바퀴가 뒷바퀴 보다 빨리 회전하도록 했을 때 변속기 회전력, 앞바퀴 회전력, 뒷바퀴 회전력, 유압 다판 클러치의 전달력 관계가 성립한다.

2) 전달 회전력 용량의 선정

회전력 용량은 최대 구동력이 발휘될 수 있도록 등판이나 가속할 때의 차량의 중심이동을 고려하여 설정하지만 앞·뒷바퀴의 하중 분배나 유압 다판 클러치를 앞뒤 구동력의 어느 쪽에 배치하는가에 의해서도 용량 설정에 차이가 발생한다.

일반적으로 유압실에 공급되는 서보 유압의 제어 폭은 유압 제어장치 등의 제약에 의해 소정의 값이 정해지기 때문에 설정에 용량에 충분한 여유가 있으면 서보 유압의 제어 폭에 대한 클러치를 누르는 힘의 변화량이 크게 되어 전달토크 용량의 제어 정확도가 저하되고 타이트 코너링 브레이크 현상을 피하는 제어가 어렵다. 한편 용량이 부족하면 최대 구동력의 저하 및 페이싱의 융착이나 마멸의 원인도 되기 때문에 차량 목적이나 성격 등을 고려해서 설정한다.

[3] 차동장치와 차동 제한장치의 조합방식

유성기어의 각 입 · 출력요소사이에 비스커스 커플링이 부착된 차동 제한장치를 앞뒤 차축사이, 변속기 출력축과 뒷바퀴 출력축사이, 변속기 출력축과 앞바퀴 출력축사이에 배치하여 사용한다.

2.6. 전자제어장치

2.6.1. 전자제어장치의 구성

4바퀴 구동방식에서 구동력 분배나 차동 제한 제어에 전자제어를 채용하는 것에 의해 구동력이나 조향 안정성 향상, 제동 안정성, ABS의 제어성 향상 등을 높은 수준에서 실현이 가능하도록 한다.

차량의 주행상태를 각종 센서를 통해 검출하고 마이크로컴퓨터 내에 미리 설정된 제어조건으로 유압 제어량을 결정한다. 듀티 솔레노이드밸브, ON/ OFF 솔레노이드밸브 또는 비례 제어용 솔레노이드밸브를 구동하여 제어하는 방식이 일반적이고 전자제어방식 자동변속기나 ABS제어와 동일한 컴퓨터(ECU)를 사용하는 통합 제어방식도 있다.

2.6.2. 전자제어용 센서

엔진의 출력상태는 스로틀 포지션 센서나 흡입공기량 센서 등과 엔진 회전수로부터 추정 가능하며 컴퓨터(ECU)로부터의 정보에 의해서도 추정이 가능하다. 차량의 작동은 주행속도, 가속도, 조향각도 등을 검출하는 것에 의해 판단할 수 있으며 4바퀴 구동제어는 앞 · 뒷바퀴의 슬립을 적게 하는 것이 주목적이며 주행속도는 중요한 입력요소이다. 슬립검출은 차량의 실제 주행속도와 바퀴의 회전속도를 비교하는 방법이며, 2개 이상의 차륜속도센서를 이용하여 슬립을 판정한다.

차속센서는 매우 낮은 주행속도로부터 응답성이나 높은 정밀도가 요구되는 전지 픽업이나 자기저항 소자형식이 채용된다. 또한 선회 성능향상을 위해 차량의 가로방향 가속도나 조향 상태를 검출하여 제어하는 방법도 있다. 가속도센서는 홀 소자를 이용하여 연속적으로 가속도를 검출하는 것이 있다. 조향각도는 조향축에 포토 트랜지스터와 발광다이오드를 조합해 넣은 것이 있다.

[1] 제어조건

차량 특성을 인출하기 위한 방법의 차이는 있지만 기본적으로는 앞・뒷바퀴 회전속도 차이를 적게 하여 구동력 성능의 향상을 꾀하는 것으로써 예로 보면 앞・뒷바퀴 회전차이의 정도를 2륜구동으로 부터 풀타임 방식으로 차동 제한과 단계적으로 변환되는 것이다. 또한 유압 다판 클러치 방식의 차동 제한이나 구동력 분배기구의 전달 회전력 용량을 스로틀밸브 열림량와 주행속도에 의해 미리 제어 맵 화하여 연속적으로 구동력 분배 제어를 행하는 방식도 있다. 이 제어 맵은 유압 다판 클러치의 전달 회전력 용량을 스로틀밸브 열림량에 비례하여 증가시키고 주행속도에 비례하여 적어지도록 설정된다.

출발성능을 충분히 확보하고 적은 스로틀밸브 열림에서는 앞·뒷바퀴의 속도 차이에 의해 생기는 내부 순환 회전력이나 타이트 코너 브레이크 현상을 억제하고 있다. 여기서 앞·뒷바퀴 회전 차이가 설정 값을 초과하는 경우 회전력 용량을 더욱더 증가시키는 제어도 더해진다. 이 4바퀴 구동장치가 갖는 능력을 선회향상에 적극적으로 이용하는 예로서 앞 엔진 뒷바퀴 구동(FR)을 기본으로 하는 차량의 가로방향의 가속도와 앞・뒷바퀴 차이로부터 앞바퀴의 구동력을 제어하는 것이다. 이 제어는 유압 다판 클러치의 전달 회전력 용량을 앞・뒷바퀴 회전차이에 비례하여 증가시키고 가로 방향 가속도에 비례하여 감소하도록 설정하여 안정된 코너링을 얻도록 하는 것이다.

또한 앞・뒷바퀴 회전차이는 중요한 변수지만 타이어 공기압력, 적재 하중 등에 의해 변화하기 때문에 정상주행 중에 편차를 기억하여 회전차이를 교정하는 예도 있다. 한편 ABS제어와의 통합성도 중요한 과제이고 ABS가 작동할 때 유압 다판 클러치에 적당한 전달 회전력를 발생시켜 ABS의 제어성을 향상시키는 예도 있다. 4륜 조향장치나 트랙션 제어 등과 총합 제어화하여 각 제어사이의 통합성을 만족시킬 필요가 있다. 또한 입력 이상을 검출했을 때 페일 세이프도 각 장치에 일치시킬 필요도 있다.

[2] 유압제어 액추에이터

구동력 분배기구에는 전자제어가 쉬운 유압 다판 클러치를 채용하는 경우가 많고 이에 대한 요구되는 성능은 제어량에 대한 특성변화가 선형적이고, 유압 특성이 외부 요인에 영향을 적게 받으며, 동일한 제어량에 대해 특성 변화나 변동이 적고, 제어 응답성능이 우수해야 한다. 이를 구현하기 위해 액추에이터로서는 듀티 제어용 솔레노이드밸브나 비례 제어용 솔레노이드밸브가 사용된다.

3. 드라이브라인 · 차동장치 실습

안전 및 주의사항

1. 드라이브라인 및 차동장치 관련 장치 정비 전 정비지침서를 숙지하여 실습순서를 정하고 공구 및 실습 기기와 재료 등을 충분히 준비한다.
2. 실습장 및 주위를 깨끗이 정리정돈하고 유류 등의 인화성 물질은 안전하게 별도로 보관하며 소화기를 비치하여 화재사고에 대비한다.
3. 드라이브라인 및 차동장치 관련 장치 정비시작 전 안전교육을 실시한다.
4. 복잡한 부분을 분해할 경우에는 조립작업을 쉽게 하기 위하여 기능상이나 외관상 악영향이 없는 부분에 각인(刻印) 또는 조립 표시등을 하여 둔다.
5. 자동차를 자동차 리프트로 들어 올릴 때는 주변의 안전 상태를 확인해야 한다.
6. 부품을 분해하면서 조립되었던 상태 · 변형 · 오작동부분 및 손상 등을 점검한다.
7. 분해한 부품은 순서대로 잘 정리하여야 하며 또 교환하여야 하는 부품과 다시 사용할 부품을 구분하여 정리하고 다시 사용할 부품은 충분히 청소 및 세척을 한다.
8. 정비시 오일 및 부품을 떨어지지 않도록 하며 작업장 바닥에 이물질이 있으면 즉시 닦아낸다.
9. 볼트 및 너트 체결시 적절한 공구를 사용하여 무리한 힘을 가하지 말고 정비지침서에 규정된 토크로 조인다.
10. 종감속 기어 오일은 지정 메이커 순정품을 사용한다.
11. 추진축 탈거 전 볼트와 와셔의 위치 및 방향이 바뀌지 않도록 미리 표시해 둔다.
12. 실습 종료 후 실습장 주위의 정리정돈을 깨끗이 한다.

실습기기 및 재료

공구 및 측정기기

일반 공구세트, 특수공구(볼 조인트, 피스톤 익스펜더, 베어링 아웃터 레이스인스, 툴러, 리무빙 플레이트, 디퍼런셜 어셈블리 고정 다이 등), 작업등, 에어공구, 전동공구, 토크렌치, 바이스, 프레스, V블록, 고임목, 변속기 잭, 리프트, 안전스탠드, 다이얼 게이지, 베어링 풀러, 직각자, 강철자, 간극 게이지, 플래시, 검사망치, 광명단, 안전보호구(방독면, 방진마스크, 보안경, 보호 장갑, 방진 보호복, 작업복)

실습재료

드라이브라인 및 차동장치 관련 장치 교환부품, 종감속기어 전용오일, 그리스, 세척유, 부싱, 개스킷, 걸레, 드라이브 라인(추진축, 등속 조인트 등), 4륜 구동 장착 차량

■ 기타

정비지침서, 장비 및 공구 사용설명서

3.1. FF 구동방식

3.1.1. 드라이브 샤프트 및 액슬 고장진단

고장현상	원 인	정 비
차량이 한쪽으로 쏠린다.	드라이브샤프트 볼 조인트의 긁힘	교환
	휠 베어링의 마모, 소음 혹은 소착	교환
	프론트 서스펜션과 스티어링의 결함	조정 혹은 교환
진동	드라이브 샤프트의 마모, 손상 혹은 굽음	교환
	드라이브 샤프트의 소음과 허브의 돌출	교환
	휠 베어링의 마모, 소음 혹은 열화	교환
시미	부적절한 휠 밸런스	조정 혹은 교환
	프론트 서스펜션과 스티어링의 결함	조정 혹은 교환
과도한 소음	드라이브 샤프트의 마모, 손상 혹은 굽음	교환
	드라이브 샤프트의 소음, 허브의 돌출	교환
	드라이브 샤프트의 래틀 노이즈, 사이드 기어의 돌출	교환
	휠 베어링의 마모, 소음 혹은 긁힘	교환
	허브 너트의 느슨해짐	조정 혹은 교환
	프론트 서스펜션과 스티어링의 결함	조정 혹은 교환
케이지의 굽음	부적절한 취급과 공구의 부적절한 사용으로 인한 케이지 손상	베어링 교환
롤러에 흠집이 생김	과열, 주유문제, 과적에 의한 롤러 엔드의 오염	베어링 교환, 실과 주유 상태를 점검
내부 레이스의 균열	부적절한 장착, 코킹, 베어링 시트의 불량에 의한 레이스의 균열	베어링의 교환
부식	베어링 표면에 금속 부식에 의해 회색과 검은 회색의 색깔이 나타난다.	베어링의 교환
경화	베어링이 회전하지 않을 때 과도한 충격 혹은 진동하에서 롤러에 의해 레이스 표면이 움푹 들어감	실과 주유상태를 점검한다. 베어링의 교환
열화	과적, 주유부족으로 인해 검은 청색으로 변함	베어링의 교환, 실과 다른 부품을 점검
피로에 의한 깨짐	피로에 의해 금속표면이 벗겨짐	베어링의 교환, 실과 다른 부품을 점검, 모든 관련 부품들을 청소

3.1.2. 프런트 드라이브샤프트

[1] 탈거

① 차량을 들어 올려 휠 및 타이어를 떼어낸다.

그림 28. 휠 및 타이어 탈거

② 프런트 허브에서 분할핀을 떼어낸 다음 드라이브샤프트 너트를 푼다.

그림 29. 분할핀 탈거

그림 30. 너트 탈거

③ 변속기 오일을 배출한다.

④ 플라스틱 해머를 이용하여 액슬 허브에서 드라이브샤프트를 분리한다.

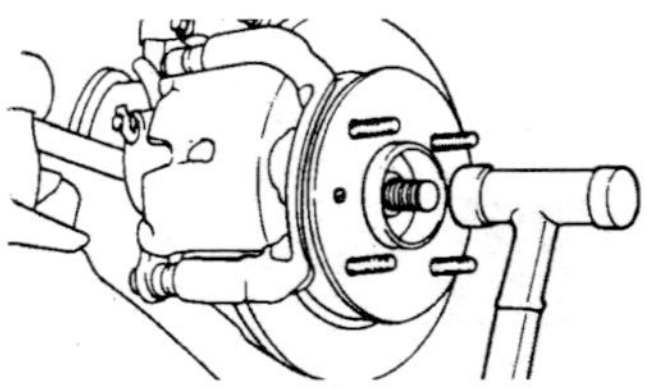
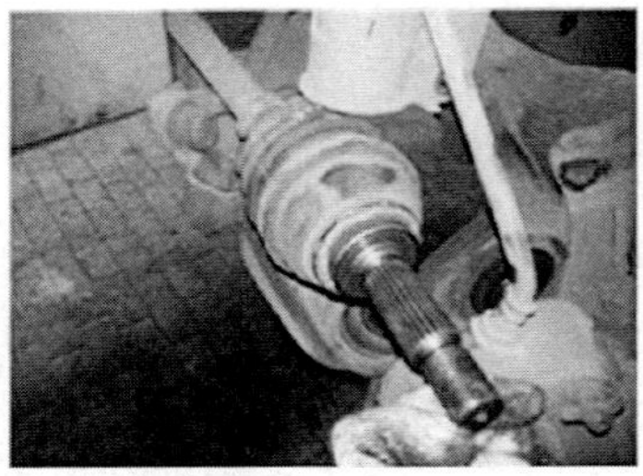

그림 31. 액슬 허브에서 드라이브샤프트 분리

⑤ 액슬 허브를 차량 바깥쪽에서 밀어 액슬 허브에서 드라이브샤프트를 분리한다.

⑥ 프라이바를 변속기 케이스와 조인트 케이스사이에 끼워서 변속기 케이스로부터 드라이브샤프트를 분리한다.

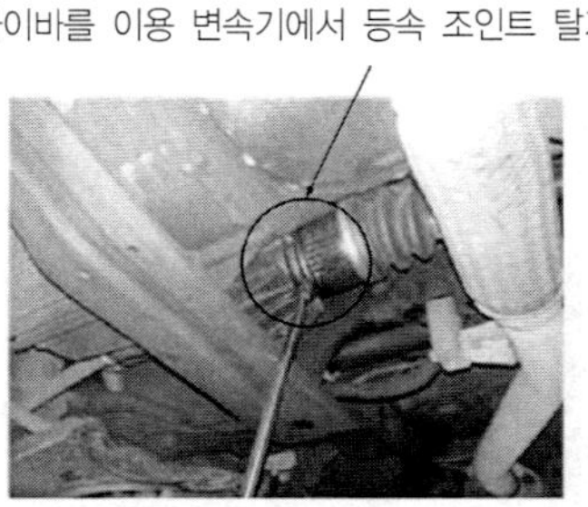

그림 32. 변속기 케이스로부터 드라이브샤프트 분리

⑦ 변속기 케이스에서 드라이브샤프트를 떼어낸다. 이때 오염을 방지하기 위해 변속기 케이스의 구멍을 오일실 캡으로 막는다. 드라이브샤프트를 적절하게 지지한다. 트랜스미션 케이스에서 드라이브샤프트를 분리할 때마다 리테이너 링을 교환한다.

[2] 검사

① 드라이브샤프트 부트의 균열과 마모를 점검한다.

② 스플라인부의 마모, 손상을 점검한다.

③ 볼 조인트의 마모, 손상 및 작동상태를 점검한다.

④ 다이내믹 댐퍼의 균열, 마모를 점검한다.
⑤ 더스트 커버의 손상 및 변형을 점검한다.

[3] 장착

① 드라이브샤프트 스플라인부와 변속기 케이스 접촉면에 기어오일을 바른다.
② 드라이브샤프트를 장착하기 전에 리테이너 링의 절개부를 아래쪽으로 오도록 한다.
③ 드라이브샤프트를 장착한 다음 손으로 잡아당겨 빠지지 않는지 확인한다.
④ 와셔의 블록면이 바깥쪽을 향하도록 한 다음 너트와 분할핀을 장착한다.

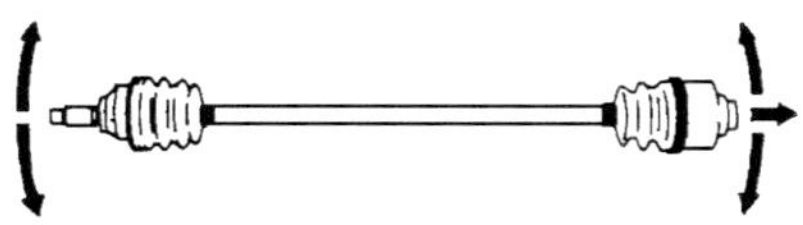

그림 33. 드라이브샤프트의 균열과 마모점검

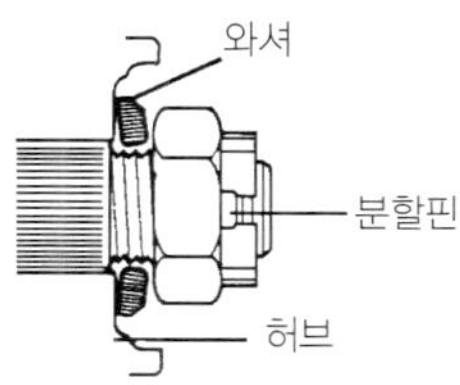

그림 34. 와셔의 블록면에 너트와 분할핀 장착

3.1.3 프런트 허브와 너클

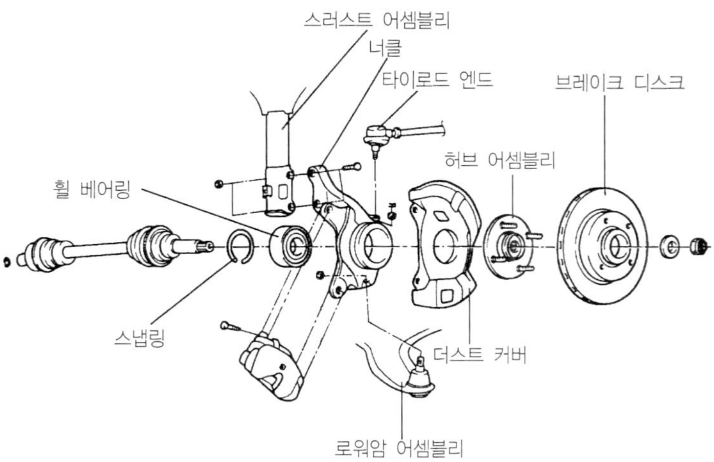

그림 35. 프런트 허브와 너클의 구성부품

[1] 탈거

① 휠 및 타이어를 분리한다.

② 휠 스피드 센서를 분리한다.

③ 브레이크 호스를 분리한다.

④ 너클에서 프런트 브레이크 어셈블리를 분리하여 와이어로 묶는다.

⑤ 프런트 허브에서 분할핀을 떼어낸 다음 드라이브 샤프트의 너트를 푼다.

⑥ 그림 36과 같이 특수공구를 이용하여 너클에서 타이로드 엔드 볼 조인트를 분리한다. 이때 특수공구가 떨어지지 않도록 근처 부품에 끈으로 묶는다. 또한 너트를 느슨하게 하고 풀지는 않는다.

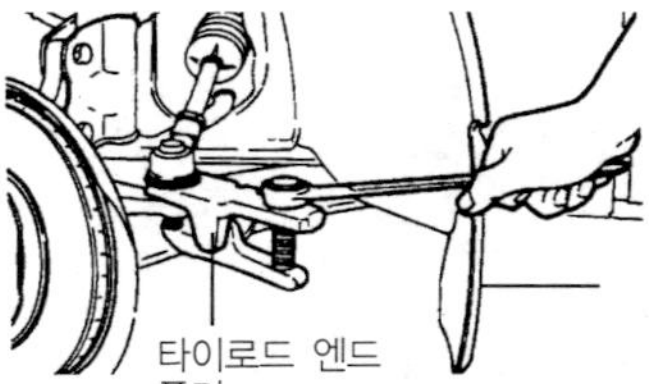

그림 36. 너클에서 타이로드 엔드 볼 조인트 분리

⑦ 그림 37과 같이 스러스트 어셈블리를 분리한다.

⑧ 허브에서 드라이브 샤프트를 분리한다.

⑨ 그림 38과 같이 너트를 느슨하게 한 다음 특수공구를 이용하여 너클에서 로워 암 볼 조인트를 분리한다.

⑩ 허브 및 너클을 함께 분리한다.

⑪ 장착은 탈거의 역순으로 행한다.

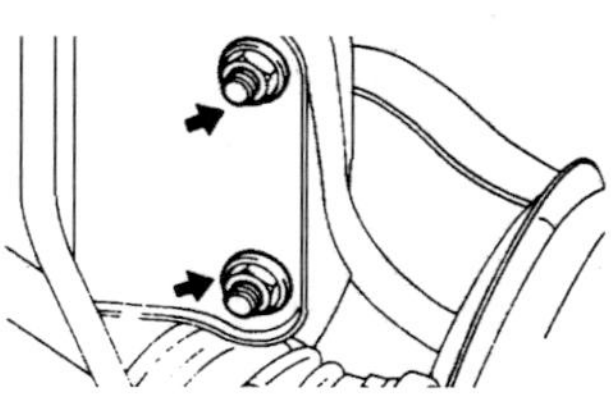

그림 37. 스러스트 어셈블리 분리

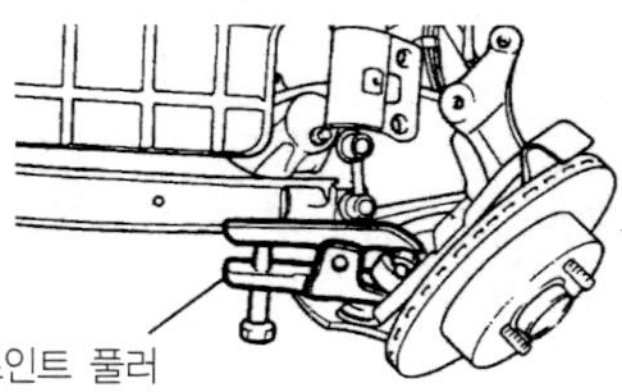

그림 38. 로워 암 볼 조인트 분리

3.1.4. 리어 허브

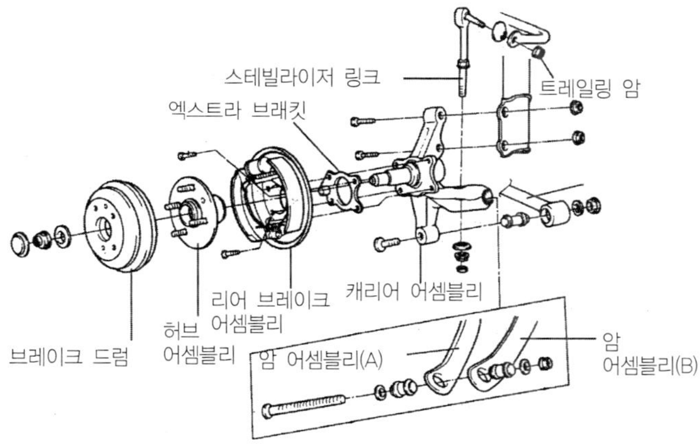

그림 39. 리어 허브의 구성부품

[1] 탈거

① 휠 및 타이어를 떼어낸다.

② 브레이크 드럼을 떼어낸다.

③ 액슬 캐리어에서 휠 스피드 센서를 떼어낸다.

④ 그림 40과 같이 브레이크 호스 클립을 떼어낸 다음 리어 스트러트에서 브레이크 호스를 분리한다.

⑤ 그림 41과 같이 코킹 부위를 편 다음 플랜지 너트를 떼어낸다.

⑥ 허브 어셈블리를 떼어낸다. 이때 리어 허브 베어링은 분해하지 않는다.

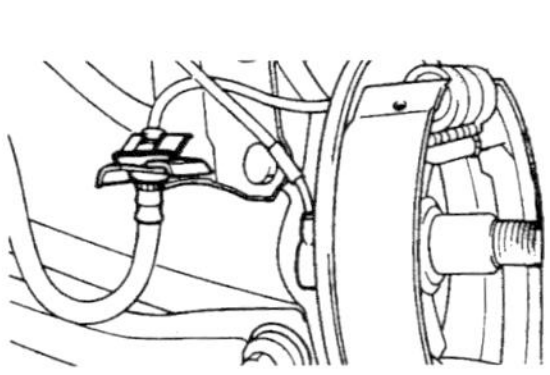

그림 40. 리어 스트러트에서 브레이크호스 분리

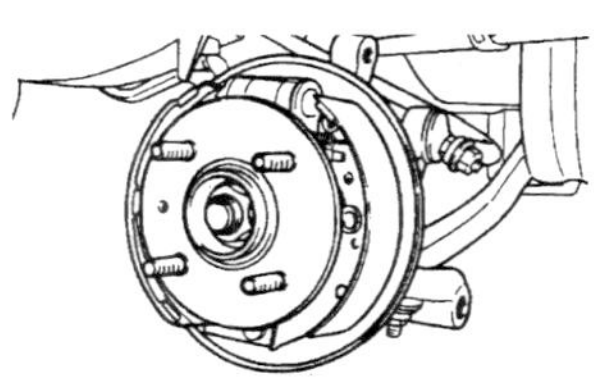

그림 41. 플랜지 너트 떼어내기

[2] 점검

① 허브 베어링의 마모와 손상을 점검한다.
② 톤 휠의 깨짐과 손상을 점검한다.
③ 허브 내부면의 긁힘을 점검한다.
④ 캐리어 균열을 점검한다.

[3] 장착

① 장착은 탈거의 역순으로 한다.
② 휠 베어링 너트를 조립한 다음 풀림방지 홈에 코킹을 한다.
③ 허브 캡을 장착한다.

3. 2. FR 구동방식

3.2.1. 드라이브 샤프트 및 액슬 고장진단

부위	고장현상	원 인	정 비
프로펠러 샤프트	이음	저널 베어링의 마모, 손상	부품교환
		슬리브 요크 스플라인의 마모	부품교환
		플랜지 요크의 마모, 손상	부품교환
		프로펠러 샤프트 장착 불량	재조임
	소음	저널의 마모, 손상	부품교환
		슬리브 요크 스플라인의 마모	부품교환
		프로펠러 샤프트의 휨 등에 의한 밸런스 불량	부품교환
		슬리브 요크, 플랜지 요크의 역위상	부품교환
		스냅링의 선택 불량	간극 조정
		프로펠러 샤프트 장착 볼트의 헐거움	재조임
디퍼렌셜 캐리어	상시소음	드라이브 기어와 드라이브 피니언의 잇빨 접촉 불량(맞물림 불량)	조정
		사이드 베어링의 헐거움, 마모, 손상 드라이브 피니언 베어링의 유격, 마모, 손사	조정 혹은 부품교환
		드라이브 기어, 드라이브 피니언의 마모 사이드 기어의 스러스트 스페이서 또는 피니언 샤프트의 마모, 드라이브 기어, 디퍼렌셜 케이스의 변형, 기어의 손상	부품교환
		이물질 유입	이물질의 제거 및 필요하면 부품교환
		유량 부족	보충

부위	고장현상	원 인	정 비
디퍼렌셜 캐리어	구동시의 기어 소음	기어의 접촉 불량, 기어의 조정 불량	조정 또는 부품교환
		드라이브 피니언 회전 토크 불량	조정
		이물질 혼입	이물질 제거 및 점검, 필요하면 교환
		유량 부족	보충
	주행시의 기어 소음	드라이브 피니언 회전 토크 불량	조정 또는 부품교환
	구동, 주행시의 베어링 소음	드라이브 피니언 베어링 균열, 손상	부품교환
	선회시에 생기는 소음	사이드 베어링의 마모, 손상, 사이드 기어, 피니언 기어, 피니언 샤프트의 손상	부품교환
	발열	기어의 백래시 과소	조정
		프리로드 과대	조정
		유량 부족	보충
	오일 누유	디퍼렌셜 캐리어의 조임 불량, 실 불량	조임, 실 재도포 또는 개스킷 교환
		오일 실의 마모 및 손상	부품교환
		유량 과다	유량 조정
액슬 하우징 액슬 샤프트	휠 회전시 소음	액슬 샤프트의 휨	부품교환
		액슬 샤프트의 베어링의 마모, 타흔	부품교환
	오일 누유	오일실의 마모, 손상, 베어링의 실 불량	부품교환

3.2.2. 프런트 액슬 어셈블리

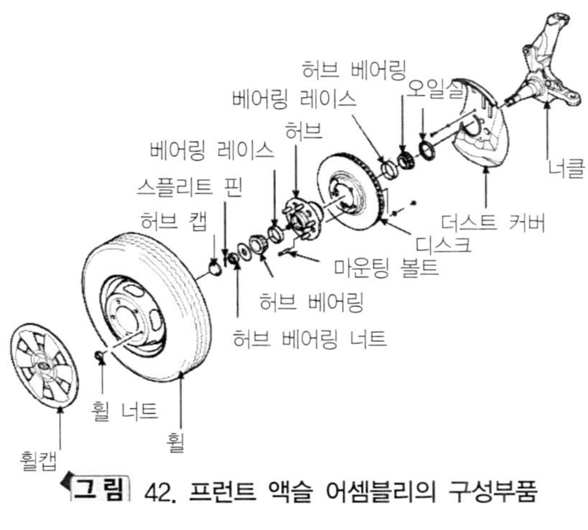

그림 42. 프런트 액슬 어셈블리의 구성부품

[1] 탈거

① 프런트 휠 및 타이어를 프런트 허브에서 탈거한다.

② 브레이크 캘리퍼 마운팅 볼트를 푼 후 캘리퍼를 근처 부품에 와이어로 묶는다.

③ 분할 핀, 캐슬 너트를 탈거하고 특수공구를 이용하여 너클에서 타이로드 엔드 볼 조인트를 분리한다.

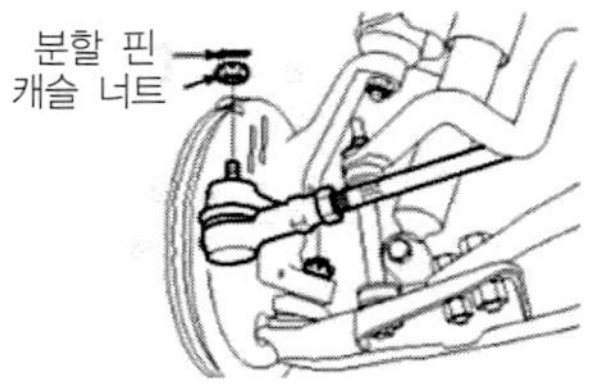

(a) 분할 핀, 캐슬 너트 탈거

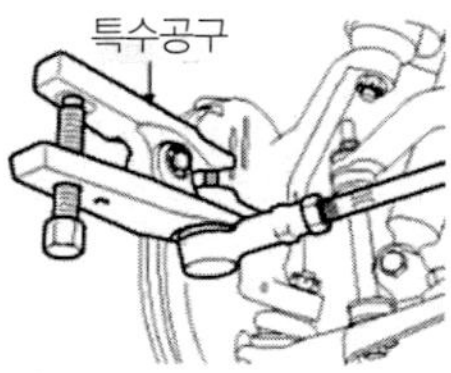

(b) 특수공구 사용

그림 43. 타이로드 엔드 볼 조인트 탈거

④ 쇽업소버 고정 핀 너트와 로워 암 링크를 탈거한다.

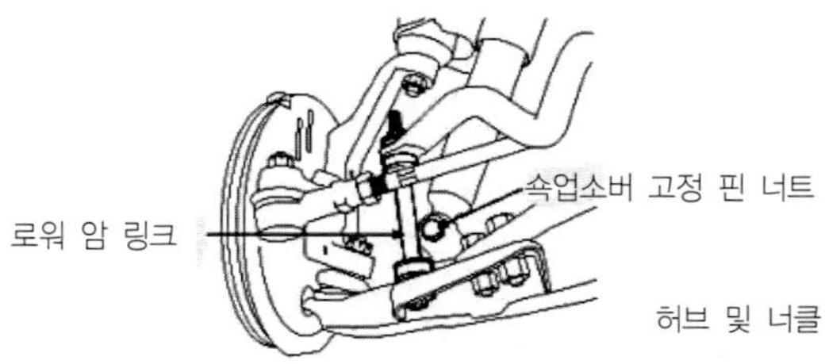

그림 44. 쇽업소버 고정 핀 너트 및 로워 암 링크 탈거

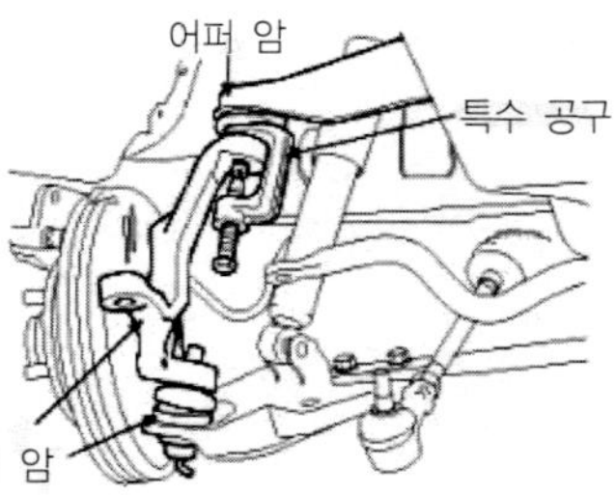

그림 45. 어퍼 암과 로워 암 분리

⑤ 특수공구를 이용하여 어퍼 암과 로워 암을 분리한다.

⑥ 허브 및 너클 어셈블리를 함께 탈거한다.

[2] 분해

① 허브 캡(A), 분할 핀(B), 허브 베어링 로크너트(C), 허브 베어링 외측 와셔(D)와 외측 허브 베어링(E)을 탈거한다.

② 허브 및 디스크 어셈블리를 너클에서 탈거한다.
③ 허브와 디스크에 일치마크를 한다.
④ 디스크를 바이스에 동판이나 알루미늄을 끼우고 고정하고 디스크 브레이크 마운팅 볼트를 탈거한다.

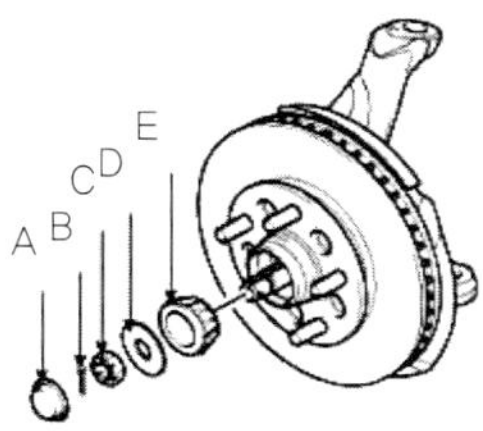

그림 46. 외측 허브 베어링 탈거

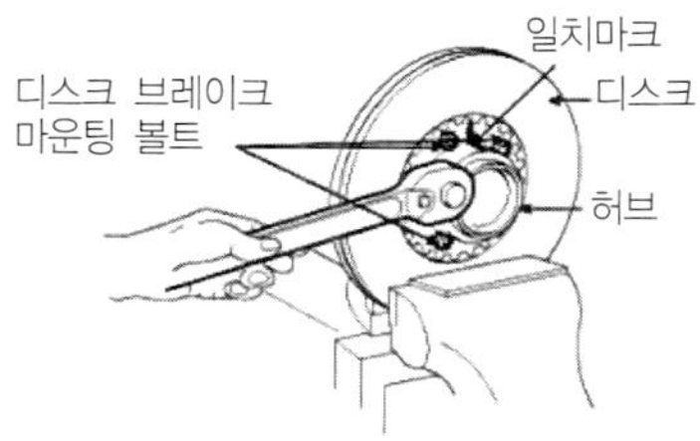

그림 47. 허브와 디스크에 일치마크

⑤ 허브 볼트를 연질 해머로 두들겨 탈거한다.
⑥ 특수공구 또는 황동 바를 사용하여 프런트 허브 그리스 오일 실, 내측 베어링, 내측 베어링 레이스 및 외측 베어링 레이스를 균등하게 쳐서 빼낸다.

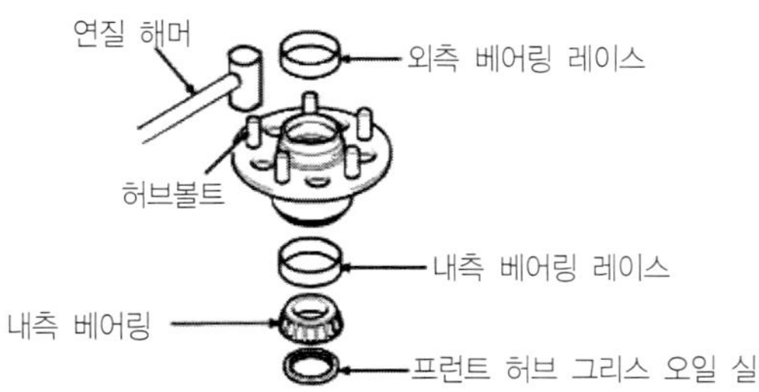

그림 48. 허브 볼트 및 베어링 탈거

[3] 점검
① 허브의 균열, 마모를 점검한다.
② 브레이크 디스크의 긁힘, 손상을 점검한다.
③ 너클의 균열을 점검한다.
④ 베어링의 결함을 점검한다.

[4] 조립

① 허브 내측, 허브 베어링과 신품 오일 실에 그리스를 채운다.

② 신품 내측 베어링 레이스 및 신품 외측 베어링 레이스에 특수공구를 사용하여 압입한다.

③ 내측 베어링을 삽입한다.

④ 신품 프런트 허브 그리스 오일 실을 프런트 허브 단면까지 압입하여 조립한다.

⑤ 허브 볼트를 압입한다.

⑥ 디스크 브레이크 마운팅 볼트를 일치마크에 맞추어 체결한다.

⑦ 허브 및 디스크 어셈블리를 너클에 장착한다.

⑧ 허브 캡, 분할 핀, 허브 베어링 로크너트, 허브 베어링 외측 와셔와 외측 허브 베어링을 역순으로 조립한다.

⑨ 장착은 탈거의 역순이다.

3.2.3. 리어 액슬 어셈블리

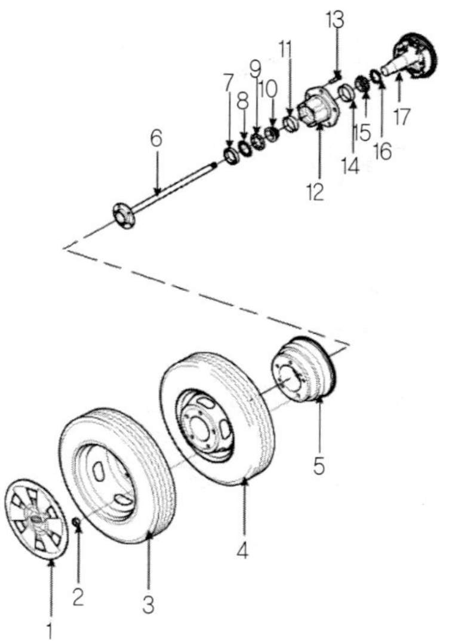

1. 휠 캡
2. 휠 너트
3. 외측 휠
4. 내측 휠
5. 브레이크 드럼
6. 액슬 샤프트
7. 오일 실
8. 로크와셔
9. 로크너트
10. 허브 베어링
11. 베어링 레이스
12. 리어 허브
13. 허브 볼트
14. 베어링 레이스
15. 허브 베어링
16. 오일 실
17. 액슬 하우징

그림 49. 리어 액슬 어셈블리

[1] 탈거

① 차량을 안전하게 받친 후 뒤쪽을 든다.

② 리어 휠 및 타이어를 리어 허브에서 탈거한다.

③ 브레이크 드럼을 탈거한다.

④ 만약 브레이크 드럼을 탈거하기 어려우면 볼트를 탈거용 나사구멍에 균등하게 끼워 넣어 탈거하고 액슬 샤프트 체결 볼트를 풀러 액슬 샤프트를 탈거한다.

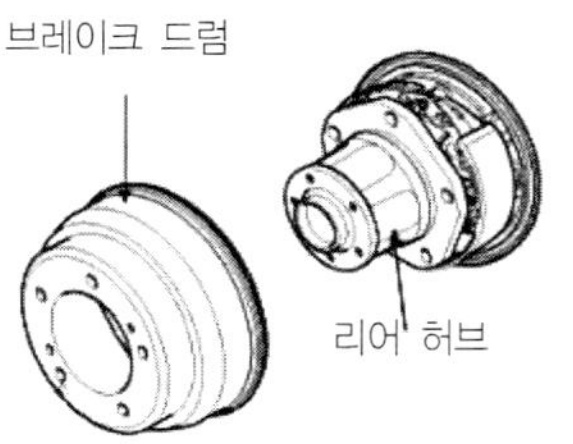

그림 50. 브레이크 드럼 탈거

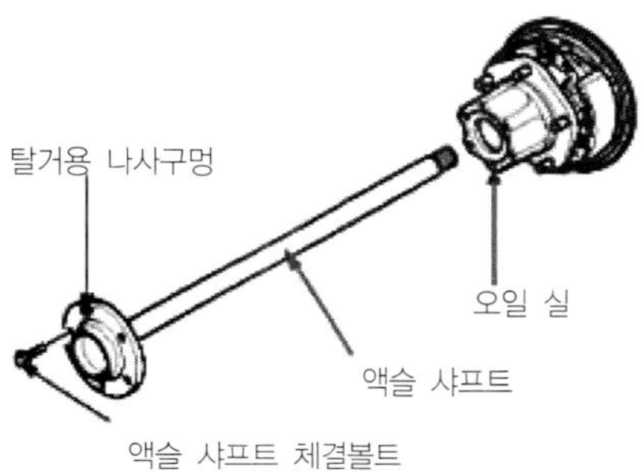

그림 51. 액슬 샤프트 탈거

⑤ 오일 실을 탈거한다.

⑥ 로크너트 고정 볼트를 풀고 로크와셔를 탈거한다.

⑦ 특수공구를 사용하여 로크너트를 탈거한다.

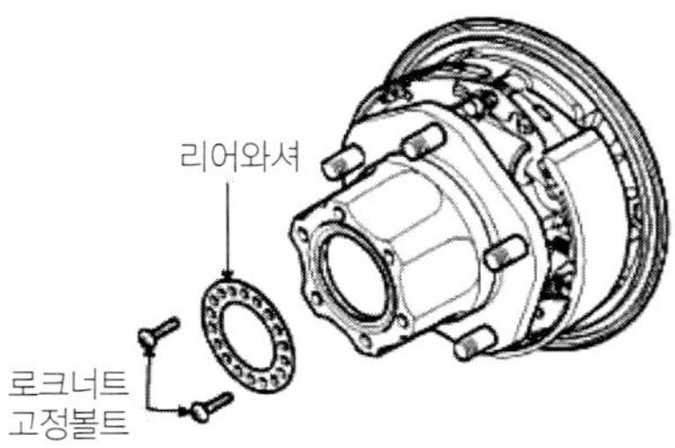

그림 52. 로크와셔 탈거

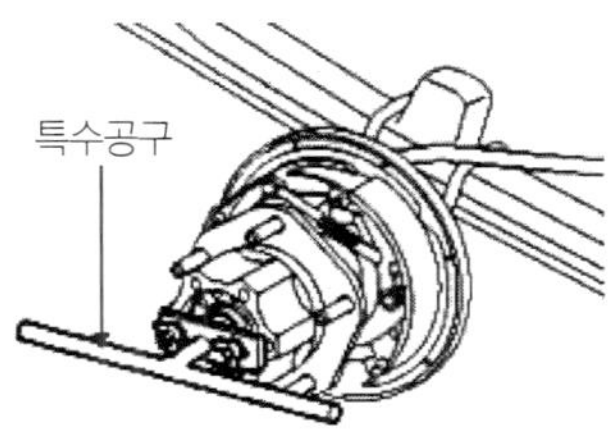

그림 53. 로크너트 탈거

⑧ 액슬 하우징에서 리어 휠 허브를 외측 베어링과 함께 탈거한다.

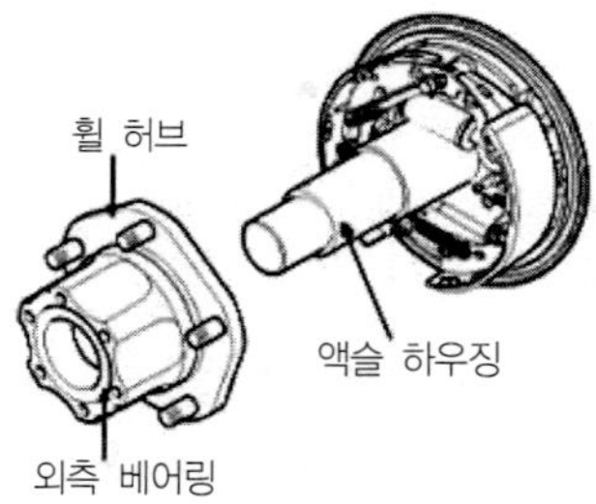

그림 54. 리어 휠 허브 탈거

[2] 분해

① 외측 허브 베어링을 탈거한다.

② 특수공구 또는 황동바를 사용하여 내측 오일 실, 내측 베어링, 내측 베어링 레이스 및 외측 베어링 레이스를 균일하게 쳐서 빼낸다.

그림 55. 외측 허브 베어링 탈거

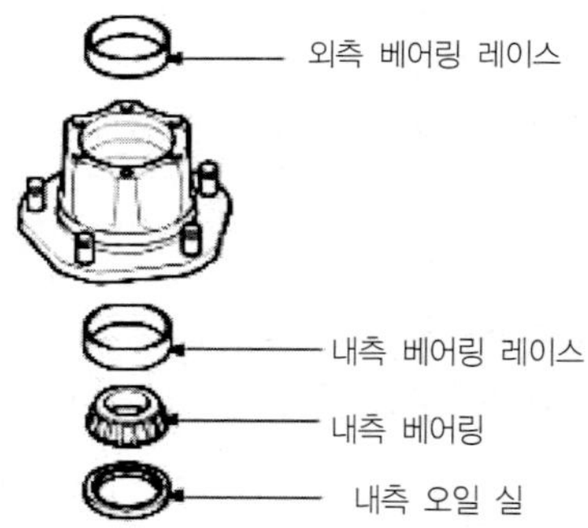

그림 56. 베어링 및 베어링 레이스 탈거

③ 허브 볼트를 탈거한다.

[3] 조립

① 허브 베어링과 신품 오일 실에 그리스를 채운다.

② 내측 베어링 레이스 및 외측 베어링 레이스에 특수공구를 사용하여 압입한다.

③ 내측 베어링을 삽입한다.

④ 신품 오일 실을 리어 허브 단면까지 압입하여 조립한다.

⑤ 허브 볼트를 압입한다.

[4] 장착

① 리어 휠 허브를 외측 베어링과 함께 액슬 하우징에 장착한다.

② 로크너트를 다음 순서로 조인다.

㉮ 로크너트를 체결 토크 13.0~20.0kgf · m로 체결 한 후 완전히 풀어준다.

㉯ 허브를 회전시킨 후 로크 너트를 체결 토크 2~3kgf · m로 체결한다.

㉰ 로크와셔 평탄면을 하우징의 스핀들 홈 부에 맞춰 끼우고 로크너트를 볼트로 체결하여 고정한다.

㉱ 마지막으로 허브 볼트에서 회전방향의 접선방향으로 당겼을 때 초기 기동력 1.5~3.0kgf · m에서 원활히 작동할 것

③ 액슬 하우징과 허브의 접촉면에 규정 실제를 도포한다.

④ 신품 오일 실을 장착하고 액슬 샤프트 어셈블리를 조립한다.

⑤ 브레이크 드럼을 장착한다.

⑥ 리어 휠 및 타이어를 리어 허브에 장착한다.

⑦ 리어 휠 너트를 조인다.

3.2.4. 추진축

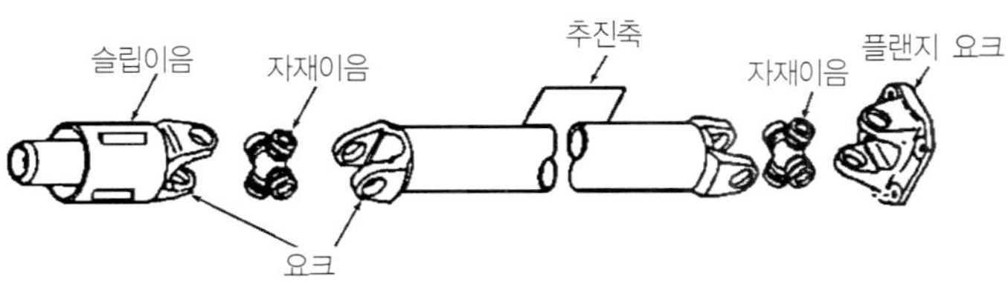

그림 57. 추진축의 구성부품

[1] 탈거 및 장착

① 자동차를 리프트에 들어 올린다.

② 리어 디퍼렌셜 컴패니언 플랜지 요크에 일치 마크를 표시하고 컴패니언 플랜지를 탈거한다.

③ 추진축을 변속기 쪽으로 밀어 플랜지 쪽의 공간을 확보한 후 플랜지를 뒤쪽으로 잡아당겨 추진축을 탈거한다.

④ 차량 뒷쪽을 낮추면 트랜스 밋션 오일이 유출되므로 낮추지 않는다.

⑤ 트랜스 밋션의 오일 실 립 부분이 손상되지 않도록 주의한다.

⑥ 트랜스 밋션에 이물질이 들어가지 않도록 커버를 한다.

⑦ 장착은 탈거의 역순으로 한다.

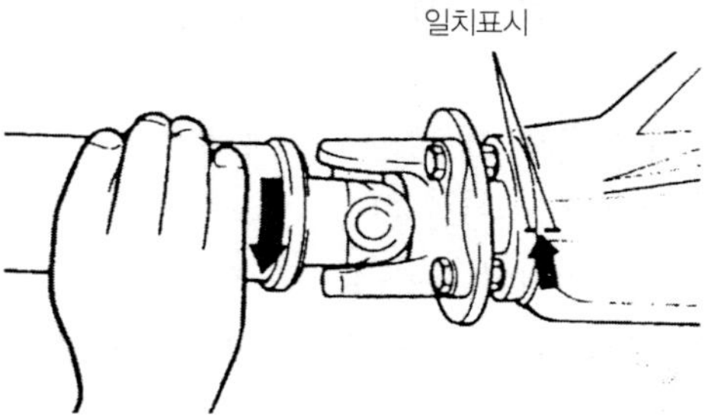

그림 58. 컴패니언 플랜지 탈거

[2] 점검

① 슬리브 요크, 센터 요크, 플랜지 요크부의 마모 및 파손여부를 점검한다.

② 추진축 요크부와 추진축의 마모, 파손, 굽힘, 균열, 비틀림 등을 점검한다.

③ 자재이음 스파이더의 각 방향 작동상태를 점검한다.

3.2.5. 종감속 차동장치

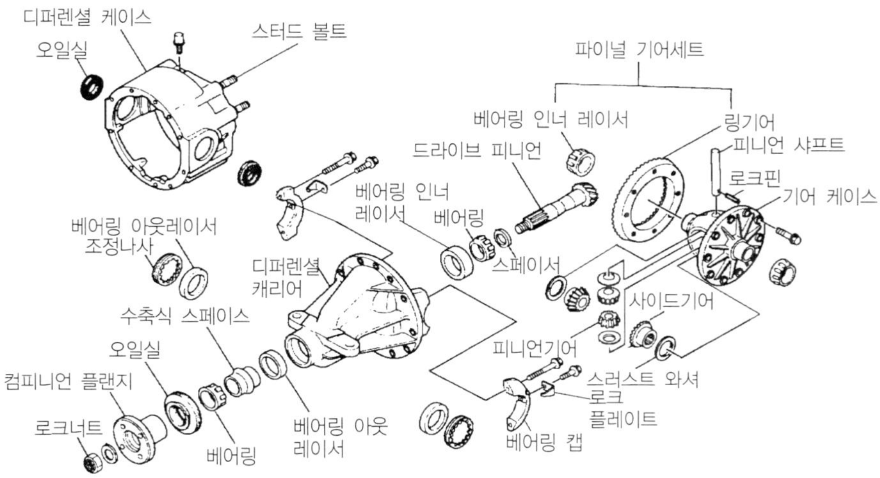

그림 59. FR방식 종감속 차동기어의 구조

[1] 탈거

① 종감속 기어오일을 빼낸다.

② 액슬 하우징 체결 너트를 탈거한다.

③ 액슬 하우징에서 리어 액슬 샤프트를 탈거한다.

그림 60. 종감속 기어오일 배출

그림 61. 리어 액슬 샤프트 탈거

④ 프로펠러 샤프트 플랜지 요크와 디프렌셜 캐리어 캠패니언 플랜지에 일치 표시를 한다.

⑤ 디프렌셜 캐리어 어셈블리와 프로펠러 샤프트의 접속면을 분리한다.

⑥ 디프렌셜 캐리어 어셈블리를 액슬 하우징에서 분리한다.

그림 62. 프로펠러 샤프트 접속면 분리

그림 63. 디프렌셜 캐리어 분리

[2] 장착

① 액슬 하우징 플랜지부에 규정 실제를 도포하고 디프렌셜 캐리어 어셈블리를 장착한다.

② 플랜지 요크와 캠패니언 플랜지를 일치 표시에 맞추고 프로펠러 샤프트를 장착한다.

③ 액슬 하우징과 허브의 접촉면에 규정 실제를 도포한다.

④ 신품 오일 실을 장착하고 액슬 샤프트 어셈블리를 조립한다.

⑤ 기어오일을 규정량(주입구에서 넘칠 정도) 주입한다.

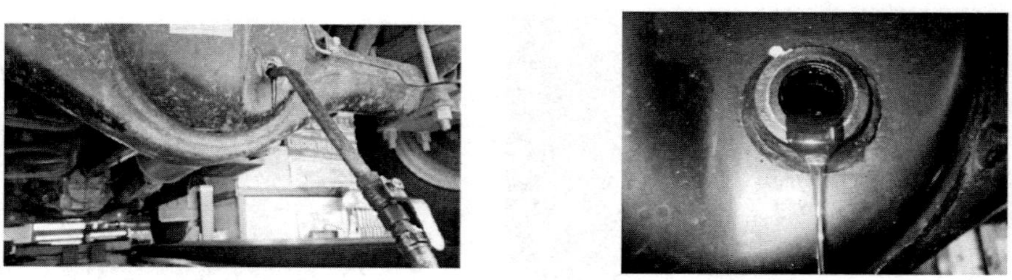

(a) 오일 주입

(b) 오일 규정량

그림 64. 오일 주입

3.3. 4WD 구동방식

3.3.1. 트랜스퍼 오일

[1] 오일 점검

① 각 구성부품의 기어오일 누유를 점검한다.
② 장착된 볼트를 풀고 댐퍼를 탈거한다.
③ 오일필러 플러그를 탈거한다.
④ 오일 레벨을 점검한다. 오일이 오일필러 플러그 구멍으로 약간 흘러나오면 정상이다. 오일부족 시 오일을 보충하여 오일 주입구 하단부까지 채운다.
⑤ 댐퍼를 장착한다.

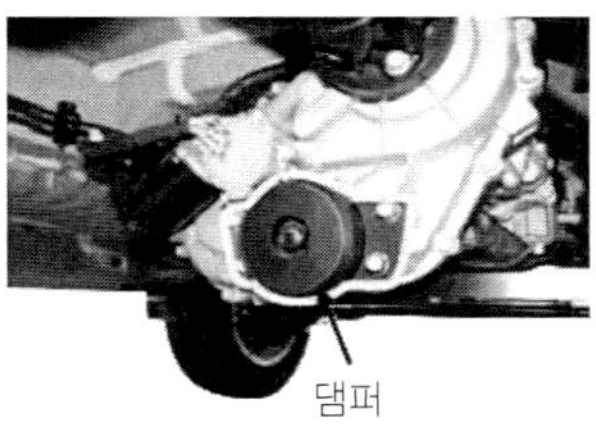

그림 65. 댐퍼 탈거

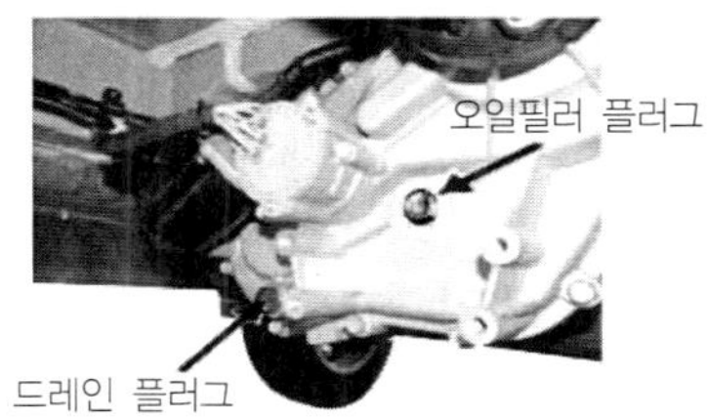

그림 66. 오일필러 플러그 탈거

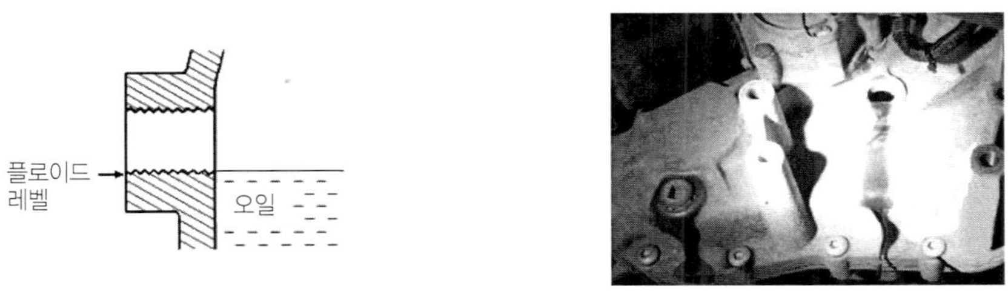

그림 67. 오일 레벨 점검

[2] 오일 교환

① 장착된 볼트를 풀고 댐퍼를 탈거한다.
② 드레인 플러그를 탈거하고 오일을 배출한다.

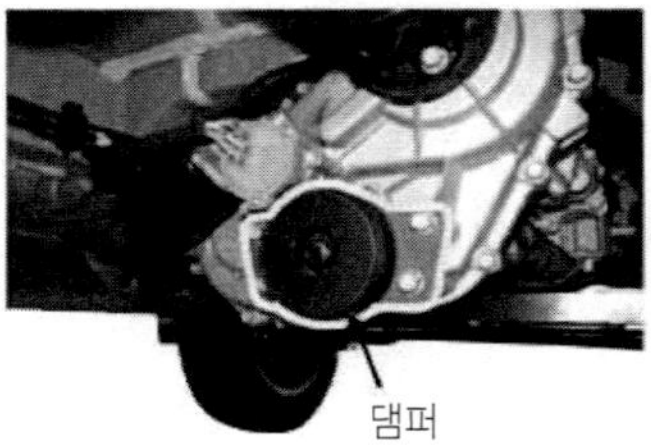

그림 68. 댐퍼 탈거

그림 69. 오일 배출

③ 드레인 플러그 개스킷을 신품으로 교환하고 장착한다.
④ 필러 플러그를 풀고 규정 오일을 주입한다.
⑤ 오일 필러 플러그를 신품 개스킷과 함께 장착한다.
⑥ 댐퍼를 장착한다.

3.3.2. 트랜스퍼 케이스 어셈블리

[1] 탈거 및 장착

① 프런트 프로펠러 샤프트를 트랜스퍼 어셈블리에서 탈거한다.
② 리어 프로펠러 샤프트의 러버 커플링과 리어 디퍼렌셜 컴패니언에 일치표시를 하고 프로펠러 샤프트 체결 볼트를 탈거한다.

그림 70. 프런트 프로펠러 샤프트 탈거

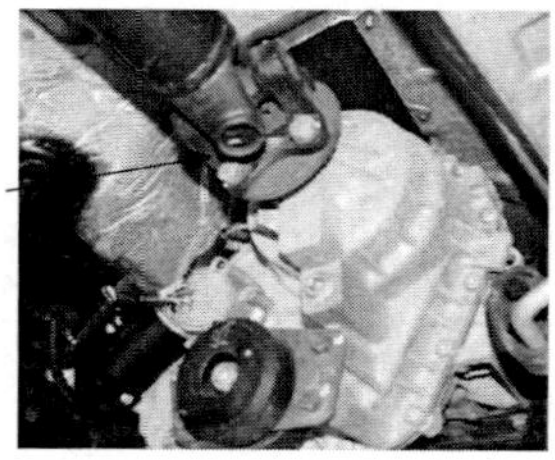

그림 71. 리어 프로펠러 샤프트 탈거

③ 트랜스퍼 케이스 모터 커넥터를 분리한다.
④ 변속기를 잭으로 지지 후 볼트를 탈거한다.

⑤ 잭을 조절하여 변속기를 아래쪽으로 쳐지게 한다.

그림 72. 모터 커넥터 분리

그림 73. 잭으로 지지

⑥ 트랜스퍼 케이스에서 와이어링 고정 브래킷 볼트 및 접지선 볼트를 탈거 후 와이어링을 탈거한다.

⑦ 트랜스퍼 케이스를 잭으로 지지한 후 장착볼트를 풀어 변속기에서 탈거한다.

⑧ 장착은 탈거의 역순으로 한다.

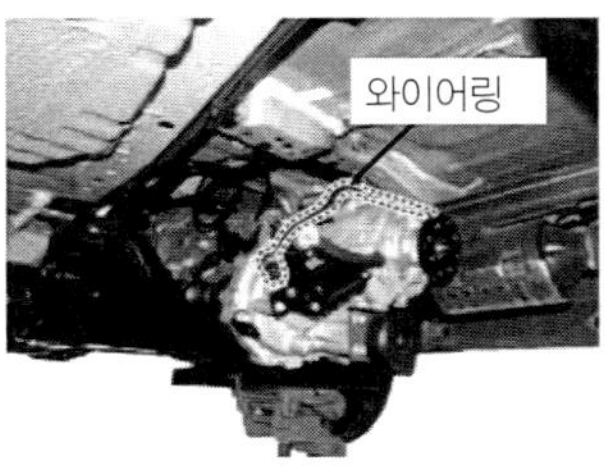

그림 74. 와이어링 탈거

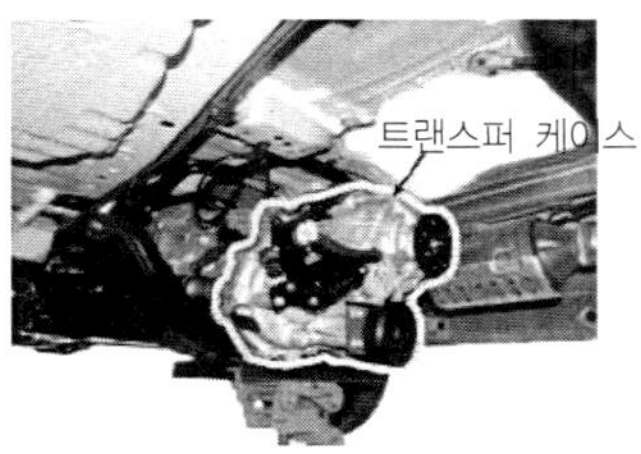

그림 75. 케이스 잭으로 지지

그림 76. 장착볼트 탈거

선행학습 보고서

선 행 학 습 명	드라이브라인 · 차동장치 정비				
실 습 목 적	드라이브라인 및 차동장치의 원리와 역할 이해, 점검, 진단, 수리, 정비, 교환, 검사				
실 습 일	월 일	학 번		성 명	

1. 학습내용	평가항목	성취수준		
		상	중	하
드라이브라인 서술형	슬립이음과 자재이음의 역할에 대하여 서술하시오.			

2. 학습내용	평가항목	성취수준		
		상	중	하
드라이브라인 서술형	등속도(CV)자재이음 종류와 특성에 대하여 서술하시오.			

3. 학습내용	평가항목	성취수준		
		상	중	하
차동장치 서술형	종감속 기어의 역할에 대하여 서술하시오.			

4. 학습내용	평가항목	성취수준		
		상	중	하
차동장치 서술형	하이포이드 기어의 장점 및 단점에 대하여 서술하시오.			

5. 학습내용	평가항목	성취수준		
		상	중	하
차동장치 서술형	종감속비에 대하여 서술하시오.			

6. 학습내용	평가항목	성취수준		
		상	중	하
차동장치 서술형	차동장치의 특징 및 작동원리에 대하여 서술하시오.			

7. 학습내용	평가항목	성취수준		
		상	중	하
차동장치 서술형	자동제한 차동장치(LSD)의 특징에 대하여 서술하시오.			

8. 학습내용	평가항목	성취수준		
		상	중	하
차동장치 서술형	4WD의 역할 및 특징에 대하여 서술하시오.			

선 행 학 습 명	드라이브라인 · 차동장치 점검				
실 습 목 적	드라이브라인 및 차동장치의 원리와 역할 이해, 점검, 진단, 수리, 정비, 교환, 검사				
실 습 일	월 일	학 번		성 명	

1. 학습내용	평가항목	성취수준		
		상	중	하
드라이브라인 점검	FF구동방식에서 프런트 드라이브 샤프트를 탈거하시고 이상부위를 점검하여 수리 또는 교환하고 장착하시오.			

2. 학습내용	평가항목	성취수준		
		상	중	하
드라이브라인 점검	FF구동방식에서 프런트 허브 너클을 탈거하시고 이상부위를 점검하여 수리 또는 교환하고 장착하시오.			

3. 학습내용	평가항목	성취수준		
		상	중	하
드라이브라인 점검	FF구동방식에서 리어 허브를 탈거하시고 이상부위를 점검하여 수리 또는 교환하고 장착하시오.			

4. 학습내용	평가항목	성취수준		
		상	중	하
드라이브라인 점검	FR구동방식에서 프런트 액슬 어셈블리를 탈거하시고 이상부위를 점검하여 수리 또는 교환하고 장착하시오.			

5. 학습내용	평가항목	성취수준		
		상	중	하
드라이브라인 점검	FR구동방식에서 추진축(프로펠러 샤프트)을 탈거하시고 이상부위를 점검하여 수리 또는 교환하고 장착하시오.			

6. 학습내용	평가항목	성취수준		
		상	중	하
드라이브라인 점검	FR구동방식에서 액슬축을 탈거하시고 이상부위를 점검하여 수리 또는 교환하고 장착하시오.			

7. 학습내용	평가항목	성취수준		
		상	중	하
종감속장치 점검	종감속 오일을 교환하시오.			

8. 학습내용	평가항목	성취수준		
		상	중	하
종감속장치 점검	종감속 장치를 탈거하고 아래 사항을 점검하고 판정 및 조치사항을 기록하시고 규정값으로 조정 한 후 조립한 다음 장착하시오.			

점검항목	규정값(한계값)	측정값	판 정	정비 및 조치사항
피니언과 사이드 기어 백래시			□ 양호 □ 불량	
종감속 기어의 백래시			□ 양호 □ 불량	
링기어의 런 아웃			□ 양호 □ 불량	
드라이브 피니언의 프리로드			□ 양호 □ 불량	

점검항목	이상 부위	판 정	정비 및 조치사항
치면 접촉의 점검		□ 양호 □ 불량	

CHAPTER 05

휠 · 타이어

[NCS를 활용한] Synthesis Automotive Chassis

학습목표

휠과 타이어의 종류 및 역할을 이해하고 타이어 공기압력, 타이어의 마모상태, 휠의 밸런스를 점검하여 문제의 부분을 조정, 수리, 교환할 수 있다.

1. 휠과 타이어의 종류 및 역할을 이해할 수 있다.
2. 안전작업 절차에 따라 휠과 타이어의 장치를 검사할 수 있다.
3. 정비지침서에 따라 휠과 타이어의 작동 상태를 확인하여 고장원인을 파악할 수 있다.
4. 정비지침서에 따라 휠과 타이어의 관련 장치의 세부 조정목록을 확인하여 조정내용을 파악할 수 있다.
5. 정비지침서에 따라 수리 및 조정에 필요한 장비를 선택하여 사용할 수 있다.
6. 정비지침서에 따라 탈거와 조립절차 계획을 수립하여 관련된 지식을 바탕으로 장비 및 공구를 준비할 수 있다.
7. 휠과 타이어에 관련된 진단내용에 따라 휠과 타이어를 수리할 수 있다.
8. 휠과 타이어를 수리 후 이상 유무를 확인할 수 있다.
9. 정비지침서에 따라 작업 후 휠과 타이어의 성능을 검사할 수 있다.

1. 휠(wheel)

휠은 크게 림과 휠 디스크 등으로 구성된다. 림은 타이어를 유지하는 부분이고 휠 디스크는 허브에 장착하기 위한 부분이다. 트럭과 버스용에서는 림 부분에 사이드 림을 사용하여 타이어를 유지하고, 타이어의 탈착을 용이하게 할 수 있도록 되어 있다.

1.1. 휠의 구조

1.1.1. 림 부위

타이어와 밀착되어 공기압을 유지시켜주는 부위이다. 표기시 그 폭이 인치로 표시된다.

[1] 림

림은 타이어를 장착 유지시켜 주는 부분이며 림 폭은 타이어의 편평비와 밀접한 관계가 있다. 림 폭이 작은 경우는 사이드 월 부분이 지나치게 노출되어 위험이 따른다. 림 폭이 지나치게 큰 경우에는 연비가 증가되며 차체와의 간섭 등의 원인이 된다.

[2] 오프셋

림의 중심에서 디스크 취부면까지의 거리를 의미한다. ET로 표시하며 승용차의 경우 플러스(+), 지프차의 경우 마이너스(-)오프셋이 되는 경우가 많다. 오프셋이 틀린 경우 차량 간섭 현상발생의 원인이 된다. 이를 무리하게 조정하기 위해 스페이서(spacer) 등의 사용은 위험한 일이다. 이는 밸런스 및 런아웃 클레임의 주요한 원인이 된다.

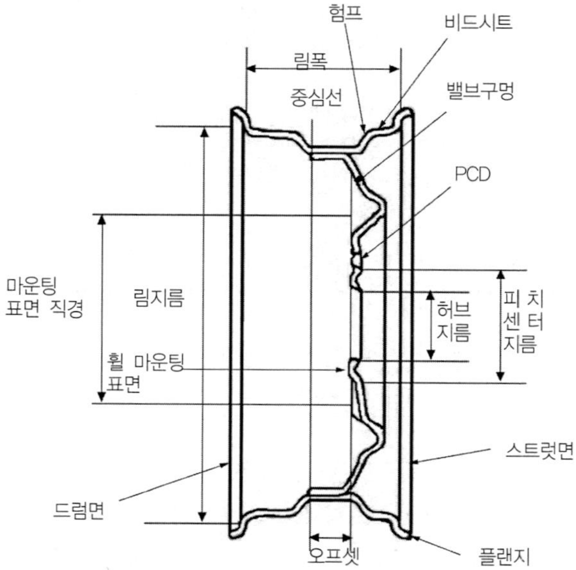

그 림 1. 휠의 구조

[3] 험프(hump)

타이어에 작용하는 횡력(side thrust)에 의해 타이어의 비드(bεad)부분이 림의 중심부(well)로 미끄러지는 것을 방지하기 위한 안전 두둑(ridge)이다.

[4] 비드 시트(bead seat)

타이어의 비드 베이스가 밀착하는 림의 부분을 말한다. 둘레 방향으로 어긋나지 않도록 널링 공구(knurling tool)로 가공되어 있는 림도 있다.

1.1.2. 디스크 부위

휠의 디자인이 구사되어 있는 전면 부위를 말하며 차체와 체결하여 주는 허브(Hub)축, 볼트 구멍 등이 포함되어 있다.

[1] 허브(hub)

휠의 중앙부분에 있는 구멍으로 차축과 체결되는 부분이다. 여기서 가장 중요한 것은 차축의 지름과 반드시 일치해야 된다는 것이다. 허브직경이 맞지 않을 경우 허브링(hub-ring)을 이용하여 무리하게 장착하면 런아웃 클레임이 야기될 수 있다.

[2] PCD(pitch circle diameter)

휠이 차에 지탱할 목적으로 뚫은 구멍의 각 중심선을 연결한 원의 지름을 의미하며 PCD가 틀리면 차에 장착할 수 없다. 승용차의 경우 그 구멍수가 4개 또는 5개가 보통이다.

[3] 플랜지(flange)

타이어의 비드 부분을 지탱시켜 주는 부분으로 흔히 J형과 JJ형이 있으며 밸런스 납을 부착 시켜주는 부위이다. J형의 경우 클립식 납(박는 납)을 사용하고 JJ형은 부착식 납을 사용한다.

1.1.3. 밸브 구멍

타이어에 공기를 넣고 빼는 구멍으로 밸브 스템(valve stem)을 설치한다. 밸브 스템에는 밸브 코어(core)를 넣고 코어는 속에 작은 패킹을 스프링으로 밀어 공기를 밀폐하는 첵 밸브이며 캡은 코어를 보호하는 역할과 이 물질이 침투하지 않게 한다.

(a) 밸브 스템 (b) 밸브 코어 (c) 밸브 캡

그림 2. 밸브 스템 구성품

1. 2. 휠의 종류

1.2.1. 디스크 휠(disc wheel)

연강판을 프레스로 성형한 디스크를 리벳이나 용접으로 접합한 것이다. 강도가 좋고 구조가 간단하며, 대량 생산성이 좋으며, 비교적 값이 싸서 널리 이용된다. 중량이 무거워 가볍게 할 목적으로 구멍이 많이 뚫려있다.

1.2.2. 스포크 타입 휠(spoke type wheel)

림과 허브를 강철선의 스포크로 연결한 것으로 자전거의 휠과 같은 구조로 되어 있다. 경량이며, 탄성이 좋고 냉각성능도 우수하다. 그러나 구조가 복잡하고 변형되었을 시 정비의 어려움이 있다.

1.2.3. 디쉬 타입 휠(dish type wheel)

디스크를 완전히 막아 놓은 휠을 말한다. 접시처럼 생겨서 디쉬(dish) 휠이라 부른다. 휠 스포크에서 발생할 수 있는 공기의 와류현상을 차단하기 때문에 공기저항에 유리하나 브레이크 냉각에 도움이 되지 않고 무게도 무거워 현재는 잘 사용하지 않는다.

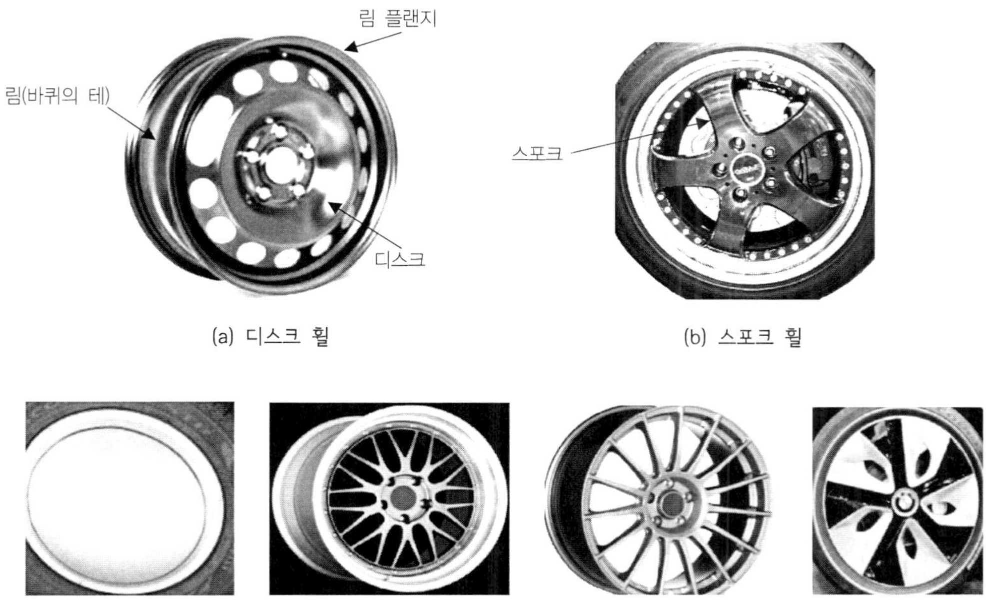

(a) 디스크 휠 (b) 스포크 휠

(c) 디쉬 타입 휠 (d) 메쉬 타입 휠 (e) 핀 타입 휠 (f) 에어로 타입 휠

그림 3. 휠의 종류

1.2.4. 메쉬 타입 휠(mesh type wheel)

스포크 휠에서 좀 더 복잡하고 정교하게 변형된 디자인으로 5~6개의 스포크 휠보다 스포크의 숫자가 훨씬 많아서 휠 자체의 내구성이 뛰어나다.

1.2.5. 핀 타입 휠(pin type wheel)

핀 타입은 스포크 타입보다 가느다란 스포크를 가지고 있으며 개수가 약간 더 추가된 형태로 휠 자체의 소재나 제작 기법이 완벽하지 않으면 내구성이 문제가 있을 수 있다.

1.2.6. 에어로 타입 휠(aero type wheel)

바람개비의 형상을 닮은 디자인을 하고 있는 타입으로 에너지 효율성을 높이기 위한 방법으로 휠에서 발생하는 저항을 줄이기 위해 에어로 타입의 휠을 많이 사용하고 있다.

1.3. 림의 분류 및 표시

림의 모양에 따라 다음과 같이 분류하나 더 많은 형태로 세분하기도 한다. 적용할 자동차에 따라 림의 종류가 선택된다.

1.3.1. 림의 분류

① 2분할 림(2 split rim) : 림과 디스크를 일체로 프레스 가공하여 볼트로 결합한 구조이다. 직경이 비교적 작은 승용차에 주로 쓰인다.

② 드롭 센터 림(drop center rim) : 중앙부의 바닥이 깊은 형으로 승용차나 소형 트럭 등에 쓰인다.

③ 광폭 드롭 센터 림(wide base drop center rim) : 폭이 넓고 가운데 부분이 깊은 림이다. 주로 대형차에 이용된다.

④ 광폭 평저 림(inter rim) : 림의 폭을 크게 하여 타이어의 안정성을 향상시킨 것이다. 버스나 트럭 등의 대형자동차에 주로 쓰인다.

이외에도 안전 리지드 림(safety rigid rim), 반 드롭 센터 림(semi drop center rim) 등으로도 분류한다.

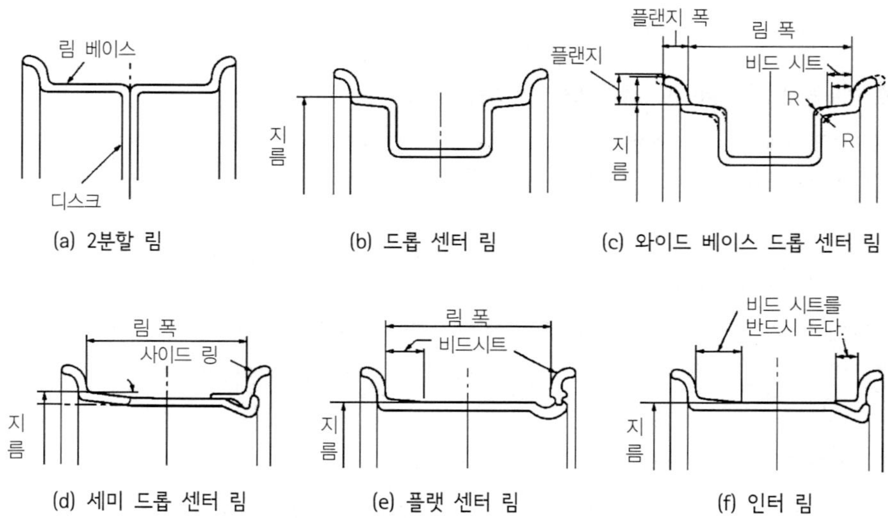

그림 4. 각종 림의 모양

1.3.2. 림의 표시기호 및 호칭

림은 너비(인치로 표시), 플랜지 형상, 림 지름(인치로 표시), 림의 종류로 표시한다.

표시기호	림폭(in)	림 직경(in)	참고사항
$6\frac{1}{2}$J×13H RO 35	$6\frac{1}{2}$	13	J : 램 플랜지의 형상 기호 H : 바깥쪽 비드 시트의 험프 RO 35 : 림 오프셋 35mm
6J×14DC	6	14	DC : 림의 종류(drop center rim)
7J×16 H2	7	16	H2 : 림 어깨 당 각 1개씩 2개의 험프
9.00×22.5	9.00	22.5	.5는 15° 깊은 홈 림을 의미함.(15° DC)
9.00-20	9.00	20	SDC : semi-drop center(얕은 홈 림)
W9×28	9	28	W : wide width rim(광폭 림)
3.75-13	3.75	13	P : 플랜지 형상 기호
6.50H-16SDC	6.50	16	H : 플랜지 형상 기호 SDC : semi-drop center

× : 일체식 깊은 홈 림, 15° 깊은 홈 림 또는 광폭의 깊은 홈 림

- : 얕은 홈 림, 광폭의 얕은 홈 림

이 외에도 림의 형상 호칭기호에는

FH : 바깥쪽에 flat hump

FH2 : 양쪽에 flat hump

CH : combination hump

EH : 확장된 험프(extended hump)

TD 등이 사용된다.

TD는 타이어의 승차감을 향상시키기 위해 플랜지 높이를 낮춘 특수한 림을 말한다. 비드 시트용 그루브(groove)는 타이어의 공기압이 손실되어도 비드가 밀려나지 않도록 비드의 형상에 맞추어져 있다. TD휠의 경우, 림의 폭과 직경을 mm 단위로 표시한다.

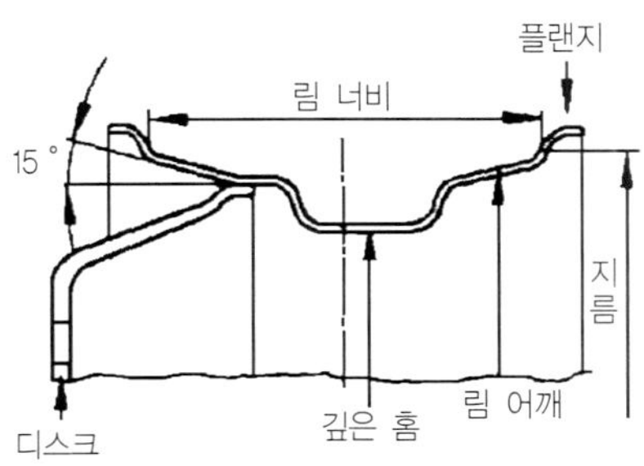

그림 5. 림의 표시

1.4. 휠의 소재

1.4.1. 스틸

가장 기본적인 강판을 소재로 제작비용이 저렴하나 무게가 무겁다.

1.4.2. 알루미늄

가벼우면서도 주조, 단조 기술의 향상과 더불어 합금 기술의 향상으로 높은 강도까지 갖추고 있다. 특유의 은빛이 나고, 녹이 스는 일이 없으며 알로이 휠은 알루미늄에 강도를 보강하기 위해 마그네슘과 같은 부재료를 섞어 합금을 한다.

1.4.3. 티타늄

티타늄은 알루미늄 보다 조금 더 가벼우면서도 성질의 변형이 적고 안정성이 높으나 가공상의 까다로움과 원재료 가격의 차이로 인해 알루미늄 보다는 비싸다.

1.4.4. 마그네슘

알루미늄보다 월등히 가벼운 소재로 엄청난 무게와 충격에도 견디지만 강한 충격에 불꽃이 튈 때도 있고 가격이 비싸며 주조의 경우 마그네슘 소재 자체가 가지고 있는 산화하는 성질 때문에 제작방식도 상당히 까다로워 합금의 부재료로 사용되며 100% 마그네슘 휠의 경우는 대부분 단조방식으로 제작을 하며 레이싱 카에서 사용되곤 한다.

2. 타이어(tire)

2.1. 타이어의 역할

자동차가 주행 및 정지시에 실제로 노면과 접촉하고 있는 것은 타이어이다. 엔진의 출력이 아무리 높아도 타이어가 좋지 않으면 주행시 그 성능을 살릴 수가 없으며 브레이크 성능 또한 타이어 성능에 달려있다.

타이어는 안전운행의 기초가 되며 노면에 닿는 트레드부분에는 홈이 있고 용도에 따라 여러 가지 모양을 갖추고 있어서 이것이 접지력과 물을 헤치는 기능을 가지게 된다. 고무 자체도 그립력과 내구성 등을 고려하여 만들어지며 타이어의 역할은 다음과 같다.

① 하중지지, 노면으로부터의 충격 흡수 완화
② 자동차의 방향을 전환하거나 유지하고 구동력, 제동력을 노면에 전달
③ 마찰, 열 발생률, 구동저항이 적어야 하며, 내구성이 있어야 한다.
④ 주행시 소음 및 진동이 적어야 한다.

2.2. 타이어의 분류

2.2.1. 튜브의 유무에 따른 분류

[1] 튜브 타이어(tube tire)

타이어 내부에 끼워져 압축공기를 유지하기 위한 얇은 고무 튜브로서, 내열성과 탄력성이 큰 고무로 되어 있으며, 타이어 내·외부와의 공기 출입 시 사용되는 스냅인 밸브(snap-in valve)가 설치되어 있다.

[2] 튜브리스 타이어(tubeless tire)

튜브를 사용하지 않고 공기 누출을 방지하기 위해 통기성이 낮은 특수 고무를 타이어의 안쪽에 입히는데 인너 라이너라 불리며 기밀성을 잘 유지하는 고무층을 갖고 비드부를 림 플랜지에 압착하여 공기가 새어나가지 않게 한 것이다.

(1) 튜브리스 타이어의 장점

① 공기압의 유지가 좋다.
② 못 등에 찔려도 급속한 공기누출이 없다.
③ 타이어 내부의 공기가 직접 림에 접촉되고 있기 때문에 주행 중의 열 발산이 좋다.
④ 튜브 불림 등의 튜브에 인한 고장이 없다.
⑤ 튜브조립이 없으므로 작업성이 향상된다.

(2) 튜브리스 타이어의 단점

① 타이어의 내측, 비드부에 흠이 생기면 분리 현상이 일어난다.
② 타이어와 림의 조립이 불완전하거나, 림 플랜지 부위에 변형이 있으면 공기누출을 일으키는 일이 있다.

③ 포장도로를 주행시 노면의 돌 등에 의해 림 플랜지 부분이 손상을 입어 공기누출을 일으킬 경우를 주의할 필요가 있다.

2.2.2. 형상에 따른 분류

[1] 바이어스 타이어(bias tire)

바이어스 타이어의 카커스는 플라이(PLY)가 서로 번갈아 코드의 각도가 다른 방향으로 엇갈려 있다. 따라서 코드가 교체하는 각도는 지면에 닿는 부분에서 원주방향에 대해 40° 전후로 되어 있다. 안정된 성능은 바이어스 타이어의 강점이다. 보통 트레드는 타이어 회전 방향으로 직선적인 패턴을 띄고 있으며 대형 트럭이나 버스 등에 주로 이용된다.

[2] 레이디얼 타이어(radial tire)

타이어를 옆에서 보았을 때 카커스 코드가 방사형으로 배열된 타이어이다. 따라서 바이어스 타이어에 비해 편평비를 자유롭게 설정할 수 있다. 타이어를 편평화 함으로써 접지면을 크게 하여 내 슬립성을 향상시킬 수 있고, 횡 방향에 대한 강성이 우수하여 조종성과 안정성이 좋다. 고속 주행용으로 적합하여 승용차에 많이 이용된다. 그러나 타이어의 옆 부분(side wall)이 약한 단점이 있다.

(a) 바이어스 타이어　　(b) 레이디얼 타이어

그림 6. 타이어의 형상에 의한 분류

[3] 스노우 타이어(snow tire)

스노우 타이어는 눈길이나 빙판길 등에서 접지력을 높인 타이어이다. 따라서 트레드부에 핀을 박은 스파이크 타이어나 고무 핀이 온도의 저하로 경화되어 접지력을 높인 타이어 등, 여러 형태의 타이어가 개발되고 있다.

2.3. 타이어의 구조

타이어의 구조는 트레드, 브레이커, 카커스, 비드, 숄더, 림 등으로 구성된다.

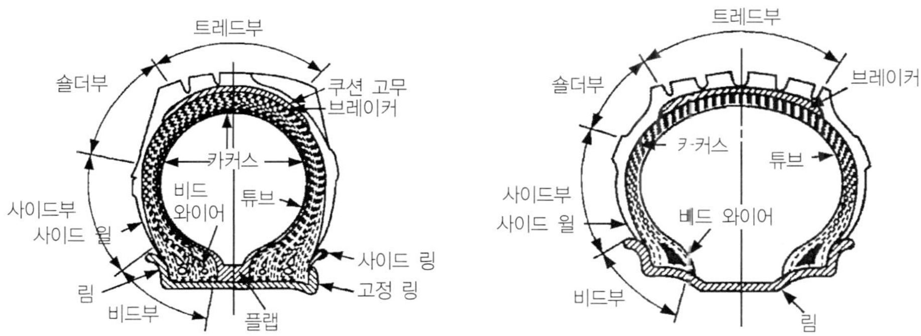

그림 7. 타이어의 구조

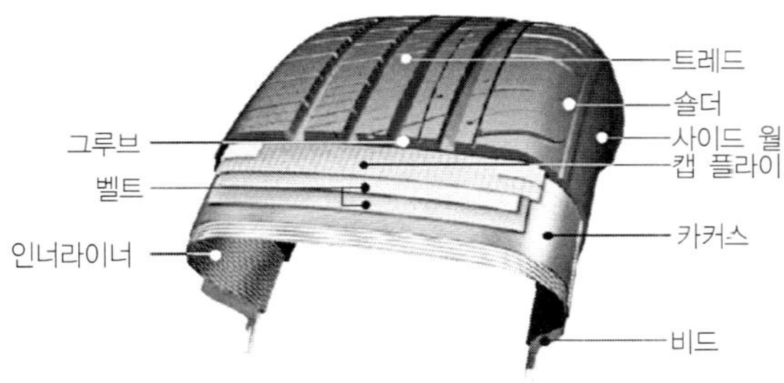

그림 8. 타이어 각부명칭

[1] 트레드(tread)

트레드는 노면과 직접 접촉하는 고무부분이며, 카커스와 브레이커를 보호하는 부분이다. 트레드 패턴의 필요성은 다음과 같다.

① 타이어의 사이드슬립이나 전진방향의 미끄럼을 방지한다.
② 타이어 내부에서 발생한 열을 방산(放散)한다.
③ 트레드에서 발생한 절상(切傷)의 확산을 방지한다.
④ 구동력이나 선회성능을 향상시킨다.

타이어 패턴의 종류로는 타이어의 회전방향에 따라 다음과 같이 분류된다.

(1) 리브 패턴(rib pattern)

타이어의 주행방향과 동일하게 여러 개의 홈이 만들어진 형태의 리브 패턴 타이어는 일반적으로 옆 방향 미끄럼저항(회전저항)이 커서 조향성이 좋다. 또한 다른 타이어에 비해 발열이 낮으며 진동이 적고 승차감이 좋기 때문에 승용차량 및 버스의 기본형 타이어로 많이 사용되고 있다. 최근에는 일부 소형 트럭용으로도 많이 사용되고 있으며 주로 포장도로 및 고속용으로 사용되고 있다.

(2) 러그 패턴(lug pattern)

리브 패턴과 달리 타이어의 회전방향과 직각에 가까운 홈을 파 놓은 패턴을 말한다. 일반 도로와 비포장도로에서 구동력과 제동력이 좋기 때문에 트럭 및 버스 등 대부분의 상업용 차량에서 주로 사용된다. 하지만 회전방향과 반대의 패턴 때문에 회전저항이 크다는 단점이 있어 연료비가 상대적으로 많이 들고 저압 고속주행 시에는 타이어의 편마모를 일으킬 염려가 있다. 또한 옆 미끄럼 저항이 적고 비교적 소음이 큰 단점이 있다.

(a) 리브형 패턴 (b) 러그형 패턴 (c) 리브-러그 패턴

(d) 블록형 패턴 (e) 비대칭 패턴

그림 9. 트레드 패턴의 종류

(3) 리브-러그 패턴(rib-lug pattern)

리브 패턴과 러그 패턴의 장점을 결합한 타이어로 타이어의 숄더에는 러그형 패턴을, 중앙부에는 리브형 패턴을 새겨 조종성 및 안정성이 뛰어난 타이어이다. 포장 및 비포장 도로를 동시에 주행하는 차량에 적합하기 때문에 트럭 또는 버스에서 주로 사용하고 있다. 하지만 리브 끝부분과 홈 부분에 마모와 균열이 발생하기 쉬우며 제동력과 구동력 또한 러그 패턴보다 떨어진다는 단점이 있다.

[2] 브레이커(breaker)

브레이커는 트레드 안쪽에 있는 코드 층으로 카커스를 보호하며, 트레드와 카커스의 강성의 차를 완충하는 역할을 한다.

[3] 카커스(carcass)

카커스는 타이어의 형상을 유지하는 골격부분이다. 플라이(fly)라 부르는 섬유층으로 구성되는데, 이 섬유층을 교차하여 고무로 접착시켜 강도를 유지한다.

[4] 비드(bead)

비드는 림과 접촉하는 부분으로 카커스 코드의 끝을 고정하여 공기압을 유지토록 한다. 비드 와이어와 고무 등으로 구성되는데, 적당한 강도와 탄성을 가져야 한다.

[5] 사이드 월(side wall)

트레드에서 비드부까지의 카커스를 보호하기 위한 고무 층이며, 노면과는 직접 접촉하지 않는다. 그러나 하중이나 노면으로부터의 충격에 의하여 계속적인 굴곡운동을 하게 되므로 굴곡성 및 내 피로성이 높은 고무이어야 하며, 규격, 하중, 공기압 등 타이어의 기본 정보가 문자로 각인된 부위이다.

[6] 숄더(shoulder)

트레드와 사이드 월 사이에 자리 잡고 있다. 타이어에서 가장 두꺼운 고무층으로 숄더가 손상이 되면 타이어를 수리하기는 불가능하다. 때문에 필히 타이어를 교체하여야 한다. 가장 두꺼운 고무 층으로 열이 모이기 쉬워 쉽게 열을 발산 시킬 수도 있어야 한다.

[7] 벨트(belt)

스틸와이어 또는 섬유로 구성되어 있다. 트레드와 카커스 사이에서 주행시 노면 충격을 감소시키는 역할과 동시에 트레드 노면에 닿는 부위를 넓게 유지시켜 주행 안정성을 우수하게 한다. 트레드가 마모되면 가장먼저 보이는 부분이다.

[8] 인너 라이너(inner liner)

튜브리스 타이어에서만 볼 수 있으며 튜브를 대신하여 공기 밀폐성이 우수한 고무층으로 이루어져 있다.

[9] 캡 플라이(cap ply)

벨트 위쪽에 부착되는 특수 코드지로 주행시 성능을 향상시켜준다.

2.4. 타이어의 호칭치수

2.4.1. 타이어의 치수표시

표기법	기호	의미
ISO표기법(유럽 ETRTO 규정) 205/60R1589H	205 60 R 15 89 H	타이어 단면폭 205mm 편평비 60%(60TLFLWM) 레이디얼 구조 타이어 내경 15인치(링경 15인치) 최대 하중지수(580Kgf) 최고속도(210Km)
P-METRIC표기법(북미 TRA 규정) P215/60R14H	P	승용차용임을 나타내는 passenger의 약자 기타는 ISO 표기법과 같음
ISO표기법(유럽 ETRTO 규정) 205/60R1589H	205 60 R 15 89 H	타이어 단면폭 205mm 편평비 60%(60TLFLWM) 레이디얼 구조 타이어 내경 15인치(링경 15인치) 최대 하중지수(580Kgf) 최고속도(210Km)

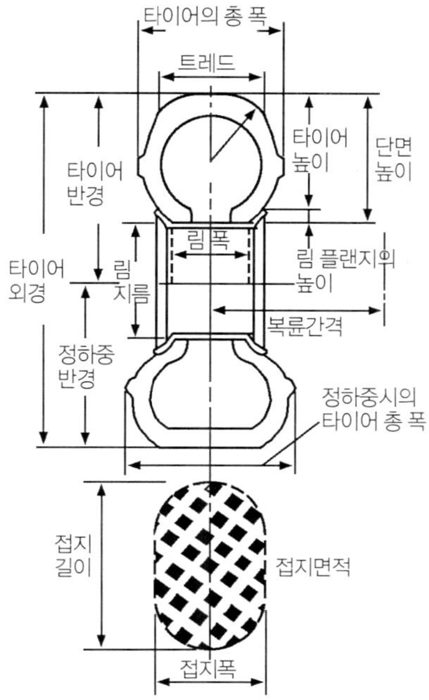

그림 10. 타이어의 치수

P-METRIC표기법(북미 TRA규정) P215/60R14H	P	승용차용임을 나타내는 passenger의 약자 기타는 ISO 표기법과 같음
뉴 메릭 표기법 6.00-12	6.00 – 12	타이어 단면폭 6인치 바이어스 구조 타이어 내경 12인치
경트럭 미터법 LT235/75R15	LT 235 75 R 15	경트럭용(LT : light truck) 타이어 단면폭 235mm 편평비 75%(75시리즈) 레이디얼 구조 타이어 내경 15인치
플로테이션(FLOTATION) 표기법 30X9.50R15	30 9.50 R 15	타이어 외경 30인치 타이어 단면폭 9.5인치 레이디얼 구조 타이어 내경 15인치

2.4.2. 타이어표시

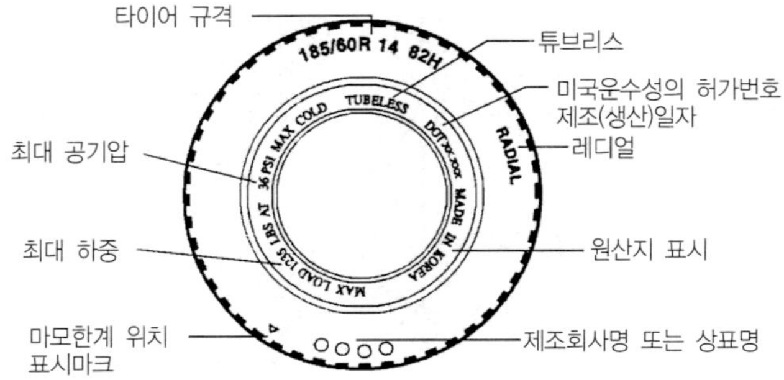

그림 11. 타이어의 표시

① 제조일자 : 2017년 27주 생산제품. 타원형의 동그라미 안에 들어가 있다.

② 하중지수(load range) : 타이어가 지탱하는 최대하중으로 77다음의 H는 최대속도이다.

그림 12. 제조일자

그림 13. 하중지수

③ 타이어 규격 : 승용자동차용, 단면폭 215mm, 편평비 50%, 레이디얼 타이어, 휠 크기 17인치

④ 레이디얼 타이어

⑤ MUD & SNOW의 약자로 진흙길& 눈길에도 가능하다는 뜻

그림 14. 타이어 규격

그림 15. 레이디얼 타이어표시

그림 16. MUD&SNOW의 약자

⑥ KS마크

⑦ 제조국가
⑧ 제조회사

그림 17. KS마크

그림 18. 제조국가 표시

그림 19. 제조회사 표시

⑨ 패턴 명으로 H426은 자동차 메이커에 납품용으로 개발된 옵티모 패턴 중 하나
⑩ DOT 마크 : DOT 5MBP DL H(5M : 생산 공장, BP : 타이어규격, DL : 모델명, H : 제조사)
⑪ 최대하중 및 최대 공기압 표기 : 최대 하중이 600kgf이고, 바퀴가 4개니까 2.4톤이 된다. 최대 공기압은 300KPA(44psi)이다. 이 최대 공기압은 의 80~90% 정도를 주입한다.

그림 20. 패턴명

그림 21. DOT마크

그림 22. 최대하중 및 최대공기압 표기

⑫ 타이어구조 : 트래드 플라이는 2장의 스틸과 1장의 폴리에스터 코드로 보강되어있고 사이드월은 1장의 폴리에스터로 되어있다.
⑬ E4마크 : 유럽에 수출하기 위해서 필요한 것
⑭ 튜브 리스 : 튜브가 없는 구조로 튜브역할을 하는 인너라이너가 타이어 안쪽에 붙여져 있는 타이어와 튜브가 일체인 구조이다.

그림 23. 타이어 구조

그림 24. E4마크

그림 25. 튜브리스 타이어 표시

⑮ 마모한계선 위치 표시와 타이어 마모한계선

그림 26. 마모한계선 위치표시

그림 27. 타이어 마모한계선

2.4.3. 최대 속도지수와 하중지수

타이어가 안전한 상태에서 주행 가능한 최대 속도지수와 하중지수를 기호로 나타낸다.

표 속도지수

속도기호	G	J	K	L	M	N	P	Q	R
MAX속도 (KPH)	90	100	110	120	130	140	150	160	170
속도기호	S	T	U	H	V	W	Y	VR	ZR
MAX속도 (KPH)	180	190	200	210	240	270	300	OVER 210	OVER 240

표 하중지수

하중지수	71	72	73	74	75	76	77	78	79
최대하중지수 능력(kgf)	345	355	365	375	387	400	412	425	437
하중지수	80	81	82	83	84	85	86	87	88
최대하중지수 능력(kgf)	450	462	475	487	500	515	530	545	560

2.4.4. 편평비(편평율)

편평비란 타이어 단면폭에 대한 단면 높이의 비를 말하며 시리즈라고도 한다. 편평비가 낮을수록 고성능 타이어이다.

$$\text{타이어 편평비(\%)} = \frac{\text{타이어 단면높이}}{\text{타이어 폭}} \times 100$$

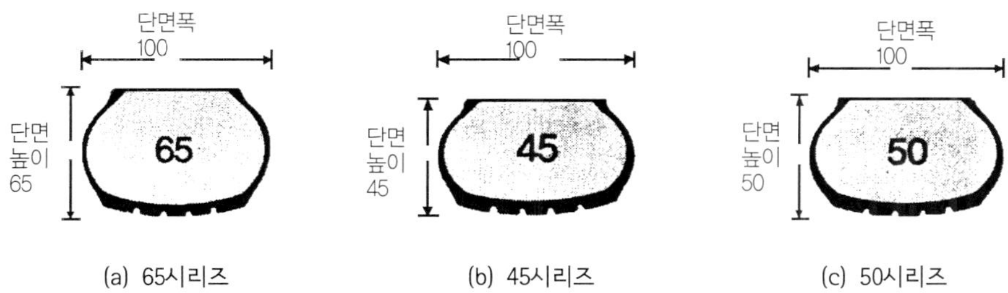

그림 28. 타이어의 편평비

2.5. 타이어에서 발생하는 현상

2.5.1. 스탠딩 웨이브(standing wave) 현상

고속 주행시 타이어의 트레드가 노면에서 벗어난 직후에 발생하는 파동현상이다. 즉, 접지부에서 받은 타이어의 하중에 의한 변형이 접지가 완료되어도 바로 복원되지 않는 상태를 스탠딩 웨이브라 한다.

스탠딩 웨이브가 발생하면 변형에 의한 타이어의 피로(fatigue)가 급속하게 진행되어 타이어 내부에는 고열이 발생된다. 이 상태에서 차속을 증가시키면 스탠딩 웨이브의 진폭은 커져 구름저항이 비정상적으로 증가하기 때문에 타이어 온도는 급상승하며, 원심력에 의해 트레드와 카커스의 밀착력이 떨어져 결국 타이어는 파괴된다.

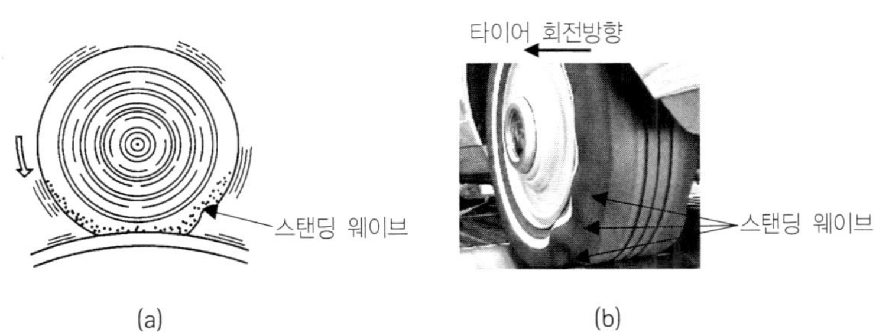

그림 29. 스탠딩 웨이브 현상

[1] 스탠딩 웨이브 방지법

① 타이어의 공기압을 규정 공기압보다 10~30% 정도 높게 주입하면 스탠딩 웨이브는 잘 발생하지 않는다.

② 타이어는 단면방향의 곡률반경(r)을 크게 함으로써 편평비가 적은 타이어를 장착한다.

③ 접지부 타이어의 두께를 감소시킨다.

④ 타이어 트레드부 코드각을 작게 하여 타이어 트레드부 코드 속도를 타이어의 원주방향에 근접시킨다.

2.5.2. 하이드로플레이닝(hydroplaning : 수막현상)

자동차가 수면 위를 고속주행 할 경우 타이어는 수막(water film)이 발생되어 수면위로 활주하는 현상을 하이드로플레이닝이라 한다. 하이드로플레이닝을 일으키면 구동력을 전달할 수 없을 뿐만 아니라 제동 및 조향성능이 작용하지 않는 위험한 상태가 발생한다.

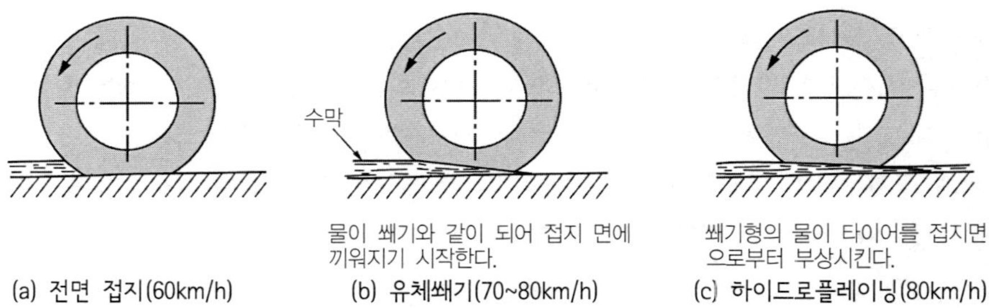

그림 30. 하이드로 플레이닝(수막현상)

[1] 하이드로플레이닝 방지법

① 마모가 적은 타이어를 사용한다.

② 배수효과가 좋은 타이어를 사용한다.

③ 타이어의 공기압을 규정압보다 약간 높인다.

④ 우천 또는 수면 위를 주행할 시에는 충분히 감속(20%)한다.

2.6. 바퀴의 평형

바퀴 회전축을 기준으로 하여 타이어와 휠에 불평형(언밸런스) 무게가 존재하면 특히 고속 주행시 진동과 소음의 발생 원인이 된다. 안전하고 쾌적한 주행을 할 수 없게 되고 타이어의 이상 마모의 원인이 되기도 한다. 바퀴의 불평형(언밸런스) 무게에 의한 현상은 다음과 같이 2개로 분류된다.

2.6.1. 정적 평형(static unbalance)

정적 평형은 타이어의 원주상 중량의 배분이 평형을 이룬 정도를 말하는 것이다. 원주상의 어느 부분으로나 치우치지 않도록 조정하여야 고속 주행시 원심력에 의한 떨림이 발생되지 않는다. 만약 정적 불평형이 존재하면 그림 31(a)과 같이 휠이 상하로 진동하면서 바퀴에 시미가 발생되며 이때 발생하는 차체의 진동은 트램핑 현상으로 나타난다. 정적 불평형이 있는 휠에는 밸런스 웨이트(균형추)를 부착하여 조정한다.

2.6.2. 동적 불평형(dynamic unbalance)

동적 평형은 회전하는 중심축을 옆에서 보았을 때 회전하고 있는 상태의 평형 상태를 뜻한다. 바퀴가 정적 불평형 상태에서는 상하로 흔들리지만 동적 불 평형 상태에서는 그림 31(b)과 같이 좌우로 흔들린다. 회전시켰을 때의 무게 불 평형을 잡기 위하여 림의 적당한 위치에 밸런스 웨이트를 부착시켜 조정해야 한다.

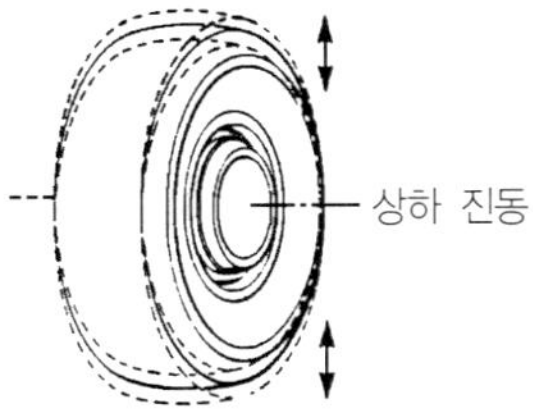

(a) 정적 불평형시

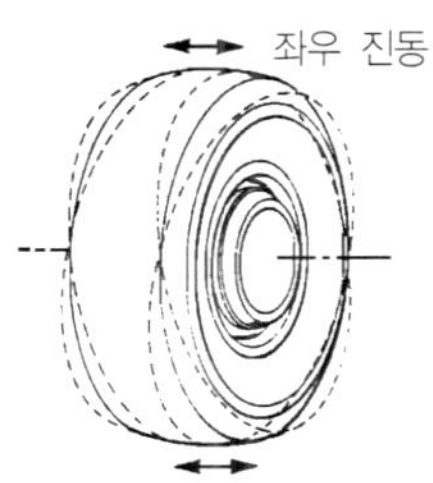

(b) 동적 불평형시

그림 31. 바퀴의 진동

2.7. 타이어 공기압 경보장치

2.7.1. TPMS(tire pressure monitoring system)의 개요

타이어 공기압 경보장치 TPMS(tire pressure monitoring system)는 안전운행에 영향을 줄 수 있는 타이어 압력 변화를 경고하기 위해 타이어 내부의 휠에 탑재된 개별 센서로부터 타이어 내부압력을 측정하여 이를 실시간 무선송신하고 수신모듈에서 압력저하 감지 시 이를 클러스터에 표시하여 운전자에게 경고해주는 시스템이다.

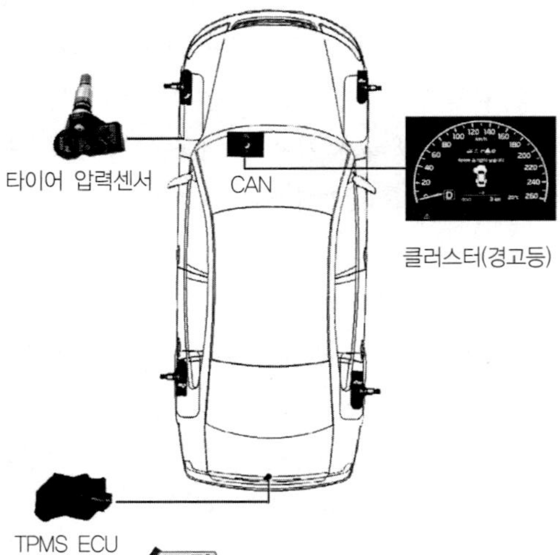

그림 32. TPMS의 구성

2.7.2. 경고등

그림 33. 타이어 저압 경고등

[1] 타이어 저압 경고등(트레이드 경고등)

① 점등조건 : 타이어 압력이 규정치 이하시 점등한다.

② 소등조건 : 공기압이 경고등을 소등시켜주는 기준압력보다 올라가게 되면 소등된다.

[2] TPMS 경고조건 및 표시방법

① 시스템이 ECU, 센서의 외부에서 결함을 감지했을 때 약 1분 정도 점멸 후 점등한다.

② 시스템이 ECU의 결함을 감지했을 때 약 1분 정도 점멸 후 점등한다.

③ 시스템이 센서의 결함을 감지했을 때 약 1분 정도 점멸 후 점등한다.

[3] TPMS 경고등 소등조건

① DTC(고장코드)가 해결되었을 경우 경고등은 소등되며, DTC(고장코드)는 과거 고장으로 저장된다.

② 운행 중에 이와 같은 현상이 발생하면, DTC(고장코드)가 해결되었을 지라도 다시 점검해야 한다(점화스위치를 OFF에서 ON후 재 점검).

2.7.3. TPMS센서

① 주행상태 : 센서는 주행 시 매 1분마다 타이어 정보를 송신하고 타이어 압력을 매 15초 주기로 측정한다.

② 정행상태 : 센서는 정차 시 타이어 정보를 송신하지 않으며, 60초 간격으로 타이어 압력을 측정한다.

③ 자동 학습상태 : 센서는 15분 이상 정차 후 주행 시 33초 주기로 정보를 송신하고 10.8초 주기로 타이어 압력을 측정한다.

그림 34. TPMS

④ 오프(OFF)상태 : 제품의 입고시 센서의 활동이 없는 상태로 타이어 압력, 온도, 배터리 상태를 측정하지 않는다.

⑤ 경고상태 : 이전 송신한 타이어 압력과 현재 측정된 타이어 압력이 2psi 이상 변환시 즉시 타이어 정보를 송산하며, 2초 간격으로 타이어압력을 측정한다.

2.7.4. 리시버(receiver, TPMS ECU)

[1] 리시버의 개요

TPMS는 운전 조건들에 영향을 미칠 수도 있는 압력변화를 경고하기 위해 자동차 타이어의 압력과 온도를 모니터 한다. 처리된 데이터로부터 산출된 메시지들은 1개의 경고 램프를 통하여 클러스터에 보여 진다. 병행으로 리시버는 입력과 출력 신호들에 대한 ERROR로 평가를 수행한다. 주차하는 동안에 모니터를 한 압력도 제공 받는다.

ECU는 센서로부터 받은 데이터를 처리하고 타이어들의 상태를 결정하며, 운전자에게 리시버라인 또는 하드 와이어 컨트롤 라인을 통해 요구된 경고 메시지를 전달한다.

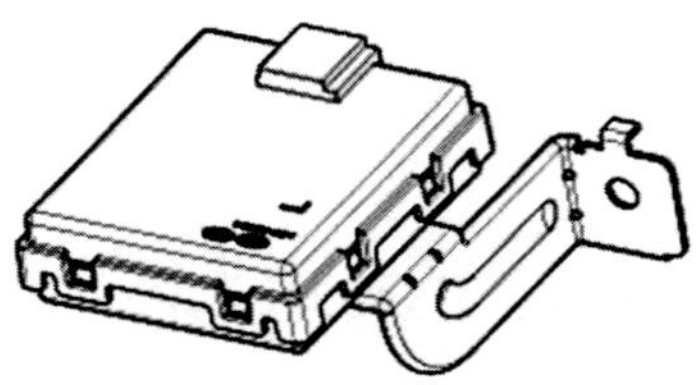

그림 35. 리시버

[2] 리시버의 작동원리

(1) 일반적인 작동

① 자동학습은 각 주행시에 한번만 발생한다.

② 자동학습 과정이 성공적으로 끝나면 4개의 센서 ID 기억장치에 입력된다.

③ 자동학습이 끝날 때 까지, 공기압 저하 및 공기누출이 있을 경우 이전에 학습된 센서 및 각각의 휠 위치가 감지된다.

④ 예비 타이어 팽창 및 DTC상태는 표시되지 않는다.

(2) 새로운 센서를 학습하기 위한 일반적인 조건

① 자동학습은 속도가 20kph 이상 일 때만 작동한다.

② 리시버는 센서가 일시적인 것이 않는 것을 확정해야 한다.

③ 새로운 센서를 학습하기 위해 걸리는 일반적인 시간은 20kph 이상 속도에서 최대 10분까지이다.

(3) 탈거된 센서에 대한 학습을 지우는 일반적인 조건

① 20~30kph 속도에서 10분 미만을 주행한다.

② 차량의 속도 및 리시버에 입력된 센서의 수에 달려있다.

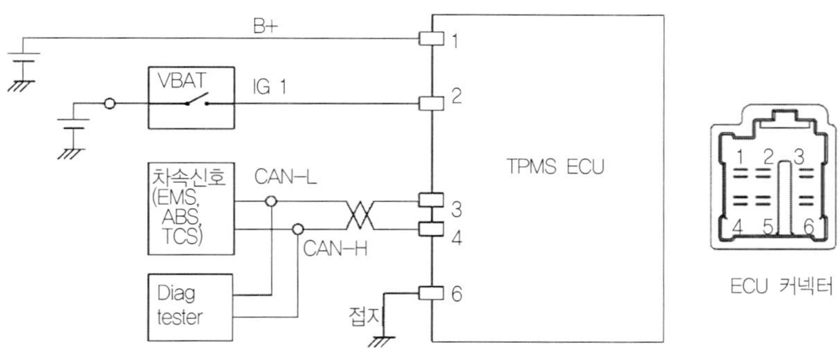

그림 36. TPMS 회로도

3. 휠 · 타이어 실습

안전 및 주의사항

1. 타이어 공기압의 조정은 통상 제조사에서 기입된 범위 내에서 수행하되, 필요 시 10% 내외의 공기압을 가감할 수 있다.
2. 공기압 밸브의 마개는 잘 보관해 두어 분실하지 않도록 주의한다.
3. 공기압 보충 중, 보충 후에 차량의 타이어 상태를 다시 한 번 확인한다.
4. 공기압 보충 중 완전하게 밸브에 조정기 호스(코크)가 결합된 상태에도 공기압이 주입되지 않는다면 이것은 타이어가 파손된 경우라고 의심해 보아야 한다.

5. 휠 밸런스 측정을 위해서는 기본적으로 휠 밸런스 설비의 주축은 빠른 속도로 회전한다. 따라서 핸들 너트에는 휠이 올바르게 결합되어 있는지 확인해야 한다.
6. 고속으로 회전하는 휠 밸런스 기기 특성상 주위에 사람이 없는지 살피고, 주위의 이동을 제한하도록 한다. 동선이 많은 곳에 설비가 위치할 경우 사고를 야기할 수 있으므로, 되도록 벽 바로 옆에 위치하도록 하는 것이 바람직하다.
7. 작동 후 완전히 정지하지 않은 휠과 타이어를 손으로 제동시키는 등 부적절한 조작은 하지 않도록 한다.
8. 타이어는 모두 탄성을 가지며, 휠과 결합되었다가 빠져나올 때 강한 반발력과 튕김이 생겨날 수 있으므로 안전에 주의한다.
9. 공기압을 충분히 낮추지 않으면 작업 자체가 어렵거나 이로 인한 반발력으로 사고가 일어날 수 있으므로 되도록 타이어 공기압을 최대한 낮춘 상태에서 작업을 수행한다.
10. 회전하는 설비, 공구를 취급하므로 옷자락 등의 끼임, 물림에 각별히 주의한다.
11. 휠과 타이어를 유격시키는 과정에서 지나치게 강한 힘을 가하거나 실수로 인해 휠・타이어의 사이드부 등이 손상되지 않도록 주의한다.
12. 작업 시 평지에 차량을 정차해 놓은 채로 작업을 수행할 경우, 타이어에 수직으로 힘을 가하지 못해 송곳작업 시 작업면이 지나치게 커지거나, 플러그 삽입 시 뒤틀림이 발생해 제대로 플러그가 물리지 못할 수 있으므로 되도록 차량은 부양한 상태로 작업을 실시한다.
13. 작업 후에는 반드시 공기압 점검과 최종 마무리 점검을 수행해 주행 안전성을 꼼꼼히 점검하며, 부가 작업이 포함되는 경우 반드시 해당 작업의 유의 사항을 숙지한다.
14. 타이어 수리의 대부분의 작업은 조치 수준이지 완전한 재생을 의미하는 것이 아니므로, 재차 작업이 반복되어 재생된 타이어는 그 수명과 안전성이 몹시 저하되므로, 잦은 파손이 있는 경우라도 수리위치 근처에 다시 파손이 발생할 경우 교체를 수행하도록 한다.
15. 볼트 및 너트 체결시 적절한 공구를 사용하여 무리한 힘을 가하지 말고 정비지침서에 규정된 토크로 조인다.
16. 안전작업 절차에 따라 휠・타이어 성능검사를 수행할 수 있다.
17. 실습 종료 후 실습장 주위의 정리정돈을 깨끗이 한다.

실습기기 및 재료

■ 공구 및 측정기기

일반 공구세트, 특수공구, 작업등, 에어공구, 전동공구, 토크렌치, 고임목, 리프트, 안전스탠드, 타이어 탈착기, 휠 밸런스, 타이어 손상 작업용 송곳 셋트, 타이어 손상 복원용 고무 플러그 기기(장비・공구), 타이어 압력 게이지, 고무 플러그 전용 킷, 안전보호구

실습재료

휠과 타이어가 장착된 차량 혹은 휠과 결합된 상태의 타이어 1세트, 휠 밸런스 전용 무게 추, 손상된 타이어 1개 혹은 손상된 타이어가 결합된 차량 1대

기타

정비지침서, 장비 및 공구 사용설명서

3.1. 휠 및 타이어 고장진단

고장현상	증 상	원 인
타이어 이상 마모	트레드의 가장자리 부분 마모	공기압 부족 또는 과하중(over load)
	트레드의 중앙부분 마모	공기압 과대
	트레드 외측이 내측에 비해 과대마모	캠버의 과대 또는 너클암의 변형에 의해
	트레드 내측이 외측에 비해 과대마모	캠버의 과소에 의해
	트레드가 외측에서 내측으로 향하여 날개깃 상태로 마모	토인의 과대, 너클암의 변형, 좌·우 타이로드의 길이의 차이 등에 의해
	트레드가 내측에서 이측으로 향하여 날개깃 상태로 마모	토 아웃의 과대, 너클암의 변형 등에 의해
	트레드의 파상 마모	휠 밸런스의 불량, 휠 베어링의 이완, 휠 얼라이먼트의 불량 등
	트레드부의 1개소 또는 2~3개소가 접시모양으로 평평하게 마모	휠 얼라이먼트의 불량, 휠 밸런스의 불량, 휠 베어링의 이완, 볼 조인트의 이완, 타이로드 엔드의 이완, 액슬의 변형, 브레이크 드럼의 편심 등
	트레드부의 한 쪽이 많이 마모	타이어의 위치교환 불량에 의해
	트레드부의 외상	주행 중 노상에 있는 예리한 유리, 금속편 등에 의해
	트레드부의 홈이 갈라지는 손상	공기압의 과다에 의해
	사이드 월의 고무가 갈라지는 손상	과도한 굴곡 등에 의해
조향 휠	조향 휠이 무겁게 느껴지며 방향 전환시 반발이 생긴다.	타이어 공기압 부족, 잘못된 규격의 타이어 장착, 유압식 조향장치 오일부족, 휠 얼라이먼트 이상, 파워 스티어링 휠 기어 관련 계통 이상
	주행 중 떨림과 진동이 심하게 발생, 충격이 지나치게 강하게 전달	타이어 공기압이 지나치게 높게 설정, 현가장치 손상
	주행 중 휠이 좌우로 떨리거나 특정 구간에서 조향 휠이 지나치게 크게 흔들린다.	타이어 휠 밸런스 이상, 타이어의 사이즈보다 휠의 사이즈가 작아 사이드 월이 튀어나오는 등, 타이어와 휠의 적정 직경이 일치하지 않는다.

3.2. 타이어 마모

① 타이어의 트레드 깊이를 측정한다. 트레드 깊이는 한계치가 약 1.6mm이다.

② 트레드 깊이가 한계치 이하이면 타이어를 교환한다. 이때 트레드 깊이가 1.6mm 이하이면 마모 한계 표시가 나타난다.

(a) 적정 공기압 (b) 공기압 부족 (c) 공기압 과다

그림 37. 타이어 마모상태

그림 38. 타이어 트레드 마모 한도점검

3.3. 타이어 펑크수리

[1] 패치로 수리방법

① 타이어를 차량에서 탈거한다.

② 타이어를 휠에서 분리한다.

③ 타이어에 박힌 이물질을 제거한다.

④ 이물질이 박혔던 안쪽 구멍부위를 그라인더로 갈아준다.
⑤ 접착제를 바른다.
⑥ 패치를 정확히 안착시키고 타이어 패치 압착롤러로 공기가 들어가지 않도록 밀어 준다.

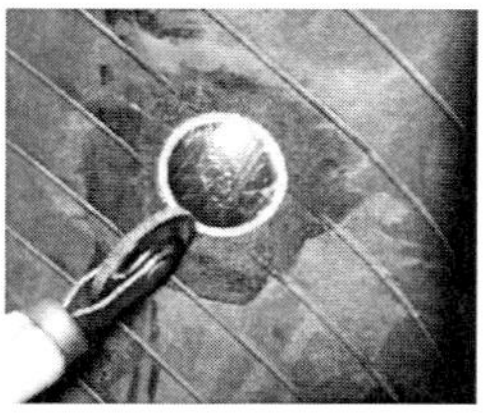

그림 39. 패치 설치

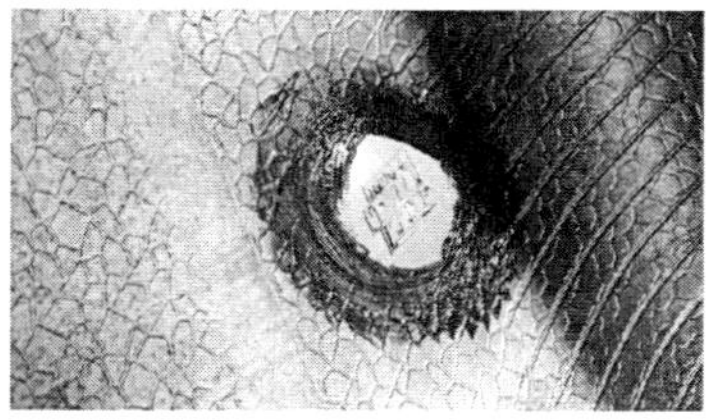

그림 40. 접착부위 보강

⑦ 손상된 인너 코팅을 인너 코팅제로 다시 보강해 준다.
⑧ 타이어를 휠에 조립한다.
⑨ 휠 밸런스를 맞춘 후 차량에 설치한다.

[2] 타이어 펑크 수리용 씰로 수리방법

① 시간적 여유가 없을 때 타이어를 탈착하지 않고 펑크수리가 가능하나 타이어 변형이 올 수 있고 장시간 사용시 펑크수리한 곳이 공기가 새기도 한다.
② 타이어에 규정 공기압을 주입한다.
③ 타이어에 박힌 이물질을 제거한다.
④ 펑크수리 세트에서 구멍을 넓히는 송곳을 이용해 이물질 박힌 곳을 넓힌다.

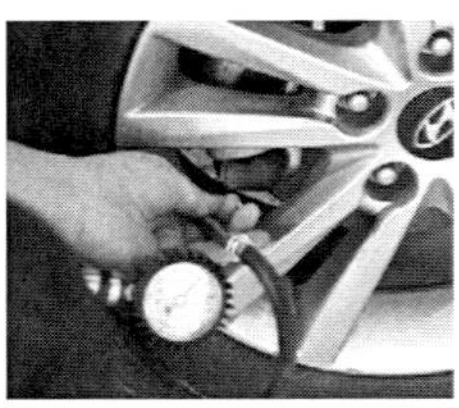

그림 41. 공기 주입

그림 42. 이물질 제거

그림 43. 구멍 넓히기

⑤ 펑크 수리용 씰을 펑크수리 씰 전용공구에 끼운다.

⑥ 펑크 수리용 씰을 펑크난 곳에 집어넣는다.

⑦ 펑크수리 씰 공구를 잡아당긴 후 나온 씰을 잘라낸다.

⑧ 타이어에 규정 공기압을 주입하고 공기 누출여부를 확인한다.

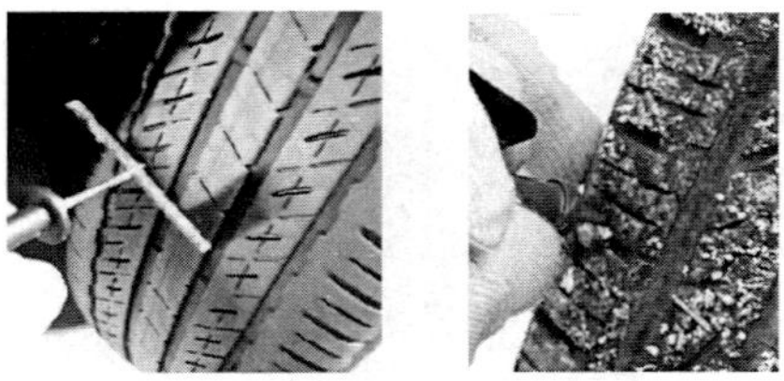

그림 44. 씰 삽입

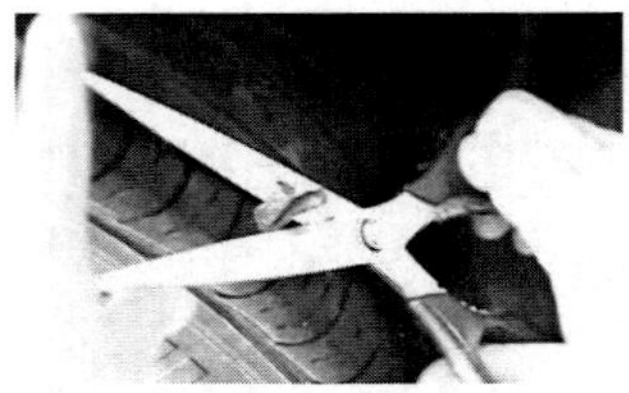

그림 45. 씰 절단

3.4. 휠 런 아웃

① 차량을 들어 올리고 잭 스탠드로 지지한다.

② 다이얼 게이지로 휠 런 아웃을 측정한다.

③ 만일 휠 런 아웃이 과도하면 휠을 교환한다.

한 계 치		횡 측	종 측
런 아웃(mm)	스틸휠	0.6	1.0
	알루미늄 휠	0.3	0.3

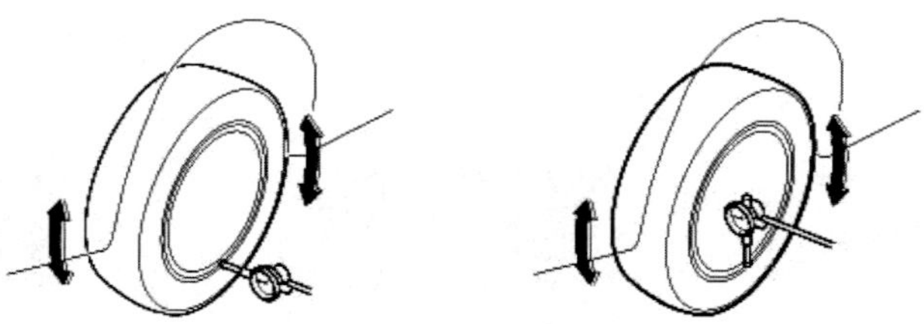

(a) (b)

그림 46. 휠 런 아웃 측정방법

3.5. 휠 너트 조임

3.5.1. 조임 토크

스틸 휠 및 알루미늄합금 휠의 조임 토크는 해당차량의 정비지침서를 참고로 한다. 임팩트 렌치를 사용할 경우 최종 조임 토크는 토크 렌치를 사용하여 규정된 토크로 조인다.

3.5.2. 조임 순서

휠 너트는 그림 47과 같이 대각선 방향으로 조인 다음 재확인한다.

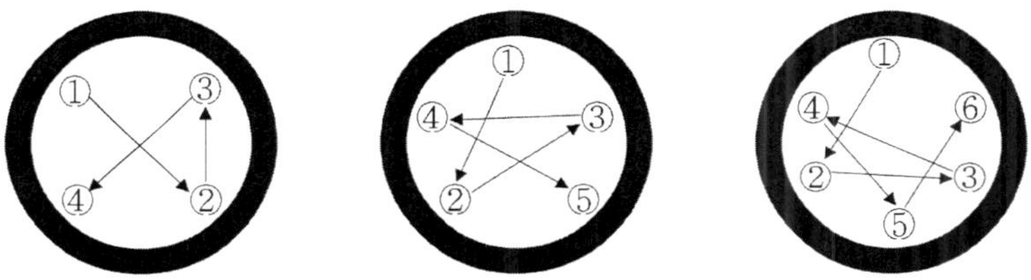

(a) 4홀 (b) 5홀 (c) 6홀

그림 47. 휠 너트 조임

3.6. 타이어 교환

3.6.1. 탈거

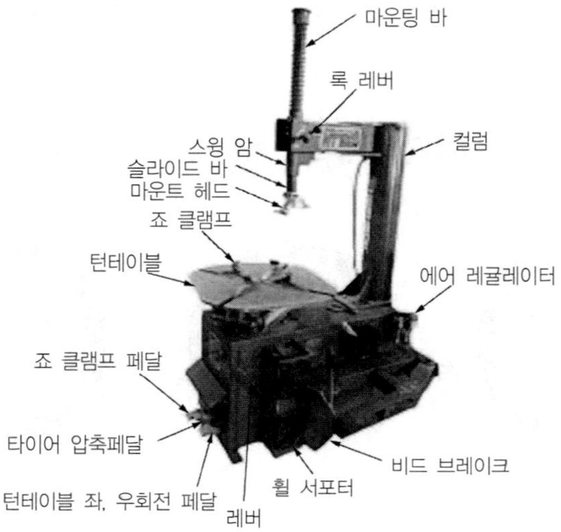

그림 48. 타이어 탈착기

① 탈거된 휠에서 밸브 코어 플러그를 제거하여 공기압을 해제한다.

② 비드 브레이크를 벌려 타이어를 사이에 끼우고 페달을 밟아 림과 타이어를 분리시킨다. 타이어가 림에서 완전히 분리될 때까지 타이어를 돌려가며 작업을 한다.

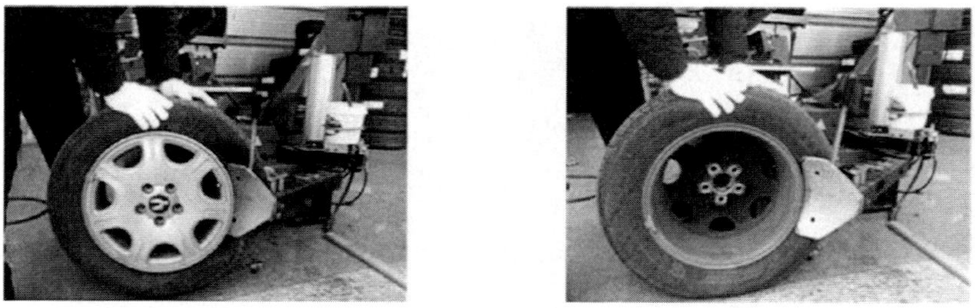

(a) 바깥쪽 분리

(b) 안쪽 분리

그림 49. 림과 타이어 분리

③ 반대쪽 부분도 ②번과 같은 방법으로 시행한다.

④ 타이어를 탈착기 위에 올려놓고 휠 고정 척 페달을 밟아 탈착기에 휠을 고정시킨다.

그림 50. 휠 고정

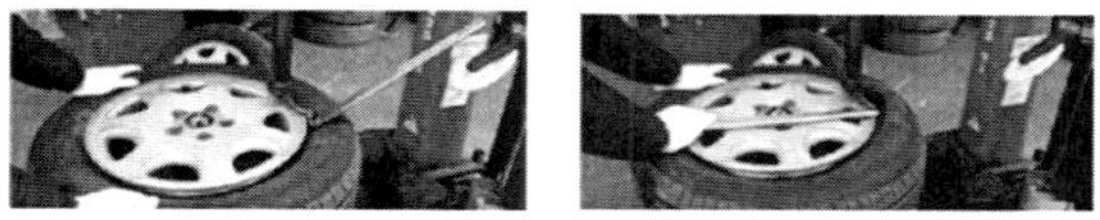

(a) (b)

그림 51. 레버를 이용한 비드 들어올리기

⑤ 마운팅 헤드 페달을 밟아 척의 위치를 조정하여 휠에 밀착시키고 레버를 타이어에 끼워 반대방향으로 당겨서 타이어의 비드 부위를 척 위로 들어올린다.

⑥ 모터 구동 페달을 밟아 회전시켜 상단 휠과 타이어를 분리시킨다.

⑦ 하단의 부분도 ⑥번과 같은 방법으로 휠과 타이어를 분리시키고 타이어를 휠에서 탈거한다.

그림 52. 상단 휠과 타이어 분리

그림 53. 하단 휠과 타이어 분리

3.6.2. 조립

① 타이어 비드부에 타이어 크림을 바른다.

그림 54. 비드부에 크림 바르기

② 타이어를 끼울 때는 타이어 사이드부에 inside와 outside가 표시되어 있는 타이어는 방향을 확인하여 조립한다.

③ 마운팅 헤드 페달을 밟아 휠과 밀착시키고 타이어를 끼운다.

④ 타이어를 휠에 끼울 때는 모터 구동 페달을 밟아 돌려주면서 타이어를 화살표 방향으로 눌러주면서 장착한다.

⑤ 타이어에 규정 공기를 주입한다.

그림 55. 하단부 타이어 끼우기

그림 56. 상단부 타이어 끼우기

그림 57. 공기 주입

3.7. 타이어 휠 밸런스

① 타이어의 평형추(밸런스 웨이트)를 탈거한다.
② 타이어를 휠 밸런스 테스터기에 장착한다.
③ 휠 허브 사이즈에 맞는 콘을 밀어 넣는다.

그림 58. 평형추 탈거

그림 59. 타이어 콘 장착

④ 휠 클램프를 끼운다.
⑤ 테스터기와 휠과의 거리를 측정한 후 입력시킨다(자동은 자동으로 입력됨).

그림 60. 타이어 클램프 장착

그림 61. 휠과의 거리 측정

⑥ 휠의 폭을 입력시킨다(휠의 안쪽 또는 바깥쪽에 휠 사이즈가 기록되어 있다).
⑦ 휠의 사이즈를 입력시킨다(휠의 안쪽 또는 바깥쪽에 휠 사이즈가 기록되어 있다).

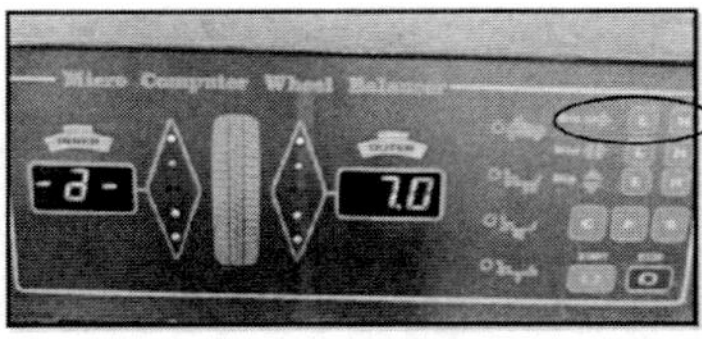

그림 62. 휠과의 거리 입력

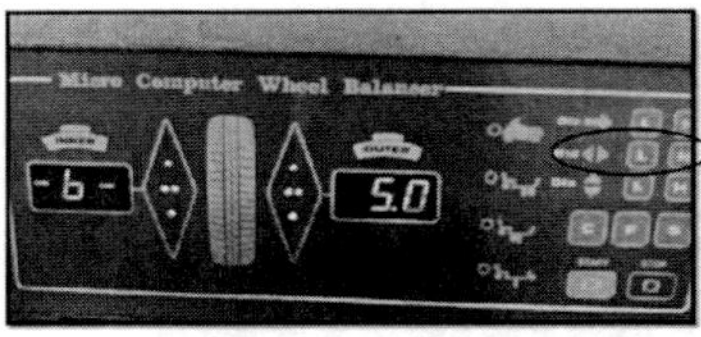

그림 63. 휠 폭 입력

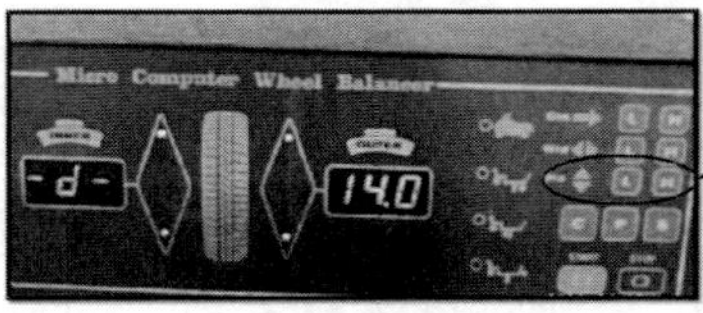

그림 64. 휠 사이즈 입력

⑧ 안전커버를 닫는다.

⑨ start버튼을 누른다(안전커버를 내리면 자동으로 회전하는 장비도 있음).

⑩ 타이어가 회전을 하고 멈추면 계기판에 측정값이 나타난다.

그림 65. 안전 커버를 닫는다.

그림 66. 측정값

⑪ INNER 값을 확인하고 타이어를 손으로 돌려 INNER의 수정 위치에(왼쪽 불이 모두 점등될 때)화면에 나타난 값의 평형추를 휠 상단 안쪽에 부착한다.

(a) 수정위치 점등

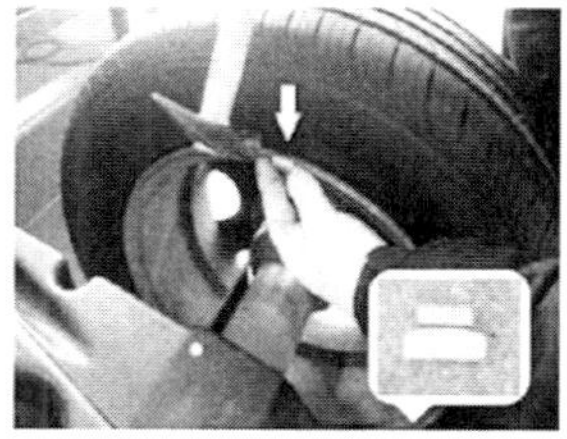

(b) 평형추 부착

그림 67. 안쪽(INNER) 수정

⑫ OUTER 값을 확인하고 타이어를 손으로 돌려 OUTER의 수정위치에(오른쪽 불이 모두 점등될 때) 화면에 나타난 값의 평형추를 휠 상단 바깥쪽에 부착한다.

(a) 수정위치 점등

(b) 평형추 부착

그림 68. 바깥쪽(OUTER) 수정

⑬ 평형추를 부착하고 START 버튼을 누르고 안전커버를 내려 평행추의 부착이 정확한지 확인한다.

⑭ INNER, OUTER 모두 "0" 의 값이 나오면 수정이 완료된 것이다.

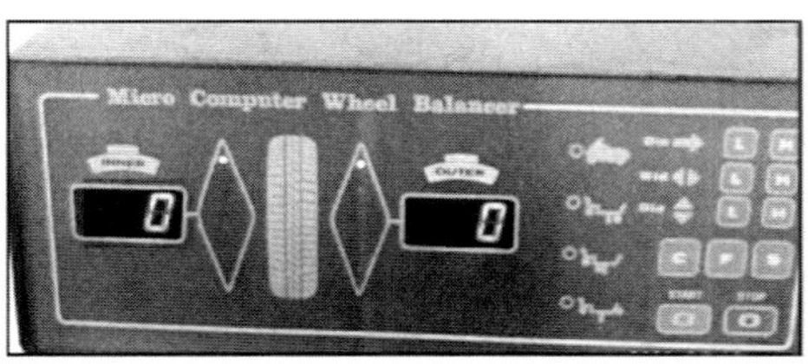

그림 69. 수정 완료

3. 8. TPMS 센서

3.8.1. 교환

① 타이어를 탈거한다. 비드 브레이크 설치시 TPMS센서와 접촉되지 않도록 주의한다.

② 톡스(별)렌치를 사용하여 스크류를 푼다.

③ 화살표방향으로 센서를 분리한다.

그림 70. 스크류 탈거

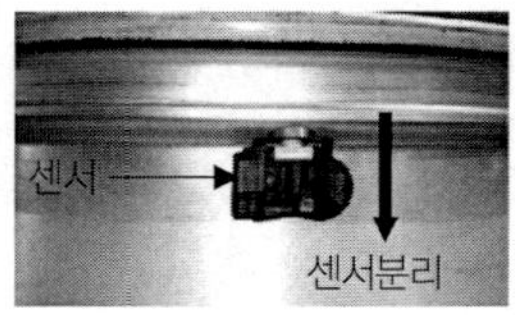

그림 71. 센서 분리

④ 림에서 분리되기 용이하도록 칼로 밸브 하단의 고무부분을 적당히 잘라낸다. 밸브 장착 도구를 장착하고 화살표방향으로 힘을 가해 밸브를 림에서 분리한다.

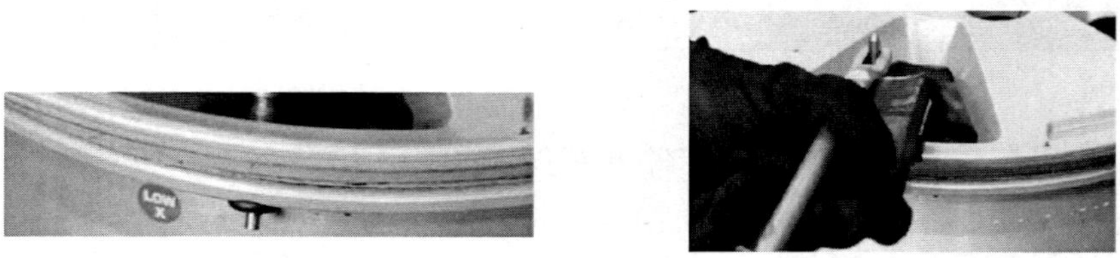

(a) 밸브 하단 고무부분 절단

(b) 밸브 림에서 분리

그림 72. 밸브 림에서 분리

⑤ 새로운 밸브의 표면에 물을 뿌려 주거나 타이어용 비누를 적당량 도포해 준다.

⑥ 밸브의 고무 부분이 림에 장착되어 헐렁하지 않는지 확인하고 센서 몸체의 앞부분이 림에 닿지 않는지 확인한다.

⑦ 밸브 장착 기구를 사용하여 휠에 센서를 삽입한다.

(a)

(b)

그림 73. 휠에 센서 삽입

⑧ 타이어의 상부 및 하부 비드에 비눗물 또는 윤활제를 도포한다.
⑨ TPMS 센서를 5시 방향으로 놓고 12시 방향으로부터 하부 비드를 장착한다.
⑩ 시계방향으로 회전시키면서 3방향에서 타이어를 눌러준다.
⑪ 같은 방법으로 상부 비드도 장착한다.
⑫ 비드가 제자리를 찾을 때까지 에어를 주입한다.
⑬ 규정 타이어 공기압에 맞게 에어를 주입한다.

3.8.2. TMK(tire mobility kit)사용 후 정비방법

① 타이어를 분리한다.
② 휠에 부착되어 있는 납 및 이물질을 제거한다.
③ 타이어 공기 주입구로 공기를 배출시킨다.
④ 타이어에 비드 브레이크를 설치 후 슬라이드 바 페달을 밟아 타이어를 림에서 분리한다. 비드 브레이크 설치시 TPMS센서와 접촉되지 않도록 주의한다.
⑤ 타이어가 림에서 완전히 떨어질 때까지 여러 곳에 비드 브레이크작업을 실시한다.
⑥ 휠을 턴테이블에 올린 후 슬라이드 바 페달을 밟아 휠을 턴테이블에 고정한다.
⑦ 마운팅 헤드를 휠의 림에 장착 후 고정한다.
⑧ 레버를 설치된 마운팅 헤드와 타이어사이에 넣어 타이어를 마운팅 헤드 위쪽에 위치시킨다.
⑨ 턴테이블 페달을 밟아 턴테이블을 시계방향으로 회전시켜 타이어의 바깥쪽을 휠에서 분리한다.
⑩ 타이어 안쪽도 휠에서 타이어를 분리한다.

⑪ 타이어 휠과 TPMS 센서에 묻은 실런트를 천이나 거즈를 이용하거나 공기 흡입기를 이용해서 깨끗이 닦아 낸다.

⑫ 차량의 TPMS 경고등이 OFF인 경우, 타이어와 휠과 TPMS센서를 분리하여 각각의 실런트를 깨끗이 제거한다.

⑬ 차량의 TPMS 경고등이 ON인 경우 다음 정비절차를 실행한다.

㉮ 타이어 공기주입 밸브를 통한 실제 공기압을 확인한다.

㉯ GDS장비를 이용하여 TPMS 센서의 공기압을 확인한다.

㉰ ㉮, ㉯에서 측정한 공기압의 차가 2BAR를 넘지 않으면 센서를 재 사용한다. 그렇지 않으면 TPMS 센서를 교환한다.

선행학습 보고서

선 행 학 습 명	휠 및 타이어 정비				
실 습 목 적	휠 및 타이어 종류와 역할 이해, 점검, 진단, 수리, 정비, 교환, 검사				
실 습 일	월 일	학 번		성 명	

1.	학습내용	평가항목	성취수준		
			상	중	하
휠 및 타이어 서술형		휠의 종류와 림에 대하여 서술하시오.			

2.	학습내용	평가항목	성취수준		
			상	중	하
휠 및 타이어 서술형		타이어 역할에 대하여 서술하시오.			

3.	학습내용	평가항목	성취수준		
			상	중	하
휠 및 타이어 서술형		튜브리스 타이어의 장점 및 단점에 대하여 서술하시오.			

4.	학습내용	평가항목	성취수준		
			상	중	하
휠 및 타이어 서술형		레이디얼 타이어의 특징에 대하여 서술하시오.			

5. 학습내용	평가항목	성취수준		
		상	중	하
휠 및 타이어 서술형	타이어 구조에서 트레드에 필요성과 사이드월에 대하여 서술하시오.			

6. 학습내용	평가항목	성취수준		
		상	중	하
휠 및 타이어 서술형	편평비에 대하여 서술하시오.			

7. 학습내용	평가항목	성취수준		
		상	중	하
휠 및 타이어 서술형	스탠딩 웨이브 현상과 하이드로 플레이닝 현상에 대하여 서술하고 방지법을 서술하시오.			

8. 학습내용	평가항목	성취수준		
		상	중	하
휠 및 타이어 서술형	TPMS의 역할에 대하여 서술하시오.			

선 행 학 습 명	휠 및 타이어 정비				
실 습 목 적	휠 및 타이어 종류와 역할 이해, 점검, 진단, 수리, 정비, 교환, 검사				
실 습 일	월 일	학 번		성 명	

1. 학습내용	평가항목	성취수준		
		상	중	하
휠 및 타이어 점검	주어진 타이어의 트레드 마모를 점검하시오.			

점검항목	규정값(한계값)	측정값	판 정	정비 및 조치사항
트레드 마모			□ 양호 □ 불량	

2. 학습내용	평가항목	성취수준		
		상	중	하
휠 및 타이어 점검	주어진 자동차에서 휠 런 아웃을 점검하시오.			

점검항목	규정값(한계값)	측정값	판 정	정비 및 조치사항
휠 런 아웃			□ 양호 □ 불량	

3. 학습내용	평가항목	성취수준		
		상	중	하
휠 및 타이어 점검	주어진 자동차에서 타이어를 교환하고 타이어 휠 밸런스를 점검하시오.			

점검항목	규정값(한계값)	측정값	판 정	정비 및 조치사항
휠 밸런스			□ 양호 □ 불량	

4. 학습내용	평가항목	성취수준		
		상	중	하
휠 및 타이어 점검	TPMS 센서를 교환하고 진단기기를 이용하여 센서 ID 등록을 하시오.			

CHAPTER

06 현가장치[Suspension System]

[NCS를 활용한] Synthesis Automotive Chassis

학습목표

현가장치의 역할 및 원리를 이해하고 오일의 누유, 차체의 기울어짐, 차고와 승차감, 소음을 분석하여 고장부위를 수리, 교환할 수 있는 능력이 있어야 하며, 전자제어 현가장치 정비는 각종 센서 및 입력값과 규정값을 상호 비교 분석하여 컨트롤 모듈들의 정상작동 여부를 점검하여 에어펌프 및 스텝모터의 작동상태를 확인하여 누유 및 배선수리 및 부품을 교환하는 능력이다.

1. 현가장치의 원리와 작동상태를 파악할 수 있다.
2. 안전작업 절차에 따라 현가장치를 점검할 수 있다.
3. 정비지침서에 따라 현가장치를 파악하고 관련 장치의 작동상태를 확인하여 고장원인을 파악할 수 있다.
4. 정비지침서에 따라 현가장치의 세부 점검목록을 확인하여 고장원인을 파악할 수 있다.
5. 정비지침서에 따라 현가장치의 고장원인을 분석할 수 있다.
6. 전자제어 현가장치의 원리와 작동상태를 파악할 수 있다.
7. 정비지침서에 따라 전자제어 현가장치의 고장원인을 분석할 수 있다.
8. 전자제어 현가장치 구성 회로도에 따라 전기의 흐름을 파악하여 수리할 수 있다.
9. 정비지침서에 따라 수리 및 조정에 필요한 장비를 선택하여 사용할 수 있다.
10. 정비지침서에 따라 탈거와 조립절차 계획을 수립하여 관련된 지식을 바탕으로 장비 및 공구를 준비할 수 있다.
11. 정비지침서에 따라 교환과 수리가능여부를 판단하여 수리부품을 확인할 수 있다.
12. 전자제어 현가장치 관련 부품들의 점검과 진단결과에 따라 교환목록을 확인하고 전자제어 현가장치 관련 부품을 교환할 수 있다.
13. 정비지침서에 따라 전자제어 현가장치의 고장진단 장비를 사용하여 고장원인을 분석할 수 있다.
14. 정비지침서에 따라 작업 후 현가장치의 작동 상태를 검사할 수 있다.

1. 현가장치(suspension system)의 개요

현가장치는 주행 중 도로 노면으로부터 오는 끊임없는 충격을 타이어가 1차적으로 받고 현가장치를 통해 차체로 전달된다. 이때 현가장치는 진동이나 충격을 흡수하여 차체 각부의 파손을 방지하며 승차감각과 자동차의 안전성을 향상시키는 중요한 장치이다.

현가장치는 자동차의 움직이는 부위(차축, 암)와 움직이지 않는 부위(차체 또는 프레임) 사이에 설치되며 완충장치를 포함하여 프레임(또는 보디)과 차축사이를 연결하고 있는 기구를 말한다. 주로 사용되고 있는 현가장치는 코일스프링(coil spring), 판스프링(leaf spring), 쇽업소버(shock absorber), 토션바 스프링(torsion bar spring), 에어스프링(air spring) 등이 있다.

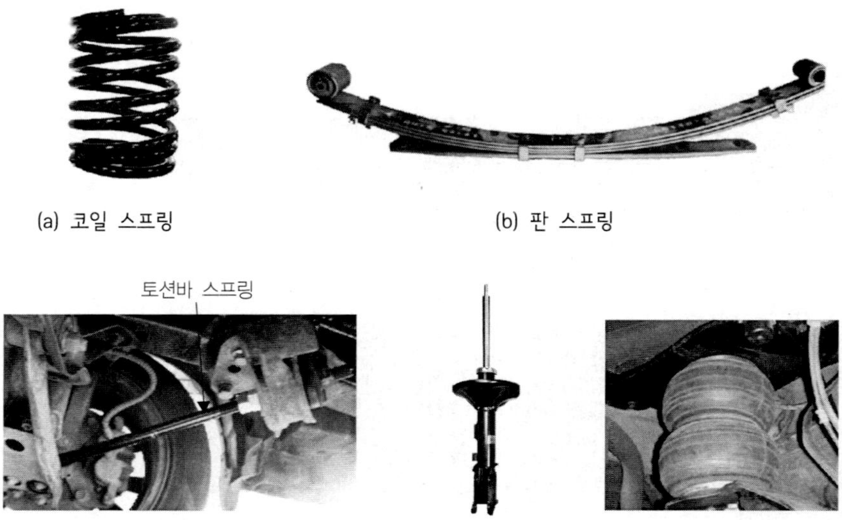

(a) 코일 스프링 (b) 판 스프링

(c) 토션바 스프링 (d) 쇽업소버 (e) 에어 스프링

그림 1. 스프링의 종류

어떤 종류의 현가장치를 사용하든지 노면이 볼록하게 튀어 올라오면 현가장치는 압축되고 노면이 움푹 들어가면 현가장치는 신장 되면서 충격을 흡수한다.

현가장치는 구동바퀴의 구동력, 제동할 때의 제동력 등을 차체(또는 프레임)에 전달하고 또 선회할 때의 원심력을 이겨내 바퀴가 차체에 대해 바른 위치를 갖게 하는 작용도 한다. 현가장치의 구비조건은 다음과 같다.

① 도로 면에서 받는 충격을 완화하기 위해 상·하방향의 연결이 유연하여야 한다.

② 바퀴에 발생하는 구동력, 제동력 및 선회할 때의 원심력 등을 이겨낼 수 있도록 수평 방향의 연결이 튼튼하여야 한다.

(a) 압축

(b) 신장

그림 2. 현가장치의 압축과 신장

③ 가벼워야 한다(스프링 질량의 절반은 스프링 아래질량(unspring mass)이다).
④ 설치공간을 적게 차지해야 한다.
⑤ 정비가 쉬워야 한다.
⑥ 적차 또는 공차상태를 막론하고 가능한 차체의 고유진동수가 같도록 해야 한다.
⑦ 적차 또는 공차상태에도 차체의 최저 지상고는 가능한 한 변화가 적어야 한다.

1.1. 현가장치의 종류

앞 현가장치는 앞차축의 형식에 따라 일체 차축 현가방식과 독립 현가방식으로 나누어지며, 승차감이나 조종성능을 중요시하는 승용차에서는 독립 현가방식을 주로 사용하고 요즘은 버스에서도 사용을 하고 있다. 화물차에서는 일체 차축 현가방식을 사용한다. 뒤 현가장치는 화물차에서는 일체 차축 현가방식을 많이 사용하고 있으나 승용차에서는 승차감각이나 안정 성능을 높이기 위해 독립 현가방식을 사용한다.

1.1.1. 일체 차축 현가방식(solid axle suspension)의 개요

일체 차축 현가방식은 일체로 된 차축에 양쪽 바퀴가 설치되고 다시 이것이 스프링을 거쳐 차체에 설치된 방식으로 트럭의 앞·뒤 차축에서 사용된다. 스프링으로는 판스프링이 주로 사용되며, 그 배치에 따라 평행 판스프링 형식과 옆 방향 판스프링 형식이 있다.

[1] 평행 판스프링 형식

판스프링의 한 끝은 직접 프레임에 핀으로 설치하고, 다른 한 끝은 스프링 스팬의 변화가 가능하도록 섀클(shackle)을 통해 설치되어 있다. 차축과 스프링은 스프링 중앙부근에 U-볼트로 설치되어 있으며 차축이 스프링 위쪽에 설치되는 언더형 방식(under hung type)과 차축을 스프링 아래쪽에 설치하는 오버형 방식(over hung type)이 있다. 또 이 형식은 스프링 자체가 차축을 지지하기 때문에 특별히 차축 지지용 암(arm) 등을 설치하지 않아도 되므로 현가장치가 간단해지는 장점이 있다.

그러나 바퀴의 구동력, 제동력, 선회할 때의 옆 방향 작용력 등이 모두 스프링을 거쳐 차체에 전달되기 때문에 스프링 정수가 작은 스프링을 사용할 수 없는 결점이 있다.

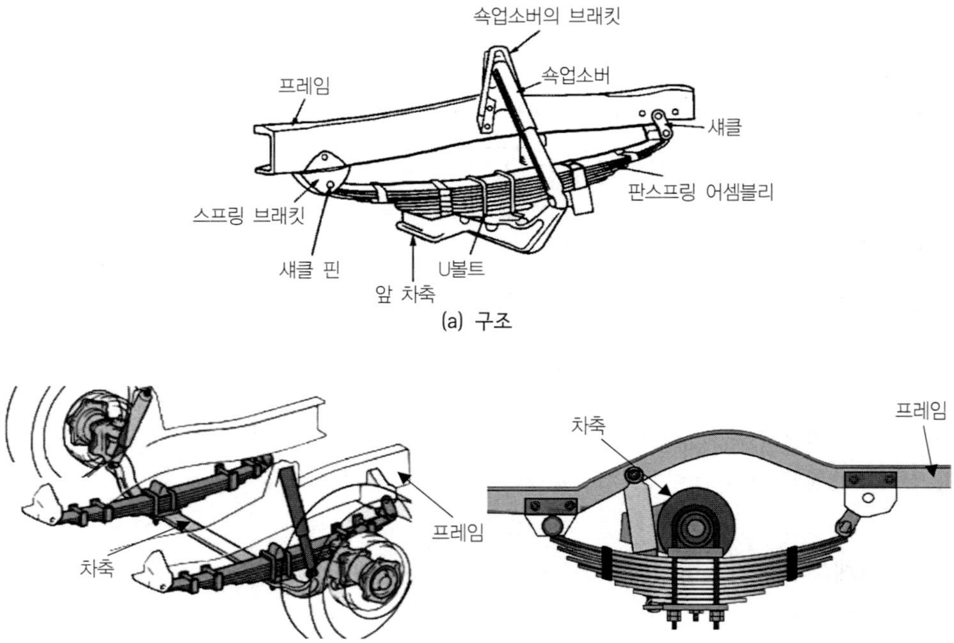

(a) 구조

(b) 오버형 방식

(c) 언더형 방식

그림 3. 평행 판스프링형식

[2] 옆 방향 판스프링 형식

이 형식은 스프링 중앙부분을 프레임에 고정하고, 양끝은 섀클을 통해 차축에 설치한 형식이다. 옆 방향 판스프링 형식은 파나르 로드(panhard rod, 래터럴 로드)를 설치하여 좌·우방향의 움직임을 잡아주며, 레디어스 로드를 설치하여 앞뒤 방향의 작용력, 제동 또는 구동할 때 발생하는 반동 회전력을 받도록 하고 있다.

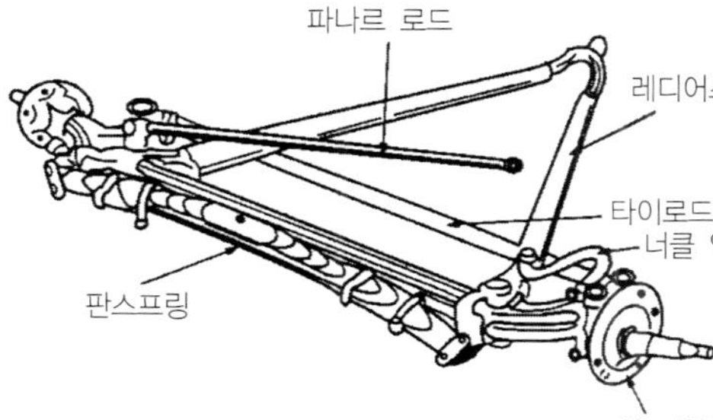

그림 4. 옆 방향 판스프링 형식

[3] 일체 차축 현가장치의 장점

① 부품 수가 적고 구조가 간단하다. 특히 평행 판스프링 형식에서는 차축의 위치를 정하는 링크나 로드가 필요하지 않다.
② 선회할 때 차체의 기울기가 작다.

[4] 일체 차축 현가장치의 단점

① 스프링 아래질량(unspring mass)이 크기 때문에 승차 감각이 좋지 않다.
② 앞바퀴에 시미(shimmy, 바퀴의 좌우 진동)가 일어나기 쉽다.
③ 스프링 정수가 너무 작은 것은 사용하기 어렵다.

1.1.2. 독립 현가방식(independent suspension)의 개요

독립 현가방식은 차축을 분할하여 양쪽 바퀴가 액슬에 의해 구속받지 않고 서로 관계없이 위 아래로 작동하도록 하여 승차감이나 안정성을 향상시킬 수 있도록 한 것이며 승용차와 승합차의 앞바퀴에 쓰인다. 독립식 서스펜션의 장점 및 단점은 다음과 같다.

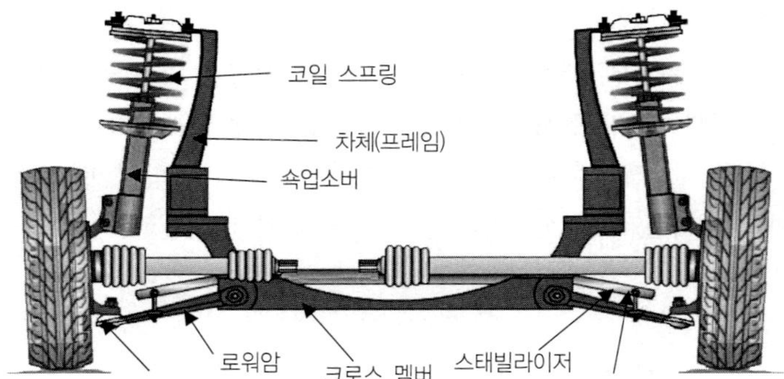

그림 5. 독립 현가방식

[1] 독립 현가방식의 장점

① 스프링 아래질량이 작기 때문에 승차감이 좋다.
② 바퀴의 시미를 잘 일으키지 않으며, 로드 홀딩(road holding)이 우수하다.
③ 스프링 정수가 작은 것을 사용할 수 있다.
④ 차체 요동이 적어 차체의 움직임이 안정적이다.

[2] 독립 현가방식의 단점

① 구조가 복잡하고 가격이나 취급 및 정비 면에서 불리하다.
② 볼 이음이 많기 때문에 그 마멸에 의해 앞바퀴 얼라이먼트가 틀어지기 쉽다.
③ 바퀴의 상하운동에 따라 윤거(tread)나 앞바퀴 얼라이먼트가 변화하기 쉬워 타이어가 빨리 마모된다.

1. 2. 현가방식의 종류

1.2.1. 일체 차축 현가방식의 종류

[1] 평행 링크방식(parallel link type)

이 방식은 2개의 판스프링을 평행으로 배치하여 뒤 차축을 지지하는 것으로 대형 화물차나 승합차에서 주로 사용한다. 평행 링크방식은 구조가 간단해 값이 싸며, 신뢰성이 높고 바닥(floor)을 낮게 할 수 있으며, 무게 변화가 큰 차량에서는 승차감각을 크게 떨어뜨리지 않으면서 차량의 높이 변화를 적게 할 수 있는 장점이 있다.

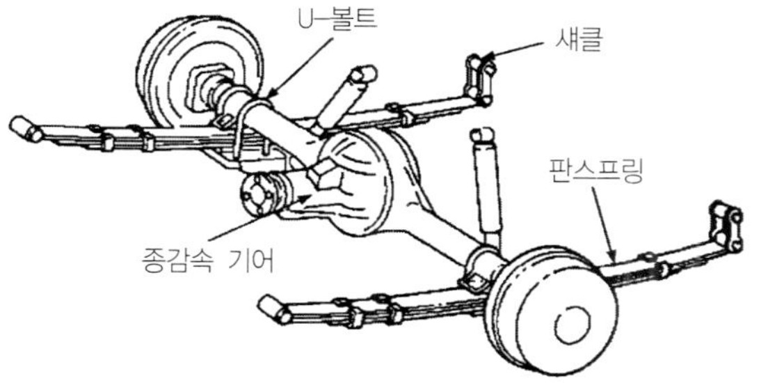

그림 6. 평행 링크방식

그러나 판스프링 자체 무게가 무겁기 때문에 접지성능이 떨어지고 구조상 설계(layout)의 자유도가 작아 조정 안정성능이 나쁘며, 스프링의 정수가 낮은 것을 사용할 수 없어 승차 감각이 떨어지는 결점이 있다.

[2] 링크(link)방식

링크식은 판스프링의 결점인 와인드업 진동, 횡방향의 강성 부족 등을 보완하기 위해 판스프링을 코일 스프링으로 대체한 것이다. 차축과 차체의 결합은 두 개 이상의 링크로 하고 스프링과 댐퍼는 완충작용만 하는 형식이다.

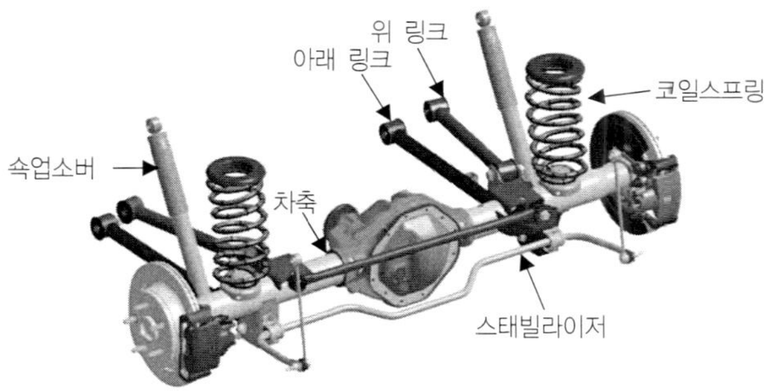

그림 7. 링크방식

[3] 토션 빔 차축(torsion beam axle)방식

일체 차축 현가방식 중 경량의 앞바퀴 구동차량의 뒤 현가장치에 적합하다. 하지만 빔이 비틀리기 쉽고 횡 강성이 부족해 크로스 빔에 레터럴 로드를 붙이기도 한다.

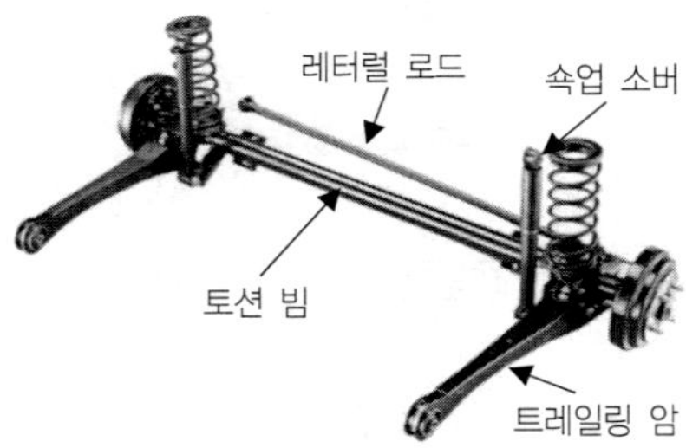

그림 8. 토션 빔 차축방식

1.2.2. 독립 현가방식의 종류

독립식 현가장치는 설치 면적이 작고 스프링 하중을 작게 할 수 있으므로 승차감 및 노면 접지성(road holding)이 향상되어 보디의 바닥을 낮출 수 있으므로 실내의 공간을 넓힐 수 있는 등의 효과가 있다. 그러나 차륜이 상하로 움직임에 따라서 차륜거리(축거 : track)나 캠버(camber)가 변화하는 특징이 있다.

[1] 위시본 형식(wishbone type)

위시본 방식의 현가장치는 상하 2개의 현가 암인 위·아래의 컨트롤 암(upper & low control arm)이 축에 의해 프레임에 장착되며, 아래 컨트롤 암과 프레임사이에 설치되어 완충작용을 하는 코일 스프링과 볼 조인트에 의해 상하운동과 조향을 위한 회전운동을 할 수 있는 조향너클(steering knuckle) 등으로 구성되어 있어 바퀴가 스프링에 의해 완충되면서 상하운동을 하게 되어 있다. 위시본 방식에는 평행사변형형식과 SLA형식이 있다.

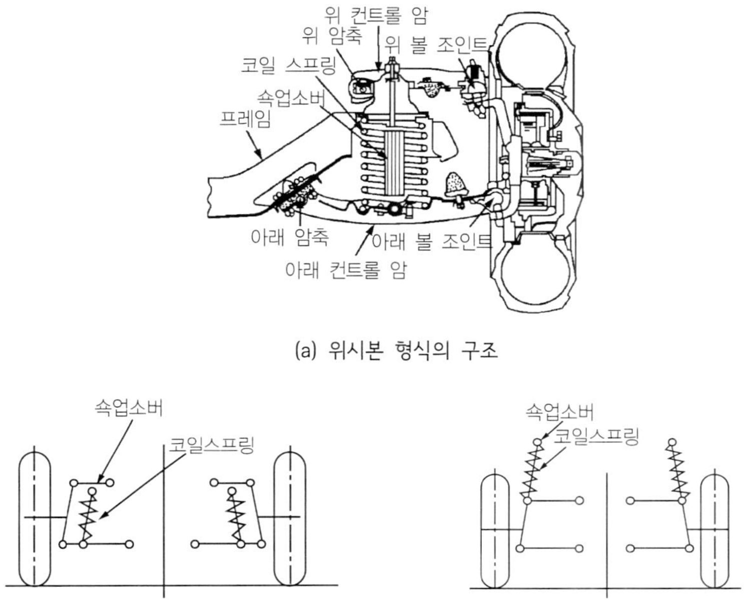

(a) 위시본 형식의 구조

(b) SLA형식

(c) 평행사변형 형식

그림 9. 위시본형식의 구조 및 종류

(1) 평행사변형 형식(parallelogram type)

위·아래 컨트롤 암을 연결하는 4점이 평행사변형을 이루고 있다. 따라서 바퀴가 상하 운동을 하면 윤거가 변화하기 때문에 타이어 마멸이 촉진된다. 그러나 캠버가 변화하지 않기 때문에 커브 길 주행에서 안전성이 증대된다. 토(toe)는 약간 변화한다.

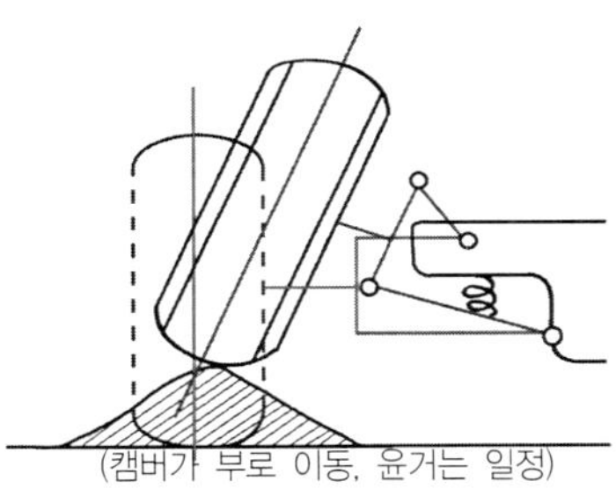

그림 10. SLA형식

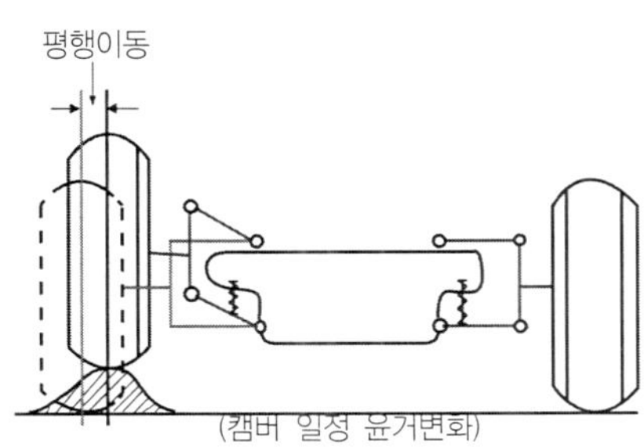

그림 11. 평행사변형 형식

(2) SLA형식(short long arm type)

이 형식은 아래 컨트롤 암이 위 컨트롤 암보다 길게 되어 있다. 따라서 위 컨트롤 암은 비교적 작은 원호를 그리고, 아래 컨트롤 암은 큰 원호를 그리게 되어 윤거의 변화가 일어나지 않는다. 그러나 컨트롤 암이 상・하로 움직일 때마다 캠버(camber)와 토(toe)가 변화하는 결점이 있다.

[2] 맥퍼슨 스트럿(mcpherson strut)형식

맥퍼슨 스트럿은 조향 너클과 일체로 되어 있으며, 쇽업소버가 내부에 들어 있는 스트럿(strut, 기둥) 및 볼 이음, 아래 컨트롤 암, 스프링으로 구성되어 있다. 스트럿 위쪽에는 현가지지를 통하여 차체에 설치되고, 현가지지에는 스러스트 베어링(thrust bearing)이 들어 있어 스트럿이 자유롭게 회전할 수 있다. 또 아래쪽은 볼 이음을 거쳐 현가 암에 설치되어 있다. 코일 스프링은 스트럿과 스프링 시트사이에 설치되며, 스프링 시트는 현가 지지의 스러스트 베어링과 접촉되어 있다.

맥퍼슨 스트럿은 제동력, 가속력, 선회력 등 차체에 작용하는 큰 외력들을 흡수해야 한다. 따라서 쇽업소버의 플런저로드와 플런저 실린더는 충분한 강성을 가지고 있어야 한다. 또 쇽업소버 플런저로드의 상단을 차체에 고정하는 마운트는 축방향의 큰 힘을 흡수해야 하며, 조향차축일 경우에는 비틀림 각이 아주 커야한다.

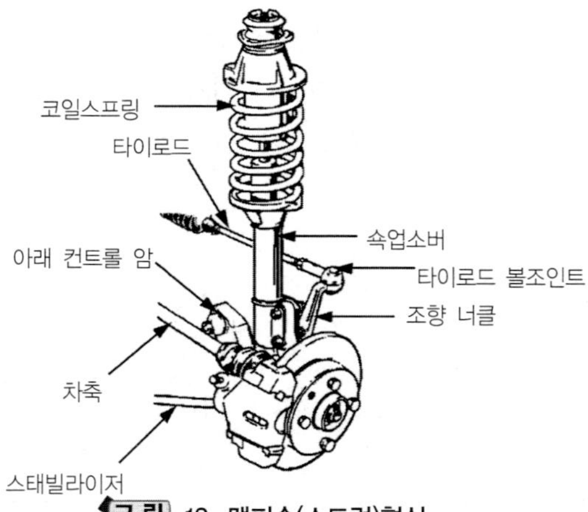

그림 12. 맥퍼슨(스트럿)형식

이러한 이유에서 마운트가 설치되는 차체(휠 하우스) 영역은 보강한다. 그러나 맥퍼슨식은 쇽업소버에서 발생하는 마찰력이 크고, 설치높이가 높고, 측력에 대한 저항력이 약하기 때문에 조향안정성에 영향을 미치는 결점이 있다. 그리고 통상적으로 앤티 다이브 작용(anti dive action)도 제한된다. 맥퍼슨 형식의 특징은 다음과 같다.

① 구조가 간단하고 구성부품이 적다. 따라서 마멸되거나 손상되는 부분이 적고, 정비가 쉽다.
② 스프링 아래 질량이 작아 로드 홀딩이 우수하다.
③ 엔진실의 유효체적을 크게 할 수 있다.
④ 스트럿축과 하중축이 어긋나 스트럿에 휘어지는 모멘트가 발생하게 되면 이 모멘트가 쇽업소버의 미끄럼 운동부분의 마찰을 발생시켜 승차감을 나쁘게 한다.

[3] 댐퍼 스트럿(damper strut)

맥퍼슨 스트럿을 수정한 형식으로 맥퍼슨 스트럿과 비교할 때 코일 스프링이 쇽업소버와는 별도로 설치된다. 맥퍼슨 스트럿에 비해, 기관실의 공간체적을 크게 할 수 있고, 설치높이도 낮게 할 수 있다. 그리고 앤티 다이브 작용은 약 20% 정도이다.

[4] 스윙 차축(swing axle)형식

이 형식은 좌우 각각의 차축이 중심부근에서 연결되어 독립적으로 상하운동을 하며, 이 차축 위에 쇽업소버와 스프링을 설치하는 것으로 차축이 상하로 움직임에 따른 수평방향의 각도변화가 곧바로 바퀴의 캠버(camber)변화로 이어진다.

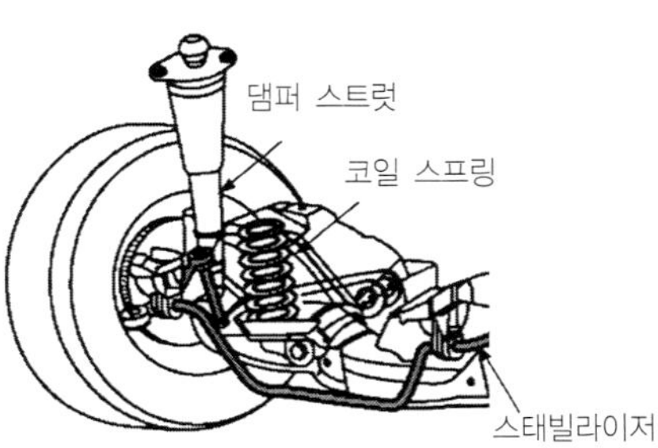

그림 13. 댐퍼 스트럿 형식

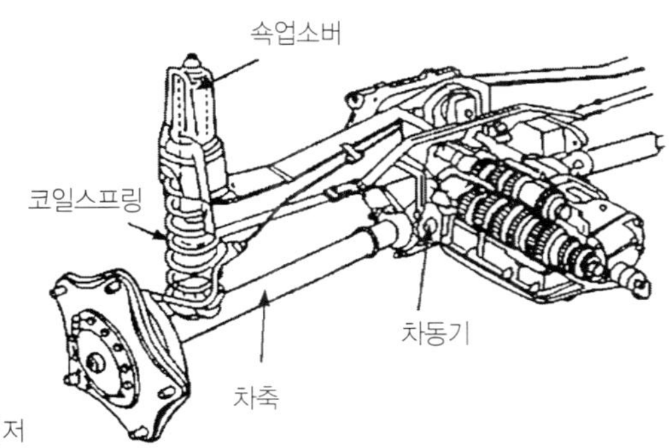

그림 14. 스윙 차축형식

스윙 차축형식은 구조가 간단해 무게가 가볍고 값이 싸며, 차체의 공간을 낮고 넓게 할 수 있고, 선회할 때 횡가속도에 의한 캠버 변화로 언더 스티어링(under steering)효과가 발생하여 안정적인 장점이 있다. 그러나 선회할 때 횡 가속도가 커지면 차체가 공중에 떠 캠버가 바깥쪽 방향으로 변화하여 오버 스티어링(over steering)발생으로 조정 안정성능이 불량해진다. 주로 소형 자동차 후륜에 적용한다.

[5] 트레일링 암 형식(wheel suspension on trailing arm)

트레일링 암 형식은 앞바퀴 구동차의 뒤 현가에 대부분 사용되고 있다. 차축 전방에 있는 피봇(pivot) 회전축이 차체 중심선에 대해서 직각으로 결합되어 차축을 암(arm)으로 결합한 형식을 말한다.

트레일링 암형의 장단점은 캠버 및 토우 변화가 없고 쇽업소버에 구부림 힘을 받지 않기 때문에 승차감이 좋고 적재함 바닥의 높이를 크게 낮출 수 있어 유리하지만 횡방향의 강성 관계 때문에 암의 길이가 제한되므로 토션바 스프링에서는 변형이 커지기 쉬우며 코일 스프링에서는 굽힘 변형을 받기 쉽다.

[6] 세미 트레일링 암(semi-trailing arm)

세미 트레일링 암형 현가장치는 트레일링 암형과 스윙 액슬형의 중간적인 성격을 가진 현가 시스템이며, 독립식의 뒤 현가에 많이 사용되고 있다. 이것은 트레일링 암형과 비슷하지만 암은 3각형의 암(arm)으로서, 설치 부싱과의 체결각도는 위에서 보았을 때 차체의 가로축에 대해 약 10~20° 정도. 그리고 차체의 뒤에서 보았을 때는, 차체와의 수평면에 대해서 거의 수평이거나 차체의 중앙 쪽으로 약간 기울어져 설치되어 있다.

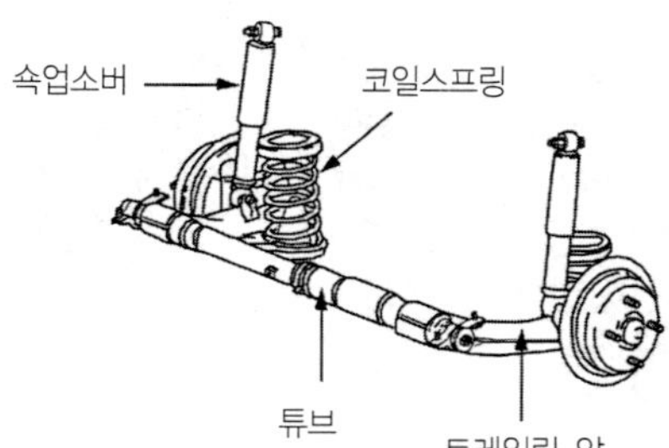

그림 15. 트레일링 암 형식

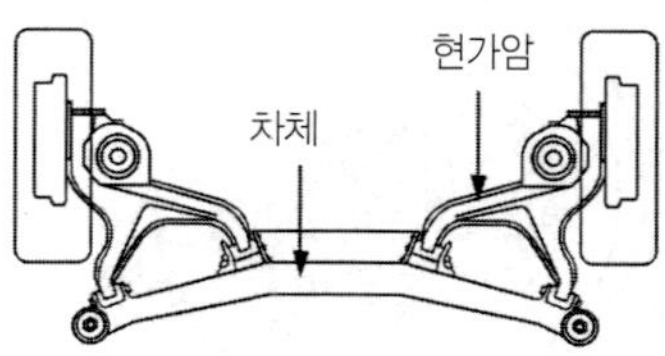

그림 16. 세미 트레일링 암형식

세미 트레일링 암형의 장단점은 차량이 기울어짐(rolling)에 따라 기하학적 변화가 나타나게 되어 토우의 변화가 나타나는데, 타이어가 압축을 받는 쪽은 토우인 방향으로 변화되고 인장을 받는 쪽은 토우아웃 방향으로 변화되어 언더스티어 현상이 나타나게 되며 양륜의 움직임이 안정된다. 그러나 타이어에 횡력이나 제동력을 받을 경우에는 서스펜션 멤버와 암(arm)이 결합되는 부위에 힘(moment)이 작용하게 되어 차량의 움직임(steer)을 불안정하게 한다.

[7] 멀티-링크 액슬(multi-link axle : mehrlenkerachse)

현가장치는 차체(또는 프레임)와 차축사이에 설치되어 있기 때문에 주행하는 동안에 원하지 않은 조향운동을 유발하게 된다. 따라서 차륜에 외력이 작용하면 차륜은 주행방향으로부터 일정한 각도만큼 토-인 또는 토-아웃 방향으로 조향된다. 이와 같은 이유 때문에, 옆바람의 영향을 받을 경우에, 자동차는 원래의 궤적으로부터 크게 이탈하게 된다.

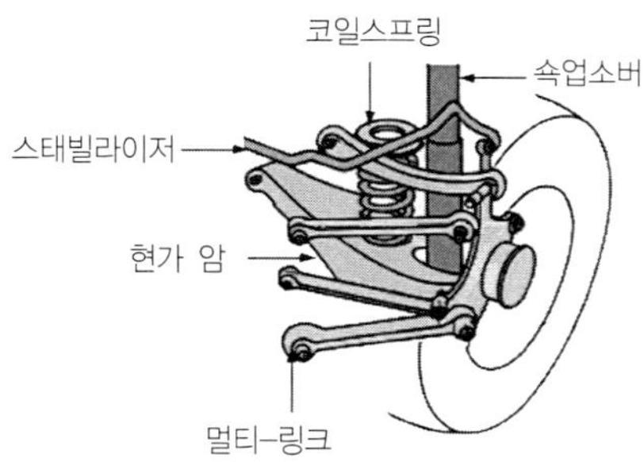

그림 17. 멀티-링크 액슬 형식

2. 현가장치의 구성부품

2.1. 스프링(spring)

스프링은 힘을 가해 형태를 변형시켰다가 그 힘을 제거했을 때 원래의 상태로 되돌아오는 탄성을 이용하여 에너지를 흡수하거나 저장할 수 있는 기계요소로 스프링은 충격이나 진동을 완화시키는 완충 스프링 또는 방진 스프링이라 한다. 스프링의 재료는 적당히 열처리한 강철을 가장 많이 사용하고 이밖에 인청동(燐青銅)·니켈합금 등의 금속재료가 사용된다.

자동차에 사용되는 스프링은 차체(또는 프레임)와 차축사이에 설치되어 주행 중 도로면에서의 충격이나 진동을 흡수하여 차체에 전달되지 않도록 하는 것이며, 판스프링(leaf spring), 코일 스프링(coil spring), 토션 바 스프링(torsion bar spring) 등의 금속스프링과 고무스프링, 공기스프링 등의 비금속 스프링이 있다.

2.1.1. 판스프링(leaf spring)

판스프링은 적당히 구부린 띠 모양의 스프링 강을 몇 장 겹쳐 그 중심에서 중심 볼트(center bolt)로 조인 것이며, 주 스프링(main spring)판의 양끝에는 스프링 아이(spring eye)를 두어 핀(pin)을 통하여 차체나 프레임에 설치하게 되어 있다. 스프링 아이 중심사이의 거리를 스팬(span), 판이 작은 것일수록 끝 부분의 구부림을 크게 하고 있는데 이것을 닙(nip)이라 부르고, 판스프링의 휨 량을 캠버(camber)라 한다.

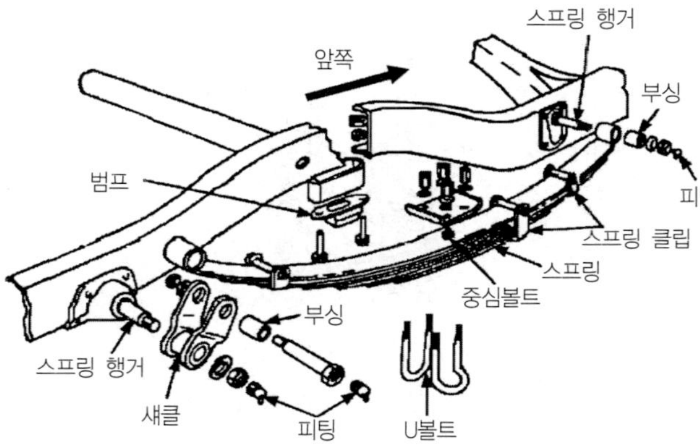

(a) 판스프링의 구조

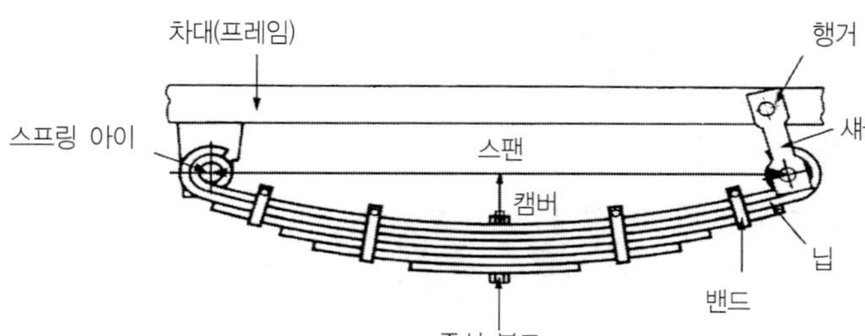

(b) 판스프링의 명칭

그림 18. 판스프링의 구조 및 명칭

판스프링을 차체에 설치한 부분을 브래킷 또는 행거(bracket or hanger)라 하며, 다른 끝은 섀클(shackle)이라 한다. 섀클은 차축이 상하운동을 할 때 판스프링의 길이가 변화하는 것을 흡수하는 역할을 하는데 힘을 받는 방향에 따라 압축식과 인장식 두 종류가 있다. 강도는 인장식이 낮지만 부착 부분이 복잡해 압축식을 쓰는 경우가 많다.

사용하는 부싱에 따라 고무 부싱 섀클, 나사 섀클, 청동 부싱 섀클 등이 있고 판스프링은 U-볼트를 이용하여 차축에 고정시킨다. 판간 마찰을 감소시키기 위해서 스프링 판의 양 끝 부분에 사일런트 패드(silent pad) 등을 넣기도 한다.

그림 19. 쇽업소버와 판스프링의 설치상태

2.1.2. 코일 스프링(coil spring)

코일 스프링은 스프링 강을 코일 모양으로 감아서 만든 것이며, 소재인 강봉의 지름이 같고, 스프링 피치가 같을 경우에는 변형특성이 직선적이며 진동감쇠작용을 하지 못하고 외력을 받았을 때 판스프링은 구부러지는데 대해 코일 스프링은 비틀려진다. 코일의 양 끝 면은 설치하기 쉽도록 평면으로 다듬질되어 있으며, 코일 스프링의 강도는 주로 두께로 정해지며 굵을수록 딱딱해지고, 감는 횟수가 많을수록 부드러워지며, 코일의 지름이 클수록 부드러워진다.

코일 스프링은 판스프링과 같이 판간 마찰이 없기 때문에 진동의 감쇠작용을 하지 못하고, 또 옆 방향에서의 작용력에 대한 저항력도 거의 없다. 따라서 코일 스프링으로 차축을 지지할 때에는 링크기구나 쇽업소버를 필요로 하므로 구조가 비교적 복잡하게 된다. 그러나 단위 중량당의 에너지 흡수율이 판스프링보다 크고 유연하기 때문에 널리 사용되고 설치공간을 적게 차지한다.

그림 20. 코일 스프링 설치상태

2.1.3. 토션 바 스프링(torsion bar spring)

토션 바 스프링은 스프링 강의 막대(torsion bar)로 되어 있으며, 양단의 스플라인 부분을 차륜에 연결된 스프링 레버에 끼워, 차체와 차륜사이의 스프링기능을 보완하는 부품이다. 토션 바는 주로 강봉이 사용되나 가끔은 중공(中空), 사각형, 또는 겹판 형식도 사용된다. 비틀었을 때 탄성에 의해 제자리에 되돌아가려고 하는 성질을 이용한 것이다.

스프링의 힘은 바(bar)의 길이와 단면적에 따라 정해지고, 코일 스프링과 같이 진동의 감쇠작용이 없기 때문에 쇽업소버를 병용해야 한다. 또 토션 바 스프링은 오른쪽의 것과 왼쪽의 것으로 구분되어 있다.

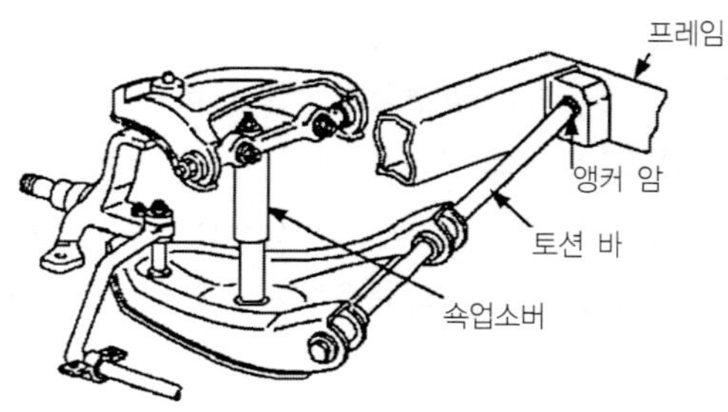

(a)

(b)

그림 21. 토션 바 스프링 및 설치상태

2.1.4. 고무 스프링(rubber spring)

고무 스프링에는 천연 고무(NR)가 일반적으로 가유성형 하여 이것을 금속편과 접착시켜서 사용하고, 내유성(耐油性)이 필요한 곳은 합성 고무를 사용한다. 보다 높은 감쇠(減衰) 성능이 필요한 경우는 스틸렌 브타젠의 합성 고무(SBR)가 사용되는 경우가 있다. 고무 스프링의 특징은 다음과 같다.

① 형상, 치수를 적당하게 선정하면 가로, 세로, 높이방향의 스프링 정수를 원하는 값으로 할 수가 있다. 또, 금속과의 접착이 용이하여 인장, 압축, 전단 등 어느 방향으로도 사용할 수 있다.

② 진동을 감쇠시키는 효과가 있어 고주파 진동의 흡수에 적당하다.

③ 소형 경량화가 가능하고 지지 장치도 간단하게 할 수 있다.

④ 내열성이 천연고무(NR)는 70℃ 정도이다. 폴리머의 개량, 가유계(加硫系)의 개량에 의해 100~200℃에서도 사용이 가능하나 저온에서는 유리(glass)화 되는 경향이 있다.

⑤ 방음효과(防音效果)가 크다.

⑥ 금형으로 제작될 수 있으므로 양산이 가능하고 가격이 저렴하다.

⑦ 기름이 침투하면 팽윤(膨潤)한다.

그러나 노화현상이 있고 내유성이 적으며 압축과 굽힘, 비틀림 등에 비하여 인장력이 약하고 큰 하중을 견디기가 곤란하다.

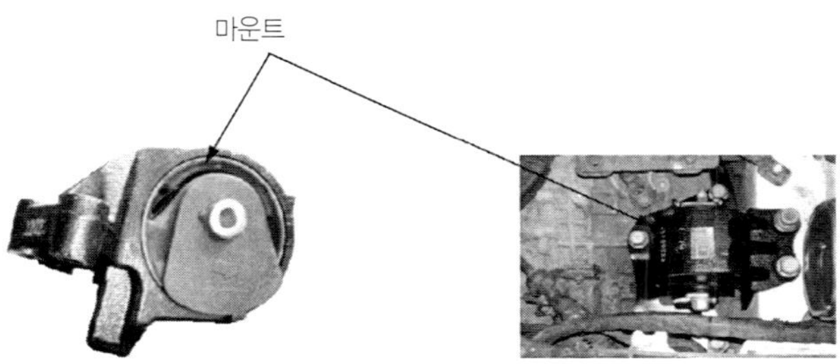

그림 22. 마운트와 설치 상태

차축과 프레임사이에 고무로 된 범프 스토퍼(bump stopper)를 두어 충격을 흡수시킨다.

그림 23. 범프 스토퍼 설치 상태

그림 24. 범프 스토퍼

2.1.5. 공기 스프링(air spring)

공기 현가장치는 압축성 유체인 공기의 탄성을 이용하여 스프링 효과를 얻는 것으로 공기압축기, 서지탱크, 공기 스프링, 레벨링밸브 및 링크 등으로 되어 있으며, 공기압축기에 의해 압축된 공기가 각 기구를 통해 차체를 표준 위치로 유지하도록 되어 있다. 구조가 복잡해 소형차에는 거의 사용하지 않으며 대형차나 버스 등에 사용이 된다.

금속 스프링과 비교하면 다음과 같은 특징이 있다.

① 금속 스프링에 비해 낮은 스프링 상수를 얻기가 쉽기 때문에 승차감이 향상한다.

② 스프링 특성은 기본적으로는 비선형이고, 또 그 설정은 설계에 따라 다양하게 선택할 수가 있다.

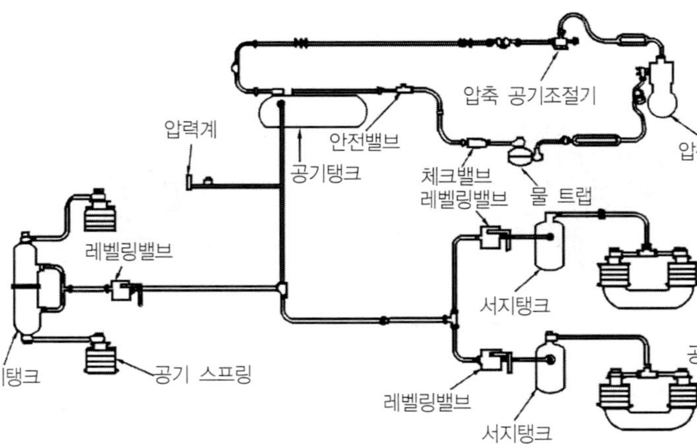

그림 25. 공기 현가장치의 구성도

그림 26. 공기스프링 단면도

③ 스프링 상수는 공기의 압력에 비례하므로 하중의 변화에 관계없이 고유 진동수가 거의 일정하게 되어 승차감이 안정적이다.

④ 차고 조정 기구와 조합하기가 용이하므로 하중의 변화에 관계없이 차고를 일정하게 유지할 수가 있다.

⑤ 고주파의 진동의 절연성이 우수하다.

⑥ 자동차의 바퀴를 잡아주는 기구가 복잡하게 된다.

⑦ 낮은 스프링 상수 때문에 롤(roll), 피칭(pitching)을 일으키기 쉽고, 이를 방지하는 기구가 필요로 한다.

⑧ 다른 스프링에 비하여 비싸다.

⑨ 공기 압력을 하중에 따라 조정하는 장치와 압축공기를 만드는 압축기 등이 필요하며 구조가 복잡하다.

공기스프링에는 벨로즈 형식(bellows type)과 다이어프램 형식(diaphragm type), 복합형(combined type)이 있으며, 공기탱크와 스프링사이의 공기통로를 조정하여 도로 상태와 주행속도에 가장 적합한 스프링 효과를 얻을 수 있게 되어 있다.

공기스프링의 재질은 질기고, 나이론이 강화된 네오프렌(neoprene)이라는 합성고무를 주 원료로 사용하는데 이는 보통의 온도에서 사용하는 재질이다. 아주 고온의 조건하에서 사용하는 고무의 재질은 뷰틸(butyl) 고무를 사용한다.

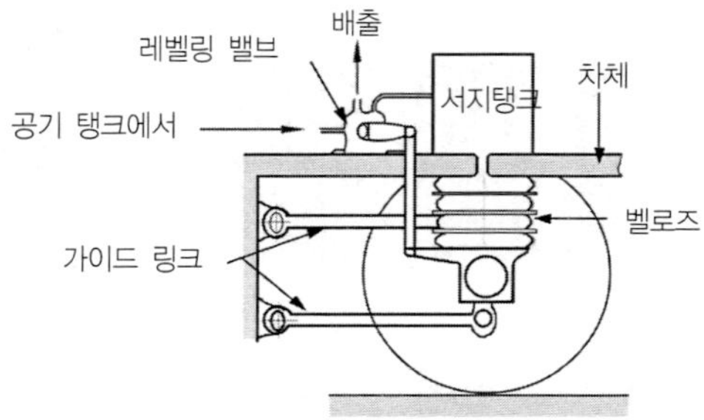

그림 27. 공기 스프링의 구조

(1) 벨로즈 형식(bellows type)

벨로즈형은 주름상자 모양으로 되어 있으며, 그 신축에 따라 내부의 용적과 압력이 변화해서 스프링 작용을 한다.

(2) 다이어프램 형식(diaphragm type)

다이어프램 형식은 신축함에 따라 고무막이 뒤집히는 형식으로 피스톤, 다이어프램 및 밴드 등으로 구성되어 있다.

(3) 복합형(combined type)

복합형은 벨로즈형과 다이어프램을 복합한 형식이며, 일반적으로 벨로즈형과 복합형을 많이 사용한다.

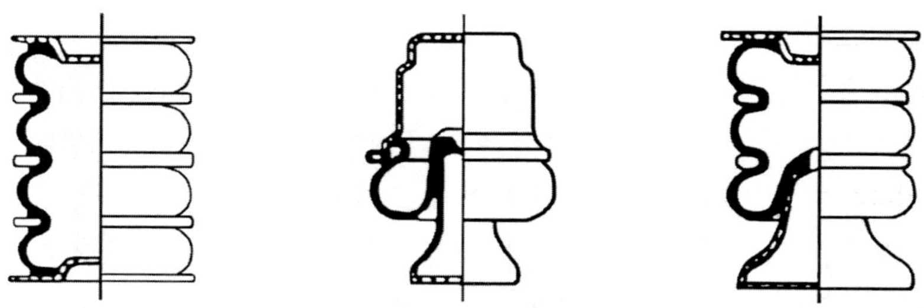

(a) 벨로즈 형식 (b) 다이어프램 형식 (c) 복합형

그림 28. 공기스프링의 종류

레벨링 밸브는 공기스프링 현가장치의 핵심이 되는 중요한 부분이며, 주행 중의 작은 진동에는 작동하지 않으나 하중에 의해 차량의 높이가 변화하게 되면 압축공기를 스프링에 보내거나 배출시켜 자동차의 높이를 일정하게 유지하는 작용을 한다.

차량이 롤링할 때 내려가는 쪽의 스프링에 압축공기를 더 공급하고, 올라가는 쪽의 압축공기를 배출시켜 롤링을 억제하여 승차감을 좋게 하도록 한다. 그리고 버스의 경우 승객이 승차할 때 앞쪽 양측 스프링의 압축공기를 배출시켜 답판 높이를 낮추어 승차하기 쉽도록 할 수 있다.

그림 29. 레벨링 밸브

2.2. 쇽업소버(shock absorber)

쇽업소버는 도로 면에 의해 일어난 스프링의 진동을 재빨리 흡수하여 승차감을 향상시키고, 동시에 스프링의 피로를 적게 하기 위해 설치되는 것이다. 또 이것에 의해 고속주행 조건의 하나인 로드홀딩(road holing)도 현저하게 향상된다.

쇽업소버는 스프링의 상하 운동에너지를 열에너지로 변환시키는 일을 하여 상하 운동시 흔들림을 방지한다. 작동 형식에 의한 분류로 리바운드(rebound)할 때에만 감쇠력이 발생하는 단동형(single acting type)과 바운드(bound), 리바운드의 양쪽에서 감쇠력을 발생하는 복동형(double acting type)이 있으며 종류에는 통형, 레버형, 개스형이 있다.

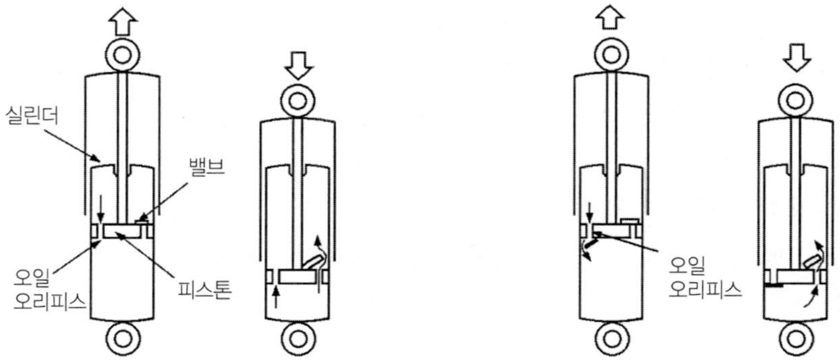

(a) 단동형 (b) 복동형

그림 30. 단동형과 복동형 쇽업소버

2.2.1. 통형(telescopic type)

통형 쇽업소버는 텔리스코핑형(telescoping type)이라고도 부르며, 안내를 겸한 가늘고 긴 실린더의 조합으로 되어 있으며, 내부에는 차축과 연결되는 실린더와 차체에 연결되는 피스톤이 있고, 실린더 내에는 오일이 가득 들어있다.

피스톤에는 오일이 통과하는 작은 구멍(orifice)이 있으며, 이 구멍에는 구멍을 개폐하는 밸브가 설치되어 있다. 이 형식은 링크나 로드를 사용하지 않고 섀시 스프링과 함께 직접 설치할 수 있어 링크기구 등에 의한 마찰손실이 적고, 실린더 내에서 발생하는 유압도 비교적 낮으며, 구조가 간단하여 대량 생산이 쉬운 장점이 있다. 그러나 피스톤 행정이 길고 실린더 제작 등이 조금 어렵다. 통형 쇽업소버의 단동형은 리바운드 할 때(스프링이 늘어날 때)통과하는 오일의 저항으로 진동을 제어하고, 바운드 할 때(스프링이 압축될 때)에는 피스톤에 설치된 밸브가 열려 오일이 저항 없이 통과한다. 따라서 이때에는 진동 제어작용을 하지 않는다.

그러나 복동형은 바운드 및 리바운드 할 때 모두 저항이 발생하도록 되어 있다. 단동형은 바운드할 때에는 저항이 없어 차체에 충격을 주기 않기 때문에 좋지 못한 도로에서 유리하고 복동형은 출발할 때, 또는 제동할 때의 노스 업(nose up)이나 노스다운(nose down)을 방지하여 주행 안정성을 높일 수 있으나 구멍이나 밸브기구가 복잡해진다.

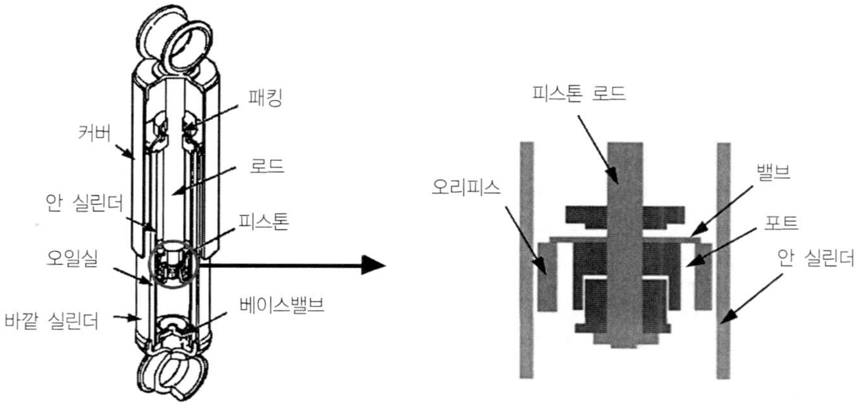

그림 31. 유압형 쇽업소버의 구조

[1] 오리피스

피스톤이 정지해 있을 때, 피스톤과 베이스밸브에는 오일통로로서 작은 틈이 존재한다. 이 틈을 오리피스라고 부른다. 피스톤이 움직이기 시작했을 때나 매우 느린 속도에서 오일은 오리피스만을 통해 이동하며, 이 사이 오일통로의 크기는 일정하다. 이 영역의 피스톤 속도를 저속역(약 0.10m/sec)이라고 한다.

오일경로의 크기가 일정해도 피스톤의 속도에 의해 감쇠치는 변화하며, 오리피스만이 오일경로의 요소인 경우의 감쇠치 변화를 오리피스 특성이라고 부른다. 자동차의 쇽업소버의 경우, 오리피스 특성은 노면상황의 변화, 곡률이 큰 선회시 등의 성능에 깊이 관여한다.

[2] 밸브

피스톤 밸브·베이스 밸브에는 포트라 불리는 오일 경로가 있는데, 밸브는 이 포트를 막는 형태로 장착되어 있는 판 모양의 용수철이다. 피스톤이 정지 혹은 저속역인 경우, 밸브는 포트를 완전하게 막고 있어 오일은 포트를 통과할 수 없다. 그러나 피스톤 속도가 일정치를 넘으면 밸브는 밀어 올려져(피스톤이 내려가는 경우)오일은 포트를 통과하기 시작한다.

피스톤 속도가 증가함에 따라 밸브는 크게 변형되어 오일 경로가 점차 커져간다. 이 과도기의 피스톤 속도를 중속역(약 0.10~0.30m/sec)이라고 하며, 이때의 감쇠치 변화를 밸브 특성(또는 밸브+포트 특성)이라고 부른다.

밸브 특성은 곡률이 높은 선회시 등의 성능에 깊게 관여한다. 또 밸브는 통상 한쪽 편밖에 움직이지 않으며 피스톤이 반대쪽으로 움직이는 경우(예 : 복동식 쇽업소버 축소시의 피스톤 밸브)에는 포트는 여전히 막힌 채가 된다. 이 경우 오일통로는 오리피스뿐이다.

[3] 포트

피스톤 밸브·베이스 밸브에는 오일이 통과하는 경로로서 포트라 불리는 구멍이 있다. 피스톤 속도가 일정 이상이 되면 전술의 밸브가 완전히 열리며, 포트의 크기에 의해 오일 경로의 크기가 결정된다. 이 포트에 따라서만 감쇠치가 결정되는 피스톤 속도역을 고속역이라고 하며, 그 때의 감쇠치 특성을 포트 특성이라고 부른다. 포트 특성은 요철 등을 넘는 경우와 같은, 노면의 급격한 변화시의 성능에 깊게 관여한다.

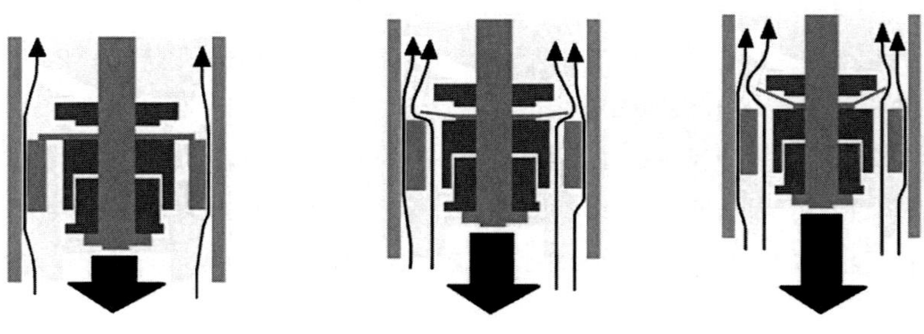

(a) 저속 (b) 중속 (c) 고속

그림 32. 피스톤 속도에 의한 오일의 경로 변화

2.2.2. 레버형(lever type)

링크와 레버를 사이에 두고 설치된다. 피스톤과 레버, 실린더 및 앵커축으로 구성되어 있다. 작동방법은 충격을 받고 압축되었던 스프링이 펴지면서 레버는 아래로 내려가게 되고, 이 움직임에 의해 피스톤이 밀려지면 실린더 내의 오일이 릴리스밸브의 스프링에 대항하여 밸브를 통하여 나가며, 이때의 오일이 받는 유동저항으로 진동 감쇄작용을 한다.

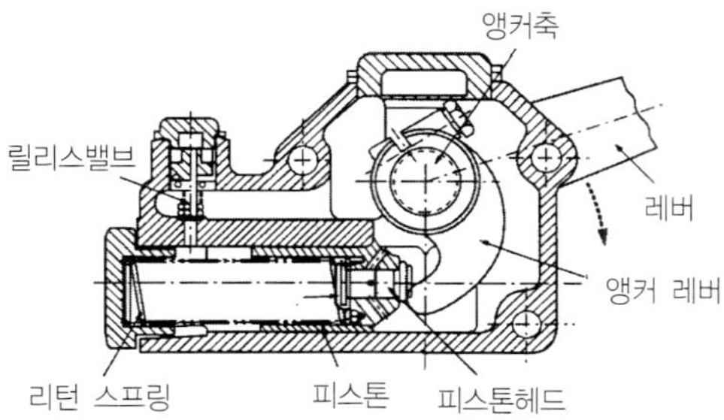

그림 33. 레버형 피스톤식

스프링이 압축되면 레버가 위로 올라가고, 이에 따라 피스톤이 리턴 스프링의 장력으로 원위치로 돌아오며 실린더 내에는 오일이 가득차게 된다. 레버형 쇽업소버의 특징은 다음과 같다.

① 피스톤과 실린더사이의 기밀 유지가 쉽다.
② 저점도의 오일을 사용할 수 있다.
③ 온도변화에 의한 감쇠력의 영향이 적다.
④ 링크나 레버를 이용하므로 차체에 설치하기가 쉽다.
⑤ 구조가 복잡하다.

2.2.3. 드가르봉형(가스 봉입) 쇽업소버

드가르봉형도 유압형 쇽업소버의 일종이기는 하지만 프리 피스톤(free piston)을 두고, 그 밑에 높은 압력(20~30kgf/cm^2)의 질소가스가 들어 있어 내부에 압력이 걸려 있는 점과 1개의 실린더로 되어있는 것이 다르다. 드가르봉형 쇽업소버의 특징은 다음과 같다.

① 실린더가 1개이므로 구조가 간단하다.
② 작동할 때 오일에 기포가 쉽게 발생되지 않기 때문에 오랫동안 작동되어도 감쇠효과가 떨어지지 않는다.
③ 실린더가 1개로 되어 있기 때문에 열 방출성능이 좋다.
④ 내부에 압력이 걸려 있기 때문에 분해하는 것은 위험하다.

작동은 다음과 같다. 쇽업소버가 압축될 때에는 오일이 그림 34(a)에서와 같이 오일 실(oil chamber) A(피스톤 아래쪽)의 유압에 의해 피스톤에 설치되어 있는 밸브의 바깥둘레가 열려지며, 이에 따라 오일이 오일 실 B에 유입된다. 이때 밸브를 통과하는 오일의 유동저항이 있으므로 피스톤이 내려감에 따라 프리 피스톤도 압축된다. 쇽업소버의 작동이 중지되면 프리 피스톤 밑 부분의 질소가스가 팽창하여 프리 피스톤을 밀어 올리므로 오일 실 A의 오일에 압력을 가한다. 또 쇽업소버가 늘어날 때에는 그림 34(b)와 같이 피스톤의 밸브는 바깥둘레를 지점으로 하여 오일이 오일 실 B에서 A로 이동하나 오일 실 A의 압력이 저하되기 때문에 프리 피스톤이 올라간다. 또 늘어남이 중지되면 프리 피스톤은 원래의 위치로 되돌아간다.

위와 같은 작용을 반복하여 진동의 감쇠작용을 한다. 또 좋지 못한 도로에서 격렬한 충격을 받았을 경우 유압형 쇽업소버는 공동현상(capitation)에 의해 감쇠력이 떨어지지만 이 형식에서는 봉입된 질소가스와 프리 피스톤의 작동에 의한 오일실의 체적변화에 따라 작용하므로 이와 같은 피해를 방지할 수 있다.

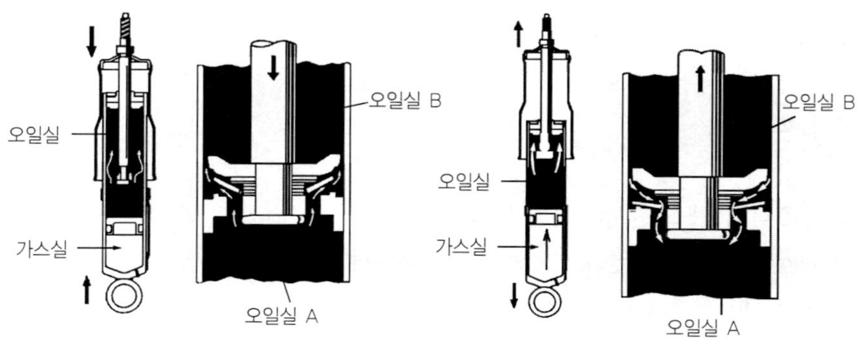

(a) 압축될 때 (b) 늘어날 때

그림 34. 드가르봉형 쇽업소버의 작동

2.2.4. 스프링 오프 셋(spring off set)

일반적으로 맥퍼슨식의 현가 방식은 코일 스프링에 쇽업소버를 설치하는데 이때 스프링 중심선과 피스톤 로드의 중심선에 맞지 않고 약간 경사지게 설치하였다. 이것을 스프링 오프셋이라 하며 쇽업소버의 마찰력을 감소시켜 승차감을 향상시킨다.

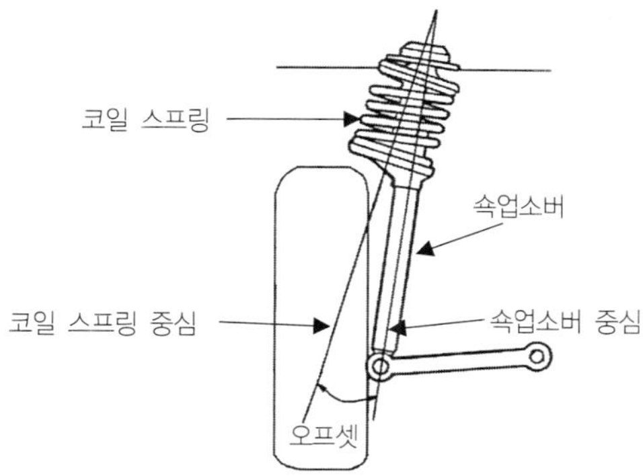

그림 35. 스프링 오프셋

2. 3. 스태빌라이저(stabilizer)

스태빌라이저는 일종의 토션 바 스프링이며, 양끝이 좌우의 아래 컨트롤 암(low control arm)에 연결되어 있고, 중앙부분은 차체에 설치되어 있다. 좌우의 바퀴가 동시에 상하운동을 할 때에는 작용을 하지 않으나 좌우 바퀴가 서로 다르게 상하운동을 할 때 즉 롤링이 발생하면 작용하여 차체의 기울기를 최소로 한다.

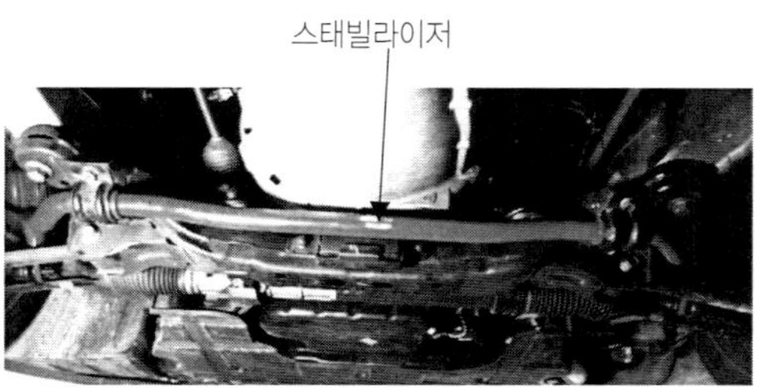

그림 36. 스태빌라이저 설치상태

그림 37. 스태빌라이저

2. 4. 자동차 진동

자동차는 강재의 프레임(frame)으로 차체를 형성하고 있기 때문에 단일 구조물이 노면 위를 운동하는 것과 같다. 그러므로 자동차가 도로의 요철 면을 주행하더라도 차체가 굽어지거나 휘지 않는 상태로서 운동하게 된다. 승차감은 현가장치를 중심으로 한 각 부분의 고유진동과 밀접한 관계가 있다.

자동차는 섀시 스프링에 의해 지지되는 스프링 위질량(차체 등)과 타이어와 현가장치 사이에 있는 스프링 아래질량으로 분류되며 각각의 고유진동에는 다음과 같은 것이 있다.

2.4.1. 스프링 위 질량 진동

스프링의 위쪽에 위치한 부분 즉, 차체와 차체에 적재된 부하의 질량을 말한다. 노면의 요철 등과 같이 거친 도로를 주행하는 경우 차량 전체가 현가장치에 의해 가라앉고 튀어 오르는 현상을 반복하여 스프링 위 질량은 주로 상하 방향으로 흔들리는 강체운동(rigid body motion)을 한다.

스프링 아래 질량은 노면 조건에 따라 흔들리는 진동현상을 갖지만 운전자와 탑승객은 스프링 위 질량에 해당하기 때문에 승차감 측면에서 차체부분(sprung mass)의 진동특성이 중요하다. 스프링 위 질량이 커질수록 고유 진동수는 낮아지며 승차감은 양호해진다.

[1] 바운싱(bouncing, 상하진동)

차체가 Z축 방향과 평행운동을 하는 고유진동으로 동일선상에서 상·하로 움직이는 진동이다.

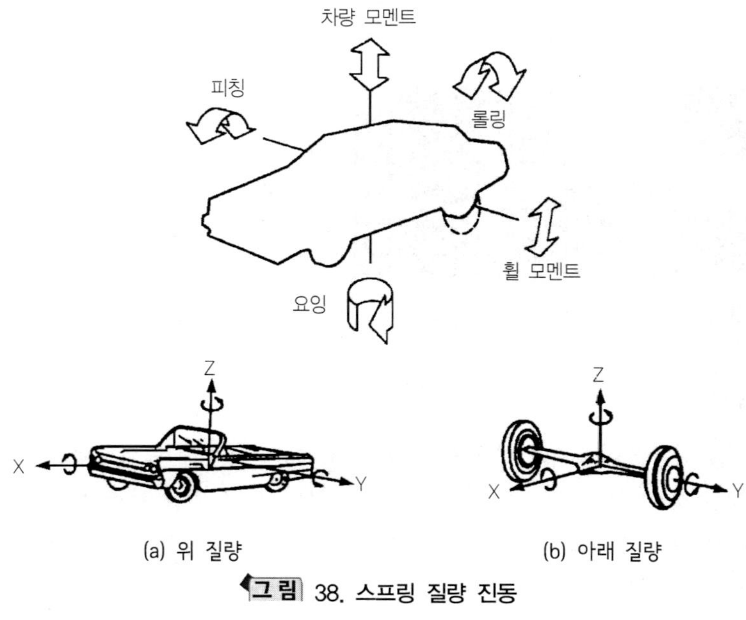

그림 38. 스프링 질량 진동

[2] 피칭(pitching, 전후 진동)

차체가 Y축을 중심으로 하여 회전운동을 하는 고유진동으로 차량이 울퉁불퉁한 도로를 주행할 때 또는 급출발, 급정지시 발생하며 급출발시 전면부가 상승하는 현상을 노즈 업(Nose Up), 급정지 시 전면부가 하강하는 현상을 노즈 다운(nose down)이라 한다.

[3] 롤링(rolling, 좌우 진동)

차체가 X축을 중심으로 하여 회전운동을 하는 고유진동으로 차량이 주행 중 선회하거나 횡풍을 받았을 때 차체의 앞·뒤 방향 축 둘레의 회전운동이다.

[4] 요잉(yawing, 차체 후부진동)

차체가 Z축을 중심으로 하여 회전운동을 하는 고유진동으로 차량이 주행 중 급선회 또는 급격한 차선 변경시 발생될 수 있으며 수직인 축 둘레에 발생하는 운동이다. 앞·뒤가 좌·우 반대로 흔들린다.

2.4.2. 스프링 아래 질량진동

스프링 아래에 위치한 휠과 타이어, 브레이크 부품 등 스프링보다 아래쪽에 있는 부품의 질량을 말하고 그 밖의 보디, 엔진 등은 스프링 위 질량이라 말한다. 스프링 아래의 질량은 가벼울수록 바퀴는 노면에 따라 잘 움직이고(trace), 진동이 일어나더라도 스프링 위쪽 보디에 흔들림을 전하는 비율이 작아진다.

알루미늄 휠이나 알루미늄으로 된 브레이크 부품은 이 같은 스프링 아래 질량을 작게 하는 것이 목적이고 디퍼렌셜과 브레이크를 차체 쪽에 붙이는 것도 역시 스프링 아래 무게를 가볍게 하기 위한 것이다.

[1] 휠 홉(wheel hop)

차축이 Z방향의 상하 평행운동을 하는 고유진동이다.

[2] 휠 트램프(wheel tramp)

차축이 X축을 중심으로 하여 회전운동을 하는 고유진동이다.

[3] 와인드업(wind up)

차축이 Y축을 중심으로 회전운동을 하는 고유진동으로 차축의 휨이나 휠에 급격한 구동력 또는 제동력을 가할 때 차축에 발생되는 비틀림 진동이다. FR구동방식의 차량 뒤 차축과 평행 판스프링 현가장치에서 구동시 액슬축에 걸리는 토크의 반력에 의해 판스프링이 휘어지면서 발생하는 상·하 진동을 말한다.

2.4.3. 진동수와 승차감

자동차에서 멀미나 피로를 더 느끼는 경우가 있다. 이것은 이상 진동이 사람의 뇌에 작용하여 자율 신경에 영향을 주기 때문이다. 사람이 걸어갈 때 머리의 상하진동은 60～70cycle/min이고, 뛰어갈 때는 120～160cycle/min이라 하며, 일반적으로 60～120cycle/min(1～2Hz)의 상하진동을 할 때 가장 좋은 승차감을 얻을 수 있다고 한다. 진동수가 120cycle/min을 넘으면 딱딱한 느낌을 느끼고, 45cycle/min 이하에서는 멀미를 느낀다.

2.4.4. 스프링 정수와 진동수

스프링은 훅의 법칙(hook's law)에 따라 가해지는 외부의 힘과 그 때의 변형은 비례한다. 따라서 외부에서 가해진 힘을 변형으로 나눈 값은 항상 일정하다. 이 값을 스프링 정수라 하며, kgf/mm를 단위로 사용한다.

$$k = \frac{F}{x}$$

F : 외부에서 가해진 힘(하중, kgf)
x : 변형(mm)
k : 스프링정수(kgf/mm)

스프링정수란 스프링의 세기를 표시한다. 강한 스프링은 스프링정수가 크고, 약한 스프링은 스프링정수가 작다. 또 스프링정수와 외부에서 가해진 힘, 진동수와의 관계는 다음 공식으로 표시된다.

3. 전자제어 현가장치(ECS)

ECS(electronic control suspension system)는 주행조건, 도로 면의 상태, 운전자의 선택 등에 의하여 자동차의 높이와 스프링 상수 및 감쇠력의 변화를 ECS ECU에서 자동적으로 제어하는 현가장치이다. 그리고 전자제어 현가장치의 기능은 다음과 같다.

① 급커브에서 원심력에 의한 차량 기울어짐을 방지한다.
② 급제동할 때 노스다운(nose down)을 방지한다.
③ 급출발 또는 급가속시 노스업(nose up)을 방지한다.
④ 비포장도로를 운행할 때 차체의 높이를 제어한다.
⑤ 차량의 정지 및 승객의 승차 및 하차 또는 변속레버를 조작할 때 발생될 수 있는 진동을 제어한다.
⑥ 고속 안정성을 제어한다.

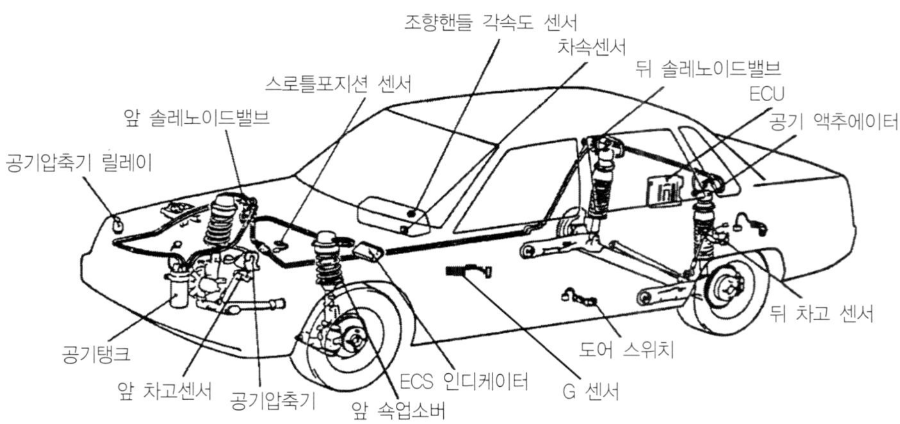

그림 39. ECS의 구성부품

그리고 차체의 좌우, 앞뒤의 자동차 높이, 조향핸들 각도, 가속페달 조작속도(스로틀 위치 센서), 주행속도, 노면 상태 등을 판단하고 연산하여 주행 상태에 따른 쇽업소버의 감쇠력과 공기 스프링의 압력을 조정하여 다음과 같이 자세 제어를 한다.

선택모드	제어 종류	제어 시기
쇽업소버 감쇠력	Auto	Sport일 때
	Super soft	Medium일 때
	Soft	
	Medium	Hard일 때
	Hard	
차체 자세 제어	롤 제어	주행 중 선회할 때
	스쿼트 제어	주행 중 가속, 출발, Auto, stall, 급가속할 때
	다이브 제어	주행 중 제동할 때
	변속 스쿼트 제어	변속레버 위치를 변환할 때(N→D, N→R)
	피칭, 바운싱 제어	작은 요철 도로를 주행할 때
	스카이 훅 제어	큰 요철 도로를 주행할 때
	노면 대응 제어	고속 주행할 때
	급속 차고 제어	험한 도로를 주행할 때
	통상 차고 제어	일반 도로를 주행할 때

3. 1. ECS의 종류

ECS의 종류에는 감쇠력 가변 ECS, 복합 ECS, 세미 액티브 ECS, 액티브 ECS 등이 있으며 그 특징은 다음과 같다.

3.1.1. 감쇠력 가변 ECS

감쇠력 가변 ECS는 쇽업소버의 감쇠력(damping force)을 여러 단계로 변화시킬 수 있다. 쇽업소버의 감쇠력만 제어하기 때문에 구조가 간단해 중형 승용차에서 주로 사용하며 쇽업소버의 감쇠력을 soft, medium, hard 등 3단계로 제어한다.

3.1.2. 복합 ECS

복합 ECS는 쇽업소버의 감쇠력과 차량높이(차고) 조절기능을 갖춘 것이다. 쇽업소버의 감쇠력은 soft와 hard 2단계로 제어되며, 차량높이는 Low, Normal, High 등 3단계로 제어된다. 특징은 기존의 코일 스프링이 하던 역할을 공기 스프링이 대신하므로 하중의 변화에도 일정한 승차감각과 차량높이를 유지할 수 있다.

3.1.3. 세미 액티브 ECS(semi-active ECS)

세미 액티브 ECS는 스카이 훅(sky hook) 이론에 바탕을 두고 개발된 것이며, 역방향 감쇠력 가변 쇽업소버를 사용하여 기존의 감쇠력 가변 ECS의 경제성과 액티브 ECS의 성능을 만족할 수 있으며, 쇽업소버의 감쇠력은 쇽업소버 외부에 설치된 감쇠력 가변 솔레노이드밸브에 의하여 연속적인 감쇠력 가변이 가능하며 쇽업소버의 피스톤이 팽창과 수축을 할 때 독립된 감쇠력 제어가 가능하다. ECS ECU제어에 의해 256단계까지 연속적인 제어가 가능하다.

3.1.4. 액티브 ECS

액티브 ECS는 감쇠력 제어와 차량 높이의 조절기능을 지니고 있으며, 차량의 자세변화에 능동적으로 대처하여 자세를 바로 잡아줄 수 있는 자세제어가 가능한 방식이다. 쇽업소버의 감쇠력은 super soft, soft, medium, hard 등 4단계로 제어되며, 차량높이 조절은 low, normal, high, extra-high 등 4단계로 제어되고, 자세 제어기능에는 anti-roll, anti-bounce, anti-pitch, anti-dive, anti-squat 등이 있다.

3.2. 감쇠력 가변 ECS

3.2.1. 감쇠력 가변 ECS의 입·출력 다이어그램

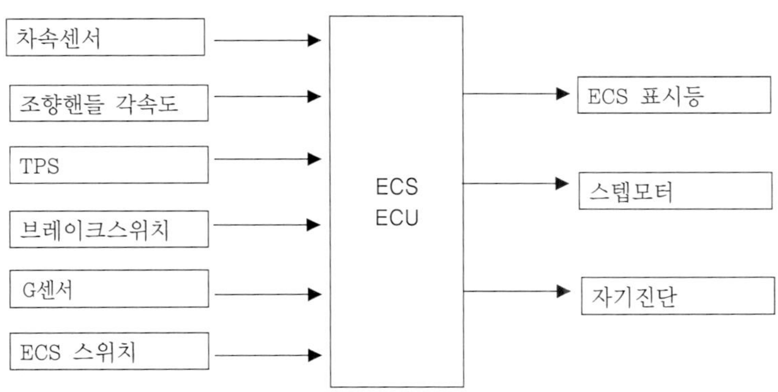

그림 40. 입·출력 다이어그램

3.2.2. ECS 구성부품의 작용

[1] 조향핸들 각속도 센서

이 센서는 조향핸들의 조작속도를 검출하며, 2개의 발광 다이오드와 포토트랜지스터로 구성되어 있다. 조향핸들 각속도 센서는 포토 단속기의 발광다이오드와 포토트랜지스터 사이에 설치된 디스크가 조향핸들의 회전운동에 따라 회전하면 발광다이오드의 빛이 포토트랜지스터 쪽으로 통과 여부에 따라 전기적인 신호 즉, 조향핸들 각속도에 의해 조향핸들의 회전속도·회전방향 및 회전 각도를 검출하여 ECS ECU에 입력한다. 즉, 조향핸들을 일정하게 회전시키면 ECS ECU는 조향핸들 각속도 센서의 신호를 기준으로 선회 여부를 판단하여 차체의 롤(roll)을 예측하여 앤티 롤로 제어한다.

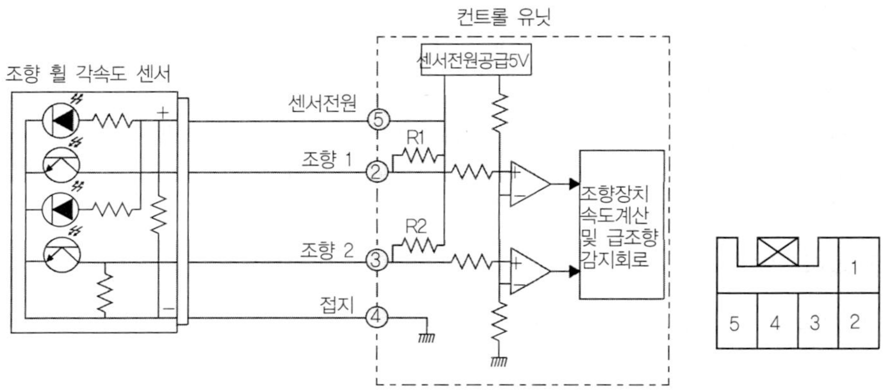

그림 41. 조향 휠 각속도 센서 회로 및 커넥터

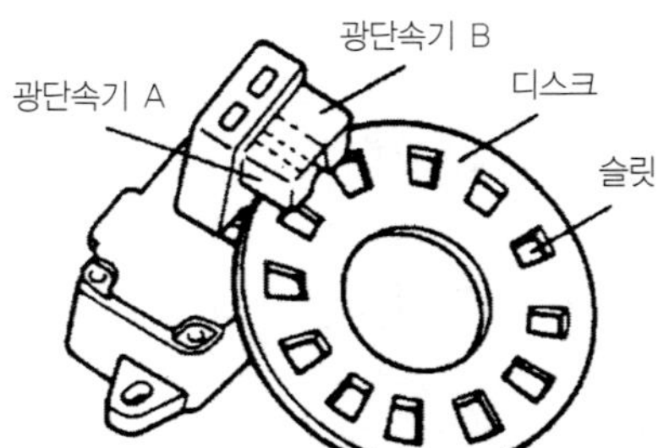

(a)

(b)

그림 43. 조향 휠 각속도 센서 및 장착위치

[2] 차속센서

차속센서는 홀 소자 형식으로 변속기 드리븐 기어 상단부에 설치되어 ECS, 자동변속기, 연료분사장치, 에탁스 등 여러 장치에서 차량의 가속 또는 감속도를 ECS ECU가 연산하기 위해 주행속도를 검출하여 ECS ECU에 입력시킨다. ECS ECU는 차속센서의 신호를 기준으로 급감속시나 급가속 상태를 판정하여 고속 안정성 제어를 한다.

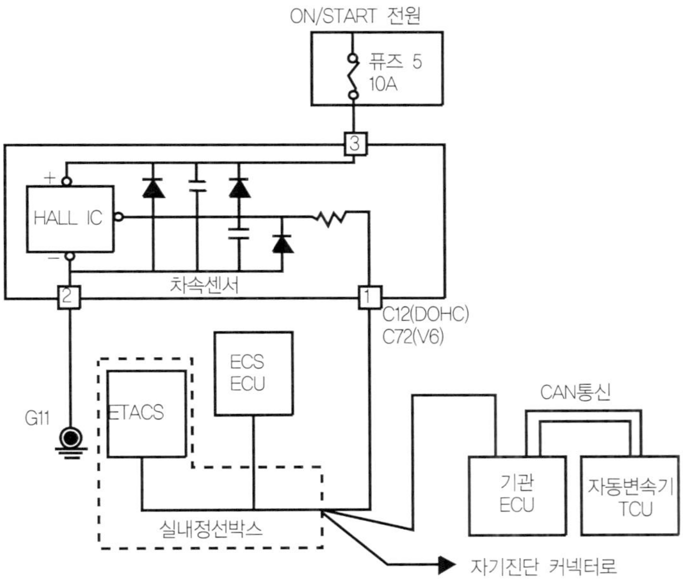

그림 43. 차속센서의 입력 회로도

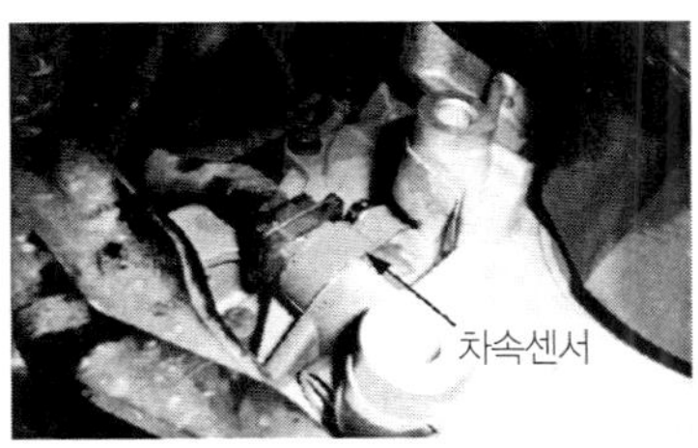

그림 44. 차속센서의 장착위치

차속센서는 트랜스액슬의 출력축 기어에서 각 회전마다 4회의 펄스를 출력하는 홀 센서 형식이며, 0.625km/h의 단위로 점검한다. 입력 펄스가 500ms 이상일 때에는 주행속도 3km/h 미만, 500ms 미만인 경우에는 주행속도 3km/h 이상으로 간주하며, 주행속도 3km/h 이상의 경우 이전의 4회의 평균값으로 주행속도를 계산한다.

[3] 상·하 가속도 센서(G센서)

상·하 가속도 센서는 차량 실내의 중앙 콘솔박스 내부(주차 브레이크 레버 하단)의 차체 프레임에 설치되어 있으며, 검출부분은 이동전극과 고정전극으로 구성되어 있다. 상·하 가속도 센서는 차체의 피치와 바운스 제어 신호를 위한 센서로서 험한 주행시 발생되는 차체의 상하 진동을 감지하여 ECS ECU에 입력시킨다. ECS ECU는 G센서의 신호를 기준으로 차체의 바운싱 정도를 검출하여 앤티 바운스, 피치 제어시 보정 신호로 사용한다.

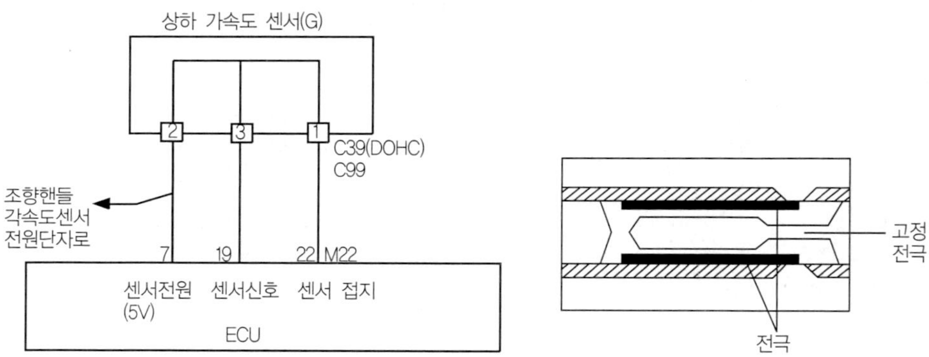

(a) 회로도 (b) 구조

그림 45. 상·하 가속도 센서

G센서는 피에조 소자를 이용하여 외부로부터의 힘에 의해 압축 또는 신장됨에 따라 출력전압이 다르게 출력되는 특성을 이용하며, 작동은 횡 가속도가 가해지면 이동전극이 이동하며 고정전극과 이동전극 사이에 전위차이가 발생하여 두 전극의 용량 차이가 발생한다. 이 차이의 크기로 가속도의 크기를 검출한다.

직류(DC)출력의 검출이 가능하며, 절대 값 검출형식으로 ECS ECU는 2.5V를 기준으로 전압의 높이가 낮으면 험로로 판단하여 차체의 상하 진동을 억제한다.

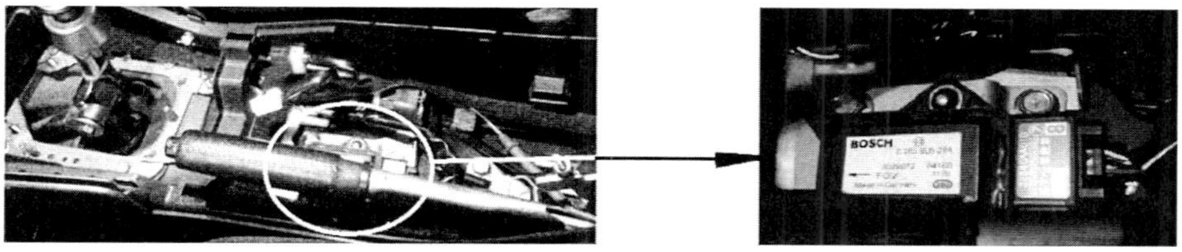

그림 46. 상 · 하 가속도 센서 장착위치

[4] 스로틀 위치센서(TPS)

스로틀 위치센서는 액셀러레이터와 연결되어 운전자가 액셀러레이터 페달을 밟은 양과 속도를 ECS ECU로 입력시킨다. ECS ECU는 스로틀 포지션 센서의 신호를 기준으로 운전자의 가속 또는 감속 의지를 판단하고 급 가속시 차량의 앞쪽이 들어 올려지는 스쿼트 현상을 방지하는 앤티 스쿼트 제어의 주신호로 사용된다.

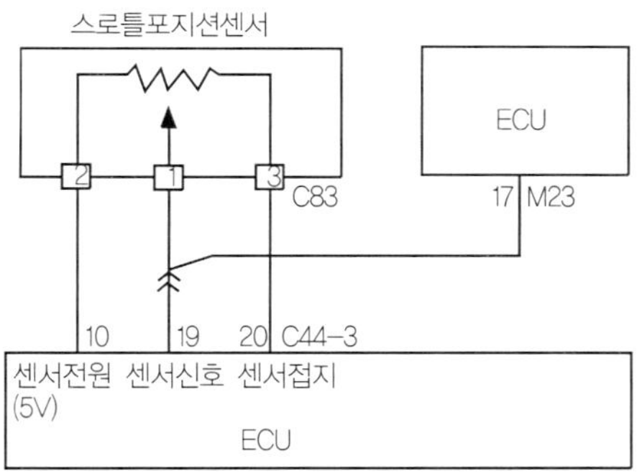

(a) 회로도

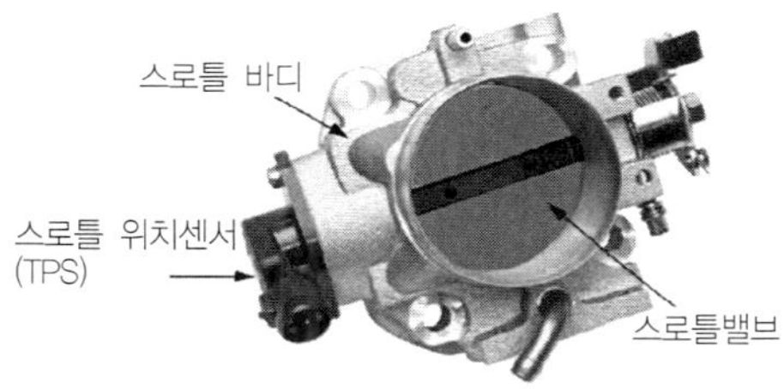

(b) 위치

그림 47. 스로틀 위치센서의 회로도 및 위치

[5] 제동등 스위치(브레이크 스위치)

제동등 스위치는 운전자의 브레이크 페달 조작 여부를 판단하여 ECS ECU에 입력시키는 역할을 한다. ECS ECU는 브레이크 스위치 신호에 의해 운전자의 브레이크 조작 여부를 판단하고 제동시 차체가 앞쪽으로 숙여지는 다이브 현상을 방지하기 위해 앤티 다이브 제어를 실행한다.

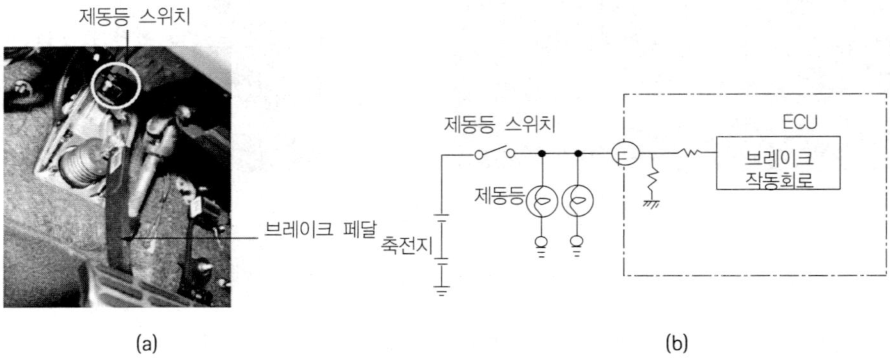

그림 48. 제동등 스위치 장착위치 및 회로도

[6] 인히비터 스위치

인히비터 스위치는 자동변속기 차량에 설치되어 있으며, 운전자가 자동변속기의 레버를 어느 위치로 선택 이동하는지를 ECS ECU에 입력시키는 스위치이다. ECS ECU는 자동변속기의 P, N위치를 검출하여 차량 정차시 승하차로 인한 차체의 진동을 방지해 주는 앤티 쉐이크 제어와 변속레버 조작시 발생되는 차체의 진동을 방지해 주는 앤티 시프트 스쿼트 제어를 실행한다.

그림 49. 인히비터 스위치

[7] ECS 모드 선택 스위치

ECS 모드 선택 스위치는 운전자가 주행 조건이나 노면 상태에 따라 쇽업소버의 감쇠력 특성과 차고를 변화시키고자 할 경우 사용하며, 오토(AUTO) 모드와 하이(HIGH) 모드를 선택할 수 있다.

오토(AUTO)모드를 선택한 상태에서 쇽업소버의 감쇠력 및 차고가 주행조건이나 노면 상태에 따라 자동적으로 제어되며, 이때 계기판의 오토(AUTO) 램프가 점등된다. 보통 주행시 차고는 노말(Normal)상태를 유지한다.

하이(HIGH) 모드를 선택하면 계기판의 하이 램프가 점등되면서 차고가 하이(HIGH) 위치로 상승된다. 하이 모드의 선택은 차속이 50km/h 이하에서 가능하며, 차속이 50km/h를 초과하면 계기판의 하이 램프가 소등되고 차고는 노말 위치로 복귀된다. 노말 위치로 복귀 후 차속이 다시 30km/h 이하로 떨어지면 계기판의 하이 램프가 점등되면서 차고는 하이로 상승된다.

그림 50. ECS 모드 선택스위치

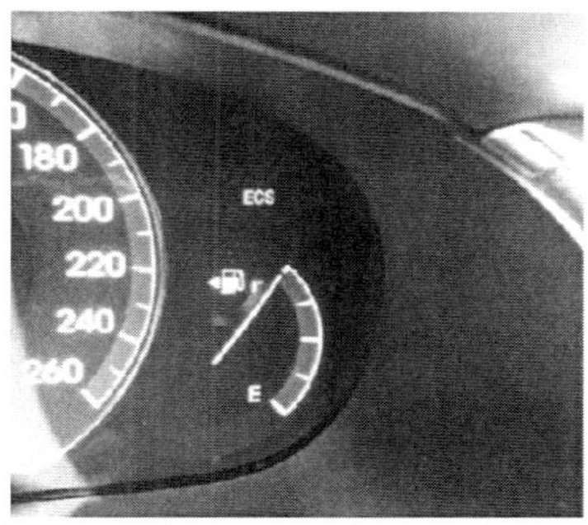

그림 51. ECS 지시등

[8] ECS 지시등

ECS 지시등은 계기판에 설치되어 있으며, ECS ECU는 운전자의 스위치 선택에 따른 현재의 ECS 작동 모드 표시등을 점등시켜 알려준다. 운전자가 오토(AUTO) 모드를 선택하면 AUTO 표시등을 점등시키고, 하이(HIGH) 모드를 선택하면 HIGH 표시등을 점등시킨다. 또한 ECS ECU는 ECS시스템에 고장이 발생될 경우 ECS 표시등을 점멸시켜 운전자에게 고장을 알려주는 역할도 한다.

[9] 스텝 전동기(감쇠력 변환 액추에이터)

스텝전동기는 각 쇽업소버 위쪽에 설치되며, 쇽업소버의 로터리밸브를 구동한다. 로터리밸브가 회전하면 쇽업소버 내부의 컨트롤 로드가 회전하여 오일 통로를 변화시켜 쇽업소버의 감쇠력이 3단계로 변환된다.

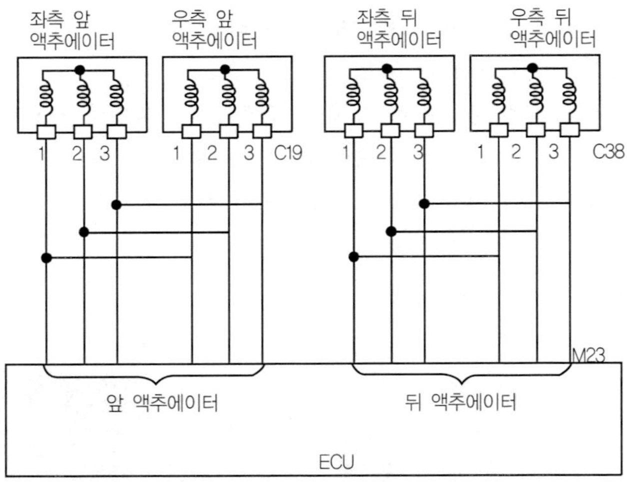

그림 52. 스텝 전동기 입력회로

스텝전동기는 도로면 상태 및 주행상태에 대항하여 단계별 변환이 가능하다. 그리고 스텝전동기는 액추에이터 커넥터단자 사이에 축전지 전압을 가할 때 액추에이터 출력축이 아래 표와 같은 위치로 변환된다.

액추에이터 출력축의 위치 변환

커넥터 단자	축전지 전압	액추에이터 출력위치	비고
1(흰색)	−	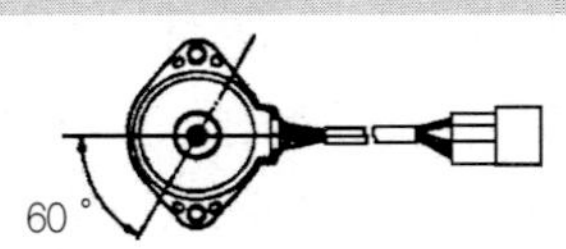	soft 모드
2(검정)	open		
3(적색)	+		
1(흰색)	+	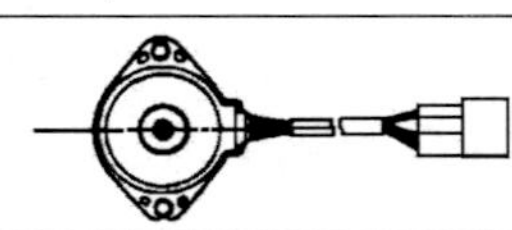	medium 모드
2(검정)	−		
3(적색)	open		
1(흰색)	open	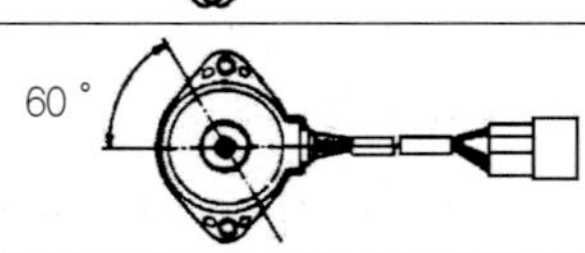	hard 모드
2(검정)	+		
3(적색)	−		

그림 53. 감쇠력 변환 액추에이터 설치위치

[10] 컴퓨터

각종 센서로부터 입력된 정보를 연산 처리하여 현재 주행조건, 노면 등을 판단하여 스텝 모터를 소프트(SOFT), 하드(HARD) 위치로 변환시키는 기능과 차고를 로(LOW), 노말(Normal), 하이(HIGH)로 제어하는 기능을 가지고 있다. 또한 고장이 발생하면 계기판에 AUTO와 HIGH 표시등 램프를 점멸시켜 고장을 알려주고 진단 장비를 통해 고장 코드를 출력한다.

그림 54. ECS 컴퓨터

[11] 차고센서

차고센서는 앞쪽에 1개, 뒤쪽에 1개로 총 2개가 설치되어 있다. 앞 차고센서는 로어암과 차체에, 뒤 차고센서는 리어 액슬과 차체에 연결되어 있다. 검출방식은 가변저항 방식과 광 단속기 방식이 있으며 컨트롤 유닛은 차체의 상하 움직임에 따라 센서의 레버가 회전하게 되며 차고센서는 레버의 회전량으로 차고를 감지하여 설정된 목표 차고에 도달하도록 차고 제어를 한다. 차고는 ECS ECU에 의해 로(LOW), 노말(Normal), 하이(HIGH)의 3단계로 제어되지만 실제 차고 센서는 차고를 8단계로 나누어 검출한다.

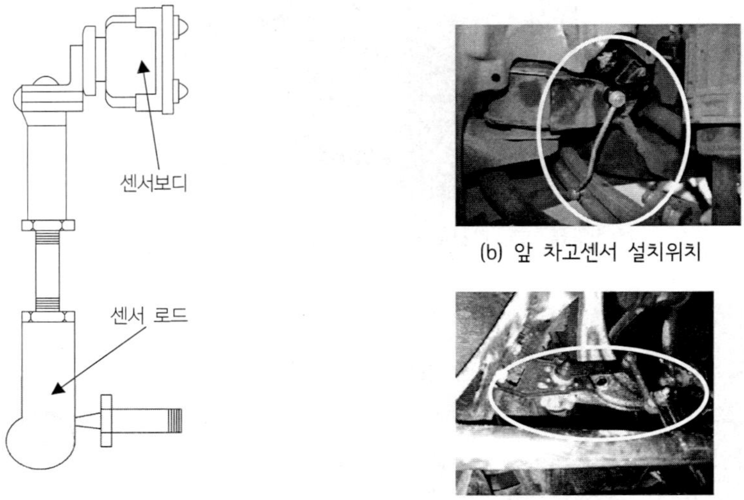

(a) 차고 센서

(b) 앞 차고센서 설치위치

(c) 뒤 차고센서 설치위치

그림 55. 차고센서 구조 및 설치위치

표 차고센서의 차고에 따른 센서 출력

선택모드차고	출력 신호		
	A	B	C
최대 높이(T)	ON	OFF	OFF
하이보다 높음(HH)	ON	ON	OFF
하이 목표차고(HN)	OFF	ON	OFF
노말 목표 차고(N)	OFF	ON	OFF
로 목표 낮음(L)	ON	ON	ON
로 보다 낮음(LL)	ON	OFF	ON
최소 높이(B)	OFF	ON	OFF
NG	OFF	OFF	OFF

[12] 발전기 "L" 단자

ECS시스템이 정상적으로 작동하기 위해서는 안정된 발전기의 충전 전압이 필요하다. ECS ECU는 발전기의 충전 전압을 감지하여 충전전압이 낮거나 높게 되면 시스템 제어를 중지한다.

그림 56. 발전기 L단자

[13] 컴프레서 어셈블리

(1) 컴프레서

차고 조정에 필요한 압축공기를 생산시킨다. 왕복타입의 컴프레서로서 ECS ECU의 제어 신호에 의해서 컴프레서 릴레이가 ON되어 컴프레서의 모터에 전원이 공급되면 구동되어 압축공기를 생성하여 쇽업소버의 에어 스프링 내부에 압축공기를 공급한다. 또한, 컴프레서 모터 내에는 온도 스위치가 내장되어 있기 때문에 모터가 과열되면 온도 스위치가 OFF되어 모터의 작동이 중지되고 일정한 온도로 떨어지게 되면 다시 온도 스위치가 ON되어 모터가 작동된다.

그림 57. 컴프레서

(2) 드라이어

드라이어는 컴프레서와 같이 장착되어 차고 조절시 컴프레서로부터 토출되는 압축 공기에 포함되어 있는 수분을 제거하여 녹의 발생 및 동절기에 시스템 내부의 빙결을 방지한다. 드라이어 내부에는 흡습제가 내장되어 있어 흡습제에 의해 수분이 제거되며, 드라이어는 컴프레서가 작동되면 흡습제의 성능이 떨어지지만 차고를 하향 조절시 공기 스프링의 배기 공기(고온 건조)에 의해 재생되는 구조로써 드라이어를 교환하지 않고 계속 사용할 수 있다.

(3) 리저브 탱크

리저브 탱크의 구조는 압력스위치, 공기 공급 솔레노이드밸브, 감압 체크밸브, 체크밸브, 드라이어, 어큐뮬레이터, 압력스위치 등으로 구성되어 있으며, 컴프레서에서 공급된 압축 공기를 제어하는 역할을 한다.

그림 58. 리저브 탱크 및 드라이어

1) 체크밸브

체크밸브는 드라이어와 리저브탱크사이에 설치되어 있으며, 컴프레서가 작동되어 압력이 생성되면 체크밸브가 열려 리저브 탱크에 저장하고 컴프레서가 작동하지 않을 때는 체크밸브가 닫혀 압축공기가 역류되는 것을 방지한다.

2) 감압 체크밸브

감압 체크밸브는 차고를 높일 경우 쇽업소버에 설치되어 있는 에어 체임버 내부의 압력이 0.8kgf/cm^2 이하로 낮아지는 것을 방지하기 위하여 설치되어 있으며, 공기 체임버의 내부압력이 0.8kgf/cm^2 이하로 낮아지면 감압 체크밸브가 열려 압축공기를 리저브 탱크에서 에어 체임버로 공급하여 준다.

3) 압력스위치

압력스위치는 리저브 탱크 내부에 설치되어 있으며, 리저브 탱크 내부의 공기압력을 감지하는 역할을 한다. 공기압력이 낮아지면 압력 스위치가 ON되어 컴프레서를 작동시켜 리저브 탱크 내의 공기압력을 조절한다.

4) 공기 공급 솔레노이드밸브

차고를 높여야 하는 조건의 경우 ECS ECU의 제어 신호에 의해 솔레노이드밸브가 ON되어 리저브 탱크로부터 앞뒤 쇽업소버에 설치되어 있는 에어 스프링의 에어 체임버에 압축공기를 공급한다.

(4) 컴프레서 릴레이

각종 센서와 스위치 신호에 의해 차고를 높여야 하는 조건의 신호가 ECS ECU에 입력되면 압축된 공기가 필요하기 때문에 공기공급 솔레노이드밸브와 앞뒤 공급·배기 솔레노이드밸브가 ECS ECU의 제어 신호에 의해 공급밸브가 열리게 된다.

그림 59. 컴프레서 릴레이

따라서 압축공기를 높이기 위해서는 ECS ECU에서 컴프레서 릴레이를 제어하여 컴프레서에 전원을 공급함으로써 컴프레서를 구동시켜 얻어진 공기는 드라이어에서 수분과 이물질이 제거된 후 쇽업소버의 에어 체임버에 공급되어 차고를 높일 수 있도록 한다.

(5) 차고 조절용 배기 솔레노이드밸브

차고를 상승시키기 위해서는 많은 양의 공기를 필요로 하므로 ECS ECU는 컴프레서를 구동하여 차고 상승에 필요한 공기를 얻는다. 반대로 차고를 하향시는 많은 공기를 배출시켜야 하며, 배출되는 공기는 컴프레서에 설치된 배기밸브를 통해 대기 중에 방출시켜 차고를 하향시킨다. 차고 조절용 배기 솔레노이드밸브는 컴프레서에 장착되어 있으며, 차고를 낮추어야 하는 조건의 경우 ECS ECU의 제어 신호에 의해 차고용 배기 솔레노이드밸브가 작동하여 에어 스프링 내의 압축공기를 대기 중으로 방출시킨다.

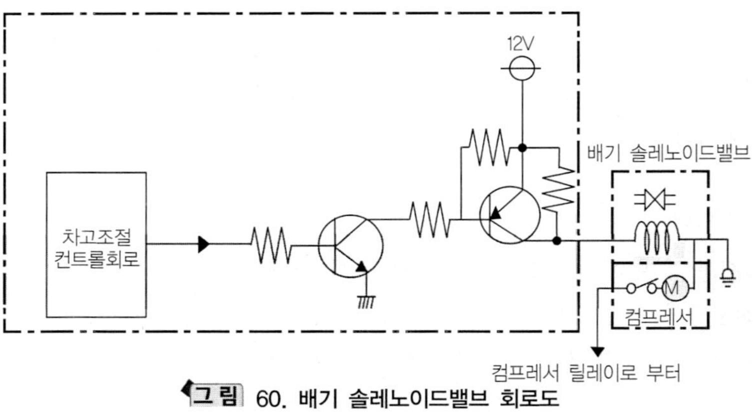

그림 60. 배기 솔레노이드밸브 회로도

[14] 공급 · 배기 솔레노이드밸브

공급 · 배기 솔레노이드밸브는 차고 조절용 공급 · 배기밸브와 에어 스프링 상수 조정용 하드/소프트 위치 선택용 공기밸브로 구성되어 쇽업소버의 에어 스프링에 설치되어 있으며, 차고를 높이거나 차고를 낮추는 조건의 경우 ECS ECU는 공급 · 배기 솔레노이드밸브를 작동시켜 쇽업소버의 쳄버 내에 압축공기를 공급 또는 배기될 수 있도록 제어한다.

(1) 차고 조절용 공급밸브

차고 조절용 공급밸브는 ECS ECU의 제어 신호에 의해 전원이 공급되면 밸브가 열려 앞뒤 에어 챔버에 압축공기를 공급 또는 방출하여 차고를 조절한다.

(2) HARD/SOFT 조절용 공급 밸브

HARD/SOFT 조절용 공급밸브는 ECS ECU의 제어신호에 의해 전원이 공급되면 밸브가 열려 압축공기를 액추에이터에 보내어 HARD 모드 상태가 되며, ECS ECU에서 전원을 차단하면 밸브가 닫혀 액추에이터 내의 압축공기가 밸브 상부에 있는 배기구를 통하여 대기로 방출시켜 SOFT 모드가 되어 작동한다.

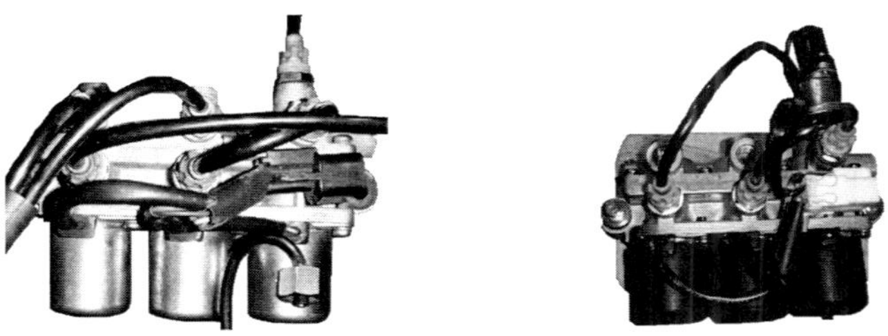

(a) 앞 (b) 뒤

그림 61. 앞 · 뒤 솔레노이드밸브

[15] CUT OFF 스위치

ECS CUT OFF 스위치는 트렁크를 열면 우측에 장착되어 있으며, CUT OFF 스위치를 OFF시키면 ECS시스템의 작동이 중지된다. ECS시스템의 고장으로 차량을 견인하거나 정비업체에서 하체 작업을 하기 위해 리프트로 차량을 들어 올릴 경우 반드시 CUT OFF 스위치를 OFF시켜야 한다.

CUT OFF 스위치를 OFF시키지 않고 차량 시동을 끈 후 10분 이내에 들어 올리면 ECS ECU는 차고가 상승되는 것을 판단하여 차고를 노말로 맞추기 위해 쇽업소버 에어스프링의 공기를 계속 빼내어 현가장치의 손상이 발생한다. 차량을 들어올리기 전에 ECS CUT OFF 스위치를 OFF시키면 기능이 중지된다.

3.2.3. ECS 제어 기능

[1] 감쇠력 제어 기능

감쇠력 제어 기능은 주행 조건이나 노면 상태에 따라 쇽업소버의 감쇠력이 super soft, soft, medium, hare의 4단계로 컨트롤 유닛에 의해 제어된다. 컨트롤 유닛은 제어모드에 따라 쇽업소버 상단부에 설치된 스텝모터(step motor)를 구동하고 스텝모터의 구동에 의해 쇽업소버 내부로 연결되는 컨트롤 로드가 회전한다. 컨트롤 로드가 회전하면 쇽업소버 내의 오일 통로의 크기를 변화시켜 쇽업소버의 감쇠력을 제어한다.

선택모드	감쇠력 제어	작 동
AUTO 모드	super soft	AUTO모드 선택시 기본 감쇠력은 super soft이며 차속, 주행조건, 노면상태에 따라 soft, medium, hard의 4단계로 제어된다.
	soft	
	medium	
	hard	
SPORT 모드	medium	SPORT 모드 선택시 기본 감쇠력은 medium으로 변환되고, 주행조건이나 노면상태에 따라 medium, hard 2단계로 자동제어 된다.
	hard	

[2] 자세제어 기능 작동

(1) 앤티-스쿼트 제어(anti-squat control)

① 기준신호 : 차속 센서와 스로틀 위치센서

② 감쇠력 변환 : 차량이 정지 상태이거나 규정 속도이하에서 운전자가 가속페달을 급격히 밟으면 차량의 앞쪽은 들리고 뒤쪽은 내려간다. 이때 ECS ECU는 차속센서와 스로틀 위치센서의 신호를 이용하여 급출발이나 급가속이라고 판단되면 쇽업소버의 감쇠력을 soft에서 medium or hard로 변환시켜 차량의 자세변화를 최소화한다.

그림 62. 앤티-스쿼트 제어

(2) 앤티-다이브 제어(anti-dive control)

① 기준신호 : 제동등 스위치와 차속 센서

② 감쇠력 변환 : 주행 중 브레이크 페달을 밟으면 차량의 무게 중심이 앞쪽으로 이동하면 차체의 앞쪽은 내려가고, 뒤쪽은 들리는 현상이 발생한다. 이때 ECS ECU는 일정한 주행속도 이상에서 브레이크 페달을 밟아 제동등 스위치가 ON으로 되면 차속센서로 감속도를 계산하여 앤티-다이브를 실행한다. 앤티-다이브 실행은 쇽업소버의 감쇠력을 soft에서 hard로 변환시켜 차량의 자세변화를 최소화한다.

(3) 앤티-롤 제어(anti-roll control)

① 기준신호 : 조향핸들 각속도 센서와 차속 센서

② 감쇠력 변환 : 주행 중 조향핸들을 조작하여 선회하게 되면 차량의 안쪽 바퀴 쪽은 올라가고, 바깥쪽 바퀴 쪽은 내려간다. 이때 ECS-ECU는 규정 속도 이상에서 조향핸들을 조작하면 조향핸들 각속도 센서의 신호를 받아 조향핸들 조작속도와 조향 각도를 연산하여 앤티-롤 제어조건이라고 판단되면 제어를 실행한다. 쇽업소버의 감쇠력은 soft에서 hard로 변환시켜 차량의 자세변화를 최소화한다.

(4) 앤티-바운스 제어(anti-bounce control)

① 기준신호 : 상하 가속도(G) 센서

② 감쇠력 변환 : 울퉁불퉁한 험한 도로를 주행할 때 차체에 상하 진동이 발생한다. 이때 ECS ECU는 상하 가속도센서의 신호로 차체의 상하 움직임을 판단하여 앤티-바운스 제어를 실행한다. 쇽업소버의 감쇠력은 soft에서 hard로 변환한다.

그림 63. 앤티-다이브 제어

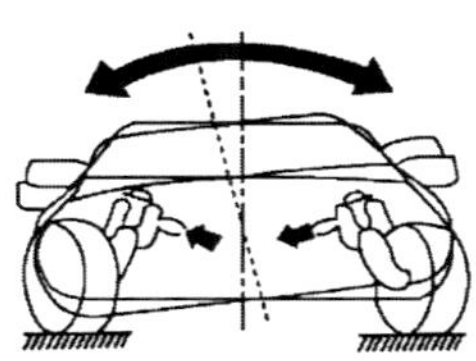

그림 64. 앤티-롤 제어

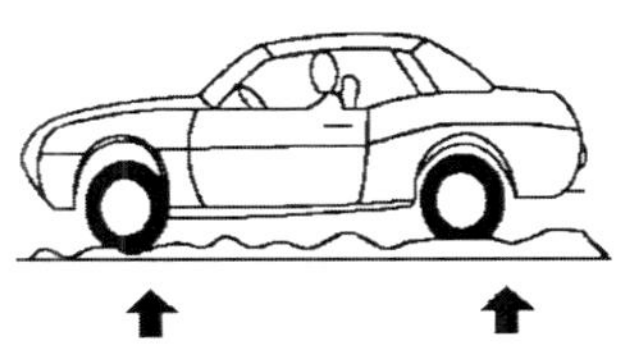

그림 65. 앤티-바운스 제어

(5) 앤티-쉐이크 제어(anti shake control)

① 기준신호 : 차속 센서

② 감쇠력 변환 : 승객이 승하차를 할 때 차량의 움직임을 최소화하기 위해 차량의 주행속도가 규정 속도이하로 감속되거나 정지하면 ECS ECU는 앤티-쉐이크 제어를 실행한다. 쇽업소버의 감쇠력은 soft에서 hard로 변환되며 차량이 출발하여 규정 속도이상이 되면 다시 soft로 복귀시킨다.

(6) 고속 안전성능 제어

① 기준신호 : 차속센서

② 감쇠력 변환 : 차량이 고속으로 주행하면 주행안정 성능을 향상시키기 위해 고속안정 성능제어를 실행한다. 쇽업소버의 감쇠력 변환은 soft에서 medium으로 변환시키며, 주행속도가 일정속도 이하가 되면 해제된다.

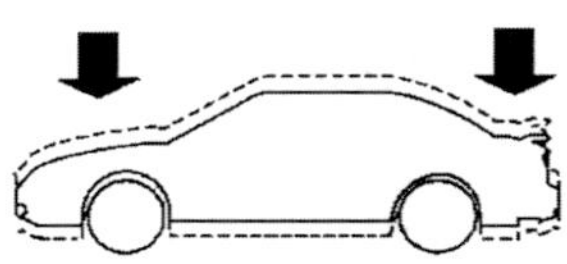

그림 66. 앤티 쉐이크 제어

그림 67. 고속 안전성능 제어

[3] 셀프 레벨라이저(self levelizer)

통상 SUV나 화물차량, 웨건 차량 등의 경우 차고가 높고 무게가 크기 때문에 후륜 측 하중이 자주 변화하게 된다. 이는 지상고의 차이가 전후 불균일한 상황이 반복되는 것을 의미하며 승차감이나 정상적 차량 구동에 문제를 발생시킨다.

이러한 문제를 해소하기 위해 자체적으로 차량 무게나 적재물 하중에 의한 편차를 조절하는 것이 Self Levelizer의 기능으로, 차중에 의해 변화하는 차고와 현가장치 작동 상태를 확인하여 이를 적절하게 분배함으로써 초기 상태를 "조절된 초기상태" 로 변화시키는 것이다. Self Levelizer의 특징은 다음과 같다.

(1) Stroke 기능

차중에 무관하게 현가장치가 작동 가능하다. 이는 뒤틀림이나 처짐이 없이 차량의 평행 상태를 유지할 수 있는 기능으로 승차감 향상에 도움이 된다.

(2) 자세 유지

차고 유지에서 비롯된 기능으로 차량이 뒤틀린 하중을 받지 않도록 하여 차륜의 정렬상태를 유지시킬 수 있다. 이는 차륜의 정렬을 유지시킬 수 있도록 보조하므로 휠 얼라이먼트 틀어짐 및 타이어의 편마모 등의 이상을 방지할 수 있다.

(3) 헤드램프 정렬 유지

하중에 의해 뒤쪽이 내려앉게 되면 헤드라이트는 상대적으로 정렬점보다 위를 보게 된다. 이는 마주 오는 차량 및 선행차량에 상향등과 같은 효과로 적용되어 상대 운전자에 심한 지장을 초래할 수 있다.

(4) 노면 유격 유지

노면과의 적절한 유격 유지는 현가장치의 기본적 특징으로 차대가 땅에 끌리는 듯한 자세로 주행을 하게 되면 노면의 뒤틀림 등이 차대에 그대로 충격을 가할 수 있다. 이러한 작용을 방지하기 위해서 차축은 일정한 거리 이상을 유지시켜 줄 필요가 있으며 이 역시 현가장치 기능의 일부분이다.

[4] AGCS(active geometry control system)

AGCS는 종전보다 더욱 복잡한 연산을 수행하는 전자제어 현가장치로, 이전의 현가장치가 단순히 스프링 등의 완충작용을 했던 것과 다르게 토우의 각을 조절하여 차량의 주행 안정성을 향상시키는 장치이다.

차량의 토우각은 일정한 각도로 벌어져 차량의 주행 안정성을 조절하게 되는데, AGCS 시스템에서는 토우각의 변화를 통해 선회 구간을 연장시키고, 차량의 회전 시 무게중심을 보다 안정적인 외측으로 분산시킴으로써 주행 안전각을 향상시킨다.

(1) 토우각과 AGCS의 원리

토우각이 전혀 없는 상태에서 직진상의 흔들림은 상당히 적게 발생한다. 휠 얼라이먼트가 교정된 차량이라면 직진주행 시의 안정감을 최적화한 상태로, 회전 및 선회 구간보다는 직진주행 시에 더 큰 효율을 보인다.

① 후륜의 토우각을 약간 생성했을 때 : 중저속의 선회 시 안정감을 크게 향상시킬 수 있다. 반면에 직진 시에는 뒤틀림이 발생하거나 고속에서 안정성이 떨어진다.

② 후륜의 토우각을 과다 생성했을 때 : 고속에서의 안정감은 대폭 상승하지만 중・저속에서의 안정감이 상당히 떨어지게 된다. 통상 고속주행을 전문적으로 하는 레이싱 차량 등에서 채택하는 기법이다.

③ 후륜 토우각이 가변적일 때 : 모든 상황에서의 토우각 조정이 가능해져 차량의 속도와 상관없이 안정적 주행을 수행 가능하다.

(2) AGCS의 제어 효과

① 급선회 시 차량 안정성은 물론 주행 중 시동이 중단되어도 안정성을 유지한다.

② ESP 작동을 감소시키고 브레이크의 제어 압력을 줄인다.

③ 주행 시 반발력을 줄여 조작성을 증대한다.

④ 횡가속도를 줄여 슬립을 방지한다.

(3) AGCS의 구성

① 변경점 : 리너 크로스 멤버와 리어 어시스트 암이 다른 부품을 지지할 수 있고 또한 조정될 수 있게 변경된 모델로 장착된다.

② 추가 장착 파트 : 액추에이터와 ECU가 추가된다. 액추에이터는 실질적 작동 제어를 수행하고 ECU에서는 적절한 구동 상태를 판독하여 제어량을 출력한다.

4. 현가장치 실습

안전 및 주의사항

1. 현가장치 관련 장치 정비 전 정비지침서를 숙지하여 실습순서를 정하고 공구 및 실습 기기와 재료 등을 충분히 준비한다.

2. 실습장 및 주위를 깨끗이 정리정돈하고 유류 등의 인화성물질은 안전하게 별도로 보관하며 소화기를 비치하여 화재사고에 대비한다.
3. 현가장치 관련 장치 정비시작 전 안전교육을 실시한다.
4. 복잡한 부분을 분해할 경우에는 조립작업을 쉽게 하기 위하여 기능상이나 외관상 악영향이 없는 부분에 각인(刻印) 또는 조립 표시등을 하여 둔다.
5. 자동차를 자동차 리프트로 들어 올릴 때는 주변의 안전 상태를 확인해야 한다.
6. 부품을 탈거하면서 육안검사 시 필요한 항목들에 대하여 꼼꼼히 살피어 조립되었던 상태·변형·오작동 부분 및 손상 등을 점검한다.
7. 분해한 부품은 순서대로 잘 정리하여야 하며 또 교환하여야 하는 부품과 다시 사용할 부품을 구분하여 정리하고 다시 사용할 부품은 충분히 청소 및 세척을 한다.
8. 정비시 오일 및 부품을 떨어지지 않도록 하며 작업장 바닥에 이물질이 있으면 즉시 닦아낸다.
9. 볼트 및 너트 체결시 적절한 공구를 사용하여 무리한 힘을 가하지 말고 정비지침서에 규정된 토크로 조인다.
10. 스캐너의 오진단 이유는 대부분 잘못된 항목 선택과 스캐너 자체의 불량으로 생겨나므로 항목에 대해 정비지침서 등을 참조해 정확히 확인하고 작업을 수행한다.
11. 작업 중 스캐너의 결합 상태를 반드시 확인하고, 스캐너 취급 중 파손 및 결선 상태에서의 점검으로 인한 오진단 등을 방지한다.
12. 현가장치의 교환 부품은 지정 메이커 순정품을 사용한다.
13. 실습 종료 후 실습장 주위의 정리정돈을 깨끗이 한다.

실습기기 및 재료

공구 및 측정기기

일반 공구세트, 특수공구, 작업등, 에어공구, 전동공구, 토크렌치, 차량 전용 자기진단기, 쇽업소버 스프링 탈착기, 고임목, 타이로드 엔드 풀러, 리프트, 안전스탠드, 다이얼 게이지, 버니어 캘리퍼스, 직각자, 줄자, 플래시, 검사망치, 안전보호구(방독면, 방진마스크, 보안경, 보호 장갑, 방진 보호복, 작업복)

실습재료

현가장치 관련 장치 교환부품, 쇽업소버, 토션바, 스테빌라이저, 로워암, 판스프링, 그리스, 세척유, 걸레, ECS 장착 차량, FF차량, FR차량

기타

정비지침서, 장비 및 공구 사용설명서

4.1. FF차량 현가장치

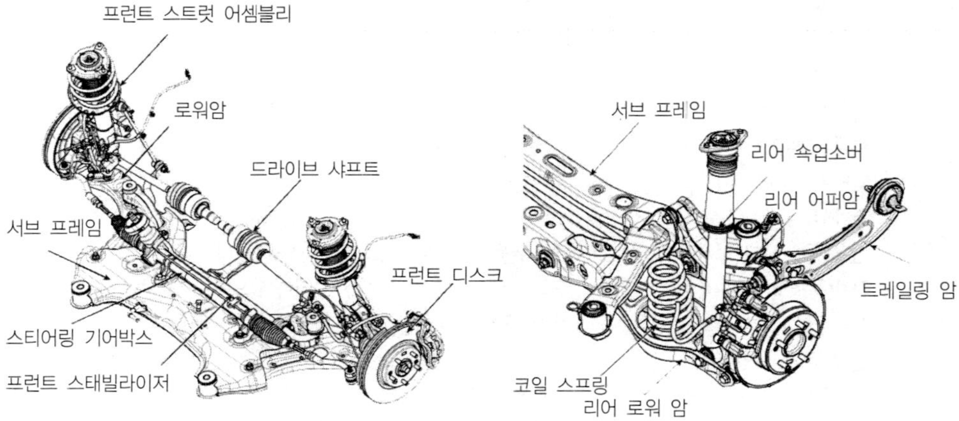

(a) 프런트 현가장치 (b) 리어 현가장치

그림 68. FF 현가장치

4.1.1. FF차량 현가장치의 고장진단

고장현상	원 인	정 비
스티어링 휠 떨림	프런트 휠 얼라이먼트 불량	조정 혹은 수리
	휠 밸런스 불량	조정 혹은 수리
	서스팬션 암 볼 조인트 손상	교환
	스태빌라이저 손상	교환
	쇽업소버 작동 불량	교환
	서스팬션 암 부싱 손상	교환
	코일 스프링 불량	교환
	스티어링 링크 조립 및 조정 불량	조정 혹은 수리
	휠 베어링 손상(프런트/리어)	교환
	타이어(손상 또는 부적절한 공기압)	조정 혹은 수리
스티어링 휠 작동 무거움	프런트 휠 얼라이먼트 불량	조정 혹은 수리
	로워암 볼 조인트 회전 저항 과다	교환
	타이어 공기압 과소	조정
스티어링 휠 복원 불량	프런트 휠 얼라이먼트 불량	조정 혹은 수리
	스태빌라이저 링크 손상	교환

고장현상	원 인	정 비
승차감 불량	휠 얼라이먼트 불량	조정 혹은 수리
	부적절한 타이어 공기압	조정
	쇽업소버 작동 불량	교환
	코일 스프링 손상	교환
	스태빌라이저 손상	교환
	서스팬션 암 부싱 손상	교환
비정상적인 타이어 마모	휠 얼라이먼트 불량	조정 혹은 수리
	부적절한 타이어 공기압	조정
	서스팬션 부품 손상	교환
스티어링 휠 불안정	프런트 휠 얼라이먼트 불량	조정 혹은 수리
	로워암 볼 조인트 손상	교환
	서스팬션 암 부싱 손상	교환
차량 쏠림	휠 얼라이먼트 불량	조정 혹은 수리
	좌우 타이어 불균형	조정 혹은 수리
	서스팬션 암 손상 혹은 변형	교환
	코일 스프링 손상	교환

4.1.2. 프런트 스트럿 어셈블리(strut assembly)

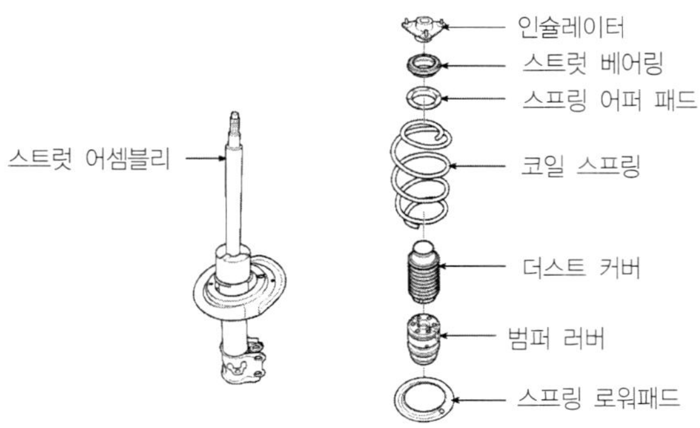

그림 69. 프런트 스트럿 어셈블리

[1] 스트럿 어셈블리 탈거

① 자동차를 잭으로 들어올리고, 안전 스탠드로 지지한 후 타이어를 탈거한다.

② 스태빌라이져 링크 너트를 풀고 쇽업소버에서 탈거한다.

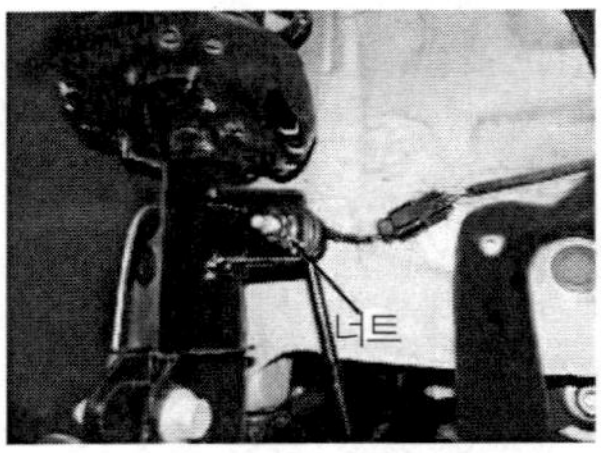

그림 70. 스태빌라이져 링크 탈거

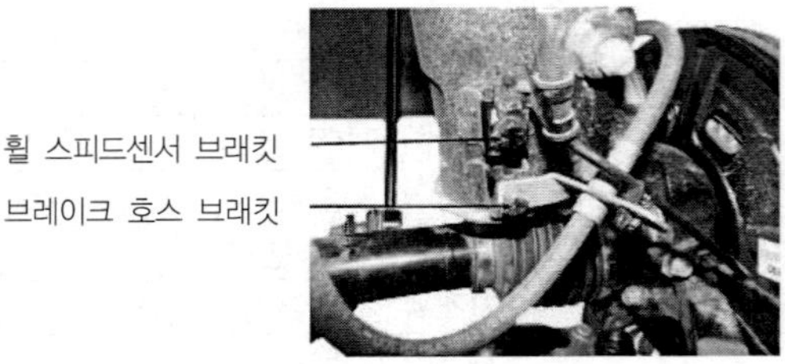

그림 71. 휠 스피드센서 및 브레이크호스 브래킷 탈거

③ 휠 스피드 센서 브래킷과 브레이크 호스 브래킷을 스트럿 어셈블리에서 탈거한다.

④ 볼트와 너트를 분리하여 스트럿 어셈블리를 너클과 분리한다.

그림 72. 너클에서 분리

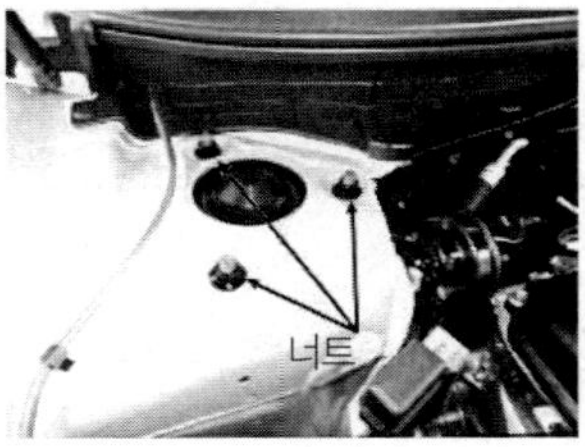

그림 73. 고정너트 탈거

⑤ 바퀴 하우징 위쪽에 있는 스트럿 어셈블리 위(upper) 마운팅 고정너트를 풀고 스트럿 어셈블리를 차체에서 떼어낸다.

[2] 스트럿 어셈블리 분해

① 스트럿 어셈블리를 압축기의 고정 볼트를 이용하여 코일 스프링 압축기에 설치한다.

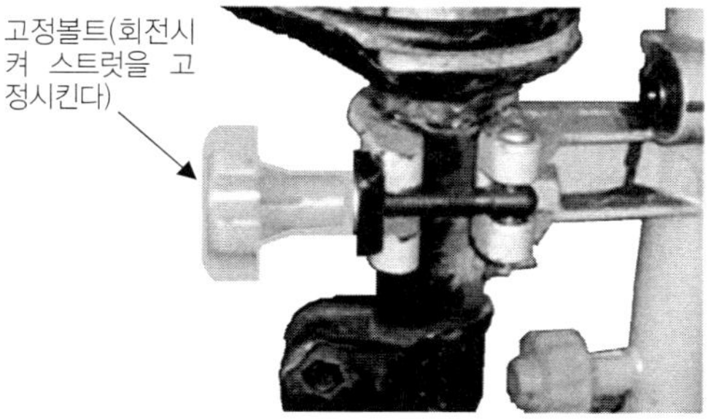

그림 74. 스트럿 어셈블리 고정 볼트로 고정

그림 75. 코일스프링 압축기에 장착

② 압축기 핸들을 돌려 코일 스프링에 저항이 생기면 멈춘다.

③ (-)드라이버로 더스트 캡을 떼어낸다.

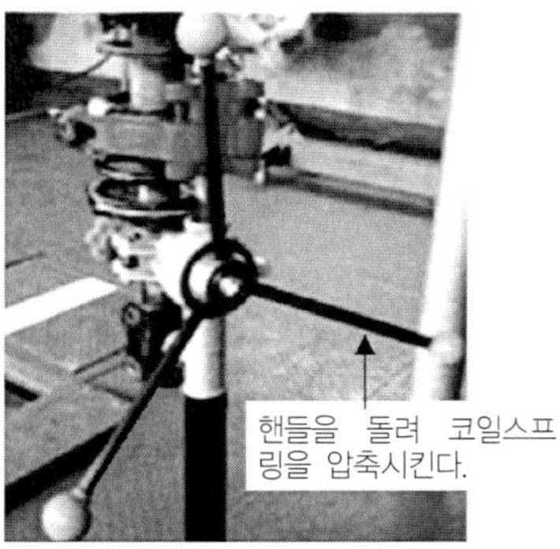

그림 76. 코일 스프링 압축하기

그림 77. 셀프 로킹 너트 탈거

④ 셀프 로킹 너트를 푼다. 이때 셀프 로킹 너트는 살짝 풀기만 하고 분리하지 않는다.

⑤ 코일 스프링 압축기로 코일 스프링이 스프링 시트 어퍼에서 분리될 때 까지 압축시킨다.

⑥ 스트럿 절연 어셈블리에서 셀프 로킹 너트를 분리한다.

⑦ 스트럿 절연 어셈블리, 스프링 시트, 범퍼 고무, 더스트 커버 및 코일 스프링을 떼어낸다.

그림 78. 스트럿 절연 어셈블리 탈거

그림 79. 스프링 시트 어퍼 및 스프링 패드 탈거

⑧ 코일 스프링 압축기에 압축된 코일 스프링의 압력을 해제 시킨다.

⑨ 코일 스프링을 탈거한다.

[3] 스트럿 어셈블리 점검

① 스트럿 절연 어셈블리의 베어링의 마모 및 손상 여부를 점검한다.

② 고무부품(스트럿 절연 어셈블리, 더스트 커버, 위·아래 스프링 패드, 범퍼 고무)의 손상 및 변형 여부를 점검한다.

③ 코일 스프링의 처짐 및 변형을 점검한다.

④ 피스톤 로드를 반복하여 압축, 팽창시키면서 비정상적인 저항 또는 소음발생 유무를 점검한다.

그림 80. 스트럿 절연 어셈블리 점검

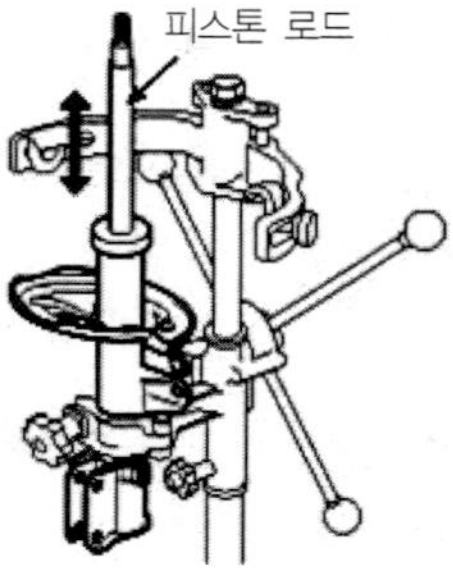

그림 81. 피스톤 로드 점검

[4] 스트럿 어셈블리 조립

① 돌출부가 스프링 아래 시트의 구멍에 끼워지도록 아래 스프링 패드를 설치한다.

② 코일 스프링의 아래 끝을 스프링 시트 홈에 일치시키고 코일 스프링에 스프링 압착기를 끼운 후 스프링을 누른다.

③ 더스트 커버 및 범퍼 고무를 끼운다.

④ 로드의 노치를 위 스프링 시트의 D형 구멍에 끼운 후 스트럿 어셈블리를 끼운다.

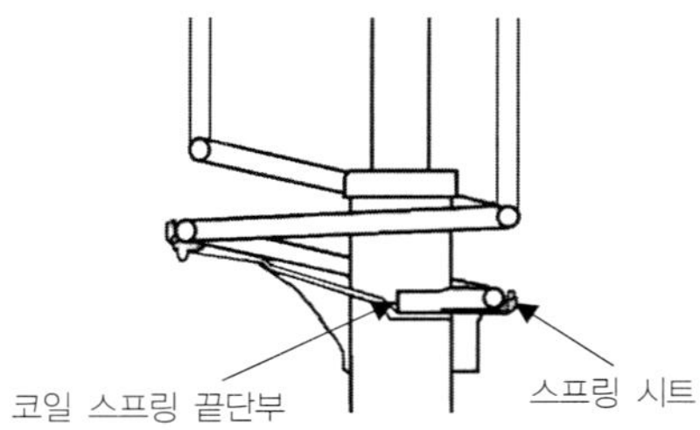

그림 82. 코일 스프링 끝단부 조립

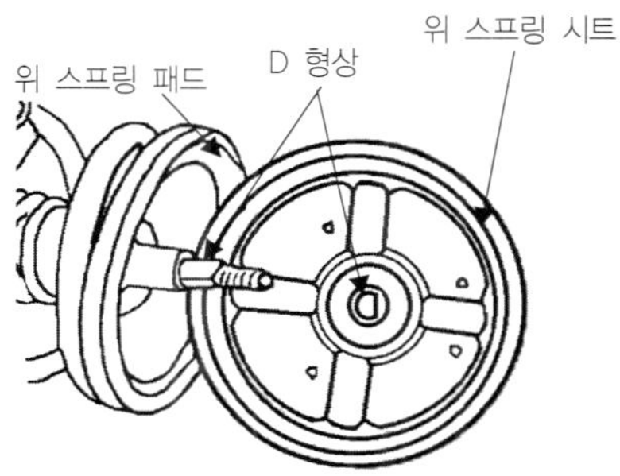

그림 83. 위 스프링 시트 조립

⑤ 셀프 로킹 너트를 스트럿 어셈블리에 가체결한다.

⑥ 코일 스프링의 압축을 서서히 해제시키면서 코일 스프링의 끝을 스프링 시트 홈에 일치 시킨 후 코일 스프링의 압축을 완전히 해제 시킨다.

⑦ 셀프 로킹 너트를 규정 토크로 조인다.

⑧ 그리스를 인슐레이터 베어링에 바른 후 더스트 커버를 설치한다.

4.1.3. 프런트 로워 암

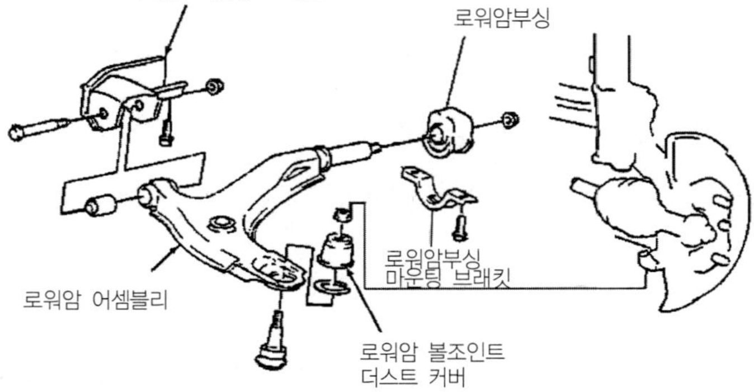

그림 84. 로워 암의 구성부품

[1] 탈거

① 휠 캡을 탈거한다.

② 프런트 휠 및 타이어를 프런트 허브에서 탈거한다.

그림 85. 로워 암에서 탈거할 각종 볼트

③ 특수공구(타이로드 앤드풀러)를 사용하여 조향 너클로 부터 로워 암 조인트를 분리한다.

④ 스태빌라이저 고정 볼트와 너트를 풀고 로워 암에서 스태빌라이저를 분리한다.

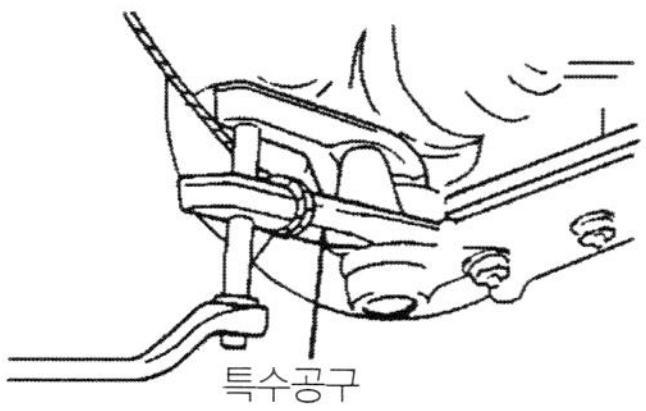

그림 86. 로워 암 조인트 분리

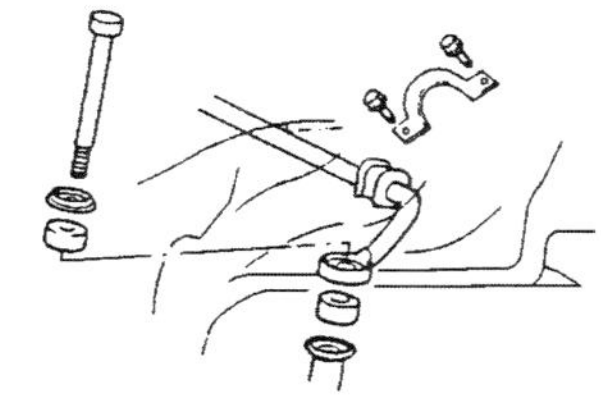
그림 87. 스태빌라이저 분리

⑤ 로워 암 앞 부싱 쪽 볼트와 뒤 부싱 쪽 볼트를 푼다.

⑥ 로워 암을 탈거한다.

⑦ 장착은 탈거의 역순으로 한다.

[2] 로워 암 점검

① 부싱의 균열, 변형 및 마멸을 점검한다.

② 로워 암의 균열과 휨을 점검한다.

③ 볼 이음 더스트 부트의 손상을 점검한다.

④ 모든 볼트를 검사한다.

⑤ 클램프의 변형 및 마모여부를 점검한다.

⑥ 볼 이음부의 프리로드를 다음과 같이 점검한다.

㉮ 균열이 더스트 부트에 생겼으면 교환하고 그리스를 바른다.

㉯ 볼 이음부 스터드를 여러 번 흔들어 본다.

㉰ 볼 이음부에 2개의 너트를 설치하고 볼 이음의 프리로드를 측정한다. 규정값은 0.2~1.0kgf・m이다.

㉱ 프리로드가 규정값의 상한값을 초과하거나 하한값인 경우 및 유격이 없으면 볼 이음부를 교환한다.

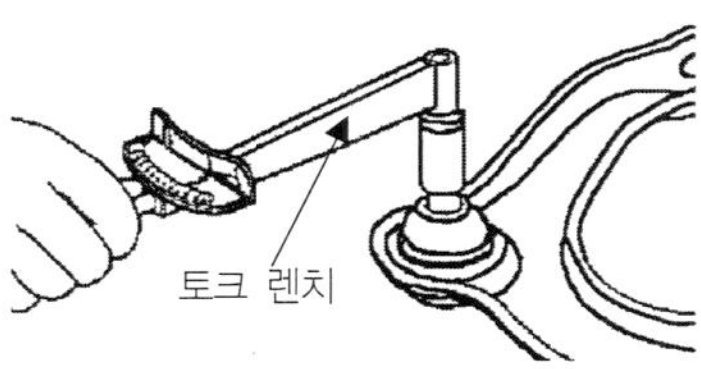

그림 88. 프리로드 점검

4.1.4. 프런트 스태빌라이저

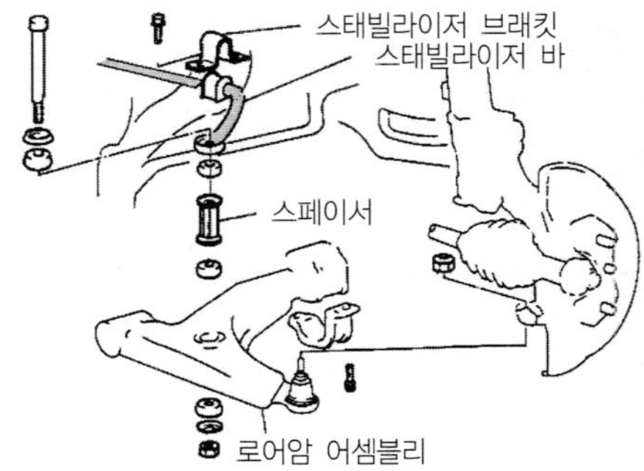

그림 89. 스태빌라이저 구성부품

[1] 스태빌라이저 탈거

① 자동차를 잭을 이용하여 들어 올린 후 안전 스탠드로 지지한다.
② 좌우 타이어를 탈거한다.
③ 특수공구를 사용하여 조향 너클로 부터 타이로드 엔드를 분리한다.
④ 스태빌라이저 링크 셀프 로킹 너트(self locking nut)를 푼다.
⑤ 개방 구멍을 통하여 스태빌라이저를 떼어낸다.
⑥ 위・아래 브래킷을 떼어낸 후 부싱을 떼어낸다.

그림 90. 타이로드 엔드 분리

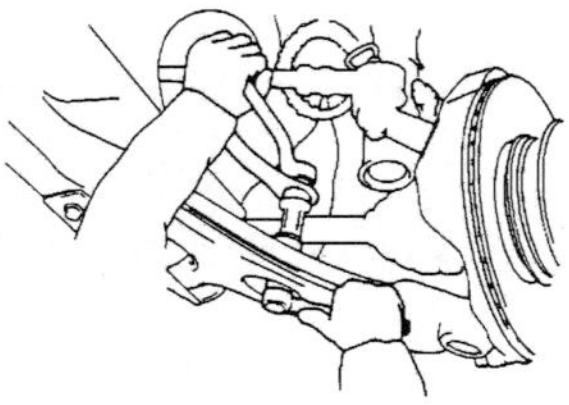

그림 91. 셀프 로킹 너트 풀기

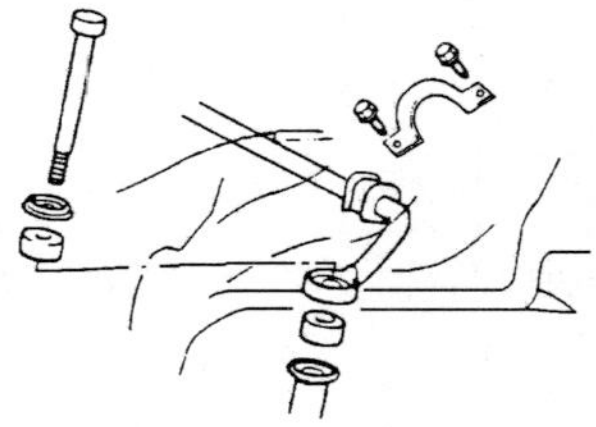

그림 92. 스태빌라이저 분리

[2] 점검

① 스태빌라이저 바 부싱의 손상 유무를 점검한다.
② 스태빌라이저 링크 볼 조인의 손상 유무를 점검한다.

[3] 스태빌라이저 장착

① 스태빌라이저에 부싱을 설치한다.

② 부싱을 위·아래 로워 브래킷에 일치시키고 돌출부는 브래킷사이의 공간에 안전하게 설치한다.

③ 개방 구멍을 통하여 부싱 브래킷을 일시적으로 조이고, 반대쪽 부싱을 설치한다.

④ 스태빌라이저 바 고정 볼트를 규정 토크로 죈다.

⑤ 스태빌라이저 스페이서 볼트를 죈다.

⑥ 타이로드 엔드 볼 조인트를 조향 너클에 설치한다.

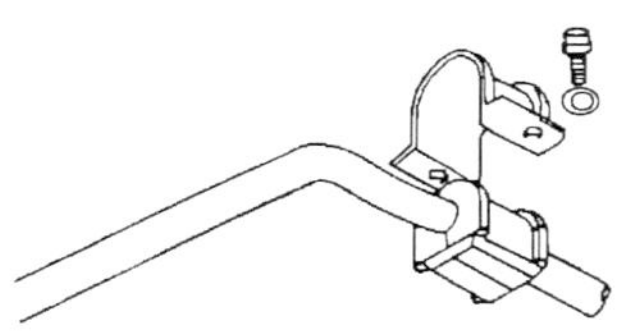

그림 93. 부싱과 브래킷 설치

4. 2. FR차량 현가장치

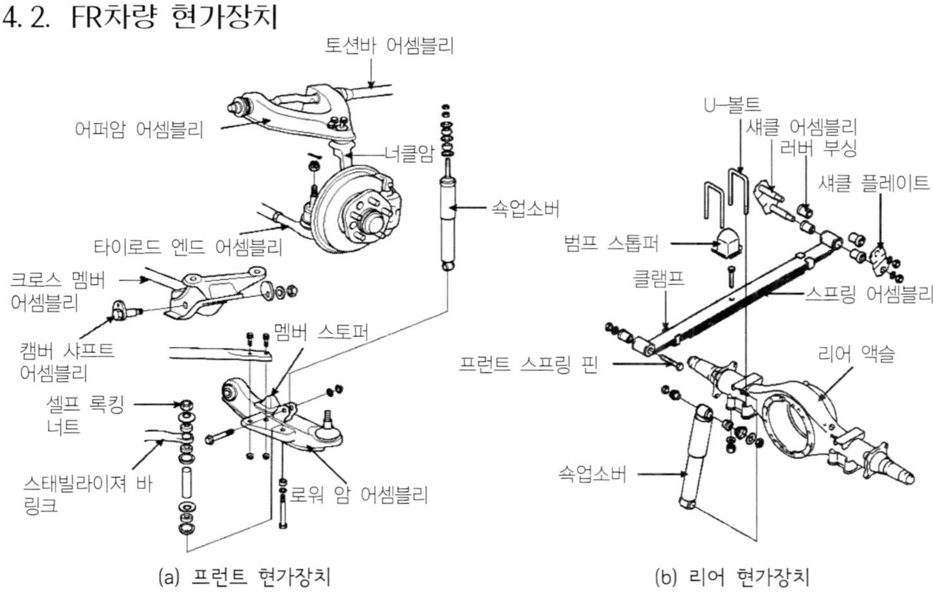

그림 94. FR 현가장치

4. 2. 1. FR차량 현가장치의 고장진단

고장현상	원 인	정 비
핸들이 무겁다	서스팬션 관계의 불량	점검, 조정 또는 부품 교환
	볼조인트 불량	
핸들이 떨린다	토션바 불량	
한쪽으로 쏠린다	휠 얼라이먼트 불량	
차체의 롤링	스태빌라이져 바의 파손, 쇠손	교환
	프런트 쇽업소버의 기능 불량	
승차감이 나쁘다	타이어의 공기압 과대	
	프런트 쇽업소버의 기능불량	
	토션바의 변형	
	토션바의 파손, 쇠손	
차체가 기움	앵커 암 어셈블리의 조립 불량	재조임 혹은 교환
	앵커 볼트 조임 부족	
	크로스 멤버의 변형	교환
	토션바의 파손, 쇠손	
소음	앵커 볼트의 헐거움, 변형	재조임 혹은 교환
	토션 바 세레이션의 마모	교환
	쇽업소버의 오일 누유	
	각 부의 급유 부족	급유
	부시의 마모, 변형	교환
	프런트 쇽업소버의 기능 불량	

4.2.2. 프런트 스트럿 바

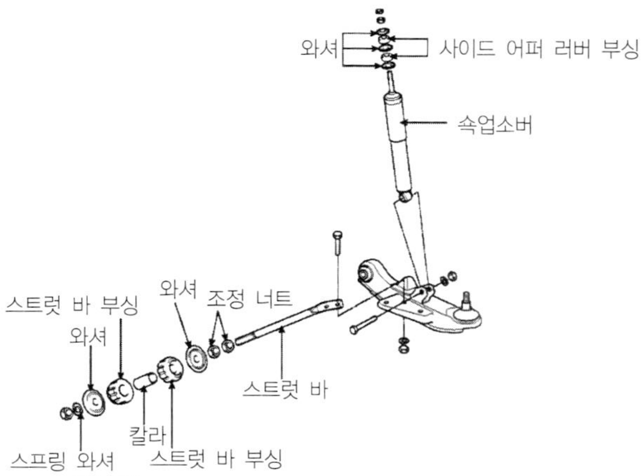

그림 95. 프런트 스트럿 바 구성부품

[1] 탈거

① 스트럿 바의 조정너트 와 로크너트에 일치 표시를 하고 탈거한다.

② 로워 암에서 스트럿 바 장착 너트를 탈거한다.

③ 스트럿 바 어셈블리를 탈거한다.

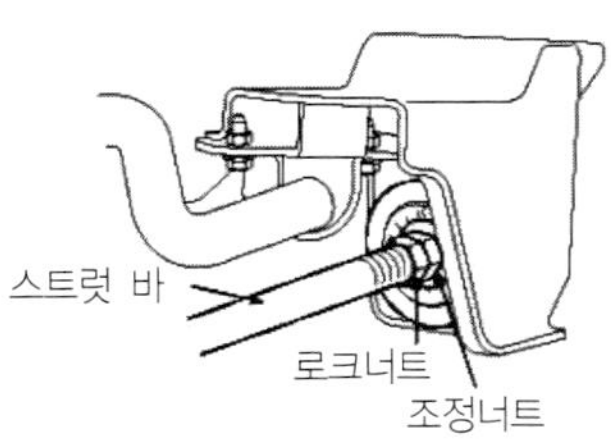

그림 96. 스트럿 바 조정너트 와 로크너트 탈거

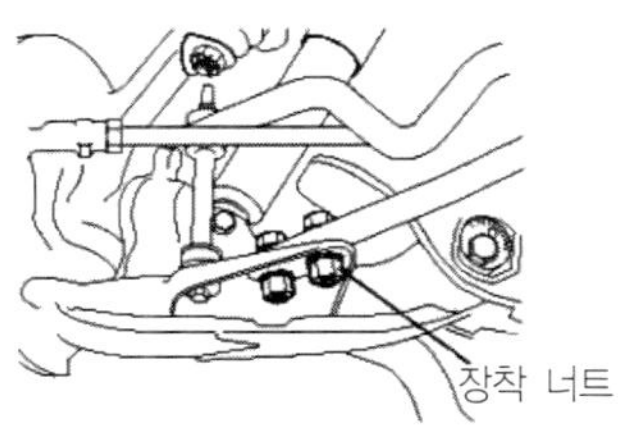

그림 97. 로워 암에서 장착 너트 탈거

[2] 장착

① 스트럿 바 부싱을 장착한다.

② 스트럿 바와 로크너트에 표시한 일치 표시를 맞추고 스트럿 바를 장착한다.

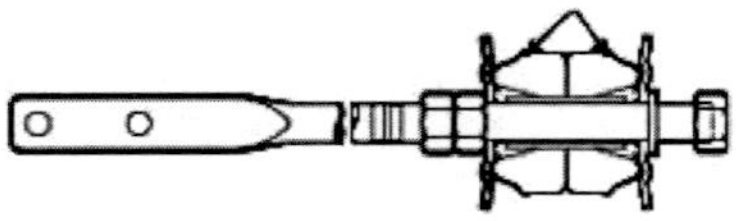

그림 98. 부싱 장착

③ 캐스터 값을 측정하고 캐스터 조정너트를 이용해서 캐스터를 조정한다.

[3] 점검

① 스트럿 바의 손상 및 휨을 점검한다.

② 스트럿 바 부싱의 파손, 손상 여부를 점검한다.

4.2.3. 프런트 로워 암

[1] 탈거

① 휠 및 타이어를 탈거한다.

② 너클에서 스플리트 핀과 로워 암 볼 조인트 너트를 탈거한다.

③ 특수공구를 사용하여 너클에서 로워 암 볼 조인트를 분리한다.

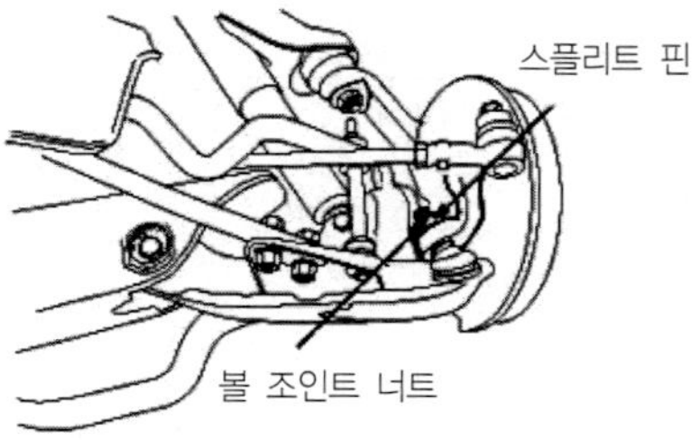

그림 99. 로워 암 볼 조인트 너트 탈거

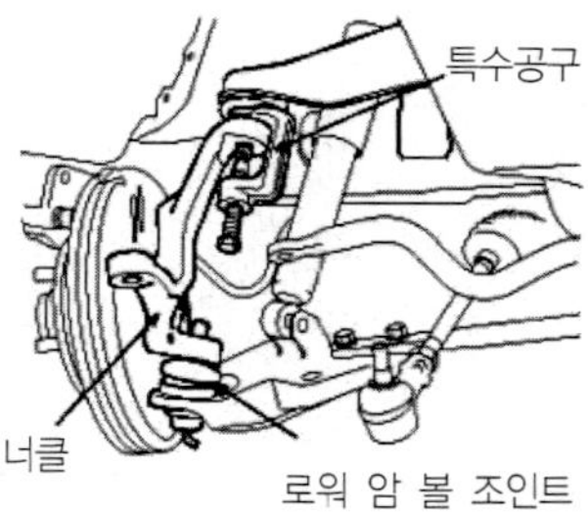

그림 100. 볼 조인트 분리

④ 스트럿 바 고정너트, 쇽업소버 하부 장착너트를 탈거한다.

⑤ 로워 암에 장착된 스태빌라이저 링크 장착 볼트를 탈거한다.

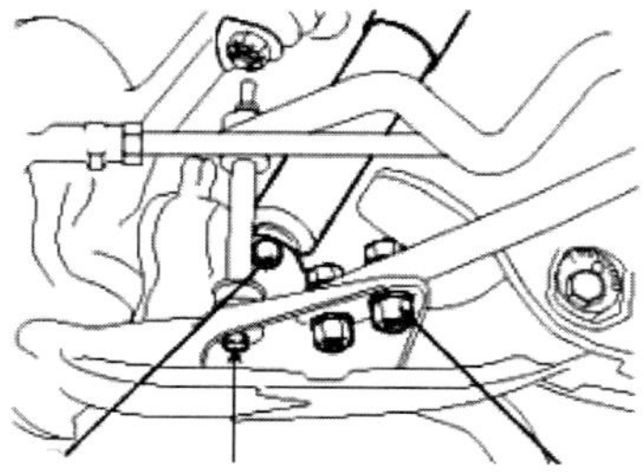

그림 101. 고정너트 및 장착볼트 탈거

⑥ 크로스 멤버에 있는 캠버 샤프트 고정 볼트를 탈거한다. 탈거 전 샤프트 어셈블리와 크로스 멤버에 일치 표시를 한다.

⑦ 로워 암 볼 조인트 너트를 탈거하고 로워 암 어셈블리를 탈거한다.

⑧ 쇽업소버 상부 프레임 고정너트를 탈거하고 쇽업소버를 탈거한다.

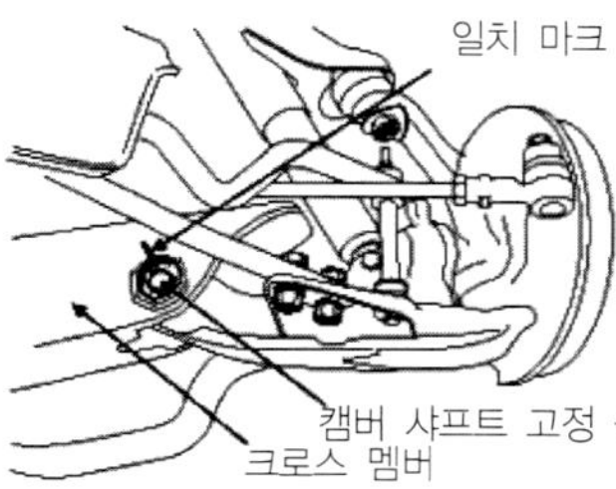

그림 102. 캠버 샤프트 고정볼트 탈거

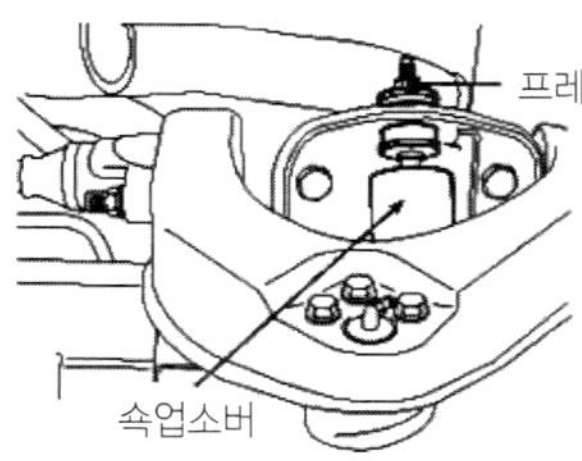

그림 103. 쇽업소버 탈거

[2] 교환

(1) 볼 조인트 더스트 커버 교환

① 더스트 커버 고정링을 탈거하고 더스트 커버를 탈거한다.

② 스냅링 플라이어를 사용하여 스냅링을 탈거한다.

③ 특수공구를 사용해서 볼 조인트를 탈거한다.

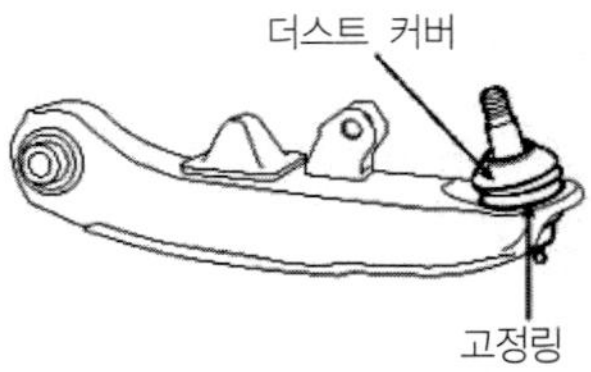

그림 104. 더스트 커버 탈거

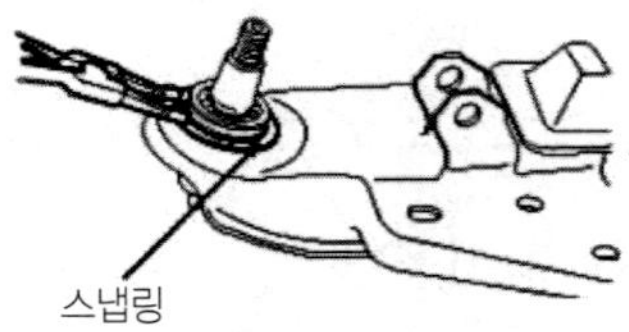

그림 105. 스냅링 탈거

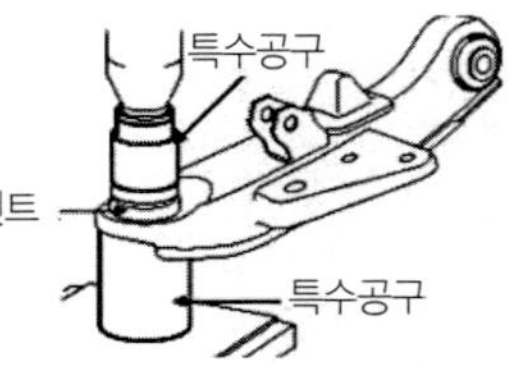

그림 106. 볼 조인트 탈거

④ 특수공구를 사용해서 볼 조인트를 압입한다.

⑤ 스냅링을 장착한다.

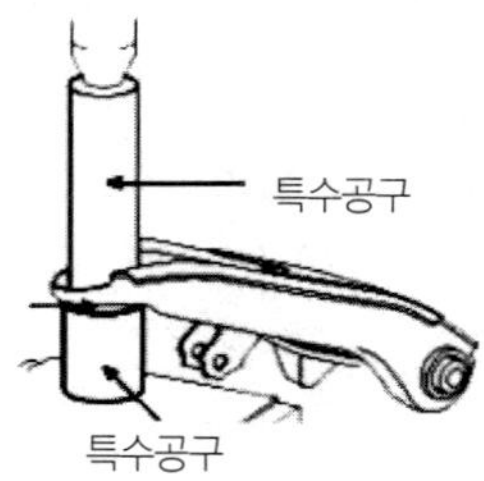

그림 107. 볼조인트 압입

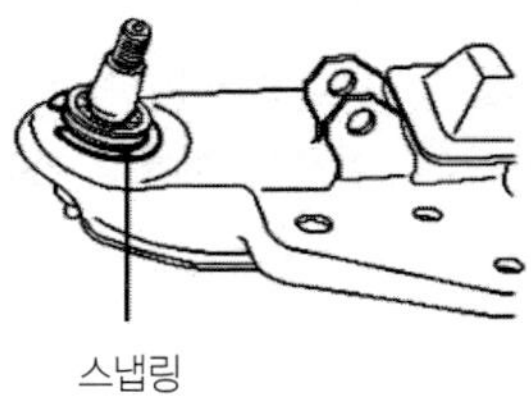

그림 108. 스냅링 장착

⑥ 더스트 커버 내측 및 로워 볼 조인트에 그리스를 주입한다.

⑦ 링 및 더스트 커버를 조립한다. 더스트 커버 돌기 부분이 그림 111과 같은 위치에 있어야 한다.

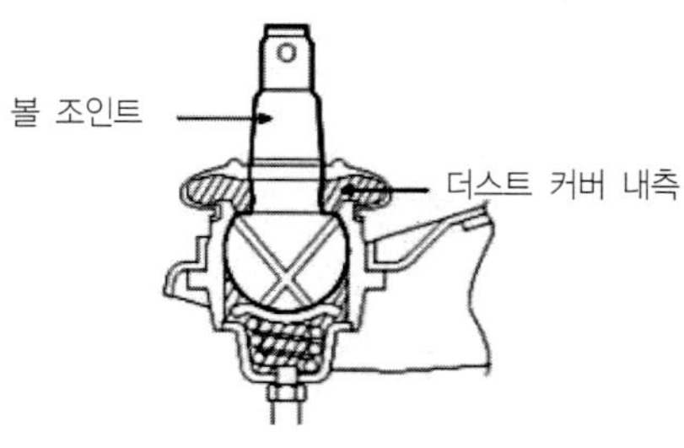

그림 109. 그리스 주입

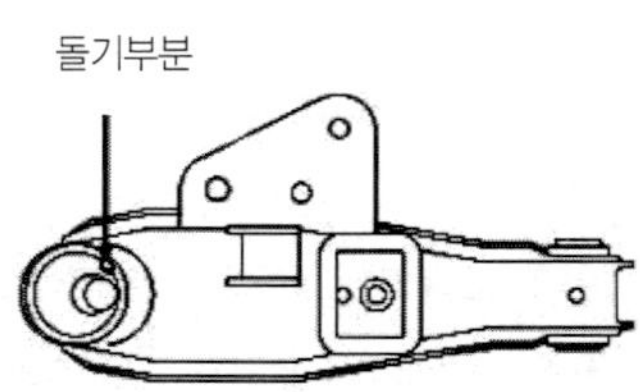

그림 110. 더스크 커버 조립

[3] 장착

① 캠버 샤프트 어셈블리와 크로스멤버의 일치 표시를 맞추어 컴버 샤프트 고정 너트를 장착한다.

② 로워 암 볼 조인트와 너클을 장착한다.

③ 스트럿 바 장착 너트를 체결한다.

④ 스태빌라이저 링크를 장착한다.

⑤ 쇽업소버를 장착한다.

그림 111. 캠버 샤프트 고정너트 장착

[4] 검사

① 부싱의 마모 및 변형 여부를 점검한다.

② 로워 암의 굽음 및 균열 여부를 점검한다.

③ 볼 조인트 더스트 커버의 손상 여부를 점검한다.

④ 모든 볼트의 손상 여부를 점검한다.

⑤ 쇽업소버의 오일 누설 유무를 점검한다.

⑥ 쇽업소버를 신축시켜 동일 저항에서 부드럽게 작동 및 소음이 없는가를 점검한다.

⑦ 볼 조인트의 스터드를 4~5회 요동시키고 토크렌치를 이용하여 볼 조인트 회전 토크(규정값 : 10.0~45.0kgf·m)를 측정한다. 표준치를 초과하는 경우는 볼 조인트 어셈블리를 교환한다. 회전 토크가 표준치 미만인 경우, 유격이 빡빡한 느낌이 없으면 사용 가능하다.

그림 112. 볼 조인트 회전 토크 측정

4.2.4. 프런트 어퍼 암

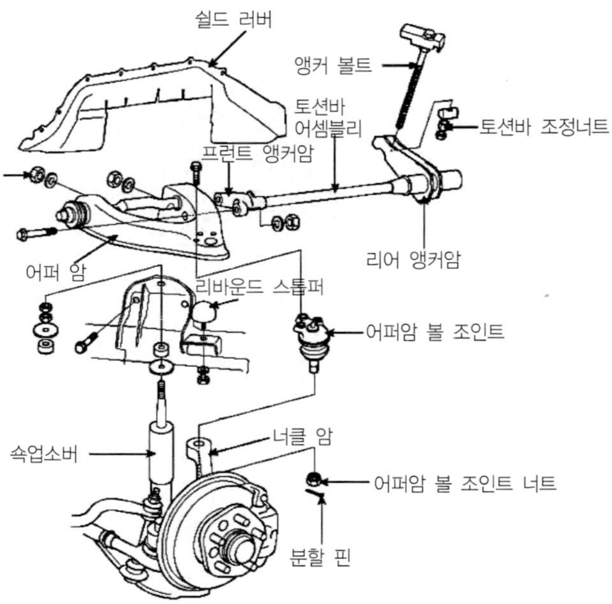

그림 113. 프런트 어퍼 암 구성부품

[1] 탈거

① 쉴드 러버를 탈거한다.

② 앵커 볼트의 돌출량을 측정하고 토션바 조정너트를 풀어 앵커 볼트를 탈거한다.

③ 토션 바 프런트 앵커암 장착 너트를 탈거한다. 토션 바 어셈블리를 어퍼 암에서 분리시킨다.

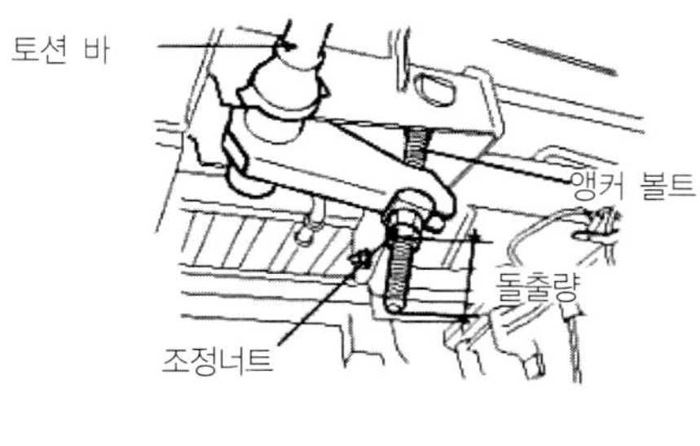

그림 114. 앵커볼트 탈거

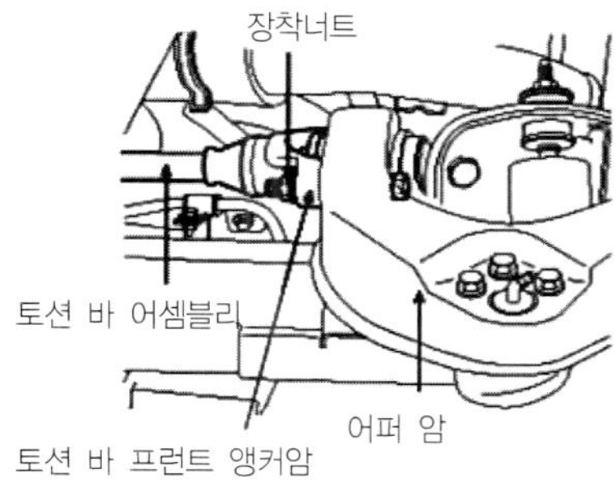

그림 115. 토션 바 탈거

④ 특수공구를 사용해서 어퍼 암 볼 조인트와 너클 암을 분리한다.

⑤ 어퍼 암 샤프트 고정볼트를 탈거하고 어퍼 암을 탈거한다.

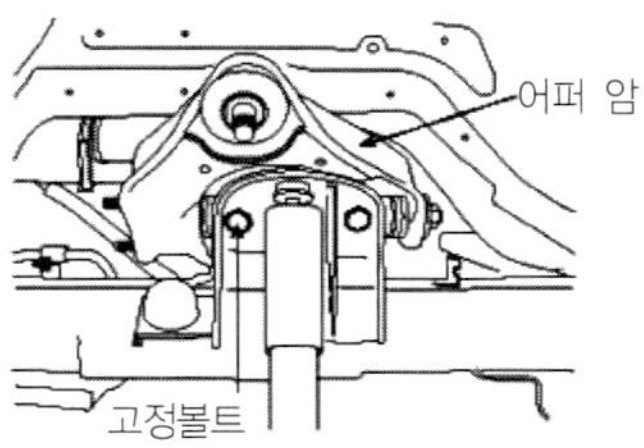

그림 116. 어퍼 암 탈거

[2] 볼 조인트 더스트 커버 교환

① 플라이어를 사용하여 더스트 커버 고정링을 탈거한다.

② (−)드라이버를 사용하여 더스트 커버를 탈거한다.

③ 더스트 커버의 내측 및 볼 조인트에 지정 그리스를 주입한다.

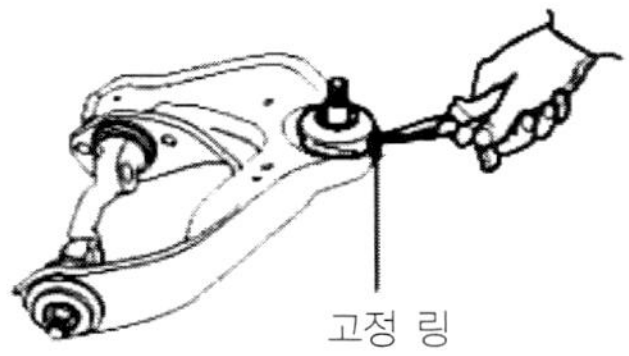

그림 117. 고정링 탈거

④ 링 및 더스트 커버를 조립한다.

[3] 장착

① 어퍼 암 샤프트를 프레임에 장착한다.
② 어퍼 암 볼 조인트를 너클에 장착한다.
③ 토션 바 프런트 앵커 압을 어퍼 암에 장착한다.
④ 토션 바 조정 너트를 장착한다.

[4] 점검

① 부싱의 마모 및 변형 여부를 점검한다.
② 어퍼 암의 굽음 및 균열 여부를 점검한다.
③ 볼 조인트 더스트 커버의 손상 여부를 점검한다.
④ 모든 볼트의 손상 여부를 점검한다.
⑤ 볼 조인트의 회전토크(규정값 : 8.0~35.0kgf · m)를 점검한다.

4.2.5. 프런트 스태빌라이저 바

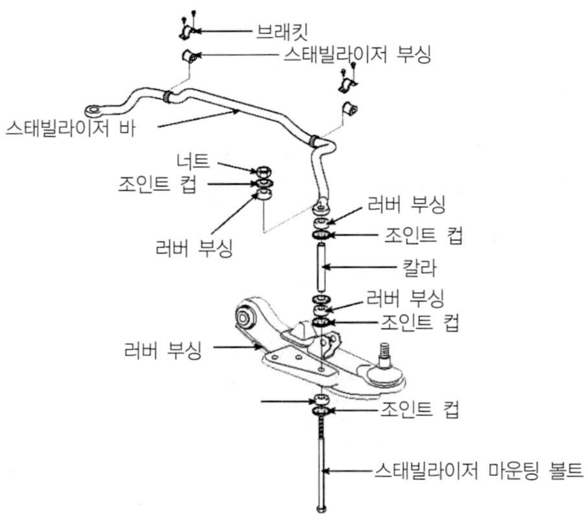

그림 118. 스태빌라이저 바 구성부품

[1] 탈거

① 양쪽 스태빌라이저 링크를 탈거한다.

② 스태빌라이저 바 브래킷을 탈거한다.

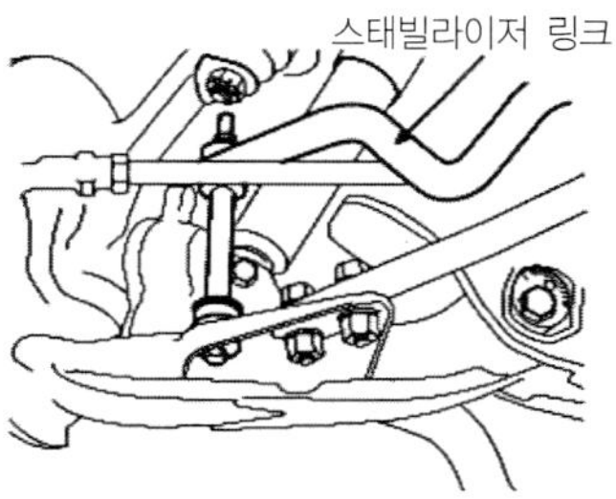

그림 119. 스태빌라이저 링크 탈거

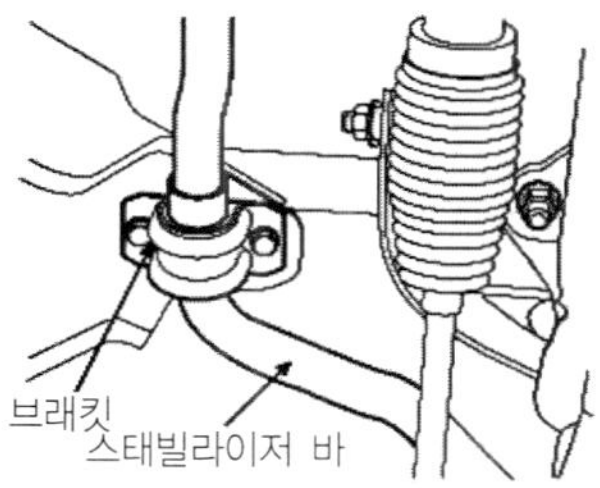

그림 120. 스태빌라이저 바 브래킷 탈거

[2] 장착

① 컵, 부싱류를 조립하고 볼트 돌출량이 규정치(20.0~22.0mm)가 되도록 셀프 록크너트를 조인다.

② 스태빌라이저 바 브래킷을 장착한다.

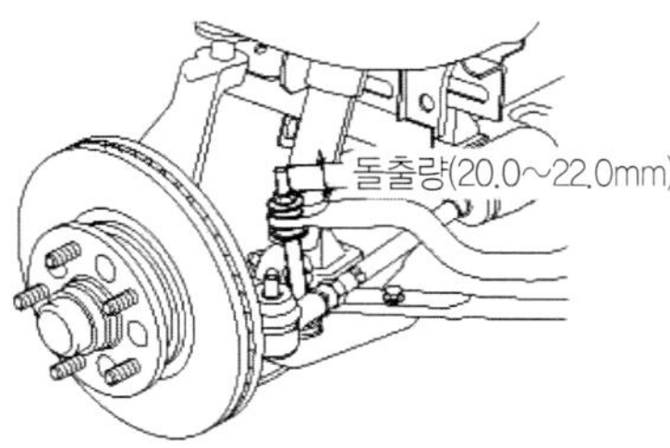

그림 121. 셀프 록크너트 돌출량

[3] 검사

① 스태빌라이저 바의 변형을 검사한다.

② 브래킷 부싱의 손상, 마모를 검사한다.

③ 스태빌라이저 링크의 변형 및 마모를 검사한다.

4.2.6. 토션 바

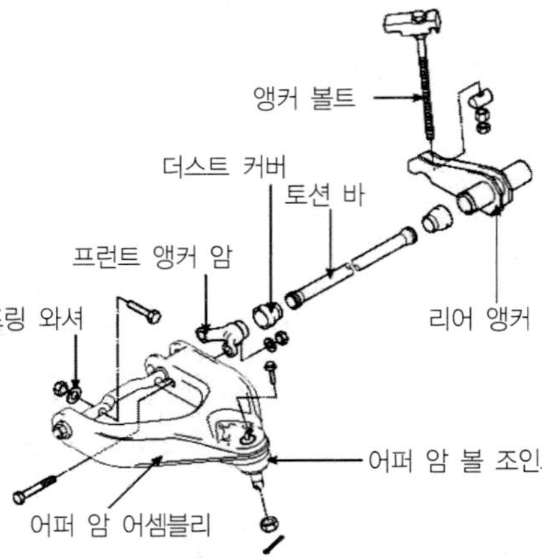

그림 122. 토션 바 구성부품

[1] 탈거

① 앵커 볼트의 치수를 측정하고 토션 바 조정너트를 탈거한다.

② 토션 바 프런트 앵커 암 장착 너트를 탈거한다.

③ 더스트 커버를 밀어내고 프런트 앵커 암 및 리어 앵커 암의 토션 바와 일치 표시를 한다.

④ 토션 바 어셈블리를 탈거한다.

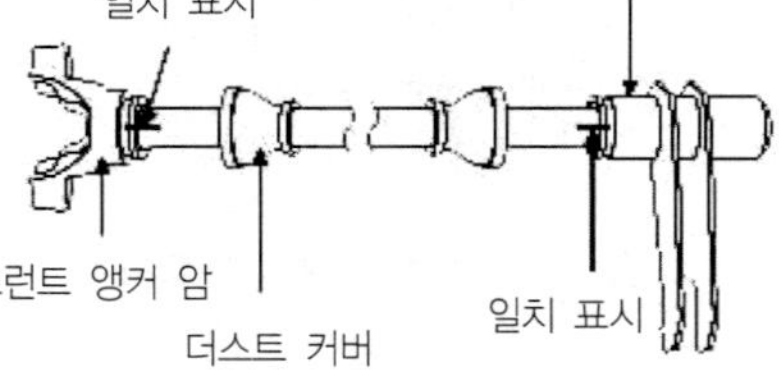

그림 123. 일치 표시

[2] 장착

① 토션 바의 끝단에 있는 식별표시로 좌, 우를 확인한다. 식별표시가 있는 쪽을 차량 후방으로 한다(L : 왼쪽 토션 바, R : 오른쪽 토션 바).

② 리어 앵커 암 및 프런트 앵커 암의 일치 표시를 토션 바와 일치 시킨다.

③ 리어 앵커 암 앵커 볼트의 나사부분에 지정 그리스를 도포한다.

④ 토션 바 프런트 앵커 암을 어퍼 암 어셈블리에 장착한다.

⑤ 토션 바 조정 너트를 조정한다(앵커 볼트 돌출량 : 50mm).

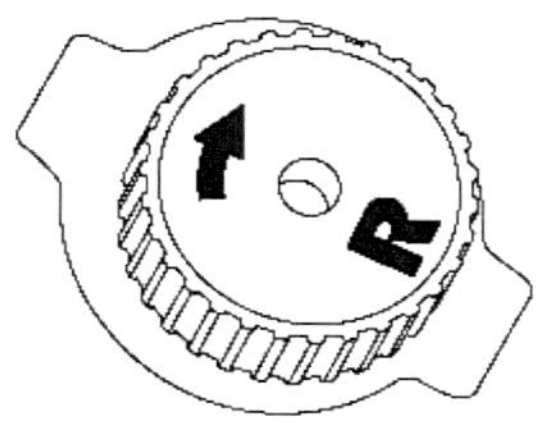

그림 124. 토션 바 식별표시

[3] 점검

① 앵커 볼트의 휨을 점검한다.

② 더스트 커버의 파손 및 손상 여부를 점검한다.

③ 토션 바의 굽음 및 균열 상태를 점검한다.

④ 토션 바 세레이션의 손상 여부를 점검한다.

4.2.7. 리어 서스펜션

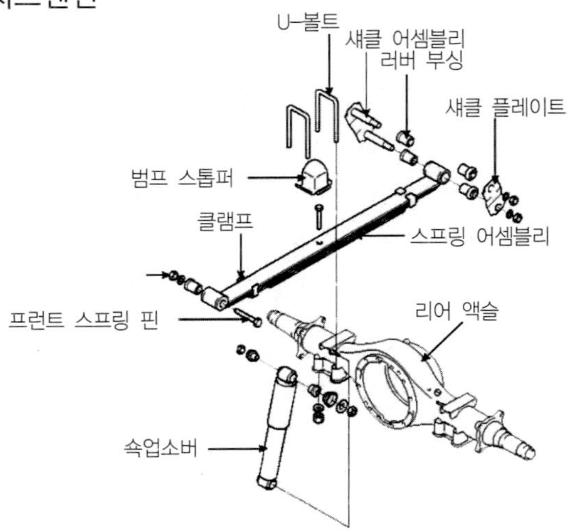

그림 125. 리어 서스펜션의 구성부품

[1] 판스프링 탈거

① 휠 너트(wheel nut)를 조금 풀어 헐겁게 한 후, 잭으로 자동차를 들어 올려 차체 양쪽의 지지부분을 안전스탠드로 지지한 후 바퀴를 탈거한다.

② 차축 어셈블리를 잭을 이용하여 들어 올리고 스탠드로 지지한다.

③ 쇽업소버의 위 · 아래 설치 너트를 풀고 쇽업소버를 탈거한다.

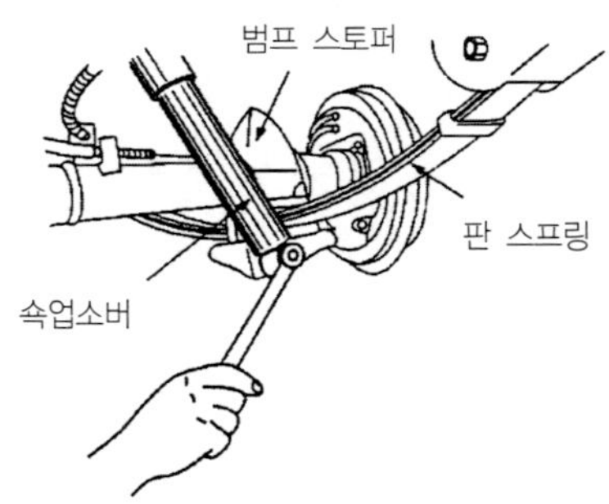

그림 126. 쇽업소버 탈거

④ 차체와 연결된 판스프링 핀을 탈거한다.
⑤ 판스프링의 U-볼트를 탈거한다.

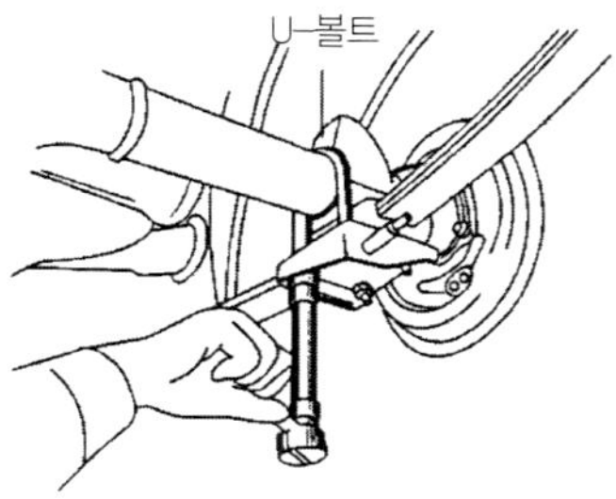

그림 127. 판스프링의 U-볼트 풀기

⑥ 범프 스토퍼, 스프링 시트와 패드를 빼낸다.
⑦ 스프링 섀클 설치 너트를 빼내고, 판스프링을 차체에서 떼어낸다.

[2] 판스프링 및 쇽업소버 점검

(1) 쇽업소버

① 쇽업소버의 소음, 스트럿 휨, 오일 누출 및 그 밖의 결함 유무를 점검한다.
② 쇽업소버를 늘렸다가 줄였다가 하여 그 기능을 점검한다.
③ 부싱과 쿠션의 마멸, 균열, 변형 및 그 밖의 결함에 대하여 점검한다.

(2) 판스프링 어셈블리

① 스프링 판의 휨, 균열 및 피로에 대하여 점검한다.
② 섀클의 바깥판과 안쪽 판, 스프링 핀의 마멸, 균열, 휨 및 그 밖의 결함을 점검한다.
③ 부싱의 마멸 및 그 밖의 결함을 점검한다.
④ U-볼트 나사 부분의 마멸을 점검한다.
⑤ 스프링 행거와 U-볼트 시트의 균열, 휨 및 그 밖의 결함을 점검한다.

[3] 판스프링 장착

① 스프링 사이에 부싱을 끼운 후 브래킷 구멍에 맞추고, 스프링 고정 볼트를 끼운 다음 너트를 임시로 조인다.

② 스프링 행거와 스프링사이에 부싱을 설치하고, 스프링 섀클을 끼운 다음 너트를 임시로 조인다.

③ 위 스프링 패드와 패드 리테이너를 스프링에 대고, 패드와 패드 리테이너의 구멍을 중심 볼트구멍에 맞춘다. 같은 방법으로 차축 스프링 시트 구멍과 중심 볼트를 맞추고 차축을 내린다.

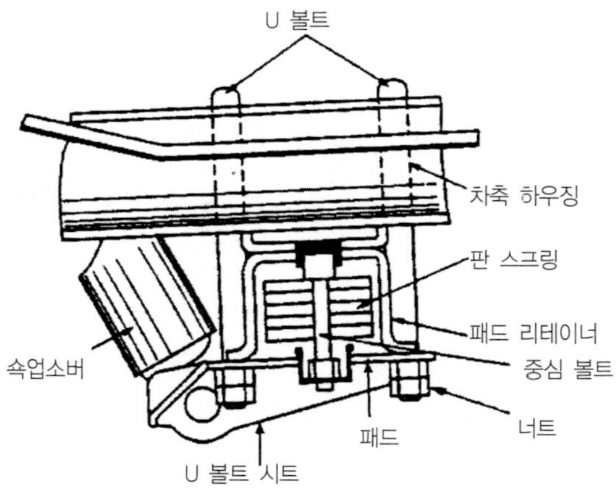

그림 128. 판스프링 설치하기

④ U-볼트 시트를 대고 U-볼트를 설치한다.

⑤ 쇽업소버를 끼우고 위·아래 너트를 임시로 조인다.

⑥ 차축을 들어 올려 쇽업소버의 위·아래 차량의 무게를 스프링이 받게 한 다음, 스프링 브래킷 핀 너트, 섀클 핀 너트를 규정 토크로 조인다.

⑦ 차축을 들어 올린 잭을 내리고 바퀴를 설치한다.

⑧ 잭으로 자동차를 들고 안전 스탠드를 빼낸다.

4. 3. 전자제어 현가장치(ECS) 정비

4.3.1. ECS 구성부품의 점검 및 조정

[1] ECS 자기진단

(1) 작업 전 준비사항

① 차량을 평탄한 곳에 위치시킨다.

② 현가장치 구성부품 및 커넥터와 튜브가 확실히 연결 되었는지 점검한다.

(2) 하이스캔 사용

① 자기진단 커넥터를 연결하고 점화스위치를 ON에 놓는다(엔진 가동정지 상태).

② 자기진단기 ON을 누르면 테스터기 로고가 나타나고 ENT를 누르면 아래와 같은 화면이 나타난다.

③ 01. 차량통신을 선택 후 ENT버튼을 누르면 아래와 같은 화면이 나타난다.

기능 선택	
01.	차량통신
02.	스코프/미터/출력
03.	KOBD 차량진단 기능
04.	주행데이터 검색
05.	PC 통신
06.	환경설정

제조회사 선택	
01.	현대 자동차
02.	기아 자동차
03.	GM 대우차
04.	쌍용 자동차
05.	르노 삼성차

④ 01. 현대자동차 선택 후 ENT버튼을 누르면 아래와 같은 화면이 나타난다.

⑤ 측정차량이 쏘나타 Ⅱ인 경우 23. 쏘나타 Ⅱ를 선택 후 ENT버튼을 누르면 아래와 같은 화면이 나타난다.

차종 선택

21. EF 쏘나타
22. 쏘나타 Ⅲ
23. 쏘나타 Ⅱ
24. 쏘나타
25. 그랜져(TG)

기능 선택

차종 : 쏘나타 Ⅱ

01. 엔진제어 가솔린
02. 엔진제어 LPG
03. 자동변속
04. 제어제동
05. 에어백
06. 현가장치
07. 정속주행

⑥ 06. 현가장치를 설정 후 ENT버튼을 누르면 아래와 같은 화면이 나타난다.

기능 선택

차　　종 : 쏘나타 II

제어장치 : 현가장치

01. 자기진단
02. 센서출력
03. 액추에이터 검사
04. 센서출력 & 자기진단
05. 센서출력 & 액추에이터
06. 센서출력 & 미터/출력
07. 센서출력 & 미터/출력

⑦ 01. 자기진단을 설정 후 ENT버튼을 누르면 자기진단 결과가 아래와 같이 화면에 나타난다.

자기 진단

자기진단을 실시중입니다.

㉮ 정상일 때

자기 진단
자기진단 결과 정상입니다.

㉯ 결함이 있을 때

자기 진단	
11.	G 센서
21.	조향 휠 센서
고장코드 갯수 : 2개	

⑧ 결함항목이 있을 때는 ESC를 눌러 자기진단 이전단계로 이동하여 센서출력을 선택하여 센서들의 센서출력을 점검하고 센서출력이 이상이 있을 때는 해당 센서를 수리 또는 교환한다.

⑨ 해당부품 고장 수리 후 ECU 기억을 소거시킨다.

[2] NORMAL 차고 점검과 조정

① 차량을 평탄한 지면에 주차시킨다.

② 공차상태에서 엔진을 시동 한 후 약 4분 정도 경과하면 차고 조정이 완료되므로 차고가 normal상태인지 확인한다.

③ 차축의 중심점과 휠 하우스 아치 사이의 거리를 측정한다. 표준 값은 A(앞 차고)가 413±5mm, B(뒤 차고)가 382±5mm이다.

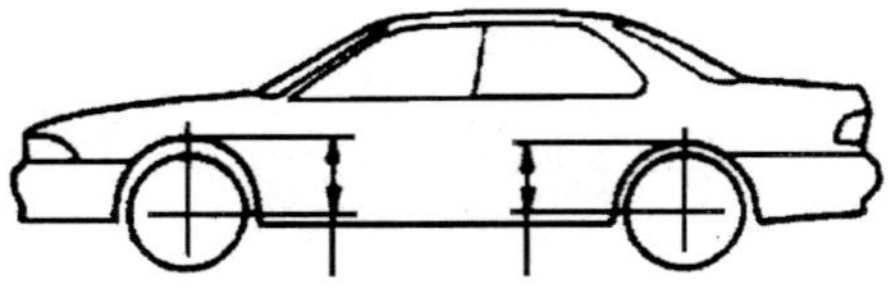

그림 129. normal 차고 점검

④ 차고가 표준 값을 벗어나면 앞과 뒤의 차고 센서로드의 턴버클을 풀고 로드의 길이를 변화시켜 조정한다(너트 1회전은 앞 차고가 6mm, 뒤 차고가 약 3mm 변화한다). 로드가 길어질수록 차고는 높아진다. 앞 또는 뒤 한쪽만 조정하면 다른 쪽의 차고도 변화하기 때문에 앞・뒤 모두 조정하여야 한다. 또 차고 조정작업은 정차 상태에서 엔진이 공전할 때 실행하여야 한다.

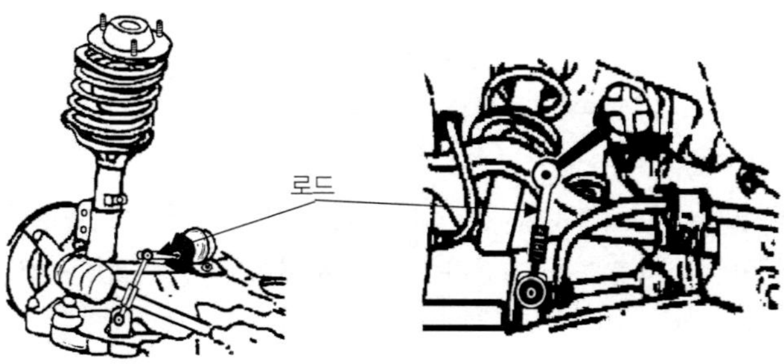

(a) 앞 (b) 뒤

그림 130. 차고 센서 로드의 설치위치

선행학습 보고서

선 행 학 습 명	현가장치 정비				
실 습 목 적	현가장치 원리와 역할 이해, 점검, 진단, 수리, 정비, 교환, 검사				
실 습 일	월 일	학 번		성 명	

1. 학습내용	평가항목	성취수준		
		상	중	하
현가장치 서술형	일체 차축 현가방식과 독립 현가방식의 장점 및 단점에 대하여 서술하시오.			

2. 학습내용	평가항목	성취수준		
		상	중	하
현가장치 서술형	위시본 독립 현가방식의 SLA형식에 대하여 서술하시오.			

3. 학습내용	평가항목	성취수준		
		상	중	하
현가장치 서술형	맥퍼슨식의 특징에 대하여 서술하시오.			

4. 학습내용	평가항목	성취수준		
		상	중	하
현가장치 서술형	판스프링의 특징에 대하여 서술하시오.			

5. 학습내용	평가항목	성취수준		
		상	중	하
현가장치 서술형	코일 스프링의 특징에 대하여 간단히 서술하시오.			

6. 학습내용	평가항목	성취수준		
		상	중	하
현가장치 서술형	공기스프링의 특징에 대하여 서술하시오.			

7. 학습내용	평가항목	성취수준		
		상	중	하
현가장치 서술형	쇽업소버의 역할에 대하여 서술하시오.			

8. 학습내용	평가항목	성취수준		
		상	중	하
현가장치 서술형	드가르봉식 쇽업소버의 특징에 대하여 서술하시오.			

9. 학습내용	평가항목	성취수준		
		상	중	하
현가장치 서술형	스프링 질량 진동의 종류를 서술하시오.			

10. 학습내용	평가항목	성취수준		
		상	중	하
현가장치 서술형	공기 스프링에서 레벨링 밸브의 기능에 대하여 서술하시오.			

11. 학습내용	평가항목	성취수준		
		상	중	하
현가장치 서술형	전자제어 현가장치(ECS)에 대하여 간단하게 서술하시오.			

12. 학습내용	평가항목	성취수준		
		상	중	하
현가장치 서술형	ECS에서 조향 휠 각속도 센서의 기능에 대하여 서술하시오.			

13. 학습내용	평가항목	성취수준		
		상	중	하
현가장치 서술형	ECS에서 G센서의 기능에 대하여 서술하시오.			

14. 학습내용	평가항목	성취수준		
		상	중	하
현가장치 서술형	ECS에서 자세제어 종류 및 방법을 서술하시오.			

선행학습명	현가장치 점검				
실습목적	현가장치 원리와 역할 이해, 점검, 진단, 수리, 정비, 교환, 검사				
실습일	월 일	학번		성명	

1. 학습내용	평가항목	성취수준		
		상	중	下
현가장치 점검	FF차량에서 프런트 스트럿 어셈블리를 차량에서 탈거하고, 스트럿 어셈블리를 교환하고 차량에 설치하시오.			

2. 학습내용	평가항목	성취수준		
		상	중	下
현가장치 점검	FF차량에서 프런트 로워 암을 탈거 한 후 아래 사항을 점검하고 판정 및 조치사항을 기록하고 다시 장착 하시오.			

점검항목	규정값(한계값)	측정값	판 정	정비 및 조치사항
로워 암 프리로드			□ 양호 □ 불량	

3. 학습내용	평가항목	성취수준		
		상	중	下
현가장치 점검	FF차량에서 프런트 스태빌라이저를 탈거한 후 이상부위를 점검하여 수리 또는 교환하고 장착하시오.			

4. 학습내용	평가항목	성취수준		
		상	중	下
현가장치 점검	FR차량에서 프런트 스트럿바를 탈거한 후 이상부위를 점검하여 수리 또는 교환하고 장착하시오.			

5.	학습내용	평가항목	성취수준		
			상	중	하
	현가장치 점검	FR차량에서 프런트 로워 암과 어퍼 암을 탈거 한 후 아래 사항을 점검하고 판정 및 조치사항을 기록하고 다시 장착 하시오.			

점검항목	규정값(한계값)	측정값	판 정	정비 및 조치사항
로워 암 볼 조인트 회전토크			□ 양호 □ 불량	
어퍼 암 볼 조인트 회전토크			□ 양호 □ 불량	

6.	학습내용	평가항목	성취수준		
			상	중	하
	현가장치 점검	FR차량에서 토션바를 탈거한 후 이상부위를 점검하여 수리 또는 교환하고 장착하시오.			

7.	학습내용	평가항목	성취수준		
			상	중	하
	현가장치 점검	FR차량에서 프런트 스태빌라이저를 탈거한 후 이상부위를 점검하여 수리 또는 교환하고 장착하시오.			

8.	학습내용	평가항목	성취수준		
			상	중	하
	현가장치 점검	전자제어 현가장치(ECS) 차량에서 진단기(스캐너)로 ECS를 점검하여 기록·판정하시오.			

점검항목	이상부위	내용 및 상태	판 정	정비 및 조치사항
ECS 자기진단			□ 양호 □ 불량	

CHAPTER 07

조향장치[Steering System]

[NCS를 활용한] Synthesis Automotive Chassis

학습목표

조향장치의 역할 및 원리를 이해하고 오일의 양과 상태, 누유, 압력, 소음, 벨트의 상태를 점검하고 작동 중 핸들링을 비교 분석하여 문제의 부분을 수리, 교환하는 능력이다. 전자제어 조향장치 정비는 오일의 양과 상태, 누유, 압력, 소음, 벨트의 상태를 점검하고, 각종 센서의 입력값과 규정값을 상호 비교 분석, 컨트롤 모듈의 정상작동 여부를 점검하여 센서 및 배선의 수리와 부품을 교환할 수 있으며, 작동 중 핸들링을 비교 분석하여 문제의 부분을 수리하는 능력이다.

1. 조향장치 구조에 대한 원리를 파악할 수 있다.
2. 정비지침서에 따라 조향장치를 파악하고 관련 장치의 작동상태를 확인할 수 있다.
3. 정비지침서에 따라 조향장치의 세부 점검목록을 확인하여 고장원인을 파악할 수 있다.
4. 정비지침서에 따라 조향장치를 작업 후 작동상태를 검사할 수 있다.
5. 전자제어 조향장치 구조에 대한 원리를 파악할 수 있다.
6. 정비지침서에 따라 전자제어 조향장치를 파악하고 관련 장치의 작동상태를 확인할 수 있다.
7. 정비지침서에 따라 전자제어 조향장치의 세부 점검목록을 확인하여 고장원인을 파악할 수 있다.
8. 정비지침서에 따라 전자제어 조향장치 장치를 작업 후 작동상태를 검사할 수 있다.

1. 조향장치(steering system)의 개요

조향장치는 자동차의 진행방향을 운전자의 의지에 따라 바꾸는 장치이며 조향핸들을 돌려 앞바퀴의 방향을 바꾸도록 되어 있다. 앞바퀴 얼라인먼트와 밀접한 관계가 있으며 자동차 주행 안정상 브레이크장치와 함께 매우 중요한 장치이다. 또 조향장치는 자동차의 운동을 운전자의 의지에 따라 진행방향을 바꿀 수 있어야 한다.

1.1. 조향장치의 원리

1.1.1. 애커먼-장토방식(ackerman-jeantaud type)

그림 1과 같이 앞차축, 타이로드, 너클 암이 평행사변형을 이루고 있는 경우 조향핸들을 돌리면 양쪽 바퀴가 같은 각도로 꺾인다. 이 상태에서 선회를 하면 좌우 바퀴가 같은 원호를 그리며 회전하기 때문에 2점 쇄선으로 나타낸 궤적과 같이 되어 어느 지점에서 교차한다. 이것을 평행사변형 조향기구라 한다.

그러나 실제로는 좌우 바퀴가 축의 양쪽에 부착되어 있기 때문에 실선으로 나타낸 방향으로 진행된다. 이 궤적을 따라가기 위해서는 바퀴는 끌리게 되므로 옆방향 미끄러짐(side slip)운동을 한다. 따라서 선회할 때 안정성이 낮고 타이어의 마모도 커진다. 선회할 때 이와 같은 문제점을 개선한 것이 애커먼-장토 방식의 조향장치이다.

애커먼-장토방식의 조향장치는 그림 1의 너클 암(knuckle arm)과 타이로드(tie rod)를 개량하여 킹핀(king pin, 바퀴가 회전하는 기본 중심축)의 중심과 타이로드 양끝을 연결하는 연장선이 뒷차축의 중심에서 만나도록 링크기구를 배치한 것이다. 즉, 앞차축, 타이로드, 너클암이 사다리꼴이 되도록 한 것이다.

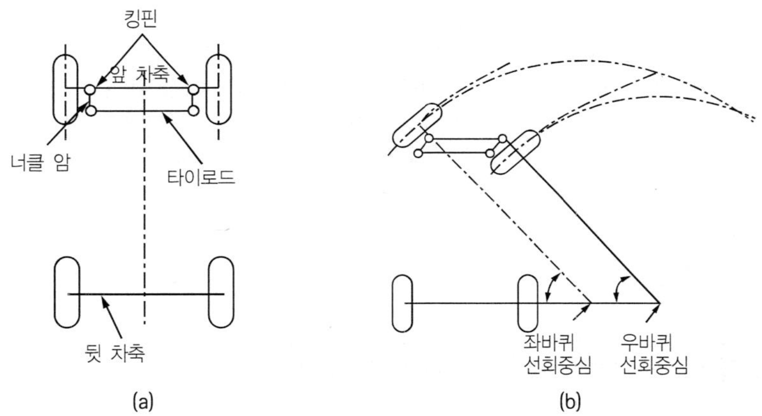

그림 1. 평행사변형 조향기구

그림 2와 같이 조향핸들을 오른쪽으로 돌렸을 때 좌우 축의 바퀴 중심선은 뒷차축의 연장선상의 한 점 E에서 만나게 된다. 이때 바깥쪽 바퀴의 조향각도 α보다 안쪽바퀴의 조향각도 β가 큰 것을 볼 수 있다.

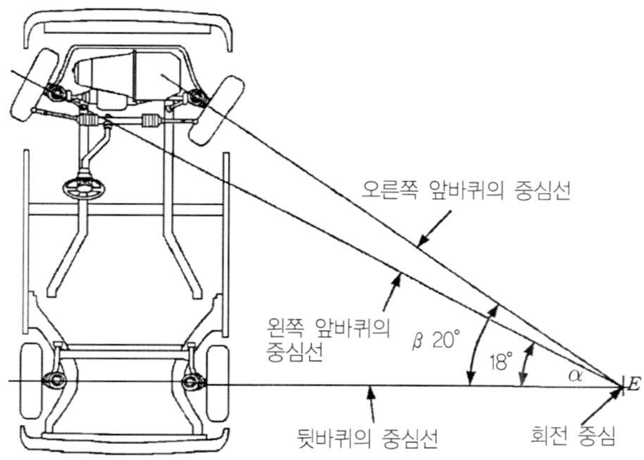

그림 2. 애커먼-장토방식의 조향장치

이에 따라 안쪽바퀴와 바깥쪽 바퀴는 도로 면과 미끄럼 없이 원활하게 선회를 할 수 있다. 즉 애커먼-장토방식 조향장치를 사용하면 선회할 때 바퀴들이 그리는 궤적은 E점을 중심으로 한 반지름이 다른 원(동심원)을 그리기 때문에 옆방향 미끄러짐과 타이어의 마모도 줄일 수 있다.

1.1.2. 최소 회전반지름

자동차가 최대 조향각도를 유지하면서 선회할 때 앞차축의 바깥쪽바퀴의 접지면 중심이 그리는 궤적은 원이 되는데 이 궤적의 원의 반지름을 그 자동차의 최소 회전반지름이라 한다. 최소 회전반지름은 다음의 공식으로 산출된다.

$$\mathrm{R} = \frac{L}{\sin\alpha} + r$$

R : 최소 회전반경(m)
L : 축거(m)
sin α : 선회시 바깥쪽 바퀴의 최대 조향각(°)
r : 바퀴 접지면 중심과 킹핀과의 거리(m)

1.1.3. 조향장치의 구비조건

조향장치의 양부는 특히 자동차의 조종성능, 안전성에 영향을 준다. 따라서 일반적으로 갖추어야 할 조건은 다음과 같다.

① 조향조작이 주행 중의 충격에 영향을 받지 않을 것
② 조작하기 쉽고, 방향전환이 원활하게 이루어질 것
③ 회전반지름이 작아서 좁은 곳에서도 방향전환을 할 수 있을 것
④ 진행방향을 바꿀 때 섀시 및 차체 각 부분에 무리한 힘이 작용되지 않을 것
⑤ 고속주행에서도 조향핸들이 안정될 것
⑥ 조향핸들의 회전과 바퀴 선회차이가 크지 않을 것
⑦ 수명이 길고 다루기나 정비하기가 쉬울 것

조향핸들의 조작을 가볍게 하기 위하여 조향기어 비율을 크게 하면 조향핸들을 많이 돌려야 선회를 할 수 있어 고속으로 운전을 할 때에는 조작 늦음이 발생하기 쉬워 매우 위험하다. 애커먼-장토방식은 이들 조건을 대체로 만족시킨다.

1. 2. 자동차의 조향특성

1.2.1. 조향특성의 개요

조향핸들의 조향각도를 일정하게 유지한 상태에서 일정한 속도로 주행하면 자동차는 선회 반지름이 일정한 원운동을 한다. 그러나 일정한 주행속도에서 서서히 가속을 하면 처음의 궤적에서 이탈하여 바깥쪽으로 벌어지거나 안쪽으로 들어가거나 또는 그대로 같은 궤적을 그리는 경우 등 여러 가지 형태로 나타날 수 있다.

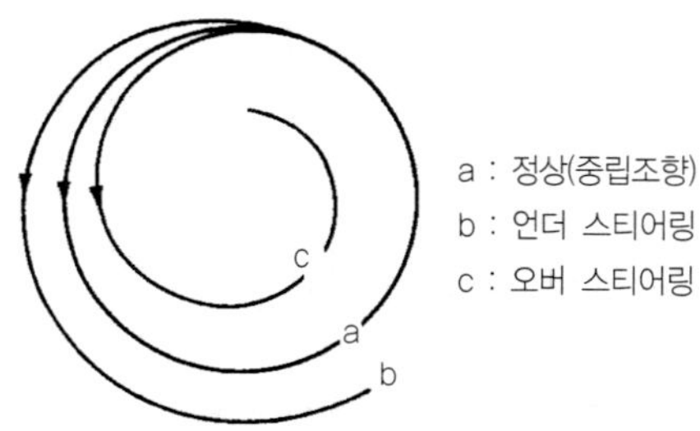

그림 3. 자동차의 선회특성

이것은 자동차가 지닌 고유의 조향특성이 되는데 바깥쪽으로 벌어지는 조향특성을 언더 스티어링(under steering), 안쪽으로 들어가는 조향특성을 오버 스티어링(over steering)이라 하며, 그대로 같은 원의 궤적을 그리는 조향특성을 뉴트럴 스티어링(중립조향, neutral steering)이라 한다.

1.2.2. 고속주행에서의 선회특성

자동차가 선회할 때 바깥쪽 방향으로 주행속도의 제곱에 비례하는 원심력이 발생한다. 저속 주행에서의 선회는 원심력이 작기 때문에 타이어의 옆방향 미끄러짐이 큰 문제가 되지 않으나 고속주행에서의 선회는 옆방향 가속도가 증가하므로 옆방향 미끄러짐이 커진다.

그림 4와 같이 타이어가 희망하는 방향으로 진행하려고 할 때 옆방향의 힘(원심력)이 가해지면 타이어는 옆방향 미끄러짐을 발생시킨다. 이때 타이어는 본래의 형상으로 복귀하려고 하지만 타이어는 도로 면과의 마찰로 인해 찌그러지면서 미끄러지며, 원심력과 반대방향의 선회력(코너링 포스, cornering force)을 받는다. 선회하는 힘의 특성은 도로 면과 타이어의 마찰특성, 타이어 형식 등에 따라 큰 차이가 발생할 수 있다.

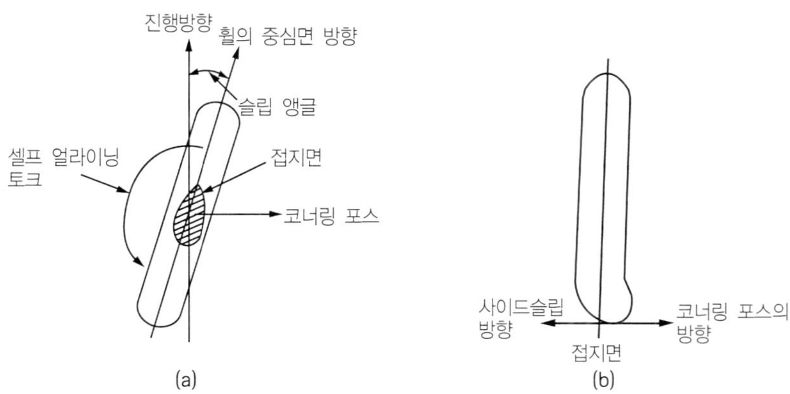

그림 4. 타이어의 옆방향 미끄러짐과 변형

2. 조향장치의 구조와 작용

2.1. 일체 차축방식의 조향장치

일체 차축방식의 조향장치는 그림 5와 같이 조향핸들(steering wheel), 조향축(steering shaft), 조향기어(steering gear), 피트먼 암(pitman arm), 드래그 링크(drag link), 타이로드(tie rod), 너클암(knuckle arm) 등으로 되어 있다. 조향핸들을 조작하면 회전력은 조향축을 거쳐 조향기어에 전달된다.

조향기어에서는 감속하여 피트먼 암을 움직이고, 피트먼 암의 원호운동은 드래그 링크에 의해 직선운동으로 바뀐다. 또 이 운동은 너클암을 거쳐 킹핀을 축으로 하여 너클 스핀들이 회전하면서 바퀴를 돌린다. 좌우의 너클암은 타이로드와 연결되어 있기 때문에 조향핸들이 회전하는데 따라 양쪽 바퀴가 같은 방향으로 회전하게 되고, 각 링크는 볼 이음으로 연결되어 있다.

2.2. 독립 차축방식의 조향장치

독립 차축방식 조향장치는 좌우바퀴가 독립적으로 작용하기 때문에 타이로드를 2개로 나누어 설치하며, 드래그 링크가 없다.

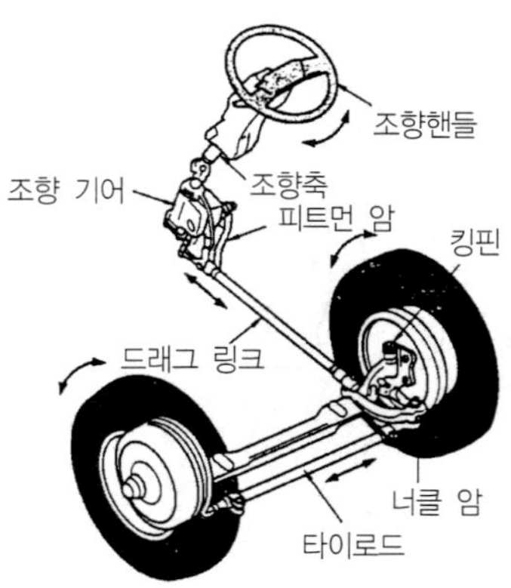

그림 5. 일체 차축방식의 조향장치

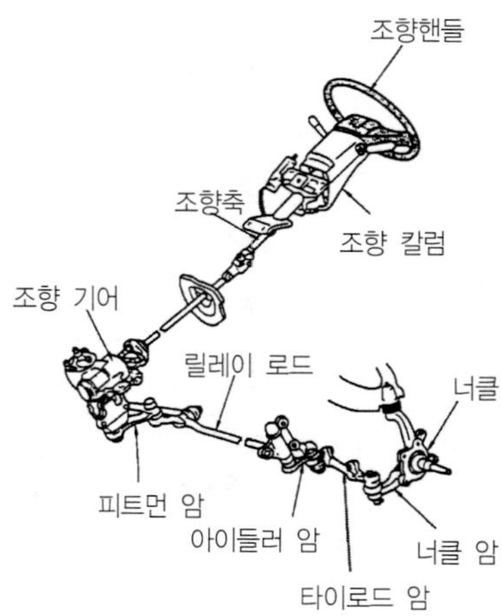

그림 6. 독립 차축방식의 조향장치

2.3. 조향장치의 구조와 작용

2.3.1. 조향핸들(steering wheel)

조향핸들은 림(rim), 스포크(spoke) 및 허브(hub)로 되어 있으며, 스포크나 림 내부에는 강철이나 알루미늄합금 심으로 보강되고, 바깥쪽은 합성수지로 성형되어 있다.

조향핸들은 조향축에 테이퍼(taper)나 세레이션(serration) 홈에 끼우고 너트로 고정시킨다. 허브에는 경음기(horn)를 작동시키는 스위치가 부착되며, 에어 백(air bag)을 설치하여 충돌할 때 센서에 의해 질소가스 압력으로 팽창하는 구조로 된 것도 있으며 열선이 있는것도 있다. 또한 운전자의 체형에 따라 핸들의 위치를 앞뒤로 조절할 수 있는 텔레스코핑(telescoping)과 상하조절까지 할 수 있는 틸트 스티어링(tilt stering wheel)이 있다.

2.3.2. 조향축(steering shaft)

조향축은 조향핸들의 회전을 조향기어로 전하는 축이며, 웜과 스플라인을 통하여 자재이음으로 연결되어 있다. 또 노면으로부터의 충격을 흡수하여 조향핸들로 전달되지 않도록 하기 위해 조향핸들과 축 사이에 탄성체 이음으로 되어 있다. 조향축은 조향하기 쉽도록 35~50° 의 경사를 두고 설치된다.

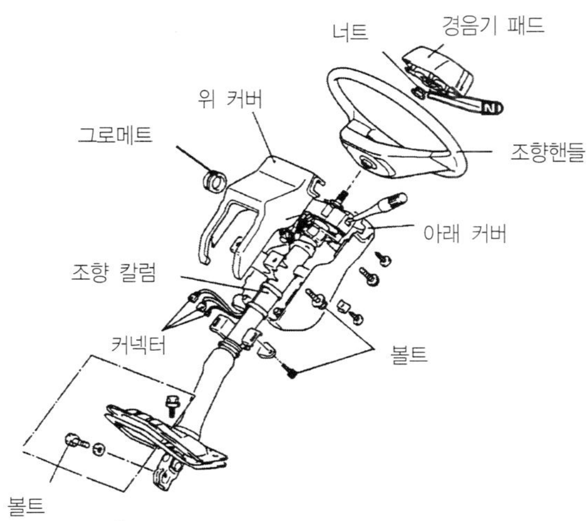

그림 7. 조향축과 조향 칼럼

2.3.3. 조향기어(steering gear box)

조향기어는 조향핸들의 운동방향을 바꾸고 동시에 조향 조작력을 증가시켜 앞바퀴에 전달하는 장치이며, 다음과 같은 조건이 요구된다.

① 선회 반발력을 이겨 경쾌한 조향이 되도록 필요한 조향조작력이 알맞아야 한다.

② 선회할 때 조향핸들을 잡고 있는 힘이 핸들의 회전각도와 선회 반지름과의 관계를 감지할 수 있어야 한다.

③ 조향기구에 의해 자동차에 주어지는 복원성능을 방해하지 않아 조향핸들을 놓았을 때 복원되고 직진주행을 쉽게 할 수 있어야 한다.

④ 주행 중 앞바퀴가 받는 충격을 알맞은 반발력으로 조향핸들에 전달하여 충격감각을 운전자에게 전달하여야 한다.

조향기어는 조향휠의 회전을 감속기키는 데 그 감속비를 조향기어 비(steering gear ration)이라 하며 조향핸들이 움직인 양과 피트먼 암이 움직인 양의 비율로 표시된다.

$$\text{조향기어 비} = \frac{\text{조향핸들이 움직인 양}}{\text{피트먼 암이 움직인 양}}$$

조향기어 비율을 너무 크게 하면 조작력은 가벼워지지만 희망하는 방향으로 자동차를 움직이기 위해서는 조향핸들을 빈번하게 조작하여야 한다.

[1] 조향기어의 조건

조향기어 비율의 값이 작으면 조향핸들의 조작은 신속히 되지만 큰 조작력이 필요하게 된다. 이에 따라 조향기어는 가역식, 비가역식, 반가역식 등의 방식으로 하고 있다.

(1) 가역방식

앞바퀴로도 조향핸들을 움직일 수 있는 것으로 조향기어 비율이 작다. 앞바퀴에 복원성을 부여하기 때문에 조향기구의 마모는 작은 장점이 있으나, 비포장도로에서는 주행 중의 충격으로 조향핸들을 놓치기 쉬운 결점이 있다.

(2) 비가역 방식

조향핸들로는 앞바퀴를 움직일 수 있으나 그 반대로는 조작이 불가능한 것이다.

조향기어 비율이 커 조작력은 작으나 조향조작이 신속하지 못하다. 비포장도로에서 조향핸들을 놓칠 염려가 없는 장점이 있으나, 조향기구의 마모가 크고, 앞바퀴 복원성을 이용할 수 없는 결점이 있다.

(3) 반가역식

가역식과 비가역식의 중간 성질을 가지는 것이다.

[2] 조향기어의 종류

(1) 볼-너트 형식(ball & nut type)

이 형식은 나사(screw)와 너트(nut)사이에 많은 양의 볼이 들어 있어 조향축의 회전을 볼의 전동 접촉으로 너트에 전달하도록 되어 있다. 따라서 큰 하중에 견디고 마모도 적다.

작동은 조향축이 회전하면 볼이 구르면서 나사 홈을 이동하여 너트의 한쪽 끝에서 밖으로 나와 안내 튜브를 거쳐 다시 나사 홈으로 들어간다. 일반적으로 볼은 2개의 무리로 나뉘어 순환하도록 되어 있으며, 이 순환으로 너트가 직선운동을 하고 섹터는 원호운동을 한다. 따라서 순환 볼 형식(recirculating ball type)이라고도 한다. 웜의 양끝은 볼 베어링으로 지지되고 섹터축은 직각방향으로 부싱을 사이에 두고 케이스에 설치된다. 또 섹터축은 약간 경사져 있으며, 조정나사로 섹터축을 움직여 백래시(back lash)를 조정할 수 있다.

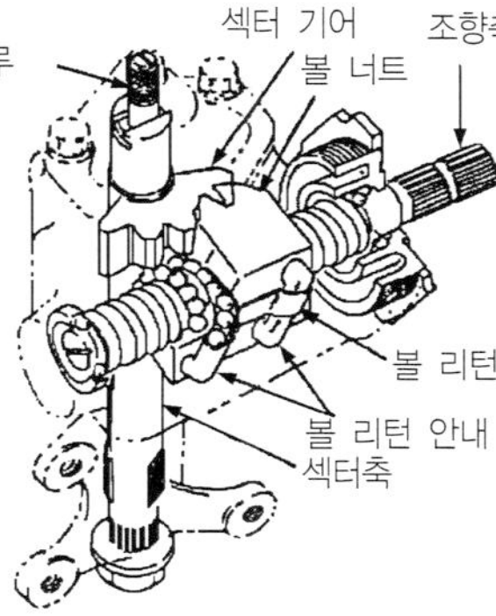

그림 8. 볼-너트형식

볼-너트 형식에서는 웜, 볼, 볼-너트가 선택조합에 의해 정밀하게 조립되어 있기 때문에 수리를 할 때에는 세트로 교환하여야 한다. 또 볼이 두 조로 되어 있는 것은 한 조에 고장이 생겼을 때 안전성을 확보하기 위함이다. 주로 대형차량(버스, 트럭)에서 사용된다.

(2) 래크와 피니언 형식(rack & pinion type)

이 형식은 조향핸들의 회전운동을 래크를 통해 직선운동으로 바꾸어 조향하게 되어 있다. 그리고 조향축 아래 끝 부분에 피니언이 래크와 물려있다. 래크는 피니언의 회전에 따라 조향기어 케이스 안에서 좌우로 직선운동을 하여 그 양끝의 타이로드를 거쳐 좌우의 너클암을 움직여 조향한다. 래크와 피니언형식은 설치공간을 적게 차지하고, 가변 조향기어 비율이 가능한 장점이 있다. 이 형식은 주로 승용차에 사용된다.

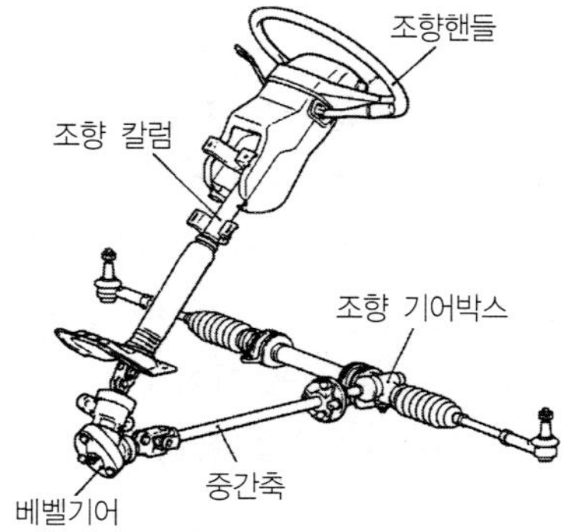

그림 9. 래크와 피니언 형식

2.3.4. 피트먼 암(pitman arm)

피트먼 암은 조향핸들의 움직임을 드래그 링크(일체 차축방식)나, 릴레이 로드(독립 차축방식)에 전달하는 것이며, 그 한쪽 끝에는 테이퍼의 세레이션(serration)을 통하여 섹터축에 설치되고, 다른 한쪽 끝에는 드래그 링크와 연결하기 위한 볼 이음이 설치되어 있다.

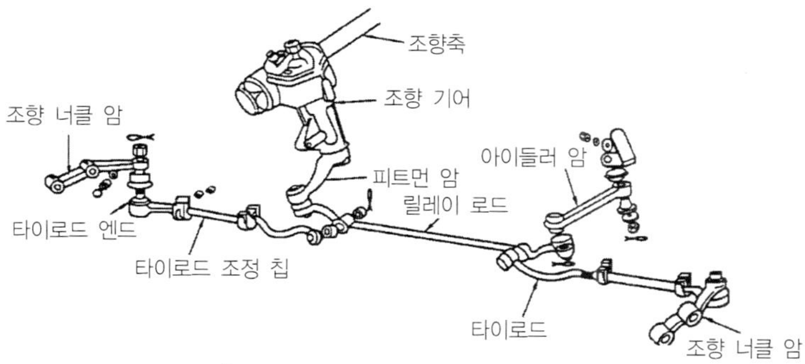

그림 10. 피트먼 암의 설치위치

2.3.5. 드래그 링크(drag link)

드래그 링크는 피트먼 암과 너클암을 연결하는 것이며, 양끝이 볼 이음을 통하여 피트먼 암과 너클암에 설치하도록 되어 있다. 또 양끝의 볼 이음부분에는 도로 면에 의한 충격이 조향기어에 전달되지 않도록 스프링이 들어 있다. 드래그 링크는 인발 강관(drawed steel pipe)이나 특수강의 단조품이며, 일체 차축방식 조향기구에서 사용한다.

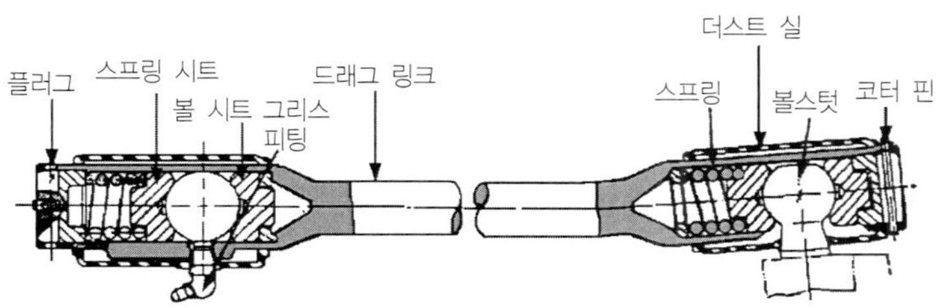

그림 11. 드래그 링크

2.3.6. 릴레이 로드(relay rod)

릴레이 로드는 피트먼 암과 볼 소켓을 통하여 연결되는 긴 막대이며, 센터링크(center link) 또는 커넥팅 링크(connecting link)라고도 부른다. 이 로드는 조향핸들을 회전시키면 피트먼 암으로부터의 힘을 타이로드로 전달한다. 독립 차축방식 조향기구에서 사용하였으나 그러나 래크와 피니언 형식의 조향기어를 사용하는 경우에는 두지 않아도 된다.

2.3.7. 타이로드(tie-rod)

타이로드는 릴레이 로드의 운동을 너클암으로 전달하는 것이며, 독립 차축방식 조향기구에서는 길이가 같은 2개의 로드로 되어 있고 볼 이음으로 각각 연결된다. 주행 중 타이로드는 도로 면으로부터의 충격으로 압축력이나 인장력을 받기 때문에 인발 강관으로 만들며 양끝에는 타이로드 엔드(tie rod end)가 나사를 통해 끼워져 있다. 타이로드 엔드의 나사는 한쪽은 오른나사이고 다른 한쪽은 왼나사로 되어 있어 타이로드를 돌려 그 길이(토인)를 조정할 수 있도록 되어 있다.

2.3.8. 너클 암(knuckle arm : 제3암)

너클 암은 일체 차축방식 조향기구에서 드래그 링크의 운동을 조향너클로 전달하는 기구이다.

2.3.9. 앞바퀴의 설치관계

[1] 조향너클 설치에 따른 분류

① 엘리옷 형식(elliot type) : 앞차축 양끝 부분이 요크(yoke)로 되었고 이 요크에 조향너클이 끼워지게 된 형식이다.

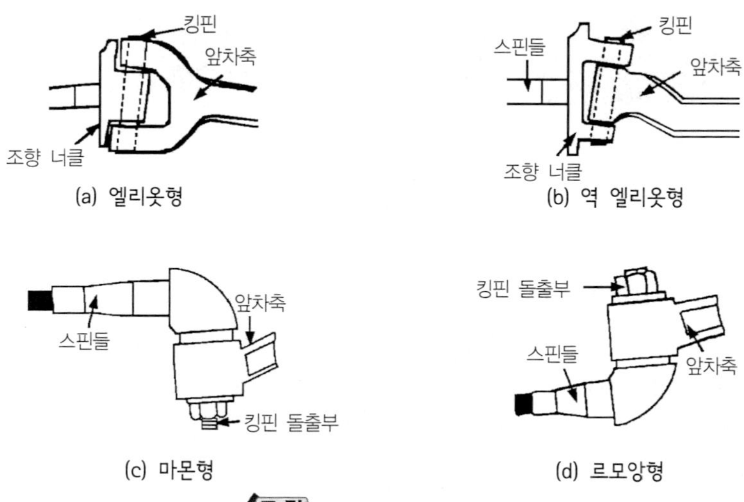

그림 12. 조향 너클 설치방식

② 역 엘리옷 형식(revers elliot type) : 조향 너클에 요크가 설치된 것이다.
③ 마몬 형식(marmon type) : 앞차축 윗부분에 조향 너클을 설치한 것이다.
④ 르모앙 형식(lemoine type) : 앞차축 아랫부분에 조향 너클을 설치한 것이다.

[2] 조향너클(steering knuckle)

조향너클은 킹핀을 통해 차축과 연결되는 부분과 바퀴 허브가 설치되는 스핀들(spindle)부분으로 되어 있으며, 킹핀을 중심으로 회전하여 조향작용을 하는 것이다.

[3] 킹핀(king pin)

킹핀은 일체 차축방식 조향기구에서 앞차축에 대해 규정의 각도(킹핀 경사각)를 두고 설치되어, 앞차축과 조향 너클을 연결하며 고정 볼트에 의해 앞차축에 고정되어 있다.

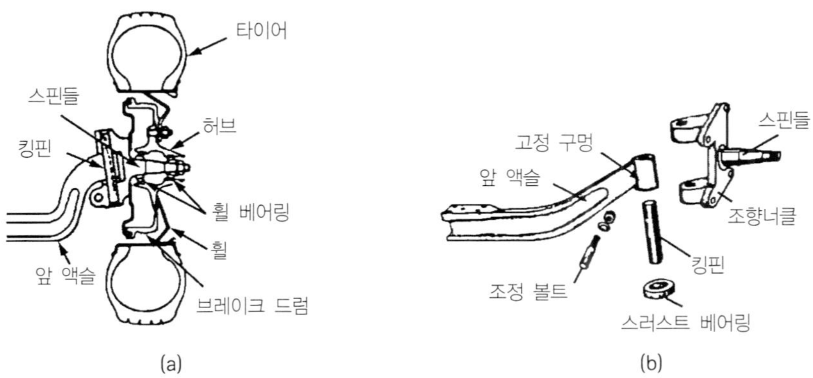

그림 13. 킹핀

2.4. 동력 조향장치(power steering system)

2.4.1. 동력 조향장치의 개요

동력 조향장치는 타이어의 편평화 및 앞바퀴 구동방식으로의 변화 등으로 조향 조작력이 증가함에 따라 이를 경감하기 위해 엔진의 동력으로 오일펌프를 구동하여 유압을 발생시켜 조향핸들에 의해 제어되는 밸브를 통하여 동력실린더로 공급되는 유압통로를 변화시켜 조향핸들의 조향 조작력을 배력시켜 주는 장치이다.

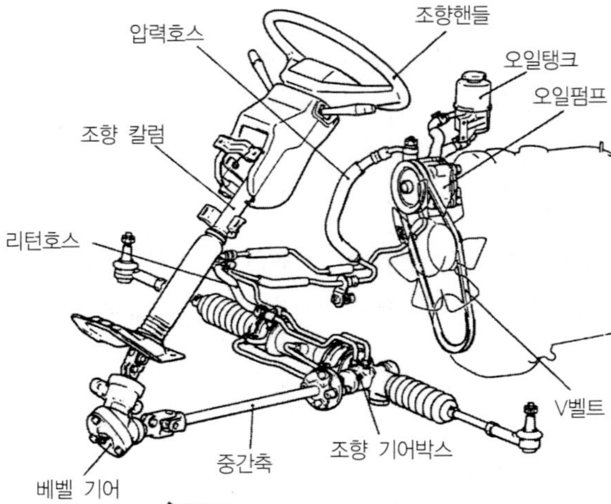

그림 14. 동력 조향장치의 구성부품

이 장치는 조향핸들의 조작력이 작아도 되고, 조향 조작력에 관계없이 조향기어 비율을 선정할 수 있으며, 도로 면으로부터의 충격 및 진동을 흡수한다. 또 앞바퀴의 시미현상을 방지할 수 있고, 조향조작이 경쾌하고 신속한 장점이 있으나 구조가 복잡하고 값이 비싸며, 고장이 발생한 경우에는 정비가 어렵고 오일펌프 구동에 엔진의 출력이 일부 소비되는 결점이 있다.

2.4.2. 동력 조향장치의 분류

[1] 링키지형(linkage type)

링키지형은 동력 실린더를 조향 링키지 중간에 둔 것이며, 조합형과 분리형이 있다.

① 조합형(combined type) : 동력실린더와 제어밸브가 일체로 된 것이다.

② 분리형(separate type) : 동력실린더와 제어밸브가 분리된 것이다.

[2] 일체형(integral type)

일체형은 동력 실린더를 조향 기어박스 내에 설치한 형식이며, 인라인형과 오프셋형이 있다.

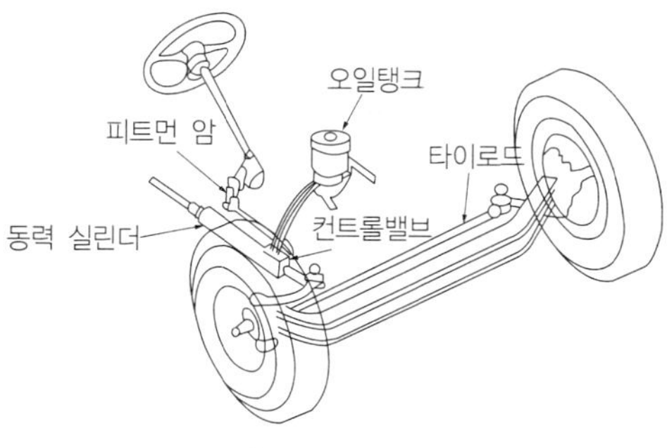

그림 15. 링키지형

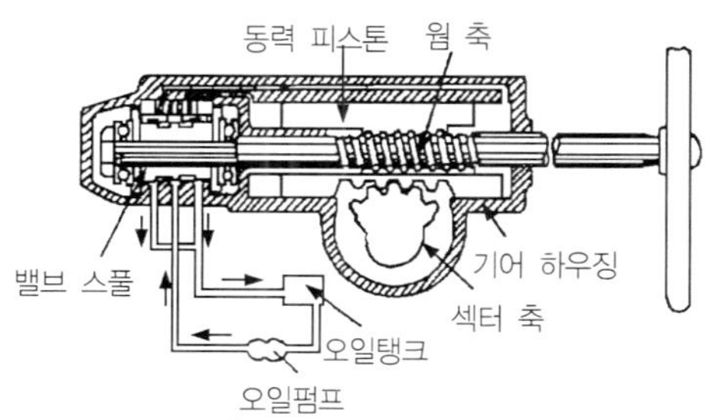

그림 16. 일체형

① 인라인형(in line type) : 조향 기어박스와 볼 너트를 직접 동력기구로 사용하도록 한 것이며, 조향 기어박스 상부와 하부를 동력실린더로 사용한다.

② 오프셋 형(off-set type) : 동력발생 기구를 별도로 설치한 형식이다.

2.4.3. 동력 조향장치의 구조

동력 조향장치는 작동부분, 제어부분, 동력부분의 3주요부로 구성되어 있다.

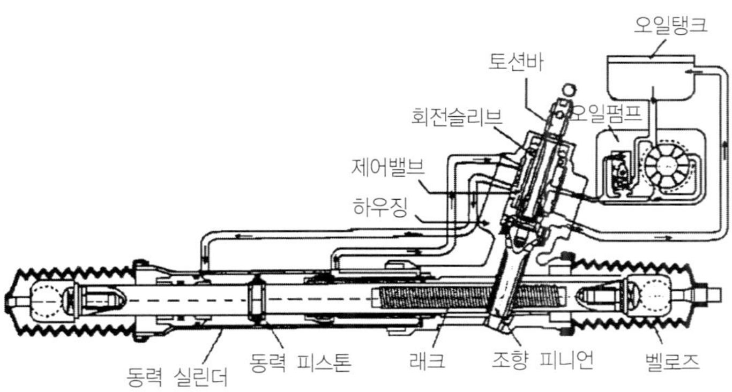

그림 17. 래크와 피니언형식의 동력 조향장치의 구조

[1] 오일펌프-동력부분

오일펌프는 엔진에 의해 구동되며 유압을 발생한다. 오일펌프는 주로 베인펌프(vane pump)를 사용하며, 작동은 로터(rotor)가 회전하면 베인이 방사선 상으로 미끄럼운동을 하여 베인사이의 공간을 증가시키거나 감소시킨다. 즉 공간이 커질 때에는 오일이 펌프로 들어오고 감소되면 출구를 거쳐 배출된다.

[2] 동력 실린더 - 작동부분

동력 실린더는 실린더 내에 피스톤과 피스톤 로드가 들어 있으며, 오일펌프에서 발생한 유압을 피스톤에 작용시켜서 조향방향 쪽으로 힘을 가해 주는 장치이다. 또 동력 실린더는 피스톤에 의해 2개의 방(chamber)으로 분리되어 있으며 한쪽 방에 오일이 들어오면 반대쪽 방에서는 오일이 오일탱크로 복귀하는 복동형이다.

[3] 제어밸브 - 제어부분

제어밸브는 조향핸들의 조작력을 조절하는 기구이며, 조향핸들을 돌려 피트먼 암에 힘을 가하면 오일펌프에서 보내 준 유압을 조향방향으로 동력 실린더의 피스톤이 작동하도록 유압통로를 변환시킨다.

제어밸브는 밸브 보디 안쪽에 3개의 홈과 오일펌프에서 보내 준 유압을 동력 실린더 2개의 방으로 공급하기 위한 유압통로가 있다. 밸브 스풀(valve spool)에는 밸브 보디에 있는 3개의 홈에 대응하는 3개의 랜드(land)가 있어 밸브 스풀의 이동에 따라 밸브 보디의 오일 통로가 개폐된다.

[4] 안전 체크밸브(safety check valve)

안전 체크밸브는 제어밸브 속에 들어 있으며 엔진이 정지된 경우 또는 오일펌프의 고장, 회로에서의 오일 누출 등의 원인으로 유압이 발생하지 못할 때 조향핸들의 조작을 수동으로 할 수 있도록 해주는 밸브이다.

작동은 동력 조향장치가 고장이 났을 때 조향핸들을 조작하면 동력 실린더가 작용하여 실린더 한쪽 방의 오일에 압력을 가하면 반대쪽 방은 진공상태로 된다. 따라서 안전 체크밸브가 열려 압력이 가해진 쪽의 방의 오일이 진공 쪽의 방으로 유입되어 수동조작이 가능하도록 해준다.

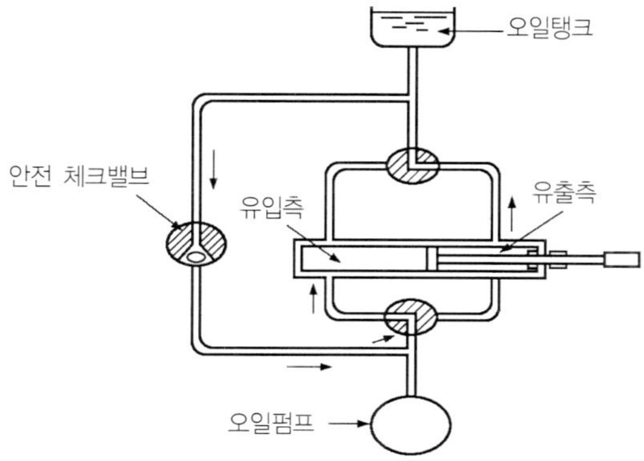

그림 18. 안전 체크밸브

2.4.4. 래크 & 피니언형 동력 조향장치의 작동

래크 & 피니언형 기계방식 조향장치에 오일펌프, 제어밸브 및 동력실린더를 부착한 것이며, 로터리형 제어밸브를 이용한다. 즉, 래크와 피니언의 하우징 자체를 동력실린더로 하고 오일펌프에서 발생한 유압을 제어밸브가 조절하여 배력시키는 형식이다.

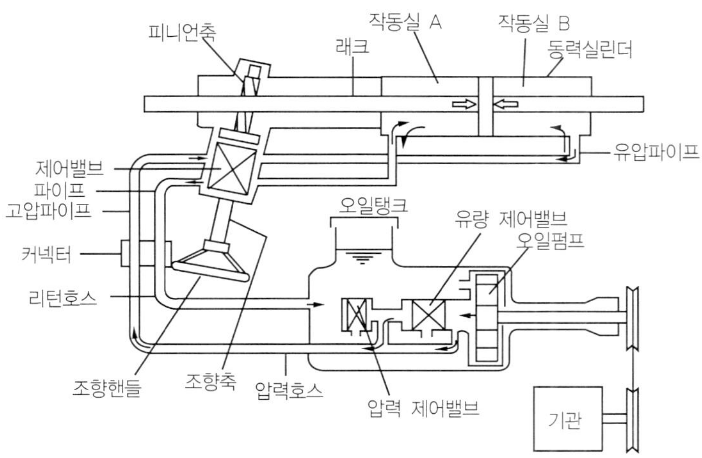

그림 19. 래크와 피니언형식 동력 조향장치의 작동

유량 제어밸브는 고속으로 주행할 때 저항이 큰 조향조작력을 확보하기 위해 엔진 회전속도에 대응하여 유량을 조절한다. 그리고 오일은 압력호스와 유압파이프를 거쳐 제어밸브로 들어가며, 운전자가 조향핸들을 돌리면 오일은 동력실린더의 A나 B로 들어가 래크를 왼쪽 또는 오른쪽으로 이동시켜 배력작용을 한다.

[1] 작동

① 구동벨트에 의해 오일펌프가 구동되어 압력이 가해진 오일이 배출된다.

② 배출된 오일은 오일펌프 내에 설치된 유량 제어밸브에서 엔진 회전속도 감응으로 적당하게 오일량이 조절되어 압력호스를 거쳐 제어밸브에 공급된다.

③ 조향핸들을 돌리면 피니언과 연결된 제어밸브가 작동하고, 조향방향에 따라 오일통로가 형성된다. 오일은 유압파이프를 통해 동력실린더 A에 공급되거나 유압파이프를 통하여 동력실린더 B에 공급된다.

④ 동력실린더 A에 오일이 공급될 때에는 동력실린더 B의 오일은 유압파이프, 제어밸브 및 리턴호스를 통해 오일탱크로 복귀하며, 동력실린더 B에 오일이 공급되면 동력실린더 A에 있던 오일은 유압파이프, 제어밸브 및 리턴호스를 통해 오일탱크로 복귀한다.

2.5. 전자제어 조향장치(electronic control power steering)

주차를 하거나 저속주행 중에서는 가볍고 부드러운 특성, 중·고속영역에서는 안정성을 얻을 수 있도록 적당히 무거워야 한다. 기존의 일반적인 유압방식 동력 조향장치(NPS : normal power steering)에서는 기계방식 조향장치에서 발생되었던 저속주행 및 주차할 때의 조향조작력 증가에 대한 문제를 해결할 수 있었으나 고속으로 주행할 때 도로면과의 접지력 저하에 따른 조향핸들의 조작력이 가벼워지는 단점이 있다. 즉 배력이 일정한 동력 조향장치에서는 저속영역의 특성을 중요시하면 고속영역에서 조향조작력이 가벼워 불안정하고, 고속영역 특성을 중요시하면 저속영역에서 조향조작력이 무거워진다.

따라서 기존의 일반적인 유압방식 동력 조향장치(NPS)에서는 상반되는 저·고속 두 조건의 요구특성을 만족시키기 어려우므로 저속과 고속영역 특성 양쪽의 최적 점에서 설계한다. 이와 같은 상반되는 저·고속영역 두 조건의 요구특성을 만족시키기 위해 전자제어 동력 조향장치(ECPS : electronic control power steering)가 개발되었다.

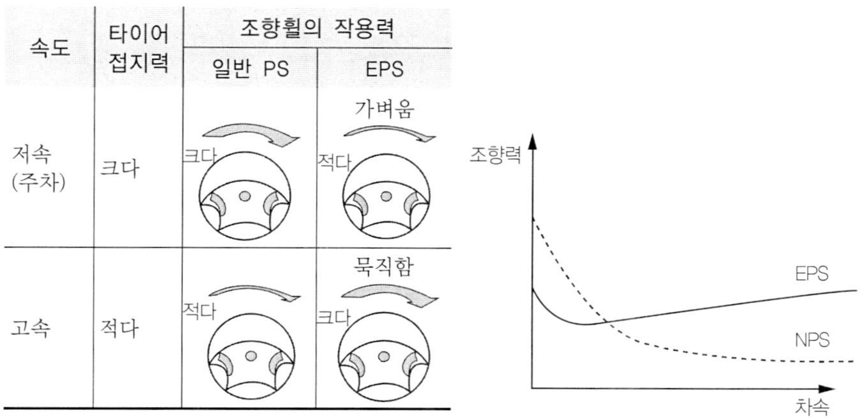

그림 20. 주행속도와 조향조작력의 관계

전자제어 동력 조향장치는 자동차의 주행속도에 따라 조향조작력을 적절히 변화시켜, 주차 또는 저속영역에는 조향조작력을 가볍게 하여 원활한 조향성능을, 고속영역에는 조향조작력을 무겁게 하여, 주행 안정성을 제공한다. 따라서 전자지어 동력 조향장치는 주행조건에 따른 조향특성을 최적화한 이상적인 장치라 할 수 있다.

[1] 전자제어 동력 조향장치의 구비조건

① 소형・경량이고, 내구성과 신뢰성이 클 것 간단한 구조일 것

② 작동이 원활하고, 고속주행 안정성이 있을 것

③ 광범위한 사용조건에 대한 정숙성과 안정성이 있을 것

[2] 전자제어 동력 조향장치의 특징

① 기존 동력 조향장치와 일체형이다.

② 기존 동력 조향장치의 변경 없이 사용할 수 있다.

③ 제어밸브에서 직접 입력회로 압력과 복귀회로 압력을 바이파스 시킨다.

④ 조향각도 및 횡가속도를 검출하여 캐치 업(catch up : 고속 또는 급조향을 할 때(유량이 적을 때) 조향하는 방향으로 잡아당기는 현상)을 보상한다.

[3] 전자제어 동력 조향장치의 효과

① 저속에서 편리하고 안정적인 핸들링이 가능하다.
② 고속으로 주행할 때 최적화 된 Load Contact에 의한 안전한 조향이 가능하다.
③ 정밀한 밸브제어에 의한 정교하고 민감한 핸들링이 가능하다.
④ 필요에 따라서 고속주행 상태에서 안전한 유압의 지원이 가능하다.
⑤ 마이크로 프로세스의 프로그래밍에 의한 자동차 특성과의 최적화가 가능하다.

[4] 전자제어 동력 조향장치(ECPS)의 기능

번호	기 능	내 용
1	차속감응 기능	자동차의 주행속도에 따른 최적의 조향 조작력을 제공한다.
2	조향각도, 각속도 검출 기능	조향 휠 각속도를 검출하여 중속 이상에서 급 조향을 할 때 발생되는 순간적 조향 휠의 걸림 현상(catch-up)을 방지하여 조향 불안감을 해소한다.
3	주차, 저속 영역에서 조향 조작력 감소 기능	자동차의 주차 또는 저속으로 주행할 때 조향 조작력을 가볍게 하여 조향을 용이하게 한다.
4	직진 안정 기능	고속으로 주행할 때 중립으로의 조향복원력을 증가시켜 직진 안정성을 도모한다.
5	롤링억제기능	주행속도에 따라 조향 조작력을 증가하여 빠른 조향에 따른 롤링의 영향을 방지한다.
6	FAIL-SAFE기능	축전지 전압변동, 주행속도 및 조향 휠 각속도 센서의 고장과 솔레노이드 제어 이상을 검출한다.

2.6. 유압방식 동력 조향장치(EPS : electronic power steering system)

2.6.1. 유압방식 동력 조향장치의 개요

유압방식 동력 조향장치(EPS)는 엔진에 의해 구동되는 유압펌프의 유압을 동력원으로 사용하는 기존의 일반적인 유압방식 동력 조향장치(NPS : normal power steering)에 유량제어 기구인 유량제어 솔레노이드밸브를 추가하여, 주행속도의 변화에 대응하여 조향기어 박스로 공급되는 유량을 적절하게 제어한다. 이 유량제어 솔레노이드밸브는 주행속도 및 조향핸들 각속도 센서의 정보를 입력받은 ECU에 의해 제어된다.

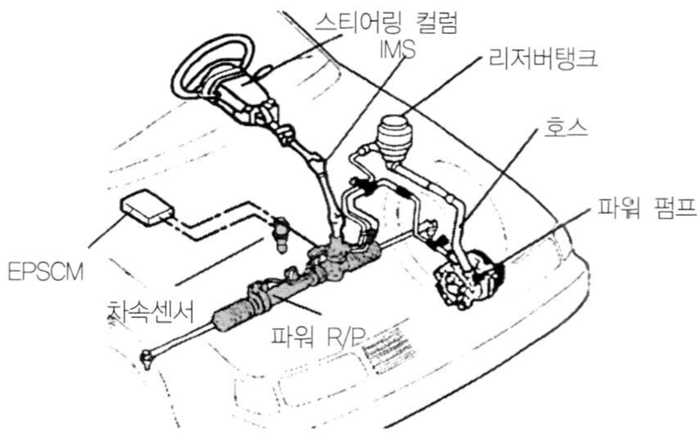

그림 21. 유압방식 동력 조향장치의 구조

2.6.2. 유압방식 동력 조향장치의 기본원리

[1] 정차 및 저속으로 주행할 때

정차 또는 저속으로 주행(0～60km/h)할 때에는 ECU에서 솔레노이드밸브로 약 1A의 전류가 공급되어 솔레노이드밸브에는 가장 큰 출력이 위쪽으로 작용한다. 이로 인해 압력 제어 밸브는 위쪽에 위치한 스프링을 압축하면서 상승하여 오일펌프의 유압이 작용하는 오일회로 A와 반력 플런저로 공급되는 오일회로 D를 차단하는 위치에 있게 되므로 반력 플런저에 작용하는 유압을 제어하면(이때의 유압은 0이다) 반력 플런저가 입력 쪽을 누르는 힘이 없기 때문에 가장 경쾌한 조향조작력을 얻을 수 있다.

[2] 중・고속으로 주행할 때

솔레노이드밸브 및 압력제어 밸브의 위치는 오일회로 A에서 오일회로 D로의 통로를 연다. 이 상태에서 조향핸들을 통상적인 조향범위 내에서 조작하면 오일펌프의 토출 압력은 저속 주행할 때와 같이 조향각도에 대해서 상승하기 때문에 조향조작력에 비례한 출력유압이 얻어져 중·고속 주행에서의 적절한 조향감각을 얻을 수 있다.

[3] 고속으로 주행할 때

솔레노이드밸브 위쪽에 가해지는 유압이 주행속도의 증가에 따라 감소하여 압력제어 밸브가 아래쪽으로 이동하여 오일회로 B가 열리면서 오일회로 D로 오일이 공급되어 반력 플런저 뒤쪽을 밀게 되므로 플런저가 유압의 입력을 막아 토션 바와 피니언이 일체가 되도록 하여 조향조작력이 무거워진다.

따라서 험한 도로를 주행하거나 타이어가 펑크 난 경우 등 도로면에서 큰 반력이 작용하면 펌프의 토출압력이 일반적인 조향의 경우보다 상승하여 반력 플런저에 작용하는 유압을 규정 값 이하로 제어한다. 이에 따라 주행할 때 도로면에서 큰 힘이 작용한 경우에도 조향조작력을 일정 값 이하로 제어하여 험한 도로를 주행해도 조향핸들을 놓치는 일이 없다.

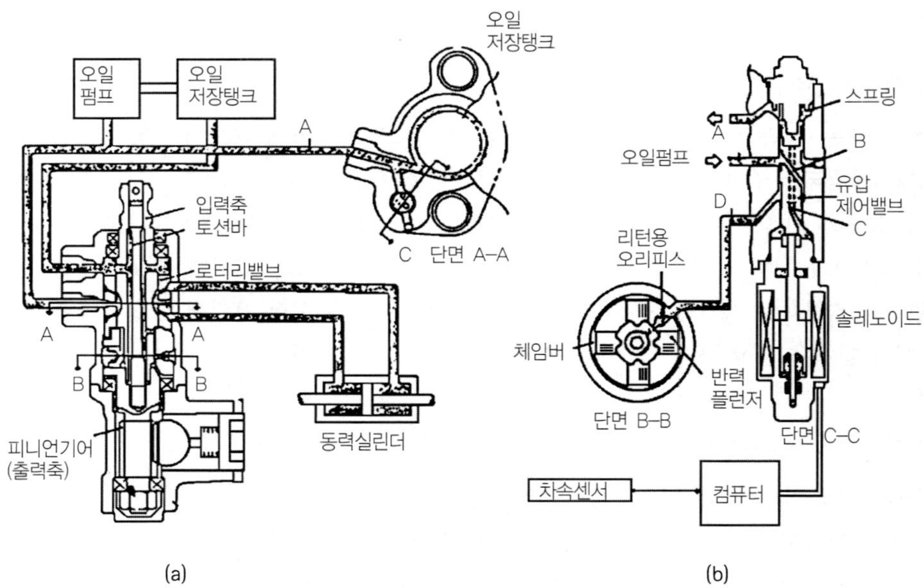

그림 22. 유압방식 동력 조향장치의 기본 원리도

2.6.3. 유압방식 동력 조향장치의 종류

[1] 유량제어방식(속도감응 제어방식)

유량제어방식 동력 조향장치에서는 차속센서 및 조향핸들 각속도 센서의 입력에 대응하여 ECU가 유량조절 솔레노이드밸브의 전류를 제어하여 조향기어박스에 유압(유량)을 조절함에 따라 주행속도에 따른 최적의 조향조작력을 실현한다. 즉, 메인밸브에서 공급된 유량을 바이패스(by-pass)하여 공급유량을 조절하여 특성의 변화를 얻는다. 특성의 가변폭은 밸브가 지니는 유량특성의 범위 내에서 있어 작고, 또 유량을 제어할 때 조향응답성의 저하 때문에 현재는 일부차종에서 사용되고 있다.

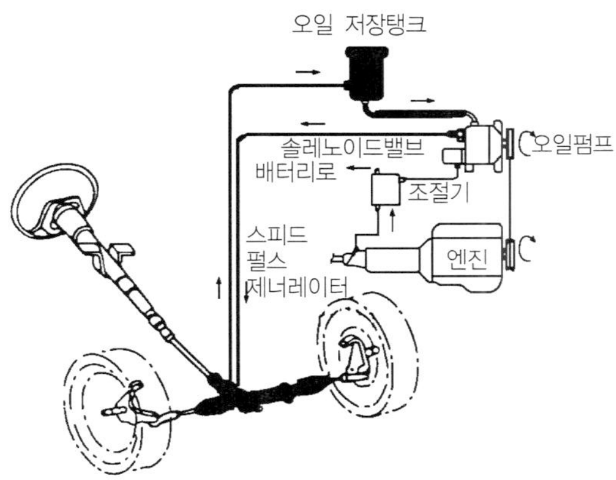

그림 23. 유량 제어방식의 구조

[2] 실린더 바이패스 제어방식

조향기어박스에 실린더 양쪽을 연결하는 바이패스밸브와 통로를 두고 주행속도의 상승에 따라 바이패스밸브의 면적을 확대하여 실린더 작용압력을 감소시켜 조향조작력을 제어하는 방식이다. 이 방식에서는 바이패스밸브 내의 흐름방향이 조향방향에 따라 역회전하므로 좌우의 특성을 갖추기 위해 설계 면과 제조 면에서 배려가 이루어져 있다.

급조향할 때 응답성 지연의 제약 및 대응방법은 유량제어 방식과 마찬가지이나 조향조작력의 변화량은 유량제어 방식보다 약간 크다. 바이패스밸브와 바이패스 통로를 조향기어박스에 설치해야 하므로 가격이 비싸다.

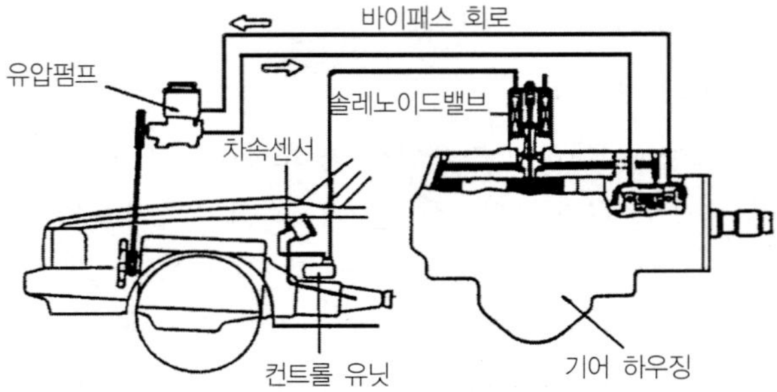

그림 24. 실린더 바이패스 제어방식

[3] 유압반력 제어방식

동력 조향장치의 밸브부분에 유압반력 제어 기구를 두고 유압반력 제어밸브에 의해 주행속도의 상승에 따라 유압 반력실에 도입하는 반력압력을 증가시켜 반력기구의 강성을 가변 제어하여 직접 조향조작력을 제어하는 방식이다. 조향조작력의 변화량은 반력압력의 제어에 의해 유압 반력기구의 용량 범위에서 임의의 크기가 주어지며 급조향할 때 응답지연의 문제가 없어 승용차에 바람직한 조향장치이다.

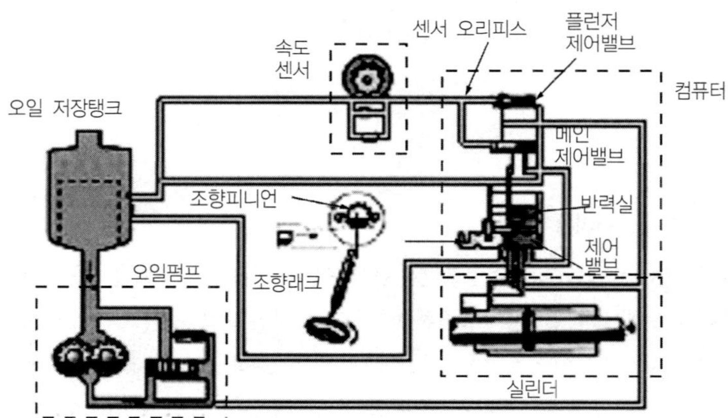

그림 25. 유압반력 제어방식의 구조

2.6.4. 유압방식 동력 조향장치의 구성요소

전자제어 동력 조향장치(ECPS)의 종류에는 여러 가지가 있지만 일반적인 구성은 ECU, 차속센서, 조향기어 박스로 되어있다. 또 조향기어 박스에는 주행속도 등에 의해 유량특성을 제어하는 유량제어 솔레노이드밸브가 설치되어 있다.

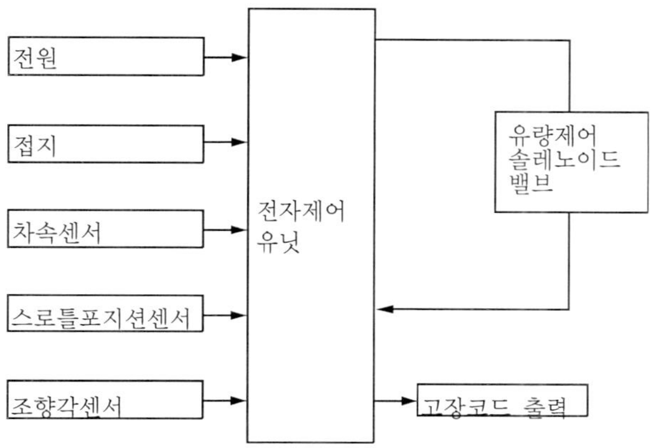

그림 26. 유압방식 동력 조향장치의 입·출력 구성도

[1] ECU

차속센서, 스로틀위치 센서, 조향핸들 각속도 센서로부터 정보를 입력받아 유량제어 솔레노이드밸브의 전류를 듀티 제어한다. 즉 유량제어 솔레노이드밸브에 저속으로 주행할 때에는 많은 전류를, 그리고 고속으로 주행할 때에는 적은 전류를 공급하여 유량제어밸브의 상승 및 하강을 제어하여 주행조건에 따른 최적의 조향조작력을 확보한다. 또 고장이 나면 안전모드로의 전환제어 및 고장코드를 출력하는 기능을 한다.

[2] 차속센서

차속센서는 주행속도에 따른 최적의 조향조작력으로 제어할 수 있도록 주행속도를 입력한다. 또 ECU는 차속센서가 고장일 때 중속의 조향조작력으로 일정하게 유지하여 고장이 나더라도 중속 이상에서의 주행안정성을 확보한다.

[3] 스로틀위치 센서

스로틀위치 센서는 스로틀보디에 설치되어 있으며, 운전자가 가속페달을 밟은 양을 검출하여 ECU에 입력시켜 차속센서의 고장을 검출하기 위해 사용된다. ECU는 스로틀밸브의 열림 정도가 일정 값 이상 열린 상태에서 주행속도가 입력되지 않는 경우, 차속센서 고장으로 판단한다. 일반적으로 차속센서가 고장나면 주행 안정성을 확보하기 위해 조향 조작력을 중속(조금 무겁게)조건으로 일정하게 유지한다.

[4] 조향핸들 각속도 센서

조향핸들 각속도 센서는 조향각속도를 검출하여, 중속 이상 조건에서 급조향할 때 발생되는 순간적 조향핸들 걸림 현상인 캐치 업(catch up)을 방지하여 조향 불안감을 해소하는 역할을 한다.

[5] 유량제어 솔레노이드밸브

유량제어 솔레노이드밸브는 주행속도와 조향각도 신호를 기초로 하여 최적상태의 유량을 제어한다. ECU는 공회전 또는 저속으로 주행할 때 유량제어 솔레노이드밸브에 큰 전류를 공급하여 스풀밸브가 상승하도록 하고, 고속으로 주행할 때에는 적은 전류를 공급하여 스풀밸브가 하강하도록 하여 입력 및 바이패스 통로의 개폐를 조절한다. 이와 같이 유량제어 솔레노이드밸브에서 유량을 제어하기 때문에 저속으로 주행할 때에는 가벼운 조향 조작력을, 고속으로 주행할 때에는 무거운 조향조작력이 되도록 변화시킨다.

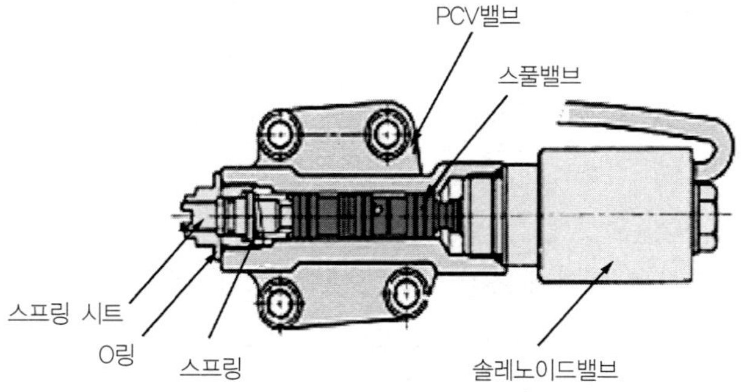

그림 27. 유량제어 솔레노이드밸브

2.7. 전동방식(motor driven power steering) 동력 조향장치

2.7.1. 전동방식 동력 조향장치의 개요

전동방식 동력 조향장치는 유압방식 동력조향장치에 비해 간단한 제어기구로 조향조작력 제어의 자유도를 넓히면서 가격과 무게감소, 그리고 작업성능 등이 향상되는 효과가 있으면서, 연료소비율 향상에 중점을 두고 있다.

전동방식 동력 조향장치는 자동차의 주행속도에 따라 조향핸들의 조향조작력을 전자제어로 전동기를 구동시켜 주차 또는 저속으로 주행할 때에는 조향조작력을 가볍게 해주고, 고속으로 주행할 때에는 조향조작력을 무겁게 하여 고속주행 안정성을 운전자에게 제공한다. 전동방식 동력 조향장치는 전동기를 이용하여 운전자의 조향조작력을 보조하는 장치로 MDPS(motor driven power steering)라 한다.

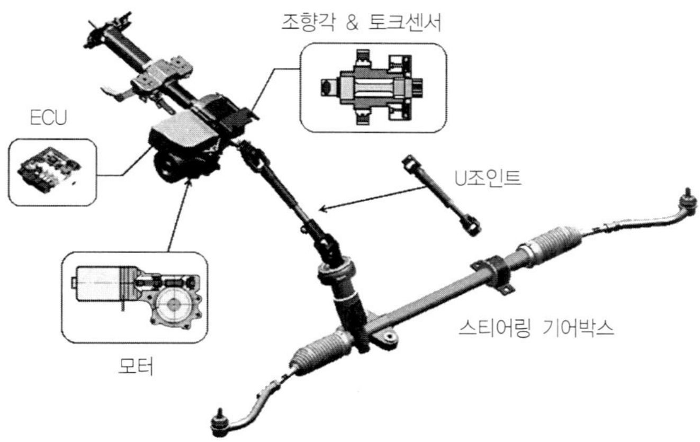

그림 28. 전동방식 동력 조향장치의 구성도

2.7.2. 전동방식 동력 조향장치의 특징

[1] 전동방식 동력 조향장치의 장점

① 연료소비율 저감과 낮은 에너지 소모 및 구조가 간단하다.

② 엔진의 가동이 정지된 때에도 조향조작력 증대가 가능하다.

③ 조향특성 튜닝이 쉽다.

④ 엔진룸 레이아웃 설정 및 모듈화가 쉽다.

⑤ 오일 및 유압제어 기구가 없어 환경 친화 및 소음저감 실현이 가능하다.

[2] 전동방식 동력 조향장치의 단점

① 전동기의 작동소음이 크고, 설치 자유도가 적다.
② 유압방식에 비하여 복원력 열세로 핸들링이 저하된다.
③ 회전력의 한계로 중·대형 자동차에는 사용이 불가능하다.
④ 조향성능 향상 및 낮은 관성의 전동기 개발이 필요하다.

2.7.3. 전동방식 동력 조향장치의 종류

[1] 조향칼럼 구동방식

전동기를 조향칼럼 축에 설치하고 클러치, 감속기구(웜 & 웜휠) 및 조향 토크센서 등을 통하여 조향조작력 증대를 수행한다(경형자동차 및 소형자동차에서 주로 사용). ECU가 차속센서, 조향 토크센서 등을 통하여 운전상황을 검출하여 전동기의 구동토크를 제어함으로서 적절한 조향조작력 증대를 수행한다.

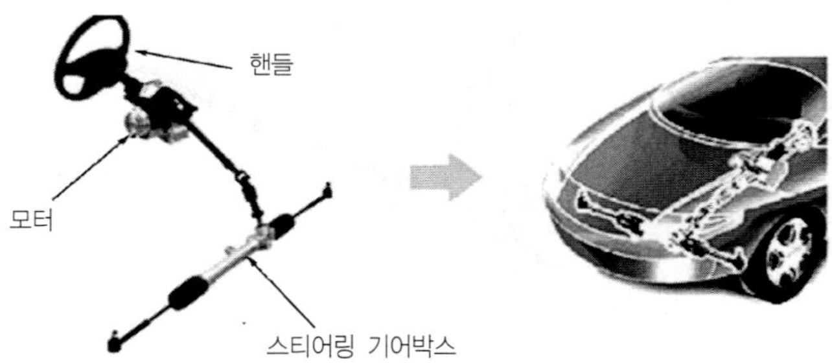

그림 29. 조향칼럼 구동방식의 구조

[2] 피니언 구동방식

전동기를 조향기어의 피니언 축에 설치하여 클러치, 감속기구(웜 & 웜휠) 및 조향 토크센서 등을 통하여 조향조작력 증대를 수행한다. ECU가 차속센서, 조향 토크센서 등을 통하여 운전상황을 검출하여 전동기의 구동토크를 제어함으로서 적절한 조향조작력 증대를 수행한다.

그림 30. 피니언 구동방식

[3] 래크 구동방식

전동기를 조향기어의 래크 축에 설치하고 감속기구(ball nut & ball screw) 및 조향 토크센서 등을 통하여 조향조작력 증대를 수행한다(중대형 승용차에 사용가능). ECU가 차속센서, 위치센서, 조향 토크센서 등을 통하여 운전상황을 검출하여 전동기의 구동 토크를 제어하며, 복원력 및 댐핑 제어로 킥백, 시미 등의 저감 및 최적 조향조작력 증대를 수행한다.

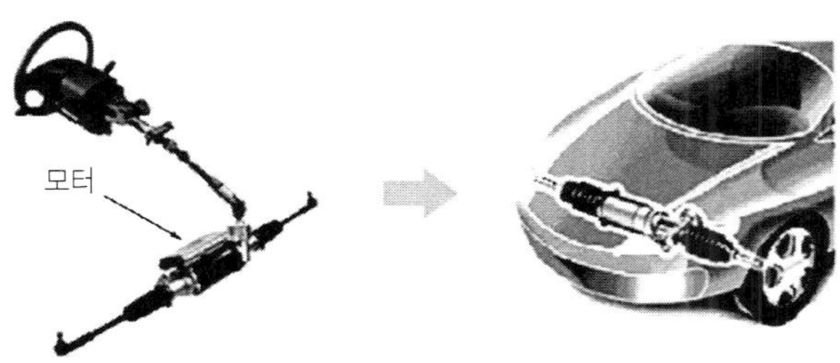

그림 31. 래크 구동방식

2.7.4. 전동방식 동력 조향장치의 구성 및 기능

전동방식 동력 조향장치에는 여러 종류가 있지만 그 제어방식이 비슷하므로 여기서는 칼럼방식 조향장치를 위주로 설명하도록 한다. 전동방식 동력 조향장치는 입력부분, 제어부분, 출력부분으로 구성되어 있다. 입력부분은 입력센서 신호로부터 운전 상황을 판단하는 역할을 하며, 제어부분은 입력센서의 정보를 바탕으로 ECU에 설정된 제어로직에 따라 출력부분을 제어한다.

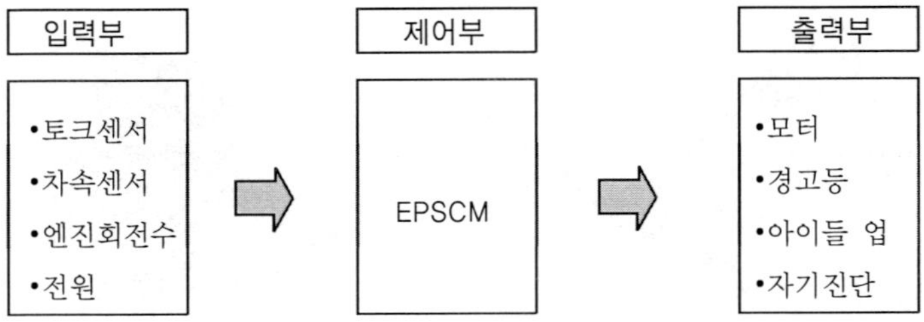

그림 32. 입 · 출력 다이어그램

출력부분은 ECU의 신호를 받아 전동기를 구동하며 경고등, 아이들 업(idle up), 자기진단 기능을 수행한다.

[1] 전동방식 동력 조향장치의 입력부분

(1) 차속센서

차속센서는 변속기 출력축에 설치되어 있으며 홀센서 방식이다. 주행속도에 따라 최적의 조향조작력(고속으로 주행할 때에는 무겁고, 저속으로 주행할 때에는 가볍게 제어)을 실현하기 위한 기준신호로 사용된다.

(2) 엔진 회전속도

엔진 회전속도는 전동기가 작동할 때 엔진 부하(발전기 부하)가 발생되므로 이를 보상하기 위한 신호로 사용되며, 엔진 ECU로 부터 엔진 회전속도를 입력받으며 500rpm 이상에서 정상적으로 작동한다.

(3) 조향 토크센서(steering torque sensor)

조향 토크센서는 조향 칼럼과 일체로 되어있으며, 운전자가 조향핸들을 돌려 조향 컬럼을 통해 래크와 피니언 그리고 바퀴를 돌릴 때 발생하는 토크를 측정한다. ECU는 조향 토크센서의 정보를 기본으로 조향조작력의 크기를 연산한다.

(4) 전동기 회전각도 센서(encoder)

전동기 회전각도 센서는 전동기 내에 위치하여 전동기(motor)의 로터(rotor)위치를 검출한다. 이 신호에 의해서 ECU는 전동기 출력의 위상을 결정한다.

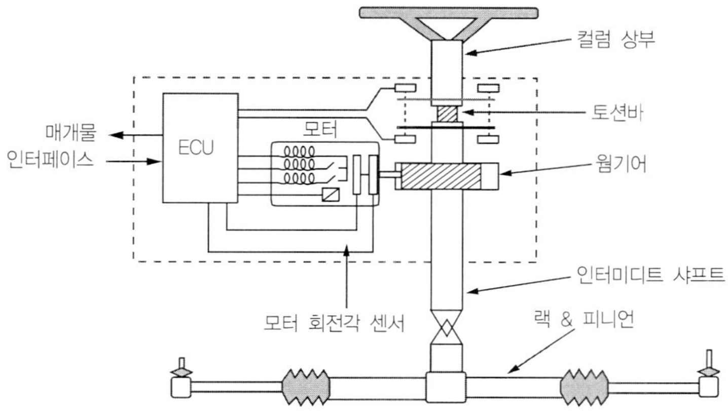

그림 33. 전동기 회전각도 센서

[2] 전동방식 동력 조향장치의 제어부분

ECU는 조향 토크센서의 신호에 의해 최적의 조향조작력을 제어하기 위해 설정된 제어 로직에 따라 출력부분의 전동기를 제어한다. 전동기 구동력은 조향핸들을 조작하는 토크에 비례하여 구동된다. 또 각종 신호를 모니터하고, 고장이 발생한 경우에는 수동 조작상태로 하는 페일세이프 기능을 가지고 있다.

삼상 전동기를 사용하므로 제어의 고속성능이 필요하여, 16bit 마이크로컴퓨터를 사용한다. 또 경고등 및 아이들 업 제어 등을 수행한다.

[3] 전동방식 동력 조향장치의 출력부분

(1) 전동기

전동기는 스테이터 쪽의 코일을 로터 쪽에 영구자석을 배치한 삼상 직류 브러시리스(brushless)전동기와 로터 안쪽에 래크 축과, 볼 너트를 설치하고, 너트의 회전(전동기의 회전)에 의해 래크 축과 일체로 된 볼 너트가 직선 운동한다.

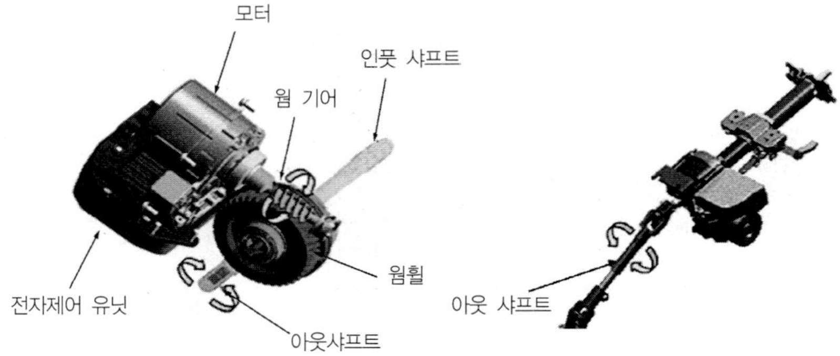

그림 34. 전동기의 구조

2.8. 4바퀴 조향장치(4wheel steering system)

2.8.1. 4바퀴 조향장치의 개요

4바퀴 조향장치(4wheel steering system)란 일반 자동차에서는 앞바퀴로만 조향하는데 비해 뒷바퀴도 조향작용을 하는 방식을 말한다. 2바퀴 조향장치의 자동차는 고속으로 주행하면서 선회할 때 앞바퀴에는 조향핸들의 작용에 의해 코너링 파워(corner ing power)가 발생하지만, 뒷바퀴는 차체의 옆 방향 미끄러짐이 발생하여야만 코너링 파워가 발생하므로 선회지연과 차체 뒤쪽이 심하게 흔들리는 경향이 있었으나, 4바퀴 조향장치는 고속에서 차로를 변경할 때 안정성이 향상되고, 차고(車庫)의 진입이나 U턴과 같은 회전을 할 때 회전 반지름이 작아져 운전이 쉬워진다.

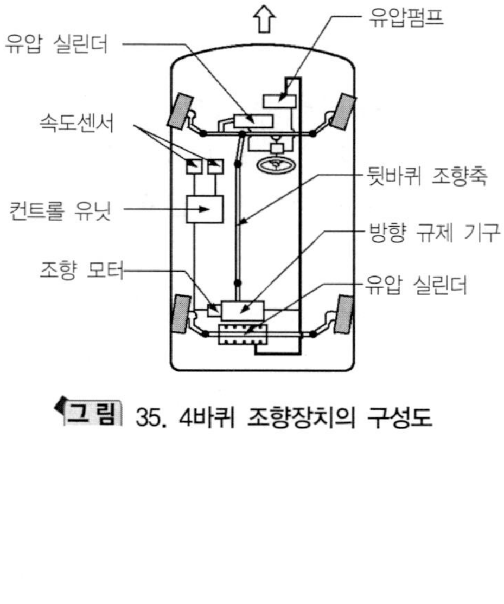

그림 35. 4바퀴 조향장치의 구성도

차량 주행역학의 가장 중요한 목표는 능동적인 안정도의 향상 즉, 조향성능(handling performance)과 승차감(driving comfort)의 향상이며, 4바퀴 조향장치는 4바퀴를 모두 조향하여 조향성능을 향상시킨다. 즉, 운전자가 조향핸들을 조작함에 따라 앞 차축에서 생기는 코너링 포스에 대하여, 동시에 뒤 차축에서도 해당 코너링 포스가 발생하도록 뒷바퀴 조향각도를 제어하여 차체 무게 중심에서의 "옆방향 미끄럼각도(side slip angle)"를 줄여 안정된 조향을 하도록 하는 장치이다.

또 원하는 자동차의 옆 방향 미끄럼각도 및 요속도(yaw speed)를 얻기 위해 자동차의 앞바퀴 조향각도 및 뒷바퀴 조향각도를 능동적으로 제어한다. 자동차의 주행속도, 조향핸들 조향각도, 요속도의 함수로 뒷바퀴 조향각도를 제어하는 방법과 뒷바퀴 조향각도 제어를 통하여 저속주행의 조종성과 고속주행에서 직진 안정성을 대폭적으로 향상 시켰다.

2.8.2. 4바퀴 조향장치의 효과

① 고속 직진성능이 향상되고, 차로 변경이 쉽다.

② 쾌적한 고속선회가 가능하며, 저속에서 선회를 할 때 최소 회전반지름이 감소한다.

③ 차고 진입 및 일렬주차가 편리하다.

2.8.3. 4바퀴 조향장치의 작동원리

4바퀴 조향장치의 ECU는 차속 센서의 신호를 받아 적절한 신호를 뒤 조향 컨트롤 박스(rear steering control box)의 컨트롤 전동기(조향용 전동기)로 보내 컨트롤 요크를 회전시키며, 앞바퀴 조향 각도에 따라 뒤 조향 축이 뒤 조향 컨트롤박스 내의 베벨기어를 회전시킨다. 또 컨트롤 요크와 베벨기어의 회전이 위상 제어기구 내에서 조합되어 컨트롤 밸브 로드(control valve rod)의 행정(stroke)양과 방향을 결정한다. 컨트롤밸브 내에서 오일회로가 변환되어 파워 로드(power rod)가 뒷바퀴를 조향한다.

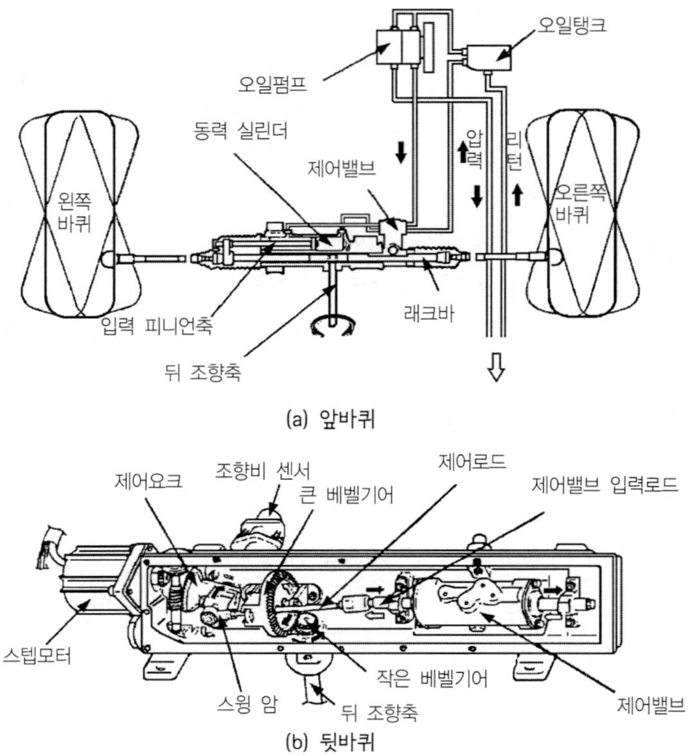

그림 36. 조향장치의 구조

2.8.4. 4바퀴 조향장치의 구성

4바퀴 조향장치의 중요한 구성장치는 ECU(컴퓨터), 차속센서, 조향 각도비율 센서, 액추에이터이다. 앞바퀴의 조향 상태를 액추에이터에 연결하고 있기 때문에, ECU에서의 신호에 의해 액추에이터가 작동하면, 뒷바퀴의 조향방향과 조향 양과의 관계를 유지한 상태에서 변경할 수 있다.

[1] 차속센서

차속센서와 ABS제어의 휠 스피드 센서(이 경우 왼쪽 앞바퀴용만을 사용한다)를 공용하고 있다. 이들의 센서에서 검출한 주행속도에 따라서, ECU가 뒷바퀴의 조향하는 양과 위상을 제어한다.

[2] 조향각도 비율 센서

조향각도 비율 센서는 액추에이터에 장치되어 있으며, 가변저항을 이용하고 있다. 전압값에 의해 액추에이터의 상태로서 앞바퀴의 조향에 대한 뒷바퀴의 조향방향, 조향 비율, 최대 조향조작 양이 검출된다.

[3] 액추에이터

액추에이터는 조향핸들의 회전에 의해 앞바퀴의 조향방향, 조향조작 양이 결정되면, 앞바퀴의 조향 기어에 설치된 출력 피니언이 회전하여 컨트롤밸브 로드를 거쳐서, 뒷바퀴의 조향기구에 전달된다. 뒷바퀴의 조향기구에는 액추에이터인 조향 전동기가 설치되어 있으며, 뒷바퀴의 릴레이 로드를 회전시켜, 앞바퀴의 조향방향, 조향조작 양을 증폭하여, 릴레이 로드를 좌우로 움직여 뒷바퀴를 조향한다.

[4] 4바퀴 조향장치의 제어방법

4바퀴 조향장치 제어는 같은 뒷바퀴의 조향특성을 실현하기 위해, 액추에이터인 조향 전동기를 작동시킨다. 40km/h 이하에서는 뒷바퀴를 역 위상으로 조향하고, 40km/h 이상에서는 뒷바퀴를 동 위상으로 조향한다.

이와 같이 주행속도에 따른 제어를 하지만, 실제로는 주행속도에 있는 폭을 가변 제어를 하기 위해, 그 범위 내에서는 액추에이터를 작동시키지 않는 방법으로 하고 있다. 또 4바퀴 조향장치 제어를 발전시켜 선회성능을 향상시키기 위해 항상 차체의 방향을 차량의 진행방향에 맞추는 형식도 있다. 즉 선회할 때에 있어서의 차량의 회전(yaw)을 센서로 검출하여, 이 회전운동을 억제하도록 뒷바퀴를 조향하는 형식이다. 이 장치에서는 앞바퀴의 조향 이외의 요인, 예를 들면, 가로방향의 바람이나 제동에 의한 영향으로 자동차가 회전한 경우에도 뒷바퀴가 조향되어 자동차의 안정성을 유지할 수 있다.

2.9. 얼라이먼트

2.9.1. 얼라이먼트의 개요

자동차의 바퀴의 설치위치가 제 위치에 있지 않을 경우에는 조향핸들이 흔들려 놓치거나 바퀴가 편 마모되는 등 주행성능에 좋지 않은 영향을 미친다.

따라서 자동차의 바퀴는 운전이 편리하도록 설치되어야 하며 안정성을 주어야 한다. 또 운전할 때 충격을 받더라도 즉시 복원되어야 한다.

이와 같은 조건을 만족시키기 위해서는 앞바퀴는 앞차축이나 조향축(또는 킹핀)등과 함께 일정한 위치를 유지하도록 설치하고 있다. 즉 앞바퀴 얼라이먼트란 자동차의 앞부분을 지지하는 앞바퀴를 어떤 기하학적인 관계를 두고 설치하는데 이와 같은 앞바퀴의 기하학적인 각도 관계를 말하며 캠버, 캐스터, 토인, 조향축(킹핀) 경사 등이 있다.

2.9.2. 앞바퀴 얼라인먼트 요소의 정의와 필요성

[1] 캠버(camber)

자동차의 앞바퀴를 앞에서 보았을 때 지면의 수직선과 바퀴의 중심선이 이루는 각도를 캠버라 하며, 그 각도를 캠버 각도라 한다. 캠버 각도는 일반적으로 +0.5~1.5° 정도이다. 그리고 바퀴가 차체의 바깥쪽으로 기울어진 상태를 정의 캠버(positive camber), 바퀴의 중심선이 수직일 때를 0의 캠버(zero camber), 바퀴가 차체 안쪽으로 기울어진 상태를 부의 캠버(negative camber)라 한다. 일반적으로 캠버는 정의 캠버로 되어 있으나 일부 특수 자동차에서는 부의 캠버로 하는 경우도 있다. 캠버의 작용은 다음과 같다.

① 조향축 경사각도와 함께 조향핸들의 조작을 가볍게 하기 위해서 이다. 이것은 조향축 경사각도와 함께 접지면의 중심과 조향축 연장선이 노면에서 교차하는 점과의 거리인 캠버 오프셋 량을 감소시켜 조향핸들의 조작력을 경감시킨다.

② 수직방향 하중에 의한 앞차축의 휨을 방지한다.

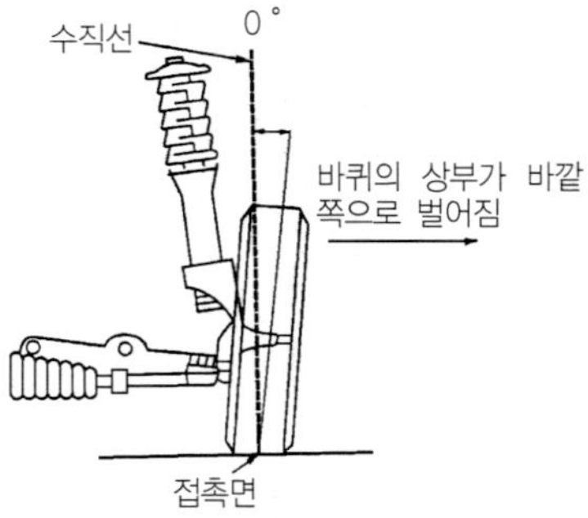

(a) 정의 캠버

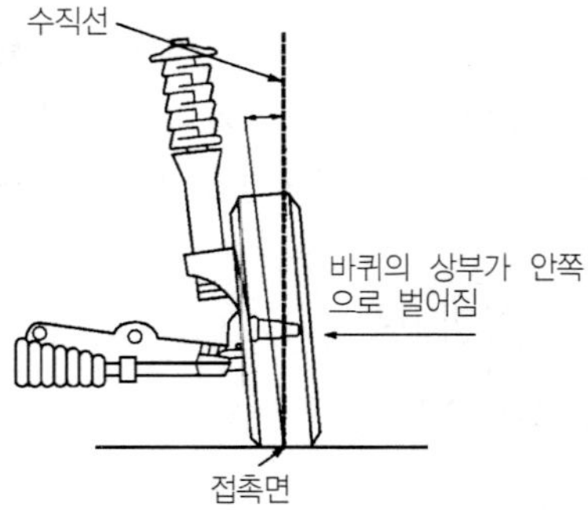

(b) 부의 캠버

그림 37. 캠버

③ 하중을 받았을 때 앞바퀴의 아래쪽(부의 캠버)이 벌어지는 것을 방지한다.

Tip 캠버 오프셋

바퀴 중심선이 지면과 접촉하는 점과 조향축 중심선의 연장선이 지면과 만나는 점과의 거리를 캠버 오프셋이라 하며, 약 30mm 정도가 가장 안정성이 좋은 것으로 알려져 있다. 캠버 오프셋이 크면 바퀴를 회전시키는 조향 조작력이 커지고 조향이 불안정하다.
반대로 캠버 오프셋이 너무 적으면 바퀴의 접지 면이 미끄럼마찰을 일으켜 조향핸들이 무거워진다. 캠버 오프셋은 킹핀 오프셋 또는 스크러브 레디어스(scrub radius)라고도 한다.

[2] 캐스터(caster)

자동차의 앞바퀴를 옆에서 보았을 때 조향축(일체 차축방식에서는 킹핀)이 지면의 수직선과 어떤 각도를 두고 설치되는데 이를 캐스터라 하며 그 각도를 캐스터 각도라 한다.

캐스터 각도는 일반적으로 +1~3° 정도이다. 조향축(킹핀) 중심선과 지면이 만나는 교차점이 바퀴 수직 중심선의 접지 점보다 앞으로 기울어져 있으면 정의(+) 캐스터, 조향축의 중심선이 수직선과 일치된 상태를 0의 캐스터, 조향축 중심선과 지면과 만나는 교차점이 바퀴 수직 중심선의 접지 점보다 뒤쪽으로 기울어진 상태를 부의(-) 캐스터라 한다. 캐스터의 역할은 다음과 같다.

① 주행 중 앞바퀴에 방향성을 준다.

② 조향하였을 때 직진방향으로의 복원력을 준다.

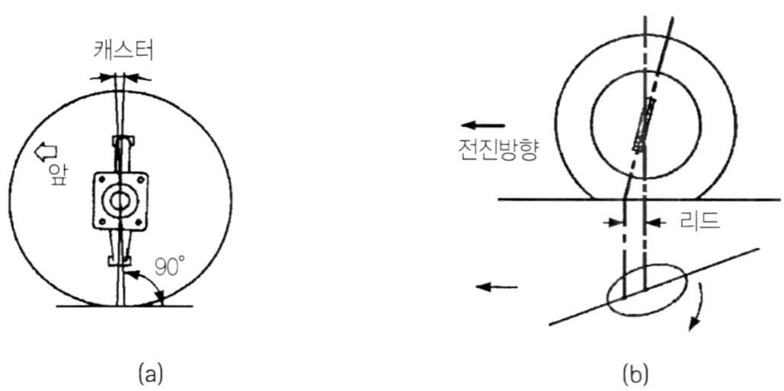

그림 38. 캐스터

[3] 토인(toe-in)

캠버에 의해 앞바퀴는 바깥쪽으로 벌어지면서 구르려고 한다. 이와 같이 바퀴가 바깥쪽으로 벌어지는 것을 방지하기 위하여 앞바퀴의 앞쪽을 뒤쪽보다 좁게 하면 바퀴는 안쪽으로 오므려지면서 구르려 한다. 따라서 캠버에 의해 바깥쪽을 향해 굴러가려는 것과 상쇄되어 바퀴는 옆방향 미끄러짐 없이 직진방향으로 굴러갈 수 있다. 이와 같이 자동차가 직진방향으로 똑바로 굴러갈 수 있도록 앞쪽이 좁게된 상태를 토인이라 한다.

반대로 앞바퀴의 앞쪽이 넓게 된 것을 토아웃이라 한다. 일반적으로 토인으로 설치된 경우가 많으며, 이것은 캠버 각도와의 관계에 의해 결정되는데 일반적으로 2~6mm 정도이다. 토인의 역할은 다음과 같다.

① 앞바퀴를 평행하게 회전시킨다. 앞바퀴는 주행할 때 캠버로 인하여 양쪽 바퀴가 바깥쪽을 향하여 벌어지려는 경향이 발생하므로 토인을 두어 바퀴가 직진방향으로 회전하도록 한다.

② 앞바퀴의 사이드 미끄러짐(side slip)과 타이어 마멸을 방지한다.

③ 조향 링키지 마멸에 따라 토 아웃(toe-out)이 되는 것을 방지한다.

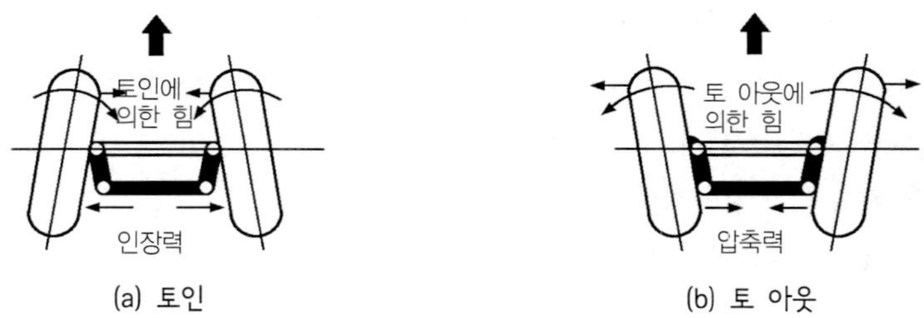

그림 39. 토인과 토 아웃

[4] 조향축 경사각도(킹핀 경사각도)

자동차의 앞바퀴는 조향핸들의 조작에 따라 조향축을 중심으로 회전하도록 되어 있다. 조향축 경사각도는 바퀴를 앞에서 보았을 때 조향축이 지면의 수직선과 이루는 각도를 말하며, 독립 현가방식의 위시본 형식에서는 위 컨트롤 암과 아래 컨트롤 암의 볼 이음 중심을 이은 선이 조향축이 되며, 맥퍼슨 형식에서는 스트럿 중심선이 조향축이 된다. 조향축 경사각도는 캠버 오프셋과 밀접한 관계가 있다.

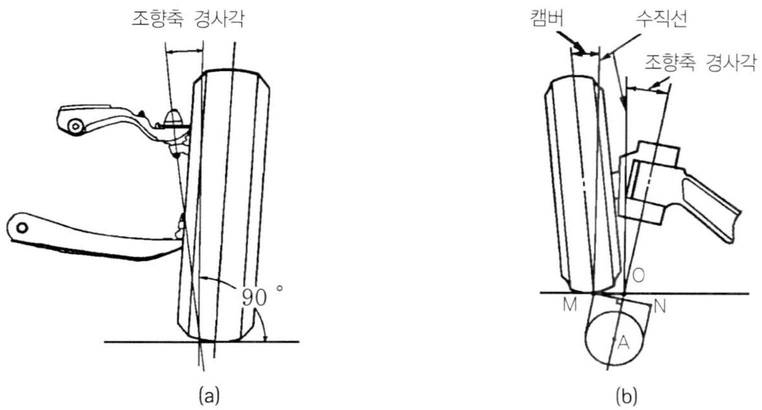

그림 40. 조향축 경사각도

만약 조향축 경사각도가 없으면 캠버 오프셋이 커지기 때문에 바퀴가 지면과의 저항으로 바퀴를 회전시키려는 힘이 작용하여 조향핸들이 불안정하게 된다. 조향축 경사각도의 작용은 다음과 같다.

① 캠버와 함께 조향핸들의 조작력을 가볍게 한다.

② 캐스터와 함께 앞바퀴에 복원성을 부여한다.

③ 앞바퀴가 시미(shimmy)현상을 일으키지 않도록 한다.

또 캠버 각도와 조향축 경사 각도를 합한 각도를 협각(included angle)이라 하며 이 각도의 크기에 따라 타이어 중심선과 조향축 연장선이 만나는 점이 결정된다. 이들이 만나는 점이 노면 밑에 있으면 토 아웃의 경향이 발생하고, 노면 위에 있으면 토인의 경향이 발생한다.

[5] 선회할 때의 토 아웃(toe-out on turning)

자동차가 커브 길을 선회할 때 애커먼 장토방식의 원리에 따라 모든 바퀴가 동심원을 그리려면 안쪽 바퀴의 조향각도가 바깥쪽 바퀴의 조향 각도보다 커야 한다. 즉, 자동차가 선회할 경우에는 토 아웃이 되어야 하는데 이 관계는 너클 암, 타이로드 및 피트먼 암에 의해 결정된다. 그러므로 조향축 바깥쪽 바퀴의 조향각도가 20 ° 일 때 조향축 안쪽바퀴의 조향각과의 차이를 선회할 때의 토 아웃 각도라 한다.

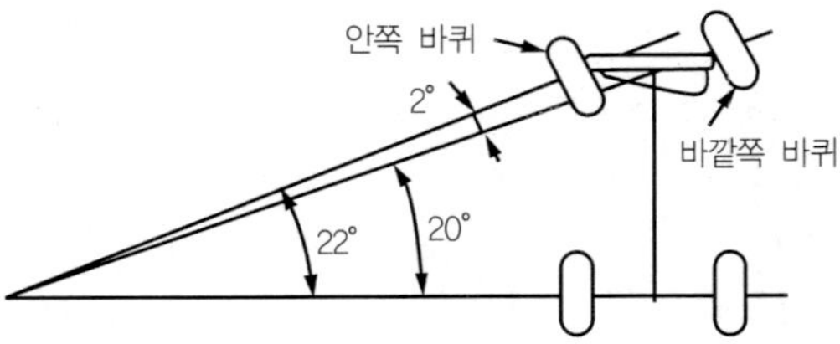

그림 41. 선회할 때 토 아웃

2.9.3. 올 휠 얼라이먼트(all wheel alignment)

올 휠 얼라이먼트는 앞바퀴 얼라이먼트를 중심으로 하여 뒷바퀴의 얼라이먼트를 포함한 4바퀴 총합의 정렬을 말한다. 또 4바퀴 각각의 얼라이먼트가 정상이어도 앞차축과 뒤차축의 위치가 차체에 대하여 정확하게 정렬되어야 주행 안정성 및 조향 조작력이 확보된다.

[1] 프런트 셋백(front set-back)

휠 셋백(wheel set-back)이라고도 하며, 앞・뒷차축의 평행정도를 나타낸다. 뒤 차축을 기준으로 하여 앞차축의 양쪽 바퀴가 상대적으로 앞 또는 뒤로 처져있는 정도(거리)를 표시한다. 우측바퀴가 앞에 있으면 프런트 셋백 값이 양(+)의 값이 되며, 좌측바퀴가 앞에 있으면 음(-)의 값이 된다. 앞 차축과 뒤 차축이 평행하면 제로 셋백(또는 셋백 제로)라고 하며, 보통 0.6cm(1/4inch) 이내이면 양호한 상태이다. 프런트 셋백 값이 클 경우 조향핸들이 한쪽으로 쏠리는 원인이 된다. 아래 그림은 (-)셋백 값을 나타낸다.

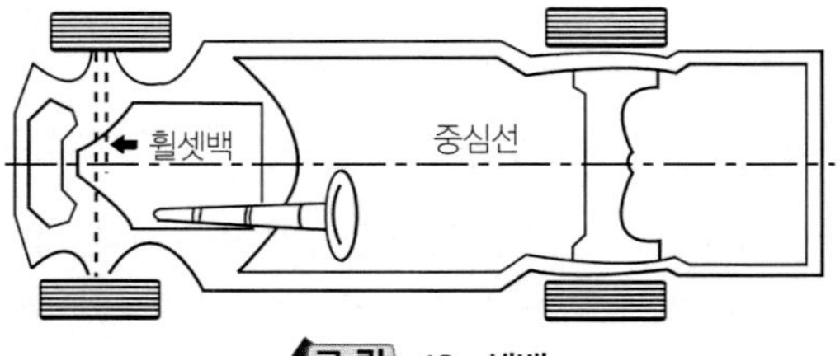

그림 42. 셋백

[2] 뒷바퀴 얼라이먼트(rear wheel alignment)

뒷바퀴의 얼라이먼트는 캠버와 토 각도로 이루어진다. 캠버는 앞바퀴와 공통으로 하여야 하며, 토 각도에 대해서는 4WS(4wheel steering) 자동차를 제외하고는 조향장치를 조작하기 때문에 앞바퀴의 안쪽을 분할하여 좌우에는 각각 독립된 수치가 주어야 한다. 뒷바퀴 얼라이먼트는 자동차의 진행방향을 결정하여 주행 안정성이나 앞바퀴 얼라이먼트에 영향을 미치지 않도록 한다.

[3] 차축 오프셋

앞·뒤 차축을 평행하도록 하고 차량 중심선에 대하여 차축 중심선을 일치시키지 않고 서로 좌우로 엇갈리게 되어 있는 상태를 차축 오프셋이라 한다. 차축 오프셋은 좌우 축거의 측정값에 가산하여 4바퀴의 타이어 접지 중심점 대각선상의 거리차이를 구하여야 하며, 축거의 차이가 발생된 경우에는 선회할 때 좌우 회전 반지름의 차이가 발생되어 앞지르기를 할 때 영향을 미친다.

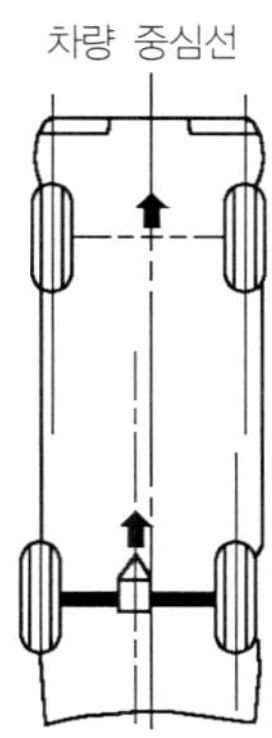

그림 43. 차축 오프셋

[4] 스러스트 각도(thrust angle)

차량 중심선과 바퀴의 진행선이 이루는 각으로 뒷바퀴의 진행선은 뒷바퀴의 토인과 토 아웃에 의해서 결정된다. 뒤 좌우 바퀴의 토인과 토 아웃 차이의 크기가 커지는 정도에 따라서 스러스트 각도는 커지며, 자동차의 기울기가 진행되는 것을 방지하고 스러스트 각도는 0을 요구하지만 일반적으로 10° 이하로 설정되어 있다.

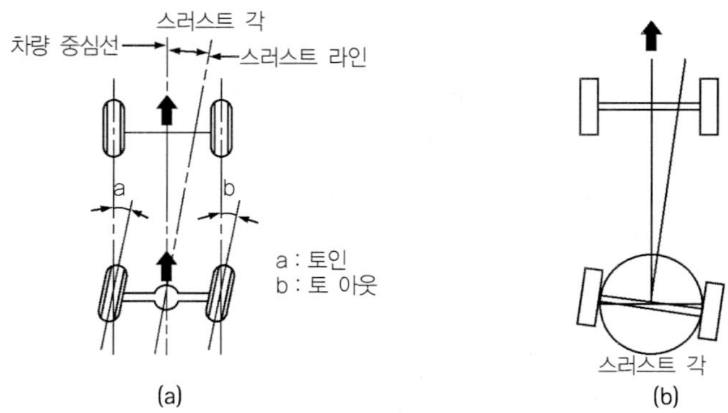

그림 44. 스러스트 각도

3. 조향장치 실습

안전 및 주의사항

1. 조향장치 관련 장치 정비 전 정비지침서를 숙지하여 실습순서를 정하고 공구 및 실습 기기와 재료 등을 충분히 준비한다.
2. 실습장 및 주위를 깨끗이 정리정돈하고 유류 등의 인화성물질은 안전하게 별도로 보관하며 소화기를 비치하여 화재사고에 대비한다.
3. 조향장치 관련 장치 정비시작 전 안전교육을 실시한다.
4. 복잡한 부분을 분해할 경우에는 조립작업을 쉽게 하기 위하여 기능상이나 외관상 악영향이 없는 부분에 각인(刻印) 또는 조립 표시등을 하여 둔다.
5. 자동차를 자동차 리프트로 들어 올릴 때는 주변의 안전 상태를 확인해야 한다.
6. 부품을 분해하면서 조립되었던 상태 · 변형 · 오작동부분 및 손상 등을 점검한다.
7. 분해한 부품은 순서대로 잘 정리하여야 하며 또 교환하여야 하는 부품과 다시 사용할 부품을 구분하여 정리하고 다시 사용할 부품은 충분히 청소 및 세척을 한다.
8. 정비시 오일 및 부품을 떨어지지 않도록 하며 작업장 바닥에 이물질이 있으면 즉시 닦아낸다.
9. 볼트 및 너트 체결시 적절한 공구를 사용하여 무리한 힘을 가하지 말고 정비지침서에 규정된 토크로 조인다.
10. 자동차의 도장 등이 손상되지 않도록 펜더 덮개를 씌우고 작업하여야 한다.
11. 전기장치 및 에어백 보호를 위해 축전지 (-)단자를 떼어낸 후 작업을 실시한다.
12. 실습 종료 후 실습장 주위의 정리정돈을 깨끗이 한다.

실습기기 및 재료

공구 및 측정기기

일반 공구세트, 특수공구, 작업등, 에어공구, 전동공구, 토크렌치, 바이스, 프레스, V블록, 고임목, 리프트, 안전스탠드, 다이얼 게이지, 버니어 캘리퍼스, 트램 트랙킹게이지, 직각자, 토인게이지, 줄자, 스프링 저울, 조향핸들 풀러, 휠 얼라이먼트, 안전보호구(방독면, 방진마스크, 보안경, 보호 장갑, 방진 보호복, 작업복)

실습재료

조향장치 교환부품, 파워스티어링 오일, 세척유, 그리스, 걸레, 동력조향장치 장착 차량, 전동방식 동력 조향장치 장착 차량

기타

정비지침서, 장비 및 공구 사용설명서

3.1. 조향장치의 고장진단

고장현상	원 인	정 비
스티어링 휠의 유격이 과다하다.	요크 플러그가 풀림	재조임
	스티어링 기어 장착볼트의 풀림	재조임
	타이로드 엔드의 볼 스터드 마모, 풀림	재조임 혹은 필요시 교환
	조인트 체결 볼트 풀림	재조임
스티어링 휠의 작동이 무겁다.	V-벨트가 미끄러짐	점검
	V-벨트의 손상	교환
	오일 수준이 낮음	오일을 채움
	오일 내에 공기가 유입됨	공기빼기 작업
	호스가 뒤틀리거나 손상됨	호스 수리 혹은 교환
	오일펌프의 압력 부족	수리 혹은 오일펌프 교환
	컨트롤밸브의 고착	교환
	오일펌프에서 오일이 누설됨	손상품 교환
	기어박스의 랙 및 피니언에서 오일이 과도하게 누설됨	손상품 교환
	기어박스 혹은 밸브가 휘거나 손상됨	교환

고장현상	원 인	정 비
스티어링 휠이 적절히 복원하지 않는다.	타이로드 볼 조인트의 회전저항이 과도함	교환
	요크 플러그의 과도한 조임	조정
	내측 타이로드 및 볼 조인트 불량	교환
	기어박스와 크로스 멤버의 체결이 풀림	조임
	스티어링 샤프트 및 보디 그로메트의 마모	수리 혹은 교환
	랙이 휨	교환
	피니언 베어링이 손상됨	교환
	호스가 비틀리거나 손상됨	호스 수리 혹은 교환
	오일 압력 조절밸브가 손상됨	교환
	오일펌프 압력 샤프트 베어링의 손상	교환
랙과 피니언에서 덜거덕 거리거나 삐거덕 거리는 소음 발생	차체보디와 호스가 간섭됨	재배선
	기어박스 브래킷이 풀림	재조임
	타이로드 엔드 볼 조인트의 풀림	재조임
	타이로드 엔드 볼 조인트의 마모	교환
오일펌프에서 비정상적인 소음이 난다.	오일이 부족함	오일 보충
	오일내 공기가 유입됨	공기빼기 작업
	펌프 장착볼트가 풀림	재조임

3. 2. 조향축 어셈블리 정비

3.2.1. 조향축 어셈블리 탈거

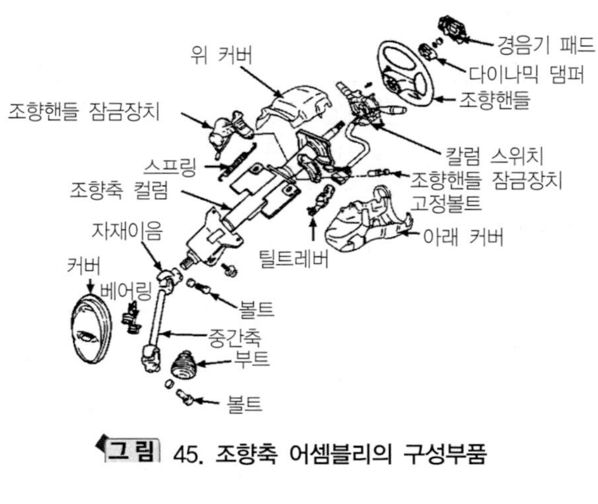

그림 45. 조향축 어셈블리의 구성부품

① 조향핸들에서 경음기 버튼 커버를 탈거한다. 에어백설치 자동차의 경우에는 에어백 모듈을 탈거한다.
② 조향핸들의 핸들 고정너트를 푼 후 조향축과 조향핸들에 조립마크를 표시한다.
③ 조향핸들 풀러를 사용하여 조향핸들 고정너트를 풀고 조향핸들을 탈거한다.

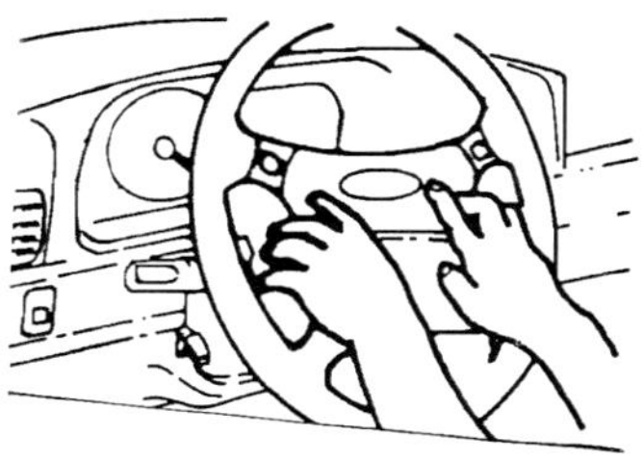

그림 46. 경음기 버튼 커버 탈거

그림 47. 조향핸들 탈거

④ 로워 크래시 패드를 떼어내고 마운팅 브래킷을 탈거한다.
⑤ 다기능 스위치에 부착되어 있는 커넥터를 분리하고 클립을 푼다.
⑥ 조향칼럼의 위·아래 커버를 탈거한다.
⑦ 다기능 스위치 어셈블리를 탈거한다.

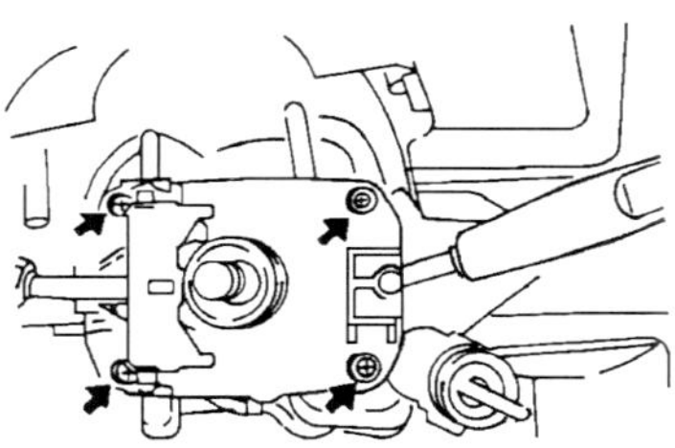

그림 48. 다기능스위치 어셈블리 탈거

⑧ 자재이음과 피니언을 연결한 볼트를 푼다.
⑨ 조향기둥 아래 브래킷 볼트와 너트를 푼 다음 조향칼럼과 조향축 어셈블리를 탈거한다.

3.2.2. 조향축 어셈블리 분리

① 점화스위치 키 로크(key lock) 어셈블리를 탈거할 때에는 펀치로 특수 볼트의 헤드에 홈을 만들고 스크루드라이버로 키 어셈블리 마운팅 브래킷을 탈거한다.

② 자재이음 어셈블리와 조향 칼럼축 어셈블리의 볼트를 풀고 조향 칼럼축 어셈블리에서 자재이음 어셈블리를 분리한다.

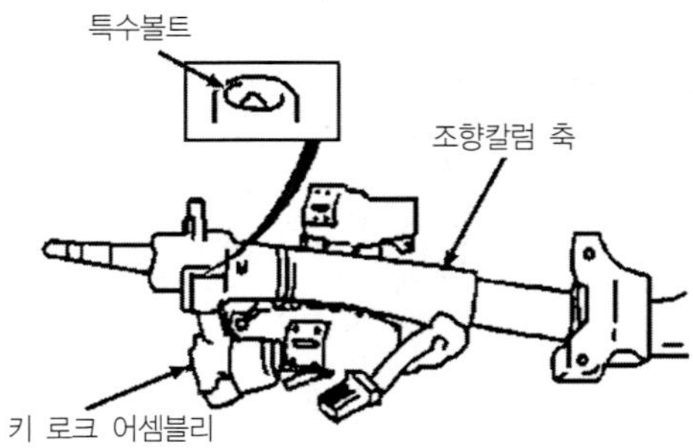

그림 49. 키 로크 어셈블리 탈거

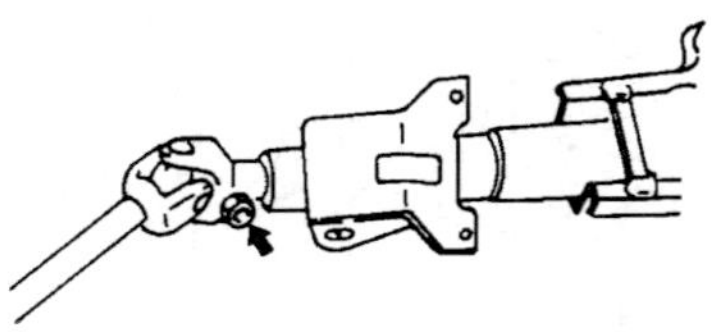

그림 50. 조향 칼럼축 어셈블리와 자재이음 분리

3.2.3. 조향축 어셈블리 점검

① 조향축의 길이와 축 방향에 대한 흔들림을 점검한다.

② 연결부분의 유격, 손상, 마멸, 회전상태 등을 점검한다.

③ 볼 조인트, 베어링의 마멸과 손상에 대해 점검한다. 이때 볼 조인트나 베어링에 결함이 있으면 교환한다.

3.2.4. 조향축 어셈블리 장착

① 조향칼럼과 조향축 어셈블리를 차체 안으로 끼우고, 규정 토크로 볼트, 너트를 조인다.

② 자재이음과 피니언을 볼트로 연결한 다음, 다기능스위치 어셈블리를 설치한다.

③ 다기능 스위치에 부착되어 있는 커넥터를 끼우고, 로워 크래시 패드 및 마운팅 브래킷을 조립한다.

④ 조향핸들을 결합표시에 맞추어 조향축에 조향핸들을 조립한 후 고정너트를 규정 토크로 죈다. 이때 앞바퀴의 전진위치와 조향핸들의 방향이 일치하도록 하고, 회전상태가 원활한지를 점검한다.

⑤ 경음기 버튼 커버(에어백 모듈)를 끼운다.

⑥ 축전지 (-)단자를 연결하고 경음기와 다기능스위치의 작동 여부를 확인한다.

3.3. 조향기어 및 기구의 정비(래크와 피니언형식)

3.3.1. 조향기어 탈거

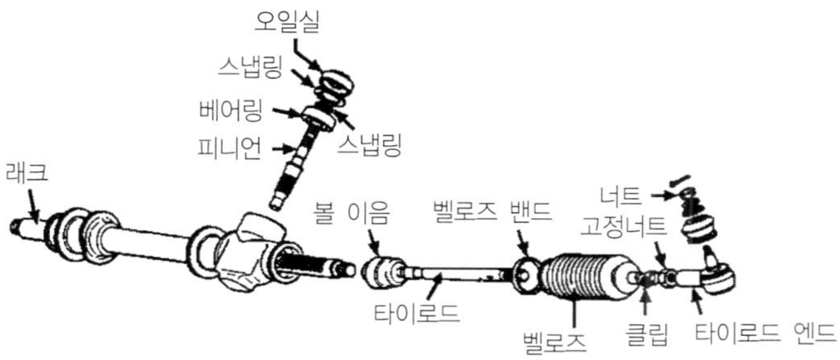

그림 51. 조향기어 박스의 구성부품

① 잭을 이용하여 자동차를 들어 올린 후 안전 스탠드로 지지한다.

② 좌우 바퀴를 떼어낸 후 조향축과 연결된 자재이음을 분리한다.

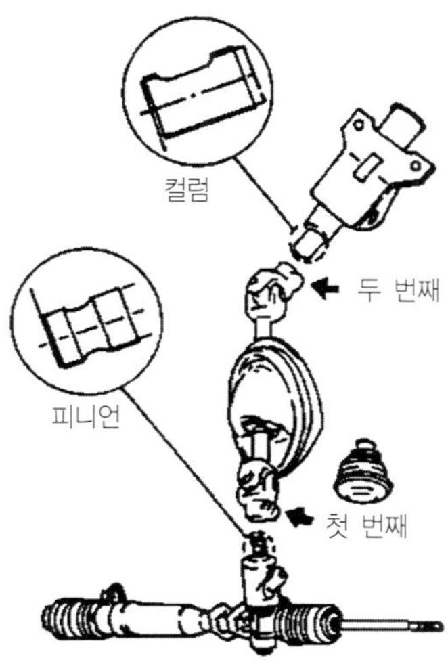

그림 52. 자재이음과 조향축 분리

③ 분할 핀을 빼낸 후 타이로드 앤드 풀러를 이용하여 조향 너클에서 타이로드 앤드를 분리한다.

④ 고정볼트를 풀고 조향기어 박스를 탈거한다.

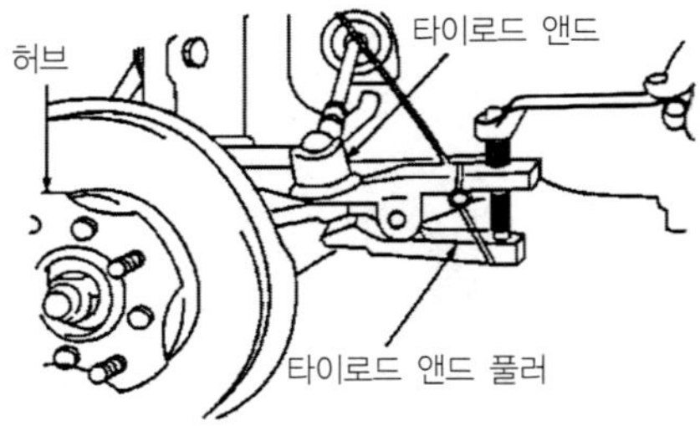

그림 53. 타이로드 앤드 분리

3.3.2. 조향기어 박스 장착

① 조향기어 박스에 고무 마운팅을 설치한다.

② 래크와 피니언 어셈블리를 크로스 멤버에 설치한다. 이 때 래크와 피니언 어셈블리가 기울어지거나 비틀리지 않도록 주의한다. 고정 볼트를 과다하게 죄지 않도록 한다. 과다하게 죄면 조향 조작에 영향을 미치는 경우가 있다.

③ 자재이음을 피니언에 연결한다.

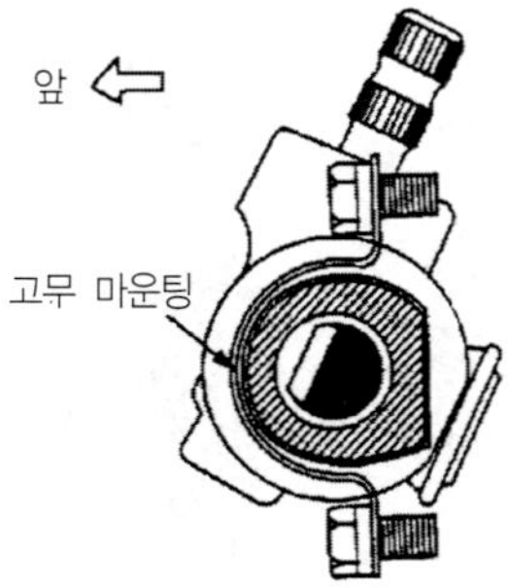

그림 54. 고무 마운팅 설치

④ 타이로드를 조향 너클 암에 부착한 후 너트를 규정토크로 조이고, 코터 핀으로 고정한다.

⑤ 앞바퀴 얼라이먼트를 점검하고, 바퀴의 조향각도와 조향핸들의 위치를 확인한다.

⑥ 벨로즈가 비틀리지 않은가를 확인하고, 벨로즈 끝 부분에 클립을 끼운다.

3.3.3. 조향핸들 유격점검 및 조정방법

① 앞바퀴가 직진방향이 되도록 한다.

② 조향핸들에 표시를 한 후 곧은자를 설치한다.

③ 조향핸들을 좌우로 가볍게 회전시켜 원둘레 방향의 유격을 측정한다. 이때 바퀴가 움직여서는 안 된다. 차종에 따라서 다르나 약 0~30mm 정도이다.

④ 측정값이 규정 값 이상이면 요크 플러그를 이용하여 조정한다. 요크 플러그를 오른쪽으로 회전시키면 유격이 감소하고, 왼쪽으로 돌리면 커진다.

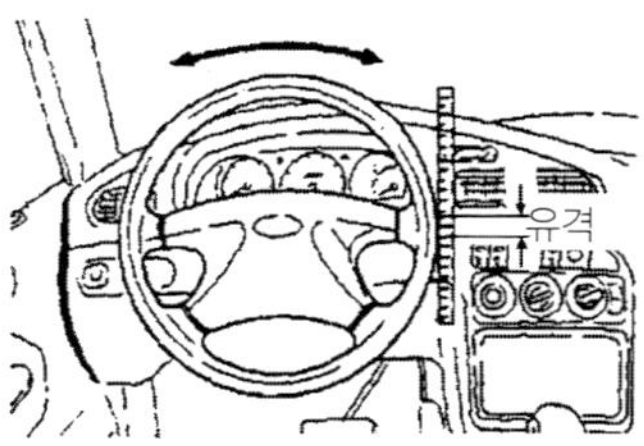

(a)

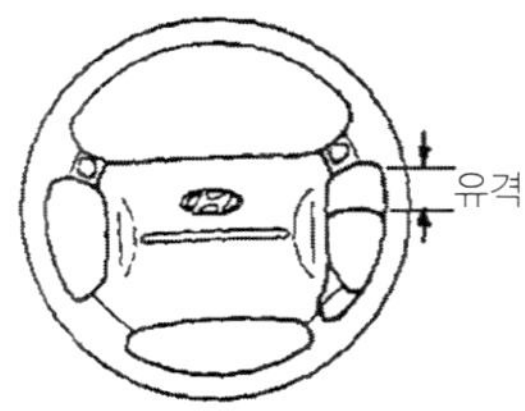

(b)

그림 55. 조향핸들 유격점검

3.3.4. 조향핸들 프리로드 점검

① 잭을 이용하여 자동차를 들어 올린 후 안전 스탠드로 지지한다.

② 조향핸들을 좌우로 완전히 돌렸다가 직진상태로 한다.

③ 조향핸들에 스프링 저울을 조향핸들 중심과 직각이 되도록 설치한다.

④ 스프링 저울을 일직선으로 잡아당겨 바퀴가 회전하기 직전의 최대 측정값(0.5~2.0kgf·m)을 읽는다.

⑤ 규정 값 이상인 경우에는 앞 현가장치, 조향 링키지의 휨, 손상 유무를 점검하거나 피니언의 프리로드를 점검한다.

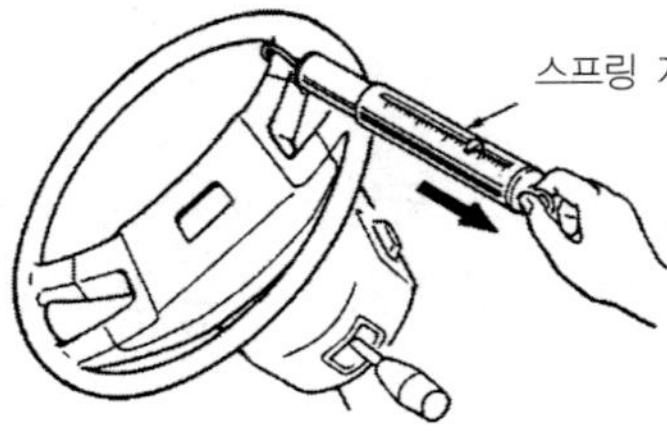

그림 56. 조향핸들 프리로드 점검

3.3.5. 조향각도 점검

① 자동차를 평평한 지면에 주차시킨다.

② 잭을 이용하여 자동차 앞쪽을 들어 올린 후 턴테이블(turn table) 중심에 올려놓는다.

③ 자동차가 수평을 유지하도록 잭을 이용하여 좌우 뒷바퀴를 턴테이블 높이와 같은 받침대 위에 올려놓는다.

④ 앞바퀴를 직진 상태로 유지시킨 후 턴테이블의 고정 핀을 뺀다.

⑤ 조향핸들을 좌우로 최대로 회전시킨 후 조향각도를 측정한다.

⑥ 측정값이 규정 이내에 있지 않으면 토(toe)에 이상이 있는 것으로 토를 조정하고 다시 점검한다.

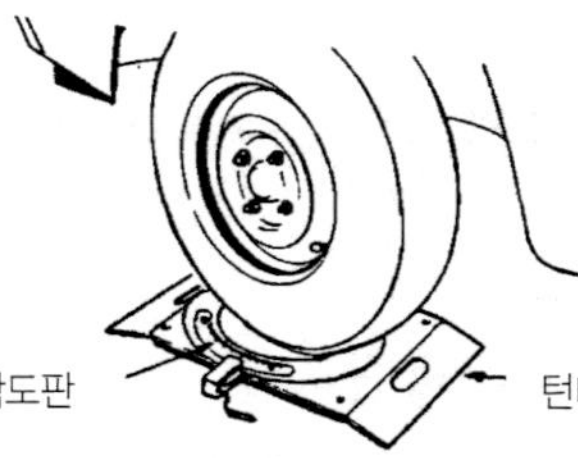

그림 57. 조향각도 점검

3.3.6. 최소 회전반지름 측정

① 차량의 앞바퀴를 턴테이블에 올려놓는다.

② 바퀴를 직진상태로 한다.

③ 차량의 앞부분을 눌러주어 차량이 제자리를 찾도록 한다.
④ 턴테이블의 고정 핀을 제거한다.
⑤ 좌측 또는 우측으로 조향핸들을 최대로 회전시킨 후 조향각도를 판독한다.

(a) 바퀴 직진 상태

(b) 조향각도 판독

그림 58. 조향각도 측정

⑥ 앞바퀴를 좌측 또는 우측으로 최대한 회전시켜 회전 반지름 중심의 반대편(바깥쪽 바퀴) 바퀴의 최대 조향각도를 판독한다.
⑦ 줄자를 이용하여 축거(축간거리)를 측정한다.

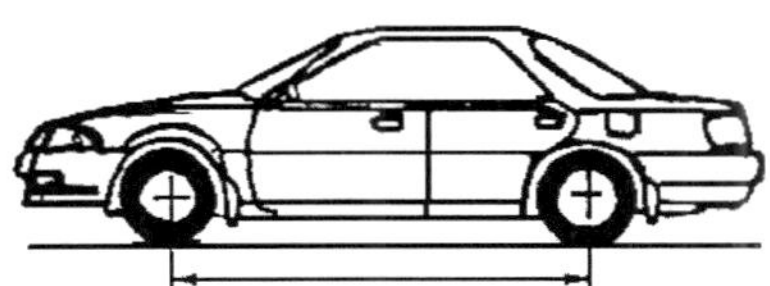

그림 59. 축거

⑧ 공식에 의거하여 최소 회전 반지름을 계산한다.

$$R = \frac{L}{\sin\alpha} + r$$

R : 최소 회전반지름(m)
L : 축간거리(m)
Sin α : 외측바퀴 조향각도(°)
r : 바퀴접지선과 킹핀(볼 조인트) 중심선과의 거리(m)

3.4. 동력 조향장치 정비

3.4.1. 오일펌프(oil pump) 정비

[1] 오일펌프 탈거

① 압력 스위치 커넥터를 탈거한다.

② 오일펌프에서 압력호스를 탈거하고 석션 호스를 탈거하여 오일을 배출시킨다.

그림 60. 압력호스 및 석션 호스 탈거

③ 파워 스티어링 V벨트 텐션 조정 볼트를 탈거한다.

④ 파워 스티어링 오일펌프 풀리에서 V벨트를 탈거한다.

⑤ 오일펌프 브래킷 장착 볼트를 빼내고 오일펌프 어셈블리를 탈거한다.

그림 61. 텐션 조정 볼트 탈거

그림 62. 브래킷 장착 볼트 탈거

[2] 오일펌프 장착

① 오일펌프를 펌프 브래킷에 장착볼트와 함께 부착한다.
② 구동벨트를 끼우고 벨트의 장력을 조정한 후 텐션 조정볼트를 조인다.
③ 압력호스 및 석션호스를 오일펌프에 설치한다. 이 때 호스가 비틀어지거나 다른 부품과 접촉되지 않도록 한다.
④ 압력스위치 커넥터를 연결한다.
⑤ 오일을 주입한다.
⑥ 유압계통 내의 공기를 뺀 후 오일펌프 압력을 점검한다.
⑦ 각각의 볼트・너트를 규정 토크로 죈다.

3.4.2. 동력 조향장치의 오일량 점검 및 교환방법

[1] 오일량 점검방법

① 자동차를 평탄한 지면에 주차시킨다.
② 엔진을 시동하고, 자동차를 정차상태로 유지하면서 조향핸들을 여러 차례 회전시켜 오일의 온도가 50~60℃가 되도록 한다.
③ 엔진 공전상태에서 조향핸들을 완전히 좌우 쪽으로 몇 번 돌린다.
④ 오일탱크에 거품이 있거나 혼탁하지 않은지를 확인한다.
⑤ 엔진의 가동을 정지시킨 후 정지상태일 경우와 엔진 가동상태일 때의 오일량 차이를 점검한다.
⑥ 오일량이 5mm 이상 차이가 나면 공기빼기작업을 실시하며, 엔진의 가동을 정지시킨 후 오일량이 갑자기 상승하면 공기빼기작업이 잘못된 것이다. 공기빼기작업을 완전히 시행하지 않으면 오일펌프와 제어밸브에서 소음 발생 및 펌프의 성능이 감소된다.

[2] 오일 교환방법

① 자동차 앞쪽을 잭으로 들어 올린 후 안전 스탠드로 지지한다.
② 오일탱크에서 리턴 호스를 떼어내고, 플러그로 오일탱크를 막는다.
③ 비닐 호스를 분리된 리턴호스에 연결하고, 오일을 용기에 배출시킨다.

④ 고압(하이텐션)케이블을 분리시키고 기동전동기를 사용하여 주기적으로 엔진을 몇 번 크랭킹 시키면서 조향핸들을 좌우 쪽으로 돌려 오일을 빼낸다.
⑤ 리턴호스를 연결하고, 클립을 설치한다.
⑥ 규정된 오일을 오일탱크에 주입한다. 이때 오일호스에서 오일의 누출 여부를 점검한다.
⑦ 공기빼기작업을 실시한다.

[3] 공기빼기작업

① 고압케이블을 분리한 다음 기동전동기를 주기적으로(15~20초) 작동시키면서 조향핸들을 좌우 쪽으로 완전히 5~6회 정도 회전시킨다. 이 때 오일량이 필터의 아랫부분 밑바닥까지 떨어지지 않도록 오일을 주입한다. 또한 엔진이 공전하는 상태에서 공기빼기작업을 실시하면 공기가 분해되어 오일에 흡수되므로 크랭킹시키면서 공기빼기작업을 시행하여야 한다.
② 고압케이블을 연결하고 엔진을 가동한 후 공전시킨다.
③ 오일탱크에 공기 방울이 없어질 때까지 조향핸들을 좌우 쪽으로 돌린다.
④ 오일의 혼탁 여부와 오일량이 규정 값 이내에 있는지를 확인한다.
⑤ 조향핸들을 좌우 쪽으로 돌렸을 때 오일량이 약간 변화하는지를 확인한다. 이 때 오일량이 5mm 이상 차이가 나면 공기빼기작업이 불완전한 것이므로 공기빼기를 완전히 하도록 하여야 하며, 엔진의 가동을 정지시킨 후 오일량이 갑자기 상승하면 공기빼기작업이 잘못된 것이다. 공기빼기작업을 완전히 시행하지 않으면 오일펌프와 제어밸브에서 소음이 발생하며, 펌프의 수명이 단축된다.

3.4.3. 동력 조향장치의 조향기어 정비

[1] 조향기어 탈거

① 오일을 배출한다.
② 오일 압력호스와 리턴호스를 떼어 내고 피팅에 마개를 끼운다.
③ 조인트 어셈블리 연결 볼트를 빼내어 조향기어 박스와 조향축 어셈블리를 분리한다.
④ 타이로드 앤드 풀러를 사용하여 타이로드 앤드를 조향 너클 암으로부터 떼어낸다.
⑤ 센터 멤버 어셈블리를 떼어낸다.

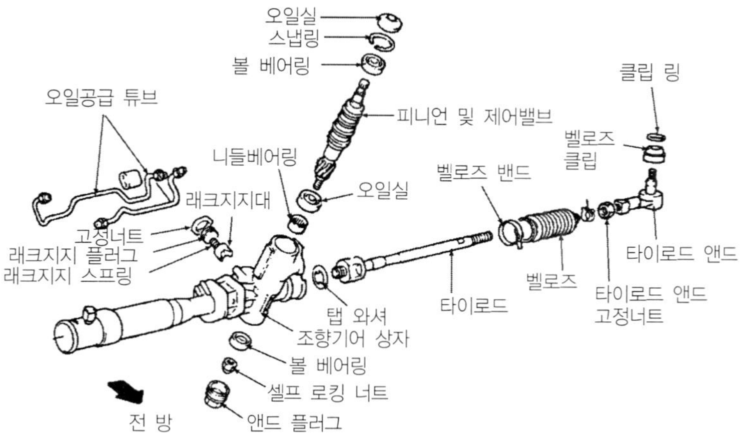

그림 63. 조향기어의 구성부품

⑥ 스태빌라이저 바 마운팅 브래킷을 떼어낸다.

⑦ 조향기어 박스 마운팅 클램프와 압력 튜브 및 리턴 튜브 클램프를 떼어낸다.

⑧ 조향기어 박스 어셈블리를 설치 고무와 함께 떼어낸다. 이 때 래크를 오른쪽 끝까지 이동시킨 후, 조향기어 박스를 크로스 멤버 왼쪽으로 들어낸다. 조향기어 박스를 떼어낼 때에 부트가 손상되지 않도록 주의하며, 천천히 잡아당겨 들어내도록 한다.

[2] 조향기어 장착

① 설치고무를 크로스 멤버의 제자리에 위치시키고 부착한 다음, 조향기어를 부착한다.

② 호스를 연결한 후 오일을 규정량만큼 넣는다.

③ 오일의 누출 유무를 점검한다.

④ 조향핸들이 원활하게 작동되는지를 점검한다.

⑤ 토인을 조정한다.

⑥ 각각의 볼트, 너트를 규정 토크로 조인다.

3.5. 히티드 스티어링 휠(heated steering wheel) 점검

스티어링 휠을 감싼 가죽 속에 열선이 설치되어 차량 전원을 켜면 스티어링 휠 속의 서미스터를 통해 온도를 감지한다. 그리고 가죽 표면의 온도를 38~48℃로 유지한다. 운전자는 스위치로 이 기능을 ON 또는 OFF할 수 있다. 이 시스템에는 타이머 기능이 있어 운전자가 스위치를 끄지 않더라도 열선은 25분 정도 지난 뒤 자동으로 꺼진다.

3.5.1. 히터

① 스티어링 휠 와이어링과 연결되는 히티드 그립 커넥터의 저항을 측정한다. 갈색(검정띠), 빨강(검정띠) : 히터 열선의 저항(가죽타입 : 1.85Ω)

② 저항을 측정시 저항이 표시되지 않으면 패드의 열선 단선에 의해 고장으로 판별할 수 있다(NTC 저항 : 10KΩ ±5%(25℃).

③ 히터 패드와 스티어링 휠 와이어, 스티어링 휠 와이어와 클럭 스프링 간 커넥터 체결 여부를 확인한다.

3.5.2. 히티드 스티어링 휠 유닛

① 히티드 스티어링 휠 유닛에 인가되는 전원의 이상 유무(과전압, 저전압, 과전류)를 확인한다. 사용전압 : 9.0V~16.0V, 정격전압 : 13.5V±1.0V

② 배선의 단락 및 단선 상태를 확인하고 커넥터 체결 여부를 확인한다.

3.5.3. 온도

① 휠 표면 그립의 온도가 6분 이내에 20~-20℃에서 상승해야 한다.

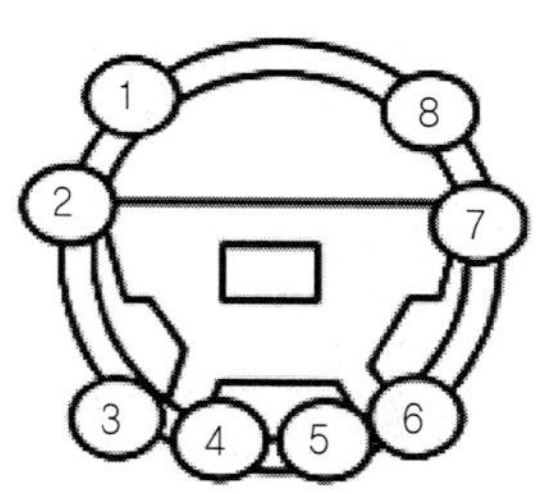

그림 64. 휠 표면 그립의 온도 측정 지점

② 휠 표면 그립의 온도는 그림 64처럼 1~8까지 모든 측정 지점이 25분 후 OFF시 까지 38℃±4℃를 유지한다.

3.6. 전동식 파워 스티어링(MDPS) 모터 교환

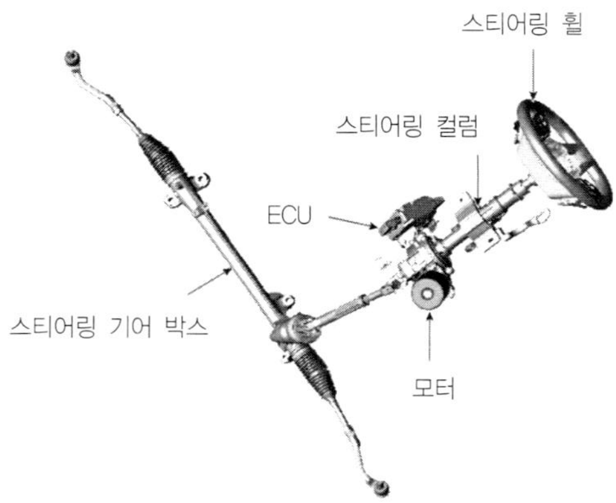

그림 65. MDPS 구성품

① 배터리 (-)터미널을 분리하고 최소 30초 이상 대기한다. MDPS 모터 교환시 신규 모터 바코드의 마지막 상수 2자리를 입력해야 하므로 반드시 값을 확인한다.
② 앞바퀴를 일직선으로 정렬한다.
③ 에어백 모듈의 록 핀(3개)을 눌러서 에어백 모듈을 분리한다.

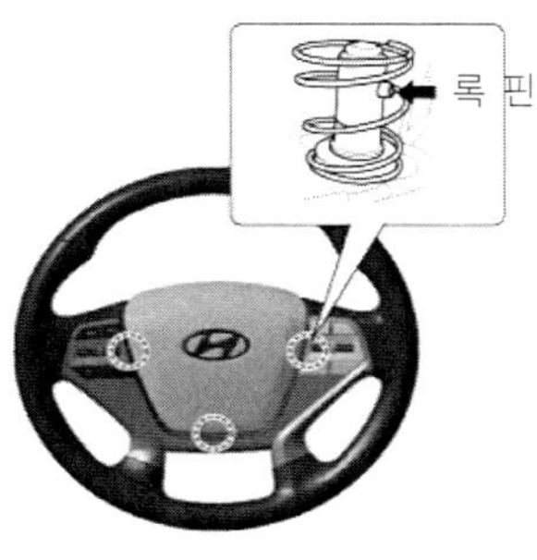

그림 66. 에어백 모듈 분리

④ 와이어 클립을 풀고, 혼 커넥터를 분리한다.
⑤ 에어백 모듈 커넥터 잠금핀을 뺀 후, 커넥터를 분리하여 에어백 모듈을 스티어링 휠에서 분리한다. 분리한 에어백 모듈은 커버측이 위를 향하도록 놓는다.
⑥ 스티어링 록 볼트를 적당히 풀고 특수공구를 이용하여 스티어링 휠을 컬럼에서 분리시킨다.

그림 67. 혼 커넥터 및 에어백 모듈 커넥터 탈거

그림 68. 스티어링 휠 분리

⑦ 록 볼트를 완전히 풀고 스티어링 휠을 탈거한다.
⑧ 스크류를 풀어 스티어링 컬럼 상부 및 하부 쉬라우드를 분리한다.

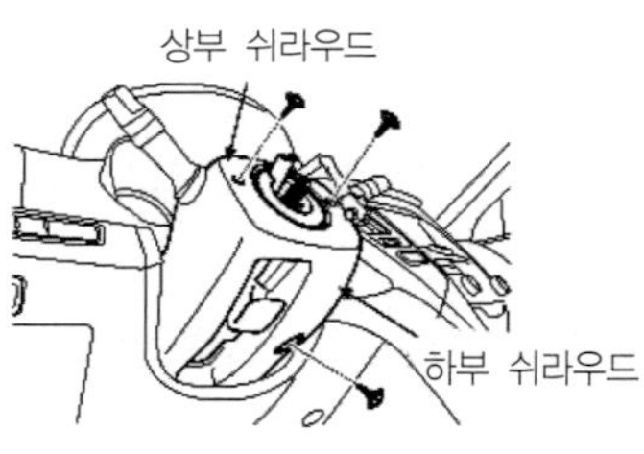

그림 69. 상·하부 쉬라우드 분리

⑨ 커넥터를 분리하고 클럭 스프링을 분리한다. 클럭 스프링 장착시 정렬 마크를 일치시켜 중심 위치를 맞춘다. 중심 위치는 시계방향으로 클럭 스프링을 멈출 때 까지 돌린 후 다시 반대방향으로 약 2회전 시켜서 정렬마크(▶◀)를 일치시킨다.
⑩ 다기능 스위치 커넥터를 분리한다.
⑪ 스크류를 풀어 다기능 스위치를 탈거한다.
⑫ 크래쉬 패드 로어 패널을 탈거한다.

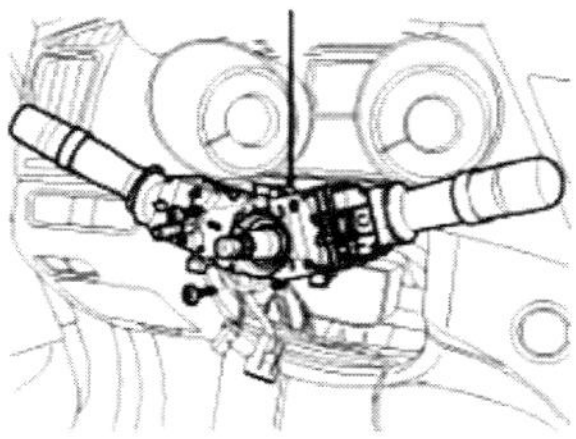

그림 70. 다기능 스위치 탈거

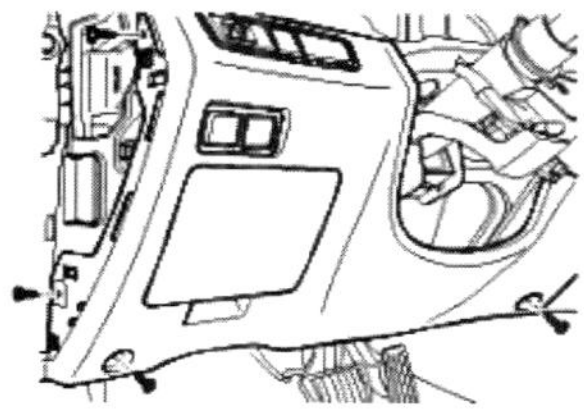

그림 71. 크래쉬 패드 로어 패널 탈거

⑬ 장착 너트를 풀고 커넥터를 분리하여 무릎 에어백을 탈거한다.
⑭ ECU 커넥터를 분리한다.
⑮ 스티어링 컬럼 어셈블리에 고정된 와이어링을 모두 제거한다.
⑯ 고정 볼트 및 너트를 풀어 스티어링 컬럼 어셈블리를 탈거한다.
⑰ 고정 볼트를 풀고 모터를 스티어링 컬럼에서 탈거한 후 신품으로 교환한다.

그림 72. 무릎 에어백 탈거

그림 73. 모터 교환

⑱ 장착은 탈거의 역순으로 진행한다.
⑲ 진단기기를 이용하여 모터 "상수값" 입력을 아래의 순서로 실시한다.
㉮ GDS 진단 장비를 차량의 자기진단 커넥터와 연결한다.
㉯ IG 스위치 ON한다.
㉰ GDS 초기 화면에서 "차종" 과 "EPS시스템" 을 선택한 후 확인을 선택한다.
㉱ 부품교환(모터 교환시)메뉴를 선택한다.

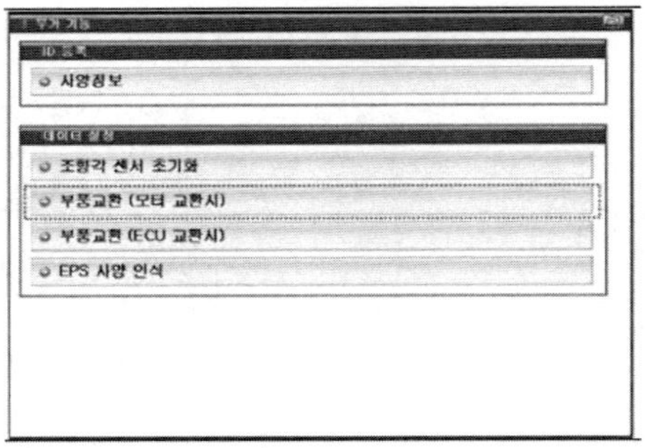

그림 74. 부품교환 메뉴 선택

㉤ 화면에 따라 진행한다.

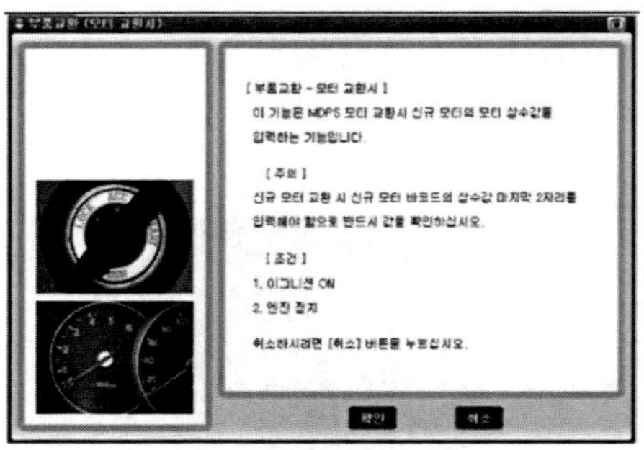

(a) 조건

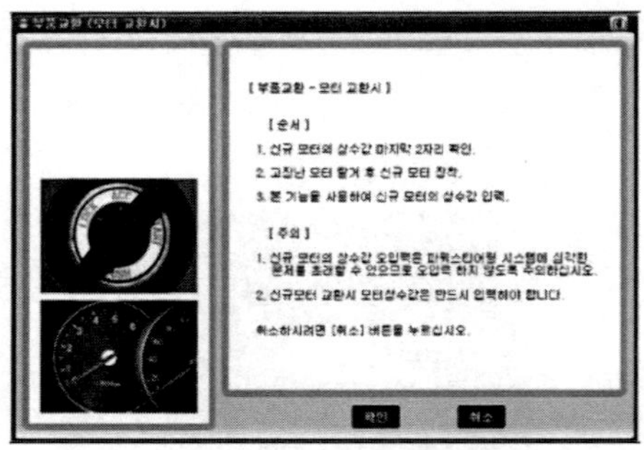

(b) 순서

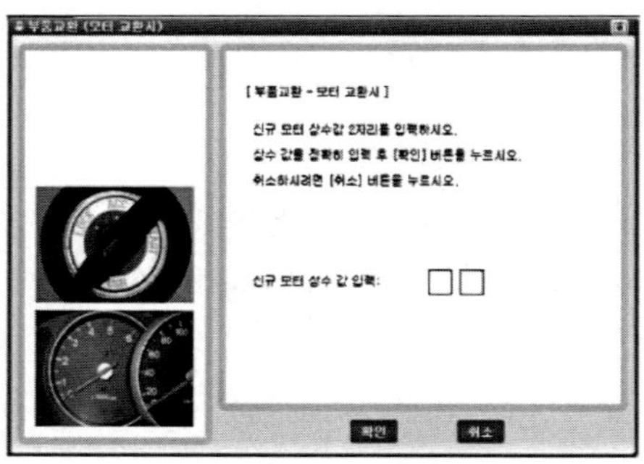

(c) 신규 모터 상수 값 입력

그림 75. 신규 모터 상수 값 입력 절차

⑳ 조향각 센서 초기화를 실행한다.

㉑ DTC를 소거한 후 MDPS 성능검사를 실시한다.

㉒ ING 스위치를 OFF하고 10초 이상 대기한 후 엔진을 시동하여 정상 작동 여부를 확인한다.

3.7. 휠 얼라이먼트 측정 및 조정방법

3.7.1. 측정 전 점검사항

① 타이어의 공기압 및 편마멸

② 바퀴(휠) 베어링의 상태(마모 및 체결상태 등)

③ 현가장치의 볼 조인트 및 킹핀의 헐거움

④ 타이로드 엔드의 마멸

⑤ 바퀴(휠)가 불평형, 흔들림

⑥ 조향 링키지의 이음부의 마멸

⑦ 쇽업소버의 기능

⑧ 현가 스프링의 피로정도

⑨ 수평 바닥으로부터 차량의 높이

그림 76. 휠 베어링의 유격점검

3.7.2. 캠버

[1] 측정

① 앞바퀴를 바르게 직진상태로 유지시킨다.

② 앞바퀴의 휠 캡(wheel cap)과 허브 캡(hub cap), 그리스 캡(grease cap)을 떼낸다.
③ 허브 캡 설치면(허브 플랜지)의 가공면을 깨끗이 닦는다.

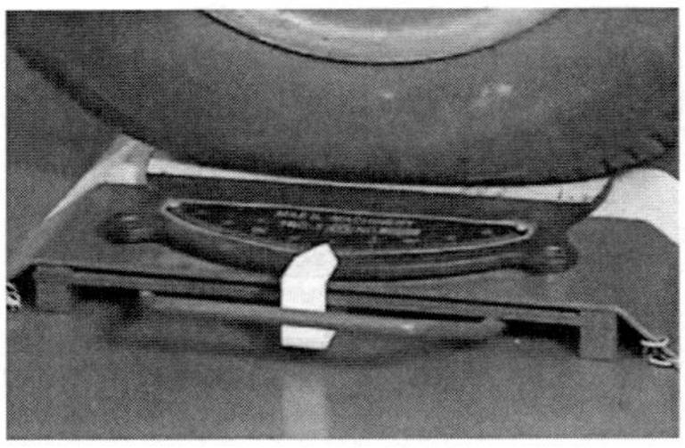

그림 77. 턴테이블 설치

그림 78. 캠버, 캐스터 게이지 설치

④ 게이지를 설치할 때 게이지의 센터 로드(center rod)를 스핀들 중심 구멍에 정확히 설치한다(알루미늄 휠은 특수공구를 설치한다).
⑤ 게이지를 설치한 상태에서 턴테이블의 지침을 0에 맞춘다.
⑥ 게이지를 수평으로 하고 게이지 수평기포를 수평(물방울이 가운데 있게)으로 맞추고 캠버 게이지에서 캠버값을 읽는다.

그림 79. 알루미늄 휠 장착

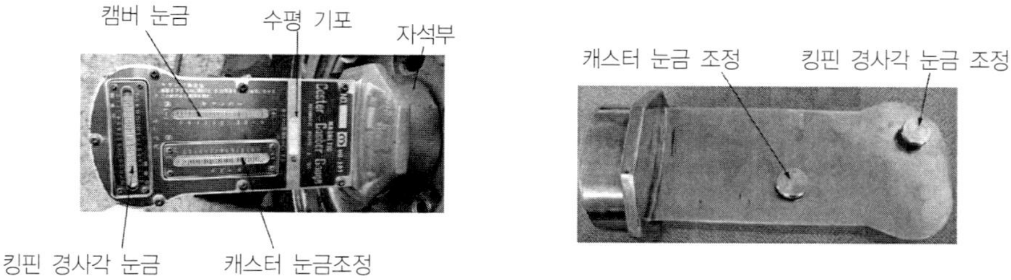

(a) 앞면　　　　　　　　(b) 뒷면

그림 80. 캠버, 캐스터 게이지

그림 81. 턴테이블 0점 조정

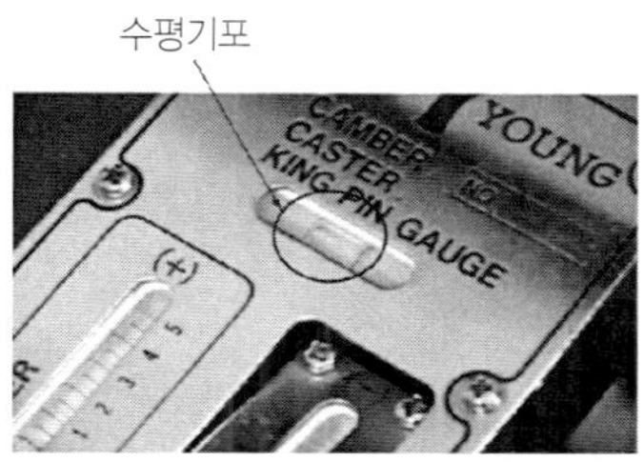

그림 82. 수평기포 0점 조정

그림 83. 캠버 눈금 판독

[2] 캠버 규정값

차종 / 제원	소나타 II	아반떼 XD	마티즈	모닝, 스펙트라	세라토
캠버(°)	0° ±30′	0° ±30′	0.5° ±30′	0° ±30′	0° ±30′

[3] 캠버의 조정

현재 사용하고 있는 앞차축의 형식은 소형차의 경우 맥퍼슨 형식은 조정할 수 없는 구조로 되어 있다.

(1) 심 방식

어퍼 암 샤프트와 크로스멤버사이에 캠버 조정용 시임을 가감하여 조정한다.

(2) 캠버 볼트 방식

로워암 장착 캠버 볼트를 회전시키면서 조정한다.

그림 84. 조정 심 방식

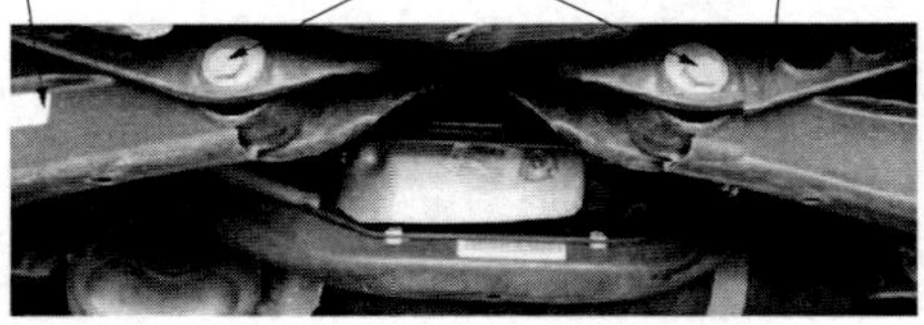

그림 85. 캠버 볼트 방식

3.7.3. 캐스터(caster)

[1] 캐스터의 측정

① 좌, 우 턴테이블의 지침을 0눈금에 맞춘 다음 측정하려는 바퀴를 바깥쪽으로 20°(턴테이블의 눈금) 돌린다.

② 게이지 본체 수평기포를 수평으로 한다(물방울이 가운데에 있게 한다).

③ 캐스터 수준기 물방울을 게이지 밑면에 있는 조정 스크루를 돌려 0눈금에 일치시킨다.

그림 86. 턴테이블 0점 조정

④ 앞바퀴를 안쪽으로 20° 돌린다(이 때 턴테이블 전체 움직인 각도는 40° 가 된다).

⑤ 게이지를 수평으로 하고 게이지 수평기포를 수평으로 맞춘다(물방울이 가운데에 있게 한다).

⑥ 캐스터 수준기에서 캐스터 눈금을 읽는다.

⑦ 측정값과 제작회사의 규정값을 비교하여 수정값을 정한다.

(a) (b)

그림 87. 밖으로 20 ° 회전

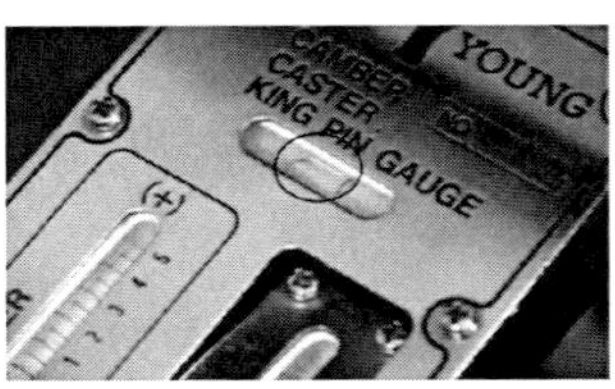

그림 88. 수평 기포 0점 조정

그림 89. 캐스터 0점 조정

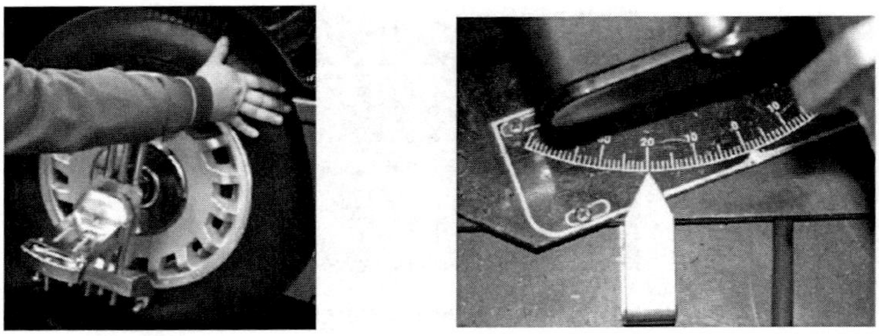

(a) (b)

그림 90. 안으로 20 ° 회전

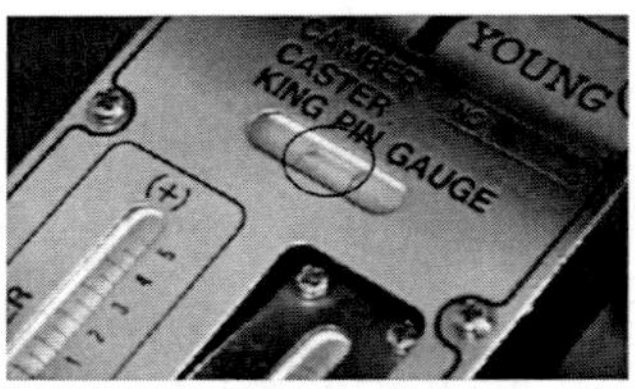

그림 91. 수평 기포 0점 조정

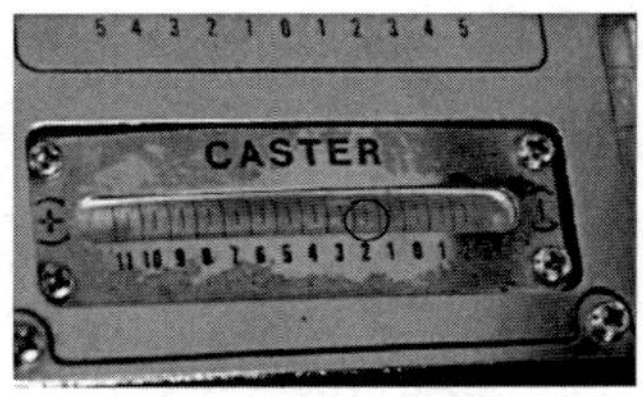

그림 92. 캐스터 눈금 판독

[2] 캐스터 제원

차종 제원	아반떼XD	엑셀 (MPI)	EF쏘나타 (NF 소나타)	모닝	라세티	스펙트라	오피러스	아반떼
캐스터 (°)	2.82° ± 30 ′	50 ′ ± 20 ′	2.7° ±1° (4.83° ± 1°)	2.71° ±30 ′	4° ± 0.75 ′	2.45° ± 0.75 ′	3.25° ± 1°	2° 35 ′ ±30 ′ (좌, 우차 0° ± 30 ′)

[3] 캐스터의 조정

맥퍼슨형식의 앞 차축에서는 캠버와 같이 캐스터도 조정할 수 없는 구조로 되어 있다.

(1) 심에 의한 조정 방식

컨트롤 암의 안쪽 샤프트 너트를 조금 풀고 심을 가감하여 조정한다.

① 앞쪽의 심 빼내어 뒤쪽에 심 증가시 : (+ : 정)의 캐스터로 조정

② 뒤쪽의 심 빼내어 앞쪽에 심 증가시 : (− : 부)의 캐스터로 조정

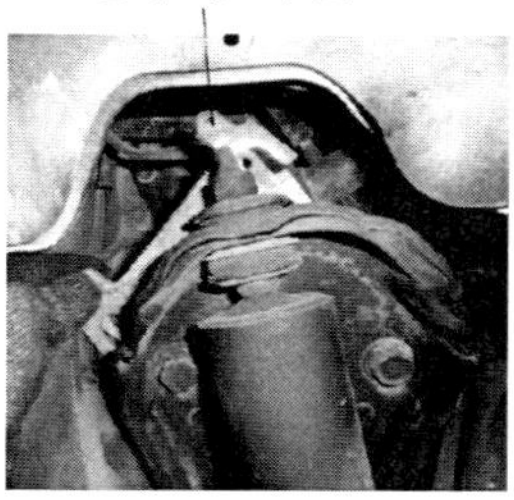

그림 93. 심 방식

그림 94. 스트럿 바 방식

(2) 스트럿 바 방식

고정 너트를 이완시킨 후 스트럿 바 너트를 회전시켜 조정한다.

3.7.4. 토(toe)

[1] 토(toe) 측정

① 측정 전 조향링크, 휠 베어링의 헐거움, 타이어 공기압 등에 대해 점검한다.
② 측정 장소 바닥의 수평면을 확인한다.
③ 앞바퀴를 잭으로 들어 올리고 타이어 트래드(tire tread)중심에 금을 긋는다.
④ 앞바퀴를 정확히 직진상태로 유지시킨다.
⑤ 토인 게이지를 지침 높이를 타이어의 반경(스핀들의 중심 높이)에 맞춘다. 마이크로 미터를 0에 맞춘다.

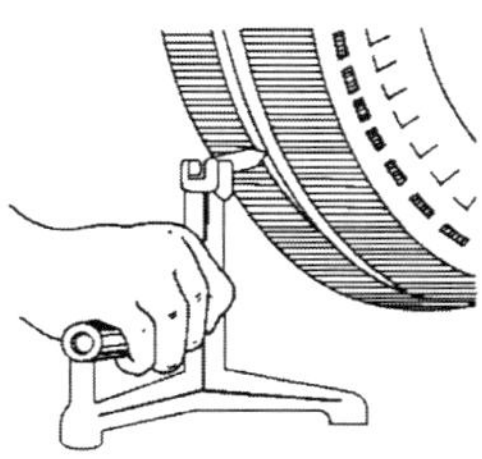

(a) 바퀴중심에 금긋기

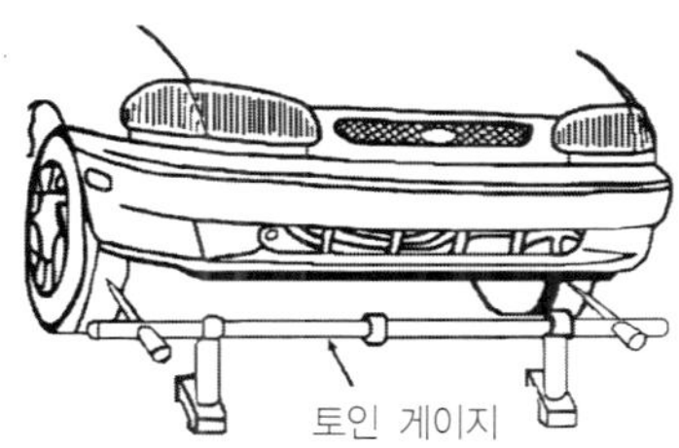

(b) 토인게이지에 의한 측정

그림 95. 토(toe)의 측정

⑥ 게이지를 앞바퀴의 뒤쪽에 놓고 마이크로미터 쪽 침봉을 타이어 중심에 오도록 하고 바의 길이를 조정하여 반대 쪽 침봉이 타이어 중심선에 맞도록 한 후 조인다.

⑦ 게이지를 바퀴 앞쪽으로 이동하여 마이크로미터와 반대쪽 침봉을 타이어 중심선에 맞춘다.

⑧ 마이크로미터를 돌려 마이크로미터 쪽의 게이지 침봉 양끝을 정확히 타이어 중심선에 맞춘 후 마이크로미터의 눈금을 읽는다.

(1) 토아웃

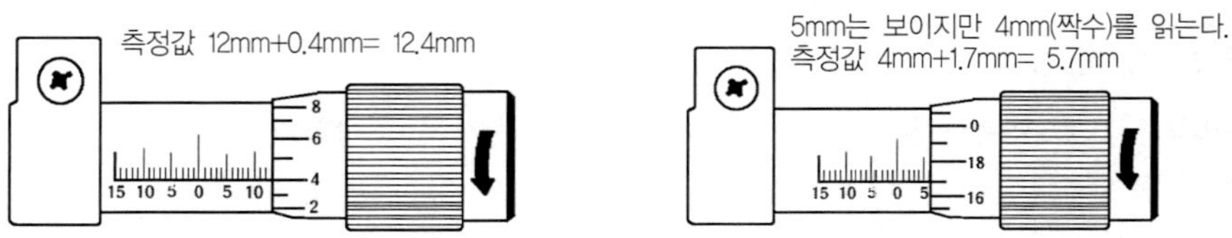

그림 96. 토아웃인 경우

(2) 토인

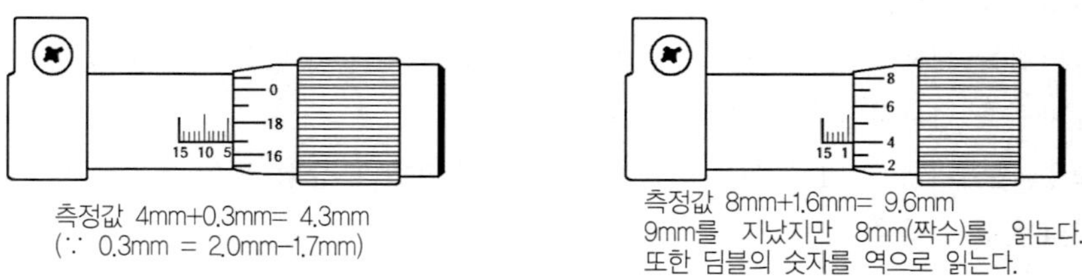

그림 97. 토인인 경우

[2] 토인 제원

차종 / 제원	아반떼XD	쏘나타 II	아반떼	라세티(레조)	리오	모닝	카니발, NEW스포티지
토 인	0±2mm	0±3mm	0±3mm	0±22mm (0±2mm)	3±3mm	0±2mm	0±2mm

[3] 토인의 조정

타이로드 엔드를 회전시켜 타이로드의 길이를 변화시켜 조정한다.

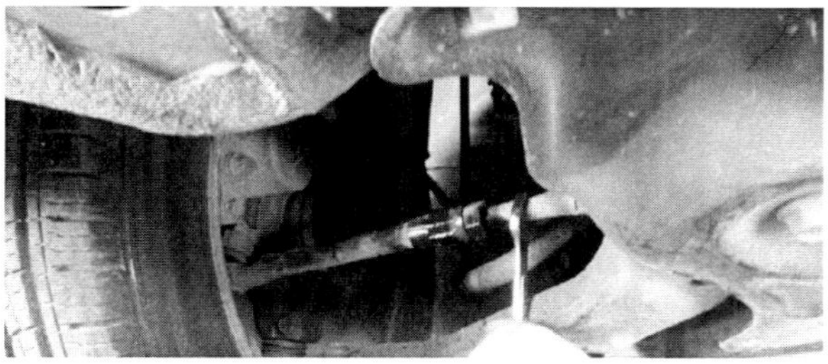

그림 98. 토인의 조정

[4] 토인 변화량

차 종 / 토 인	엑셀	엘란트라, 엑센트	프라이드	캐피탈
타이로드 변화량 회전수(1회전)	12mm	11mm	6mm	8mm

3.7.5. 휠 얼라이먼트 테스터기

① 차량을 휠 얼라이먼트 전용 리프트에 진입시켜 들어올린다.

② 모든 타이어의 공기압력을 규정압력으로 조정한다.

③ 변속기 셀렉터 레인지를 중립(N) 위치에 둔다.

그림 99. 차량 리프트 진입

그림 100. 규정 공기압 주입

④ 휠에 센서 고정척을 고정시킨다.

⑤ 고정척에 센서판을 고정시킨다.

그림 101. 고정척 고정

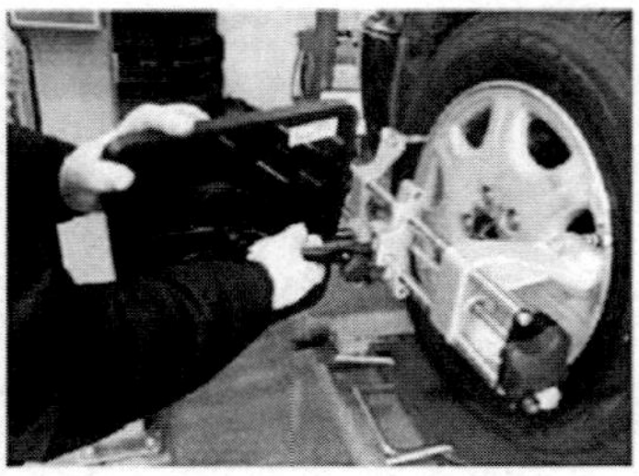

그림 102. 센서판 고정

⑥ 화살표방향의 핸들을 돌려 수평기포를 중심에 일치시킨다.

⑦ 모든 바퀴에 센서를 장착한다.

그림 103. 수평기포 중심

그림 104. 센서 장착

⑧ 제조 회사를 선택한다.

⑨ 차종을 선택한다.

⑩ 차량을 뒤로 밀어 상하 화살표를 일치시킨다.

⑪ 차량을 앞으로 밀어 상하 화살표를 일치시킨다.

그림 105. 차종 선택

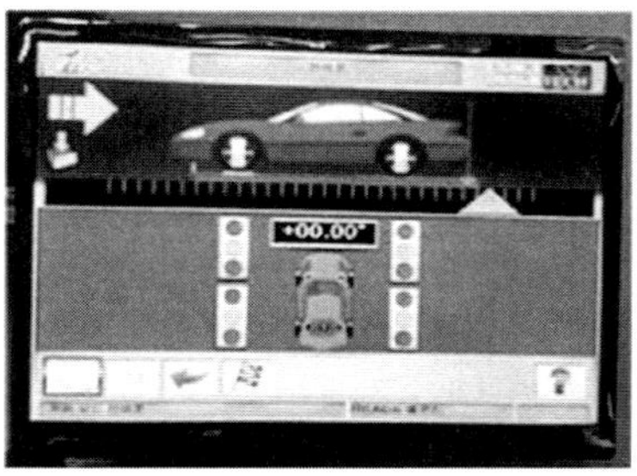

그림 106. 뒤로 밀어 일치

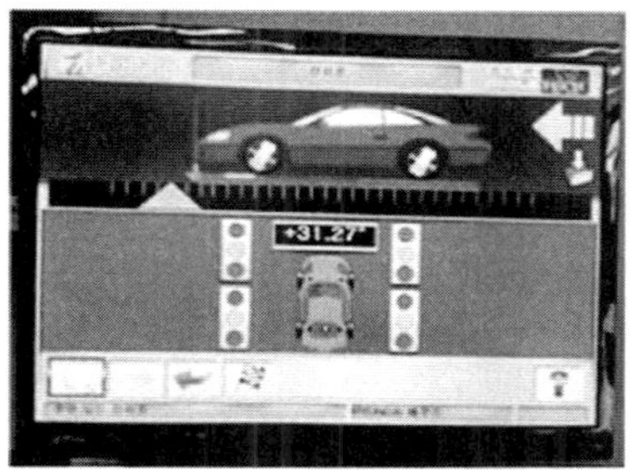

그림 107. 앞으로 밀어 일치

⑫ 모든 바퀴의 턴테이블 고정핀을 제거한다.

⑬ 모든 바퀴의 센서 수평기포를 중심에 일치되도록 조정한다.

⑭ 주차 브레이크를 채운다.

⑮ 브레이크페달을 밟아 브레이크페달 고정장치를 체결한다.

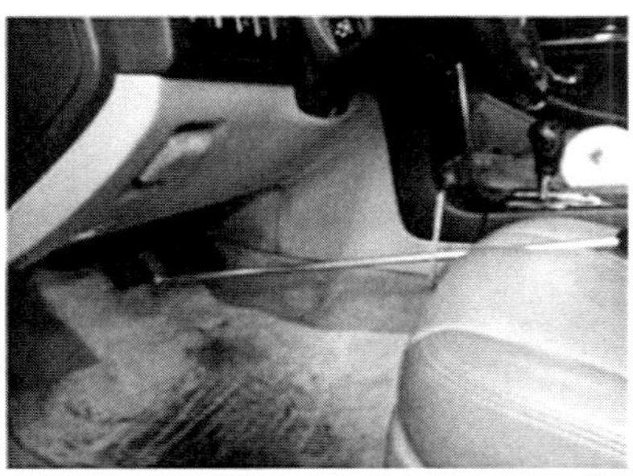

그림 108. 브레이크페달 고정

⑯ 운전석에 앉아 모니터를 보며 스톱(STOP) 화면이 나올 때까지 조향핸들을 우측으로 돌린다.

⑰ 조향핸들을 돌려 중립(직진) 위치로 한다.

⑱ 모니터를 보며 스톱(STOP) 화면이 나올 때까지 조향핸들을 좌측으로 돌린다.

⑲ 다시 조향핸들을 중립(직진) 위치로 돌려준다.

그림 109. 우측위치

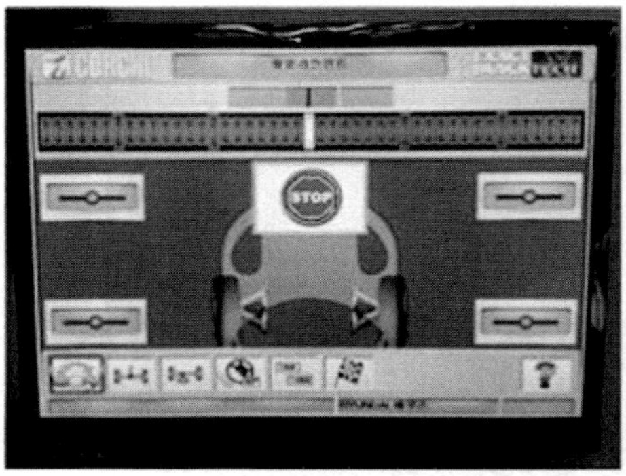

그림 110. 중립위치

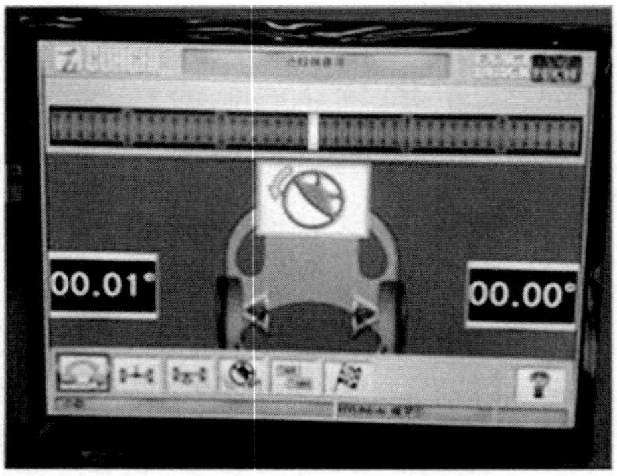

그림 111. 좌측위치

⑳ 차량의 핸들을 정중앙에 맞추고 시동을 걸어 핸들을 좌우로 돌린 후 중앙에 놓고 핸들 고정 장치를 사용해서 고정시키고 시동을 끈다.

그림 112. 핸들 고정장치 탈거

㉑ 차량전체의 휠 얼라이먼트 점검 화면이 표시되며 이상부위는 적색표시가 된다.
㉒ 모니터를 보며 토우 조정볼트를 돌려 규정값이 되도록 조정한다.

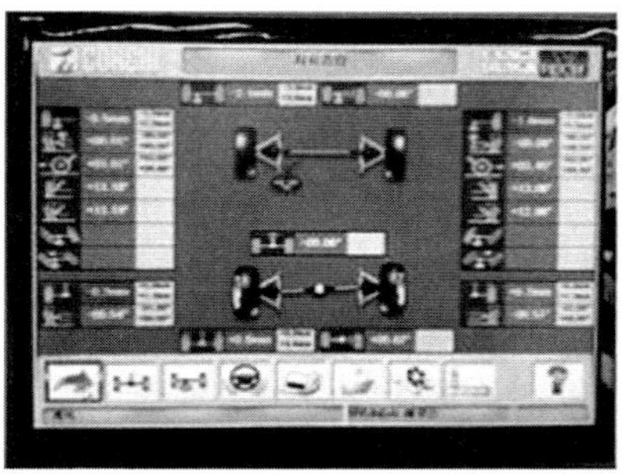

그림 113. 점검화면

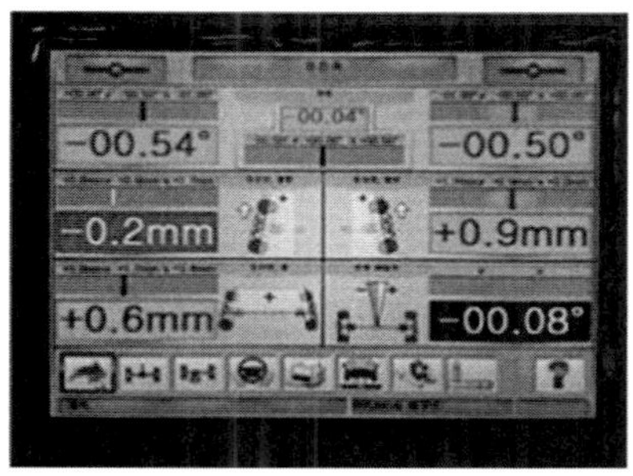

그림 114. 후륜 조정 전 화면상태

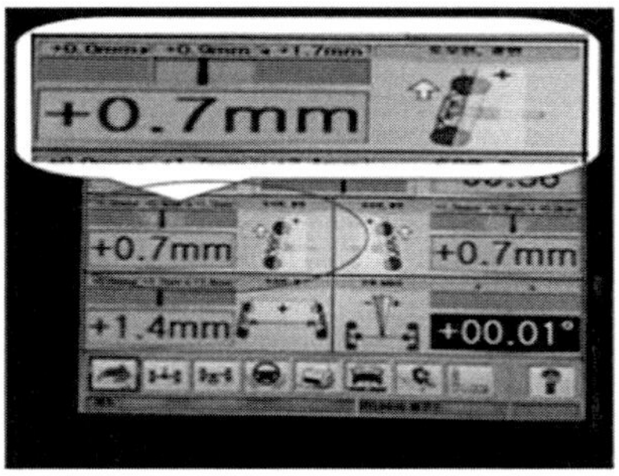

그림 115. 후륜 조정 후 화면

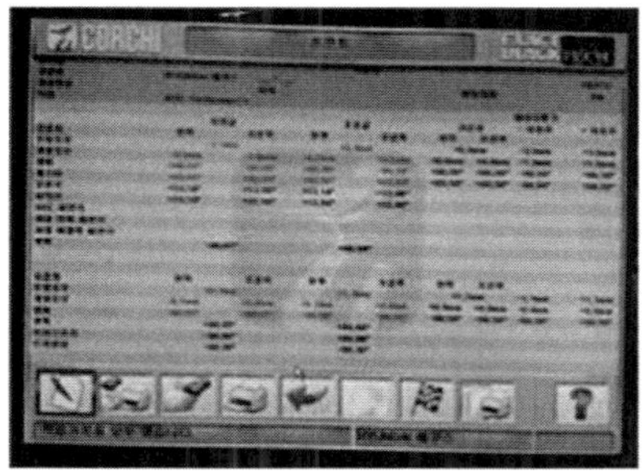

그림 116. 조정 완료화면

㉓ 모든 휠에서 휠 고정척을 제거한다.

㉔ 모든 바퀴의 턴테이블 고정핀을 끼워 턴테이블을 고정한다.

㉕ 조향핸들 고정장치를 제거한다.

㉖ 브레이크페달 고정장치를 제거한다.

㉗ 리프트에서 차량을 내린다.

선행학습 보고서

선 행 학 습 명	조향장치 정비				
실 습 목 적	조향장치 원리와 역할 이해, 점검, 진단, 수리, 정비, 교환, 검사				
실 습 일	월 일	학 번		성 명	

1. 학습내용	평가항목	성취수준		
		상	중	하
조향장치 서술형	애커먼 장토방식의 조향 원리에 대하여 서술하시오.			

2. 학습내용	평가항목	성취수준		
		상	중	하
조향장치 서술형	최소 회전반경에 대하여 서술하시오.			

3. 학습내용	평가항목	성취수준		
		상	중	하
조향장치 서술형	언더 스티어링과 오버 스티어링에 대하여 서술하시오.			

4. 학습내용	평가항목	성취수준		
		상	중	하
조향장치 서술형	독립 차축방식의 조향장치의 구성품 및 기능에 대하여 서술하시오.			

5. 학습내용	평가항목	성취수준		
		상	중	하
조향장치 서술형	조향기어의 조작 방법의 종류 3가지를 서술하시오.			

6. 학습내용	평가항목	성취수준		
		상	중	하
조향장치 서술형	동력조향장치의 장점에 대하여 서술하시오.			

7. 학습내용	평가항목	성취수준		
		상	중	하
조향장치 서술형	동력 조향장치의 3주요부와 안전체크 밸브에 대하여 서술하시오.			

8. 학습내용	평가항목	성취수준		
		상	중	하
조향장치 서술형	전자제어 동력 조향장치(ECPS)의 기능에 대하여 서술하시오.			

9. 학습내용	평가항목	성취수준		
		상	중	하
조향장치 서술형	전동방식 동력 조향장치(MDPS : motor driven power steering)의 특징에 대하여 서술하시오.			

10. 학습내용	평가항목	성취수준		
		상	중	하
조향장치 서술형	전동방식 동력 조향장치의 종류 및 특징에 대하여 서술하시오.			

11. 학습내용	평가항목	성취수준		
		상	중	하
조향장치 서술형	4WS의 목적 및 효과에 대하여 서술하시오.			

12. 학습내용	평가항목	성취수준		
		상	중	하
조향장치 서술형	캠버, 캐스터, 토인에 대하여 서술하시오.			

13. 학습내용	평가항목	성취수준		
		상	중	하
조향장치 서술형	차륜 정렬에서 셋백(set-back) 및 스러스트 각도(thrust angle)에 대하여 서술하시오.			

14. 학습내용	평가항목	성취수준		
		상	중	하
조향장치 서술형	차륜정렬의 목적에 대하여 서술하시오.			

선 행 학 습 명	조향장치 점검				
실 습 목 적	조향장치 원리와 역할 이해, 점검, 진단, 수리, 정비, 교환, 검사				
실 습 일	월 일	학 번		성 명	

1. 학습내용	평가항목	성취수준		
		상	중	하
조향장치 점검	주어진 차량에서 조향축 어셈블리 및 조향기어를 탈거한 후 이상 부위를 점검하여 수리 또는 교환하고 장착한 후 피니언 총 프리로드를 점검하고 장착하시오.			

점검항목	규정값(한계값)	측정값	판 정	정비 및 조치사항
피니언 총 프리로드			□ 양호 □ 불량	

2. 학습내용	평가항목	성취수준		
		상	중	하
조향장치 점검	주어진 차량에서 아래 사항을 점검하고 판정 및 조치사항을 기록하시오.			

점검항목	규정값(한계값)	측정값	판 정	정비 및 조치사항
핸들 유격			□ 양호 □ 불량	
핸들 프리로드			□ 양호 □ 불량	
조향각			□ 양호 □ 불량	
최소회전반경			□ 양호 □ 불량	
타이로드 회전저항			□ 양호 □ 불량	

3. 학습내용	평가항목	성취수준		
		상	중	하
조향장치 점검	주어진 차량에서 히티드 스티어링 휠에서 아래 사항을 점검하고 판정 및 조치사항을 기록하시오.			

점검항목	규정값(한계값)	측정값	판 정	정비 및 조치사항
히터 열선 저항			□ 양호 □ 불량	
히티드 스티어링 휠 유닛에 인가되는 전압			□ 양호 □ 불량	

4. 학습내용	평가항목	성취수준 상	성취수준 중	성취수준 하
조향장치 점검	주어진 전동식 파워 스티어링(MDPS) 차량에서 모터를 교환하고 모터 상수값을 입력하시오.			

5. 학습내용	평가항목	성취수준 상	성취수준 중	성취수준 하
조향장치 점검	주어진 동력 조향장치 차량에서 휠 얼라이먼트를 점검하고 판정 및 조치사항을 기록하시오.			

점검항목		규정값(한계값)	측정값	판 정	정비 및 조치사항
캠버	좌			□ 양호 □ 불량	
	우				
토우	좌			□ 양호 □ 불량	
	우				
캐스터	좌			□ 양호 □ 불량	
	우				
킹핀 경사각	좌			□ 양호 □ 불량	
	우				
셋백				□ 양호 □ 불량	
전체토우				□ 양호 □ 불량	

6. 학습내용	평가항목	성취수준 상	성취수준 중	성취수준 하
조향장치 점검	주어진 차량에서 사이드슬립을 점검하고 판정 및 조치사항을 기록하시오.			

점검항목	규정값(한계값)	측정값	판 정	정비 및 조치사항
사이드슬립			□ 양호 □ 불량	

CHAPTER

08 제동장치[Brake System]

[NCS를 활용한] Synthesis Automotive Chassis

학습목표

제동장치의 역할 및 원리를 이해하고 브레이크오일의 양, 상태, 누유, 라인을 점검하고 디스크 및 캘리퍼, 패드, 드럼 및 휠 실린더, 라이닝, 부스터 및 마스터실린더, 프로 포셔닝밸브 등을 점검하여 조정, 수리 교환하는 능력이다. 전자제어 제동장치 정비란 유압식 제동장치 관련부품을 포함한 각종 센서의 입력값과 규정값을 상호 비교분석하여 컨트롤 모듈들이 정상작동 여부를 점검하여 센서 및 배선의 수리와 부품을 교환하는 능력이다.

1. 유압식 제동장치 작동원리와 작동상태를 파악할 수 있다.
2. 정비지침서에 따라 제동장치를 파악하고 관련 장치의 작동상태를 확인할 수 있다.
3. 정비지침서에 따라 제동장치의 세부 점검목록을 확인하여 고장원인을 파악할 수 있다.
4. 정비지침서에 따라 제동장치를 작업 후 작동상태를 검사할 수 있다.
5. 전자제어 제동장치 작동원리(ABS, EBD)와 작동상태를 파악할 수 있다.
6. 정비지침서에 따라 전자제어 제동장치를 파악하고 관련 장치의 작동상태를 확인할 수 있다.
7. 정비지침서에 따라 전자제어 제동장치의 고장원인을 파악할 수 있다.
8. 전자제어 제동장치 고장 시 차량 이상 현상을 분석할 수 있다.
9. 정비지침서에 따라 전자제어 제동장치를 작업 후 작동상태를 검사할 수 있다.

1. 브레이크장치의 개요

브레이크장치는 주행 중인 자동차를 감속 또는 정지시키고, 또 주차상태를 유지하기 위하여 사용되는 매우 중요한 장치이며, 마찰력을 이용하여 자동차의 운동에너지를 열에너지로 바꾸어 브레이크작용을 하도록 되어 있다.

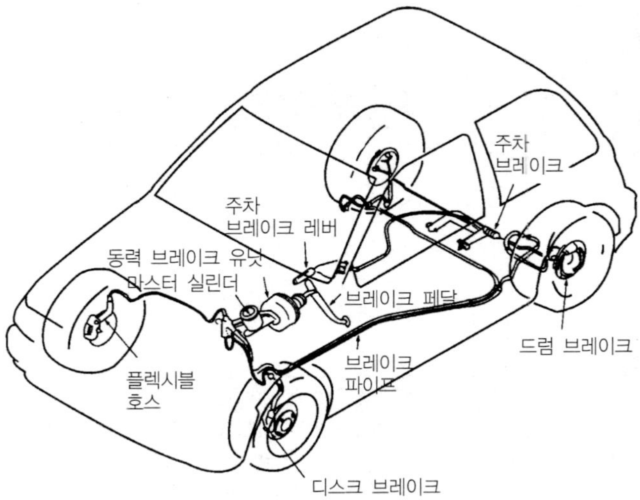

그림 1. 제동장치의 구조

브레이크장치에는 여러 가지 형식의 것이 사용되고 있으나 기본적으로 운전자의 조작력을 링크나 유압을 이용하여 증대시켜 전달하는 조작기구와 그 힘으로 마찰력을 발생시키는 부분으로 되어 있으며, 제동장치는 다음의 구비조건을 갖추어야 한다.

① 작동이 확실하고, 제동효과가 클 것

② 신뢰성과 내구성이 우수할 것

③ 점검이나 조정하기가 쉬울 것

2. 브레이크장치의 분류

2.1. 마찰형태에 따른 분류

2.1.1. 마찰식 브레이크

① 핸드 브레이크 : 주차용으로 주로 사용되며, 센터 브레이크와 휠 브레이크가 있다.

② 풋 브레이크 : 주 제동용이며, 기계식 브레이크, 유압 및 공기 브레이크 등이 있다.

2.1.2. 비마찰식 브레이크

배기 브레이크와 와전류 브레이크 등이 있다.

2.2. 용도에 따른 분류

2.2.1. 풋 브레이크(foot brake)

자동차의 감속과 정지 시에 사용하는 것으로 운전자가 브레이크 페달을 밟아 작동시킨다. 드럼식(drum type)과 디스크식(disc type)이 있고, 주로 승용차의 경우 일반적으로 앞쪽은 디스크식, 뒤쪽은 드럼식을 사용한다. 그러나 근래에는 앞 뒤 모두 디스크 브레이크를 사용하는 경우도 많다.

① 드럼 브레이크 : 휠과 일체로 회전하는 드럼을 드럼 내부의 브레이크슈가 확장하여 제동되는 브레이크이다.

② 디스크 브레이크 : 휠과 일체로 회전하는 디스크를 브레이크 패드로 압착하여 제동되는 브레이크이다.

2.2.2. 주차 브레이크(parking brake)

자동차 주차상태를 유지하기 위한 브레이크이며 보통 손으로 작동시키기 때문에 핸드 브레이크라고도 한다.

① 뒷바퀴 제동방식(rear wheel brake type) : 뒷바퀴의 드럼을 고정(내부 확장식)하는 방식으로 대부분의 승용차에 이용한다.

② 중앙 제동방식(center brake type) : 추진축에 장치한 드럼을 고정(외부 수축식 및 내부 확장식)하는 방식으로 추진축이 있는 뒷바퀴 구동방식에 이용된다.

2.2.3. 감속 브레이크(retard brake, the 3rd brake)

차량의 대형화, 고성능화에 따라 주 브레이크를 보호하고 제동효과를 높여 긴 경사로를 내려 갈 때나 급감속을 할 때 사용하는 브레이크이며, 제3브레이크라고도 한다.

① 엔진 브레이크 : 저단 기어로 변환하면 엔진의 회전력이 주행 저항력으로 작용하여 브레이크 작동을 한다.

② 배기 브레이크 : 디스크밸브(배기 차단밸브)를 이용하여 배기가스가 통과하는 배기관을 개폐하여 브레이크 효과를 얻는다.

③ 와전류 브레이크 : 전류에 의한 자장을 이용하여 바퀴와 연결된 원판을 제동하여 브레이크 효과를 얻는다.
④ 하이드롤릭 브레이크 : 유체클러치를 이용하여 유량으로 속도를 제어하는 형식이다.
⑤ 공기저항 브레이크 : 디플렉터를 이용하여 공기 역학적 저항을 이용하여 제동을 보조한다.

2. 3. 작동방식에 따른 분류

2.3.1. 기계식(mechanical brake)

브레이크 페달의 조작력을 로드나 와이어를 거쳐 제동기구에 전달하여 제동력을 발생시키는 브레이크로서, 주로 주차브레이크에 이용된다.

2.3.2. 유압식(hydraulic brake)

파스칼의 원리를 응용한 것이며 유압에 의해 조작력을 전달하는 방식으로서, 유압을 발생시키는 마스터실린더, 그 유압을 받아 제동력을 발생시키는 휠 실린더 및 이들 부품을 연결하여 유로를 형성하는 파이프, 호스 등으로 구성된다.

2.3.3. 배력식(servo brake)

엔진의 흡입 부압이나 압축공기를 이용하여 운전자의 페달 조작력을 증대시키는 일종의 배력장치로서, 주로 유압식 브레이크의 보조 장치로서 활용되고 있다. 엔진의 흡입부압을 이용하는 진공식(vacuum type)과 압축공기를 이용하는 압축공기식(compressed air type)으로 대별된다.

2.3.4. 공기식(air brake)

압축공기의 압력을 이용하는 제동장치로서, 브레이크페달은 공기유량을 조절하는 밸브 역할을 수행한다. 작은 조작력으로 큰 제동력을 얻을 수 있는 장점은 있으나 구조가 복잡해지고 비용이 많이 들며 주로 대형차에 많이 이용되고 있다.

2.4. 유압 브레이크(hydraulic brake)

유압 브레이크는 파스칼의 원리를 응용한 것이며, 유압을 발생시키는 마스터실린더, 이 유압을 받아 브레이크 슈(또는 패드)를 드럼(또는 디스크)에 압착하여 제동력을 발생시키는 휠 실린더(또는 캘리퍼) 및 이 두 부품을 연결하여 오일회로를 형성하는 오일 파이프(oil pipe)나 호스 등으로 되어 있다.

유압 브레이크의 특징은 다음과 같다.

① 제동력이 모든 바퀴에 동일하게 전달된다.
② 마찰손실이 적다.
③ 페달 조작력이 작아도 된다.
④ 오일파이프 등이 파손되어 오일이 새거나 유압회로 내에 공기가 침입하면 제동력이 감소하거나 기능을 상실한다.

그리고 파스칼의 원리란 밀폐된 용기 내에 액체를 가득 채우고, 그 용기에 힘을 가하면 그 내부의 압력은 용기의 각 면에 작용하여 용기 내의 어느 곳이든지 동일한 압력이 작용된다는 원리이다.

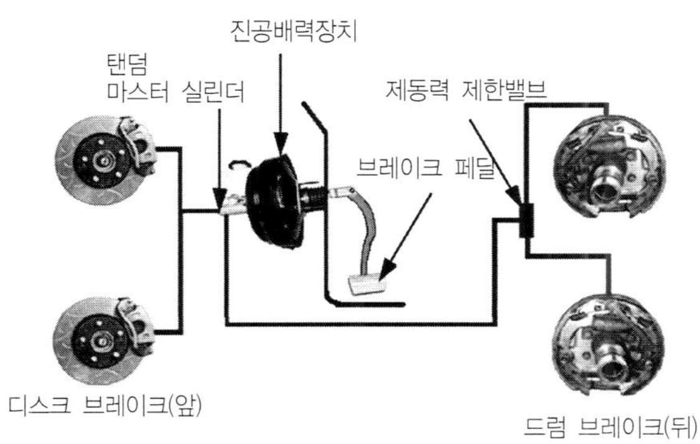

그림 2. 유압 브레이크의 구성

2.4.1. 유압 브레이크의 구조 및 작동

브레이크 페달을 밟으면 마스터실린더 내의 피스톤이 오일을 휠 실린더로 압송된다. 이때 휠 실린더에서는 그 유압으로 피스톤이 좌우로 움직이며 이에 따라 브레이크 슈가 드럼에 압착되어 브레이크 작용을 한다.

브레이크 페달을 놓으면 마스터실린더 내의 유압이 저하되며, 브레이크 슈는 리턴 스프링의 힘으로 본래의 위치로 돌아오고 휠 실린더 내의 오일은 마스터실린더로 돌아가 브레이크 작용이 풀린다.

[1] 브레이크 페달(brake pedal)

브레이크 페달은 지렛대의 원리를 이용하여 답력을 마스터 실린더에 전달하는 장치로서 플로어식(floor type)과 펜던트식(pendant type)이 있다.

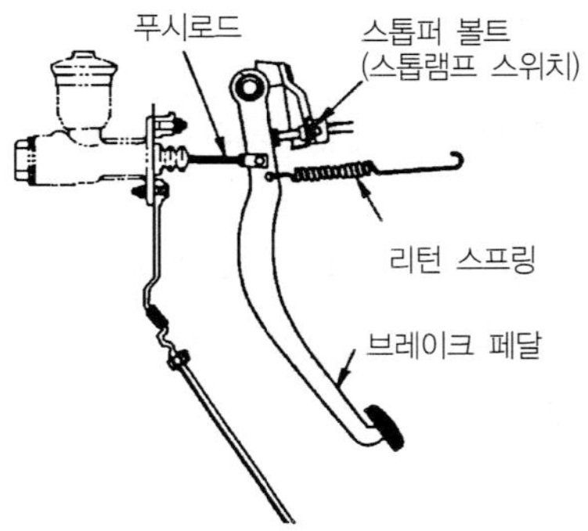

(a) 팬던트식

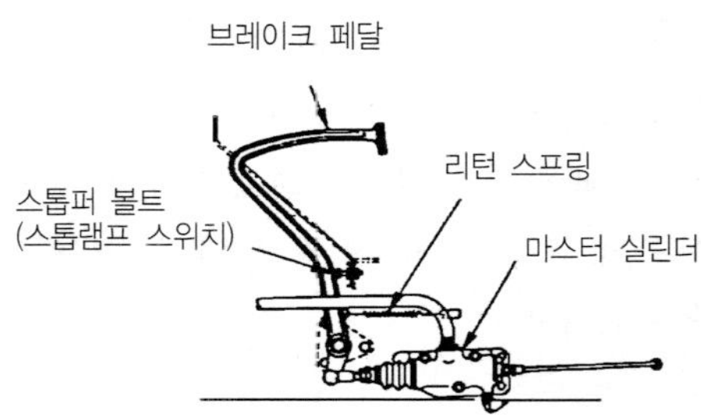

(b) 플로어식

그림 3. 브레이크 페달의 구조

[예제 1] 유압식 브레이크에서 브레이크 페달에 15kg의 힘을 가할 때 마스터 실린더의 피스톤의 단면적은 $5cm^2$라면 푸시로드에 작용하는 힘과 이 때 발생되는 유압은 얼마인가 ?

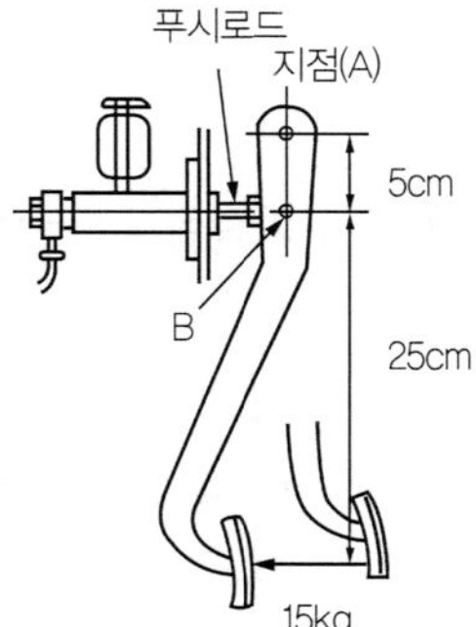

[브레이크페달]

풀이

① 푸시로드에 작용하는 힘을 F라고 하면 지점 A에 대하여 모멘트의 평형으로부터 F를 계산한다.

$F \times 5cm = 15kg \times 30cm$

$\therefore F = 15 \times 6 = 90kg$

※ 이때의 페달 지렛대 비는 6이다.

② 마스터 실린더 내에 발생되는 유압은

$P = \frac{F}{A} = \frac{90}{5} = 18kg/cm^2$

[예제 2] 다음 그림과 같이 마스터 실린더의 피스톤의 단면적은 $10cm^2$이다. 브레이크 페달에 50kg의 힘을 가할 때 (1) 푸시로드에 작용하는 흔을 계산하고, (2) 마스터 실린더에서 발생되는 압력과 (3) 이 압력으로 단면적이 각각 $5cm^2$, $20cm^2$ 2개의 휠 실린더에 작용하는 힘은 얼마인가 ?

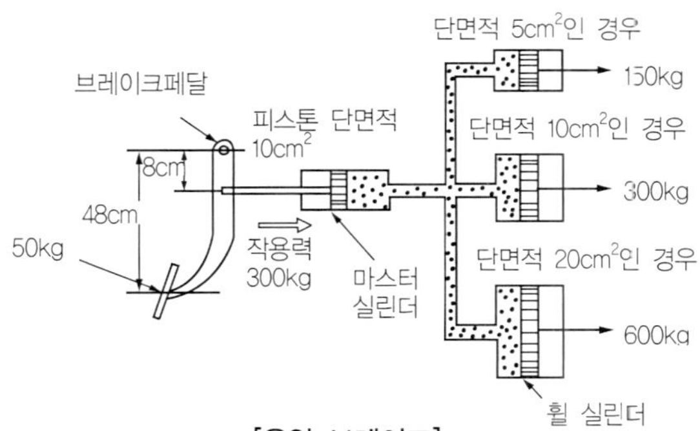

[유압 브레이크]

풀이 (1) 페달비(i_p)와 힘(F)의 관계

$i_p = \frac{48}{8} = 6$ 이므로

$\therefore F = 50 \times 6 = 300kg$이 된다.

또는 브레이크 페달의 힌지 점으로부터 모멘트 평형식을 세우면

$F \times 8cm = 50kg \times 48cm$

$\therefore F = 50 \times 6 = 300kg$이 된다.

(2) 마스터 실린더 내에서 발생되는 유압(P)

$$P= \frac{F}{A}= \frac{300}{10}= 30kg/cm^2$$

(3) 휠 실린더의 작용력(F)

F = P × A 이므로

F_1= 30 × 5 = 150kg

F_2= 30 × 20 = 600kg

[2] 마스터실린더(master cylinder)

마스터실린더는 브레이크페달을 밟는 것에 의해 유압을 발생시키는 부분이며 마스터실린더 보디와 오일탱크, 그리고 실린더 내에 들어있는 피스톤, 피스톤 컵, 체크밸브, 리턴스프링 등으로 구성되어 있다.

마스터실린더 보디의 재질은 주철이나 알루미늄합금이며, 아랫부분은 실린더로 되어있고, 위 부분은 오일탱크로 되어있다. 피스톤은 알루미늄합금으로 되어 있으며 실린더의 한쪽에 끼워져 있다. 브레이크페달을 밟는 것에 의해 실린더 내를 이동하여 유압을 발생시키는 작용을 한다.

피스톤 컵은 고무나 합성고무 제품으로 되어 있으며, 1차 컵(primary cup)과 2차 컵(secondary cup)이 있으며, 1차 컵은 유압 발생실의 유압을 발생하고, 2차 컵은 마스터실린더 밖으로 오일이 누출되는 것을 방지한다.

(1) 체크밸브(check valve)의 작동

체크밸브는 피스톤 반대쪽 실린더 끝 부분에 시트 와셔를 사이에 두고 설치되어 있고, 또 피스톤 리턴 스프링에 의해 시트에 밀착되어 있다. 브레이크가 풀릴 때 회로 내의 유압과 피스톤 리턴 스프링을 장력이 평형이 될 때까지 시트에서 떨어져 오일이 마스터실린더에 되돌아오게 한다. 동시에 회로 내에 잔압(residual pressure)을 두게 한다.

피스톤 리턴스프링은 체크밸브와 1차 컵 사이에 끼워져 있으며 브레이크 페달을 놓았을 때 피스톤이 신속히 제자리로 돌아가도록 하고 동시에 체크밸브와 함께 회로 내에 0.6~0.8kgf/cm^2 정도 잔압을 두는 작용을 한다. 잔압을 두는 목적은 다음과 같다.

① 브레이크 작동지연을 방지한다.

② 브레이크 파이프 내에 베이퍼록이 발생하는 것을 방지한다.

③ 공기가 브레이크 회로 내에 침입하는 것을 방지한다.

④ 휠 실린더 내에서 오일이 누출되는 것을 방지한다.

(2) 마스터실린더의 작동원리

1) 초기 위치

피스톤은 스프링에 의해 스토퍼에 밀착되어 있다. 이때 각 1, 2차 컵 실은 보상구멍을 막지 않아야 한다.

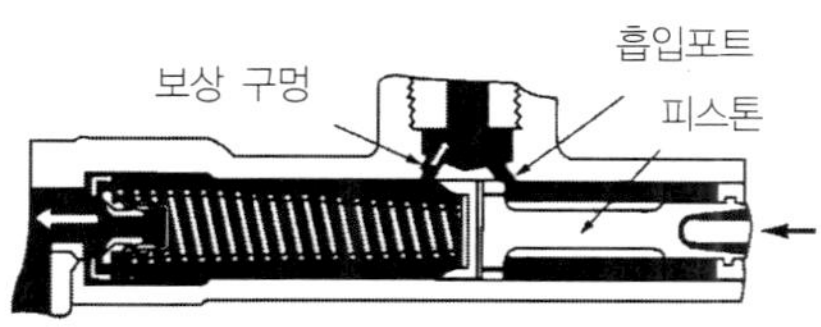

(a) 제동시

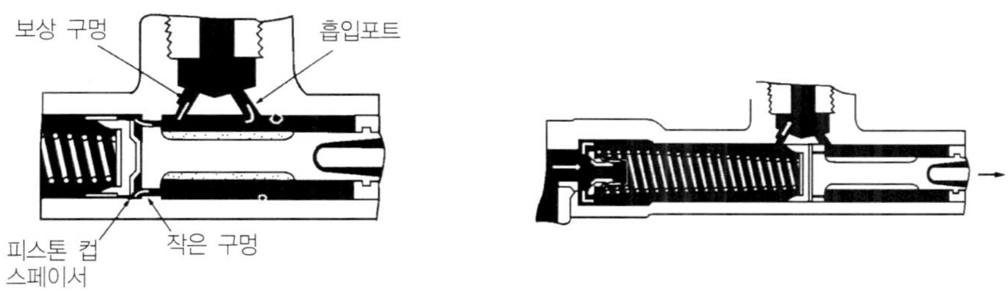

(b) 해제시

그림 4. 마스터실린더의 작동

2) 작동시

브레이크 페달을 밟아서 피스톤이 이동하면 보상구멍을 막아 압력실의 브레이크 오일을 1차 컵이 압축하여 압력을 형성하고 2차 컵은 유밀을 유지하게 된다.

3) 해제시

브레이크 페달에서 발을 떼면 피스톤 스프링과 압력실 내의 압력으로 인해 피스톤은 급격히 후퇴하게 된다. 이 때 압력실 내부는 부압상태가 되며, 피스톤 자체에 만들어진 보충 통로를 통해 브레이크 오일이 압력실로 밀려들어간다.

Tip 1. 페이드(fade)현상

브레이크 페달의 조작을 반복하면 드럼과 슈에 마찰열이 축적되어 제동력이 감소하는 현상이다. 원인은 드럼과 슈의 열팽창과 라이닝 마찰계수 저하에 있으며 방지방법은 다음과 같다.

① 브레이크 드럼의 냉각성능을 크게 하고, 열팽창률이 적은 형상으로 한다.
② 브레이크 드럼은 열팽창률이 적은 재질을 사용한다.
③ 온도 상승에 따른 마찰계수 변화가 적은 라이닝을 사용한다.

2. 베이퍼 록(vapor lock)

연료 회로 또는 브레이크 장치 유압회로 내에 생기는 것이며, 사용 액체가 증발되어 송유 또는 압력전달 작용이 불가능하게 되는 현상을 뜻한다. 브레이크 장치의 베이퍼록은 긴 내리막길 주행 등에서 유압 브레이크를 과도하게 사용하였을 때 브레이크 드럼과 슈의 마찰열에 의해 일어나는 경우가 많다. 또 이 때 페이드 현상도 함께 일어나기 쉬우므로 주의하여야 한다. 베이퍼록이 발생하면 브레이크 페달을 밟아도 브레이크 작용이 매우 둔해진다. 베이퍼록은 다음과 같이 방지할 수 있다.

① 브레이크장치가 과열되지 않도록 한다.
② 액체는 압력을 가하면 비등점이 높아지므로 브레이크회로 내에 잔압을 유지하도록 한다.
③ 비등점이 높은 질이 좋은 브레이크 오일을 사용한다.

[3] 탠덤 마스터실린더(tandem master cylinder)

(1) 탠덤 마스터실린더의 구조

탠덤 마스터실린더는 2개의 마스터실린더를 직렬로 배열한 것과 같으며, 1개의 실린더 안에 앞바퀴용과 뒷바퀴용의 피스톤이 각각 설치되어 있다. 구조는 실린더 위 부분에 앞·뒷바퀴 브레이크용으로 오일탱크 속이 분리되어 있고, 실린더 안에는 2개의 피스톤이 끼워져 있다(이 경우 푸시로드 쪽의 피스톤이 뒤 브레이크용이다).

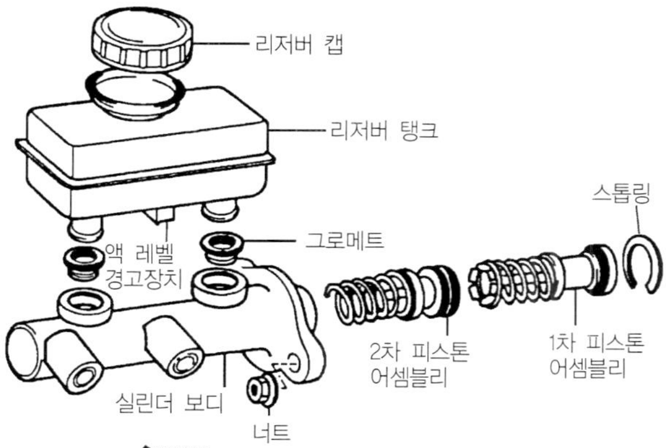

그림 5. 탠덤 마스터실린더의 구조

각각의 피스톤은 리턴스프링과 스토퍼에 의해 그 위치가 규정되어 있고 앞뒤 피스톤에는 리턴스프링이 설치되어 있다. 또 각각의 피스톤에 대응하는 보상구멍과 블리더 구멍 및 체크밸브가 설치되어 있다.

(2) 탠덤 마스터실린더의 작동

탠덤 마스터실린더는 싱글 마스터실린더의 조합으로 하나의 회로가 파손되더라도 또 하나의 회로를 통해 작동되어 제동력을 발생시킨다.

1) Ⅰ회로 파손시

그림 6(c)에서와 같이 Ⅰ의 회로가 파손되었을 경우 회로의 압력 손실로 인해 1차 피스톤은 먼저 스프링을 압축시키며 2차 피스톤에 밀착되고, 페달의 답력은 그대로 2차 피스톤에 가해져 제동력을 발생하게 된다.

2) Ⅱ회로 파손 시

그림 6(d)에서와 같이 회로 Ⅱ가 파손된 상태에서 제동을 하게 되면, 2차 피스톤이 스토퍼에 밀착될 때까지 피스톤은 그냥 밀려가게 된다. 즉 2차 피스톤이 스토퍼에 닿아 정지되면 1차 피스톤 회로에 압력이 발생하게 되어, 브레이크 라인의 어느 한쪽에 이상이 있더라도 최소한의 제동작용을 할 수 있도록 한다.

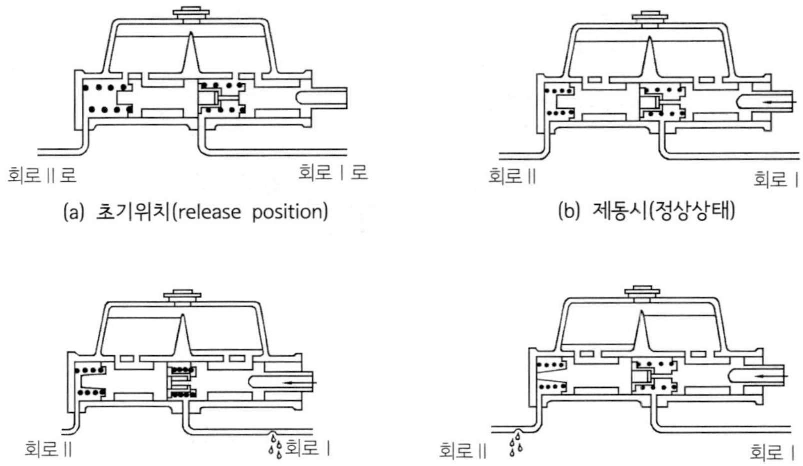

(a) 초기위치(release position)　(b) 제동시(정상상태)

(c) 회로 I 누유시　(d) 회로 II 누유시

그림 6. 탠덤 마스터실린더의 작동

[4] 휠 실린더(wheel cylinder)

휠 실린더는 마스터실린더에서의 유압으로 브레이크슈를 드럼에 압착시키는 작용을 하는 것이며, 휠 실린더는 차축에 고정된 브레이크 배킹판에 설치되어 있으며, 주철 또는 알루미늄합금의 휠 실린더 보디, 피스톤, 피스톤 컵(고무 또는 합성고무 제품) 등을 주요 부품으로 하여 구성되어 있다.

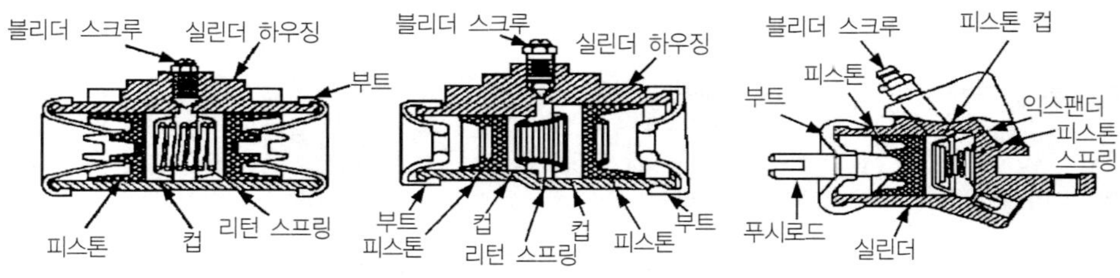

(a) 동일 직경형　(b) 계단 직경형　(c) 단일 직경형

그림 7. 휠 실린더의 종류

휠 실린더 보디 중앙부분에는 오일구멍(마스터실린더와 파이프로 연결되는)과 브레이크 회로 내에 들어간 공기를 빼는 공기배출용 나사(air bleeder screw)가 설치되어 있고 내부에 있는 확장스프링(expanding spring)은 피스톤 컵을 항상 밀어서 벌어져 있게 한다.

휠 실린더에는 브레이크 마찰기구 형식에 따라 동일 직경형, 계단 직경형, 단일 직경형 등이 있다.

[5] 브레이크 슈(brake shoe)와 배킹판

브레이크 슈는 휠 실린더의 피스톤에 의해 드럼과 접촉하여 제동력을 발생하는 부분이며, 라이닝이 리벳이나 접착제로 부착되어 있다. 브레이크 슈의 재질로는 대형 차량에서는 주철이나 가단주철을 사용하고 소형 차량에서는 강철판을 사용한다. 그리고 브레이크 슈에는 리턴 스프링을 두어 마스터실린더 유압이 풀렸을 때 슈를 제자리로 되돌아오게 하고, 홀드다운 스프링(hold down spring)은 슈가 알맞은 위치를 유지하도록 한다.

배킹 판은 강철판을 프레스하여 제작하였으며 슈 간극 조정기구를 설치하고 있다. 브레이크 라이닝은 드럼과의 마찰을 크게 하기 위한 마찰재료이며, 석면계열을 주로 사용한다.

라이닝의 종류에는 위븐 라이닝(weaving lining)과 몰드 라이닝(mould lining)이 있다. 위븐 라이닝은 긴 섬유의 보강재(유리섬유 등)를 황동, 납, 아연선 등을 심으로 한 실로 하여 짠 다음 광물성 오일과 합성수지로 가공하고 가열 성형한 것이며, 유연성이 있고 마찰계수가 크다. 주로 외부 수축형 핸드 브레이크에서 사용된다.

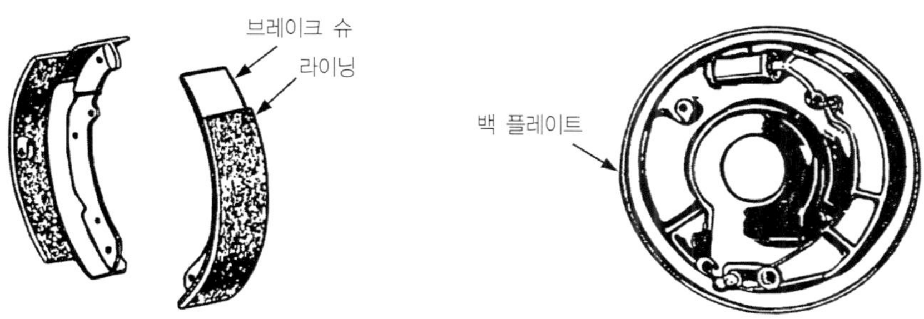

그림 8. 브레이크 슈와 배킹 판

몰드 라이닝은 짧은 섬유의 보강재(유리섬유 등)를 합성수지, 고무 등과의 결합제를 섞은 다음 높은 온도와 높은 압력에서 성형한 후 다듬질한 것이며, 위븐 라이닝보다 마찰계수는 작으나 내열성과 내마모성이 우수하다.

최근에는 반금속 라이닝(semi metallic lining)이나 금속 라이닝(metallic lining) 등이 사용되고 있다. 라이닝은 어떤 경우이든 높은 열에 견디고 내마모성이 우수하며, 마찰계수가 커야 한다. 또 온도의 변화나 물 등에 의해 마찰계수 변화가 적고 기계적 강도가 커야 한다.

[6] 브레이크 드럼(brake drum)

브레이크 드럼은 허브(hub)와 휠 사이의 휠 허브에 볼트로 설치되어 바퀴와 함께 회전하며, 브레이크 슈와의 마찰로 제동력을 발생시키는 작용을 한다. 드럼은 다음과 같은 조건을 필요로 한다.

① 정적·동적평형(static & dynamic balance)이 잡혀 있을 것
② 브레이크가 확장되었을 때 변형되지 않을 만큼 충분한 강성이 있을 것
③ 열 방출이 잘되어 과열하지 않을 것
④ 브레이크 슈와의 마찰 면에 충분한 내마모성이 있을 것

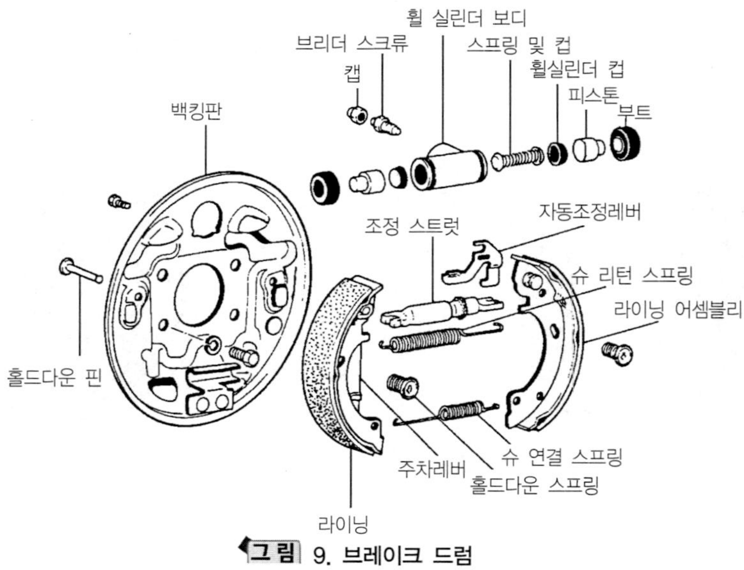

그림 9. 브레이크 드럼

⑤ 무게가 가벼울 것

브레이크 드럼의 재질은 주철이 주로 사용되며, 냉각성능을 향상시키고 강성을 증대시키기 위해 원둘레방향이나 원둘레방향의 직각 방향에 핀(fin) 또는 리브(rib)를 두고 있다. 그리고 제동할 때 발생한 열은 브레이크 드럼을 통하여 방산되므로 드럼의 면적은 마찰 면에서 발생한 열 방산능력에 따라 결정된다.

브레이크 드럼에는 구조물로서의 강도나 강성 이외에 알맞은 마찰성능, 내열성, 내마모성, 열용량 및 열 방출성능 등을 필요로 한다. 마찰특성으로서는 안정되고 가능한 높은 마찰계수를 얻는 것이 바람직하다.

(1) 자기 배력작용(자기 작동작용)

브레이크를 밟으면 슈는 마찰력에 의해 드럼과 함께 회전하려는 경향이 생겨 확장력이 커져 마찰력이 증대되는데, 이와 같은 작용을 자기 배력작용(자기 작동작용)이라 한다. 반대로 회전 반대방향의 슈는 드럼에서 떨어지려는 경향이 생겨 확장력이 감소되고 마찰력도 감소된다.

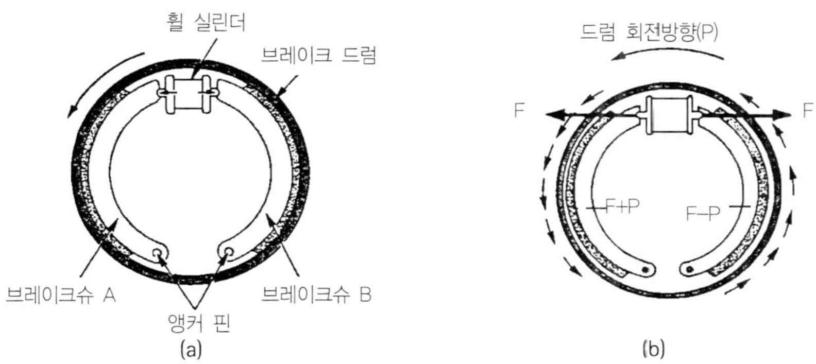

그림 10. 리딩 & 트레일링슈의 자기 배력작용

자기 배력작용을 하는 슈를 리딩슈(leading shoe), 반대방향의 슈를 트레일링슈(trailing shoe)라 한다.

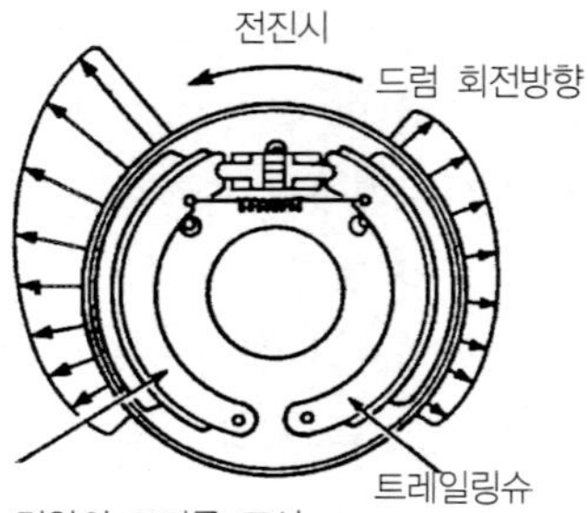

주 : 화살표는 면압의 크기를 표시

그림 11. 리딩슈 & 트레일링슈의 면압곡선

(2) 드럼 브레이크의 형식(작동상태에 따라)

브레이크 드럼과 슈의 구조는 비슷하나, 브레이크슈의 설치방법과 휠 실린더의 구조에 따라 작동방식에 조금씩 차이가 있다. 드럼브레이크는 다음과 같이 분류한다.

1) 리딩 - 트레일링슈 형

가장 기본적인 형식으로서 브레이크 드럼 안쪽에 2개의 슈가 앵커핀으로 지지되어 있다. 드럼이 회전하는 방향과 같은 방향으로 확장하는 슈를 리딩슈(leading shoe)라 하고, 드럼의 회전방향과 반대방향으로 확장하는 슈를 트레일링슈(trailing shoe)라 부른다. 또 이 관계는 브레이크 드럼이 역회전(후진시)하면 그 반대가 된다.

그림 12. 리딩-트레일링슈 형(앵커 고정형)

리딩슈는 휠 실린더 피스톤에 의해 확장력이 작용하고, 그와 동시에 앵커핀을 지점으로 하여 드럼에 압착되어 드럼과의 마찰에 의한 힘을 받는다. 이 마찰력이 리딩슈에는 드럼으로의 압착력을 증대시키는 방향으로, 트레일링슈에는 압착력을 감소시키는 방향으로 작용하고 있음을 알 수 있다.

리딩슈가 트레일링슈보다 큰 제동력(약 4배 정도)을 발생한다. 이 형식은 가장 널리 이용되는 방식으로서 주로 승용차나 승합차의 후륜에 사용되고 있다.

2) 유니 서보형

2 리딩슈형을 간단히 한 것으로 그림 13과 같이 1개의 휠 실린더와 조정 튜브로 연결된 2개의 슈로 구성된다. 전진시에는 전부 리딩슈가 되어 제동력이 크게 되나, 후진시에는 전부 트레일링슈가 되어 제동력이 감소된다.

3) 듀오 서보형

유니 서보형을 개량한 것으로 전진시와 후진시 모두 자기배력 작용이 발생하게 한 형식이다. 그림 14와 같이 양쪽 슈에 조정나사가 있어 스타 휠이 연결되며, 앵커 핀과 스타 휠의 길이에 따라 위치가 결정되며, 앵커핀을 사용하지 않는 형식도 있다.

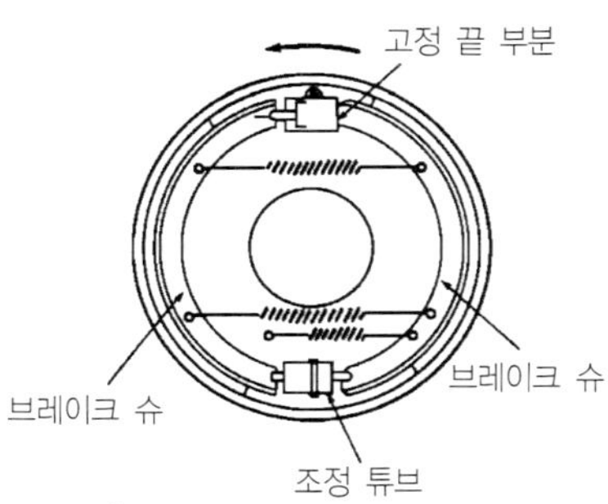

그림 13. 유니 서보형

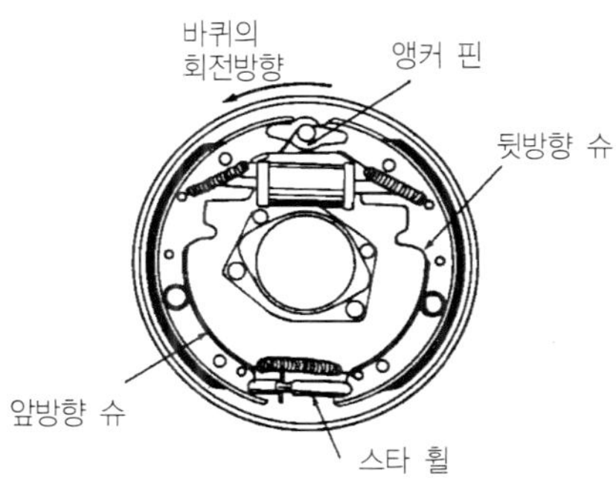

그림 14. 듀오 서보형

4) 2리딩형

2리딩형은 앵커핀 고정형의 트레일링슈를 리딩슈가 되도록 한 것으로 2개의 슈가 리딩슈가 되기 때문에 붙여진 이름이다. 단동 2리딩슈와 복동 2리딩슈가 있다.

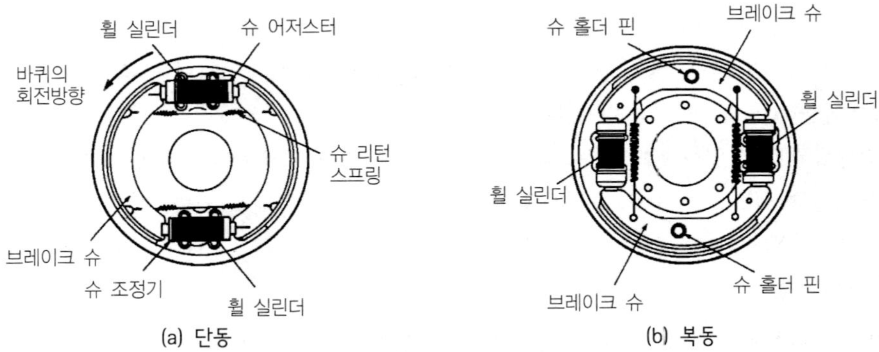

그림 15. 2리딩형

단동 2리딩슈는 전진시에는 모두 리딩슈로, 후진시에는 모두 트레일링슈로 작용한다. 반면에 단동 2리딩슈의 단점을 개량한 복동 2리딩슈는 전진시와 후진시에 모두 리딩슈로 작용하도록 한 것이다.

[7] 브레이크 조정기구

브레이크 조정기구에는 수동조정식과 자동조정식이 있으며 수동식에는 캠식과 어저스터식, 자동식에는 어저스터식이 주로 사용되고 있다. 근래에는 거의 모든 차량이 자동 조정식을 사용하고 있다.

(1) 수동조정식

1) 캠식(cam type)

캠식은 앵커 핀이 양끝이 캠 모양으로 되어 있는 것으로 록크 너트(lock nut)를 풀고 앵커 핀을 돌려 슈 간극을 조정하는 방식이다.

2) 어저스터식(adjuster type)

어저스터식은 휠 실린더 피스톤에 조립되어 있는 슈 어저스터를 돌리면 어저스터 스크루가 돌출된다. 이 돌출량을 변화시켜 슈 간극을 조정하는 방식이다. 수동식은 백킹 플레이트에 설치된 편심 캠이나 스크루를 좌우로 돌려 조정하는 형식이다.

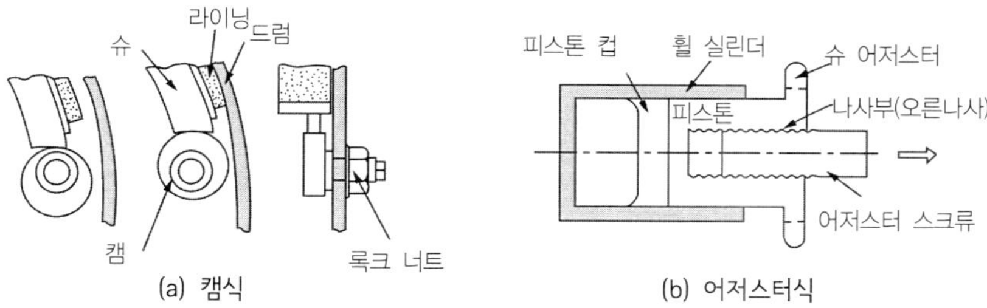

그림 16. 수동식 간극 조정 기구

(2) 자동 조정식(auto adjuster)

자동식 조정기구는 항상 일정한 간극을 유지한다. 라이닝이 마모되어 슈 간극이 너무 커지면 페달 행정(pedal stroke)이 그 만큼 증대하고 제동효과도 더불어 나빠진다. 그래서 항상 적정한 슈 간극을 유지시켜 안정된 제동력이 발휘되도록 하는 것이 중요한 데, 적정 슈 간극을 자동적으로 유지시켜 주는 것이 자동 조정식이다.

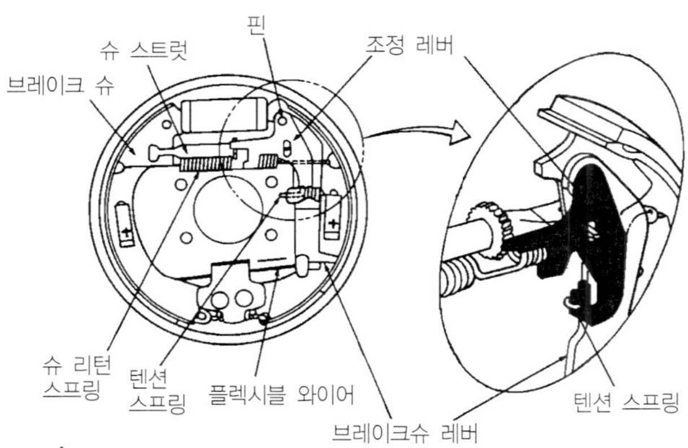

그림 17. 브레이크 간극 자동 조정장치(리딩-트레일링슈형)

2.4.2. 파이프(pipe)

브레이크 파이프는 마스터 실린더와 휠 실린더의 오일통로를 형성하며, 일반적으로 방청 처리를 한 강철 파이프와 플렉시블 호스(flexible hose)가 사용된다. 브레이크 파이프는 주행 중 진동하지 않도록 클립으로 확실하게 고정하고 있다. 호스는 유동이 있는 부분에 사용되며, 높은 유압에 견디도록 견사 등의 직물 층과 내유성의 고무로 만들어져 있고 그 연결부분에는 금속제 피팅(fitting)이 설치되어 있다.

2.4.3. 브레이크 오일(brake fluid)

브레이크 오일은 피마자기름에 알코올 등의 용제를 혼합한 식물성 오일이며, 브레이크 오일이 갖추어야 할 조건을 들면 다음과 같다.

① 화학적으로 안정되고 침전물이 생기지 않을 것
② 알맞은 점도를 가지고 온도에 대한 점도 변화가 작을 것
③ 윤활 성능이 있을 것
④ 비등점이 높아 베이퍼록을 일으키지 않을 것
⑤ 빙점이 낮고 인화점은 높을 것
⑥ 금속이나 고무제품에 대해 부식, 연화, 팽윤 등을 일으키지 않을 것

브레이크액의 수분함유량은 비점(끓는점)이 낮아지게 함과 동시에 브레이크 회로의 부식이나 이물질 발생을 촉진시켜 브레이크 파열의 원인이 되기도 한다. 브레이크액은 DOT3, DOT4, DOT5로 미국 연방 자동차 브레이크액 시험기준 FMVSS. NO.1160이 규정하는 브레이크액 특성표에 의한다.

2.5. 주차 브레이크(parking brake)

2.5.1. 외부 수축형식

외부 수축형식은 강판제 브레이크 밴드 안쪽에 라이닝을 리벳으로 조립하고, 브래킷을 통해 설치되어 있으며 브레이크 드럼은 변속기 출력축이나 추진축에 설치되어 있다. 작동은 레버를 당기면 풀 로드(pull-rod)가 당겨지며, 작동 캠의 작용으로 밴드가 수축하여 드럼을 강하게 조여서 제동이 된다. 그리고 레버에는 래칫(ratchet)을 두어 주차 상태를 유지시킨다.

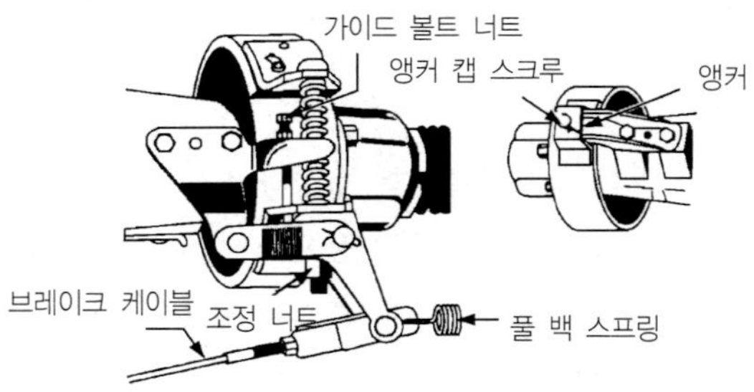

그림 18. 외부 수축형식

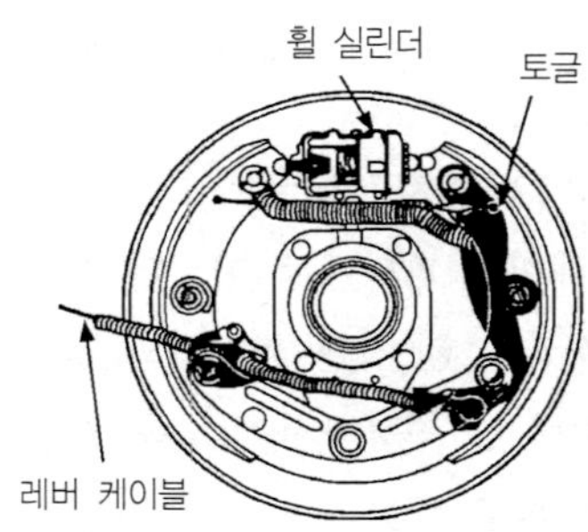

그림 19. 내부 확장형식

2.5.2. 내부 확장형식

내부 확장형식은 레버를 당기면 와이어(wire)가 당겨지며, 이때 브레이크 슈가 확장되어 제동작용을 한다.

2.5.3. 휠 브레이크형식(wheel brake type)

휠 브레이크형식은 레버를 당기면 와이어와 로드의 조합에 의해 뒷바퀴의 브레이크슈를 움직여 드럼에 밀착시키는 것이며, 양쪽 바퀴에 작동하는 제동력을 균일하게 하기 위해 이퀄라이저가 설치되어 있다.

2.6. 디스크 브레이크(disc brake)

2.6.1. 디스크 브레이크의 개요

디스크 브레이크는 마스터실린더에서 발생한 유압을 캘리퍼(caliper)로 보내어 바퀴와 함께 회전하는 디스크를 양쪽에서 패드(pad : 슈)로 압착시켜 제동을 시킨다. 드럼 브레이크에서는 드럼 안쪽 면에서의 마찰열을 효과적으로 방출시키기가 어려워 브레이크 페이드현상이 일어난다.

디스크 브레이크는 디스크가 대기 중에 노출되어 회전하므로 페이드현상이 작으며, 자동조정 브레이크형식이다. 그리고 이 형식의 구성은 바퀴와 함께 회전하는 디스크, 디스크와 함께 제동력을 발생시키는 패드, 패드와 피스톤을 지지하며 스핀들이나 판에 고정된 캘리퍼 등으로 구성되어 있다.

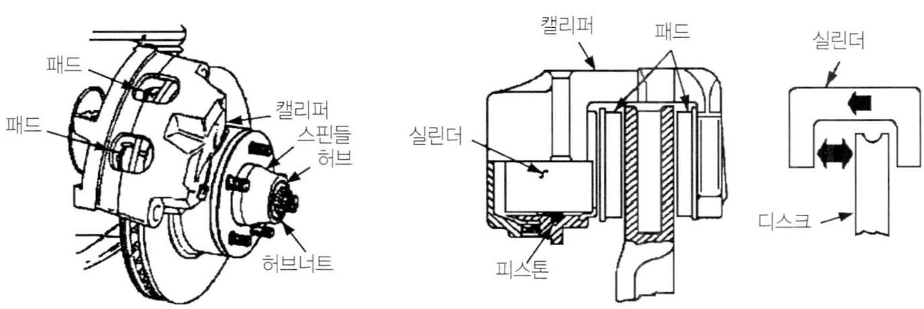

그림 20. 디스크 브레이크

[1] 디스크 브레이크의 장점

① 디스크가 대기 중에 노출되어 회전하기 때문에 방열성능이 좋아 제동력이 안정된다.

② 자기작동이 작용되지 않기 때문에 고속에서 반복 사용하여도 제동력 변화가 적어 제동성능이 안정된다.

③ 한쪽만 제동되는 일이 없으며, 부품의 평형이 좋다.

④ 디스크에 물이 묻어도 제동력의 회복이 빠르다.

⑤ 구조가 간단하고 부품수가 적어 차량의 무게가 경감되며 정비가 쉽다.

[2] 디스크 브레이크의 단점

① 마찰 면적이 적기 때문에 패드를 압착하는 힘을 크게 하여야 한다.

② 자기작동 작용을 하지 않으므로 브레이크 페달을 밟는 힘이 커야 한다.

③ 패드를 강도가 큰 재료로 만들어야 하며, 패드의 마모가 크다.

④ 디스크에 이물질이 쉽게 부착된다.

2.6.2. 디스크 브레이크의 분류

[1] 대향 피스톤형(고정 캘리퍼형)

대향 피스톤형은 브레이크 실린더 2개를 두어 디스크의 양쪽에서 패드를 압착시켜 브레이크하게 된 것으로 작동도 확실하다. 그러나 차량 중심선에 대해 바깥쪽의 브레이크 실린더가 휠 디스크 내부에 들어가기 때문에 냉각성능이 좋지 못해 중량이 큰 차량에서는 베이퍼록을 일으키는 경우가 있다.

종류에는 캘리퍼가 일체로 되어 있으며, 양쪽 브레이크 실린더에는 브리지 파이프(bridge pipe)를 거쳐 오일이 도입되는 캘리퍼 일체형과 캘리퍼가 그 중심에서 둘로 분할되고 그 각각에 브레이크 실린더를 일체로 주조하고 브레이크 오일 도입은 내부 홈을 통해 들어오도록 된 캘리퍼 분할형이 있다.

[2] 부동 캘리퍼형(플로팅 캘리퍼형)

부동 캘리퍼형은 캘리퍼 한쪽에만 1개의 브레이크 실린더를 두고 있으며, 마스터실린더에서 유압이 작용되면 피스톤이 패드를 압착하고, 또 그 반발력으로 캘리퍼가 움직여 반대쪽의 패드도 디스크를 압착하여 브레이크 하는 것이다.

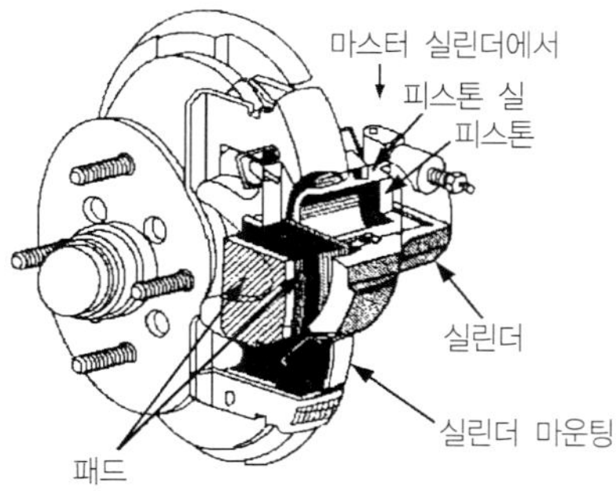

그림 21. 부동 캘리퍼형

구조가 간단하고 무게도 가벼워 최근에는 소형 차량에서 많이 사용되고 있다. 부동 캘리퍼형의 특징은 다음과 같다.

① 브레이크 실린더가 1개뿐이고, 또 통풍이 잘되는 방향에 설치되어 있기 때문에 베이퍼록이 일어날 우려가 적다. 또 오일누출이 일어날 만한 부분도 적다.

② 부품수가 적고 또 가볍기 때문에 스프링 아래 무게가 가볍다.

③ 대향 피스톤형에 비해 피스톤 이동량을 크게 하여야 한다.

④ 먼지 등에 의해 캘리퍼의 이동이 원활하지 않게 되기 쉽고 따라서 패드가 편마모 되기 쉽다.

2.7. 배력 브레이크(servo brake)

2.7.1. 배력 브레이크의 개요

배력 브레이크는 유압 브레이크의 제동력을 증대시키기 위해 엔진의 흡입행정에서 발생하는 진공(부압)과 대기압력 차이를 이용하는 진공 배력방식(하이드로 백)과 압축공기의 압력과 대기압력 차이를 이용하는 공기 배력방식(하이드로 에어 팩)이 있다. 공기 배력방식은 구조상 공기압축기와 공기탱크를 더 두고 있다.

2.7.2. 진공 배력방식

자동차에서는 엔진 피스톤의 상하운동에 의한 펌프작용으로 흡입행정에서 부분진공을 만든다.

따라서 엔진 흡기다기관에서 발생된 부분 진공이 수은주 500mmHg이며, 대기압력은 760mmHg이므로 이들 사이에는 760mmHg-500mmHg= 260mmHg(0.34kgf/cm^2)의 압력 차이가 생긴다. 따라서 1.0332kgf/cm^2-0.34kgf/cm^2= 0.7kgf/cm^{2}이 된다. 이 압력차이가 진공 배력방식 브레이크를 작동시키는 힘이 된다.

[1] 직접 조작형(마스터 백) 작동

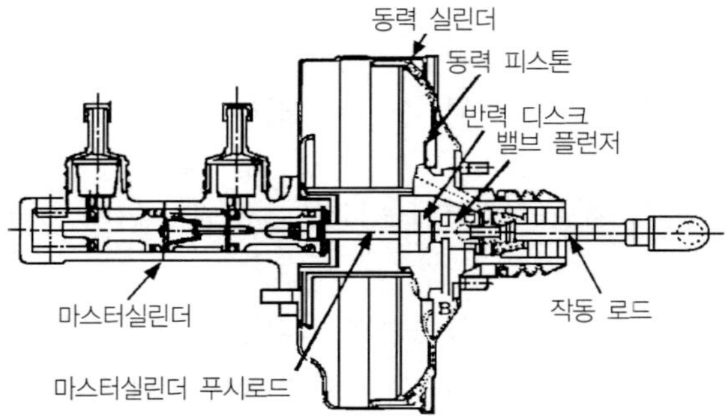

그림 22. 직접 조작형

(1) 브레이크 페달을 놓았을 때

브레이크 페달을 밟지 않은 상태에서 배력장치는 브레이크 페달에 의한 답력이 전달되지 않기 때문에 대기포트(atmospheric air port)는 닫혀있고, 진공포트(vacuum port)는 열려 있으므로 A, B 챔버 모두 진공압력의 상태가 되어 있어 압력차에 의한 배력작용은 발생하지 않는다.

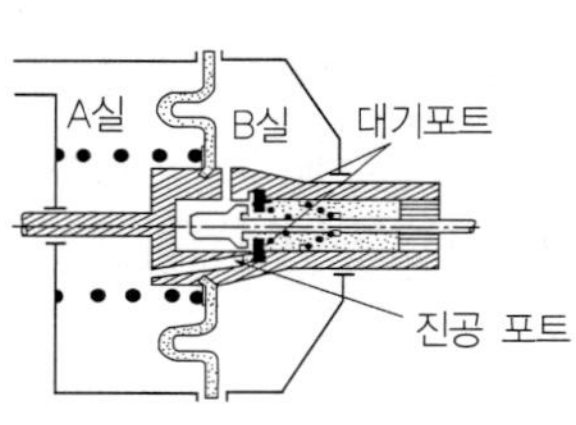

그림 23. 배력작용이 없을 때

(2) 브레이크 페달을 밟을 때

① 부분 제동시 : 브레이크 페달을 밟으면 진공포트는 닫히기 시작하고 이어서 대기포트가 조금씩 열린다. B실에는 대기가 유입되고 A실의 진공압력의 상태이므로 이 압력 차이만큼 미세한 배력작용이 발생된다.

② 완전 제동시 : 브레이크 페달을 완전히 밟으면 진공포트는 닫히고 대기포트는 완전히 열린다. B실에는 완전히 대기로 유입되고 A실은 진공압력의 상태이므로 진공실과 대기실의 압력차가 최대가 된다.

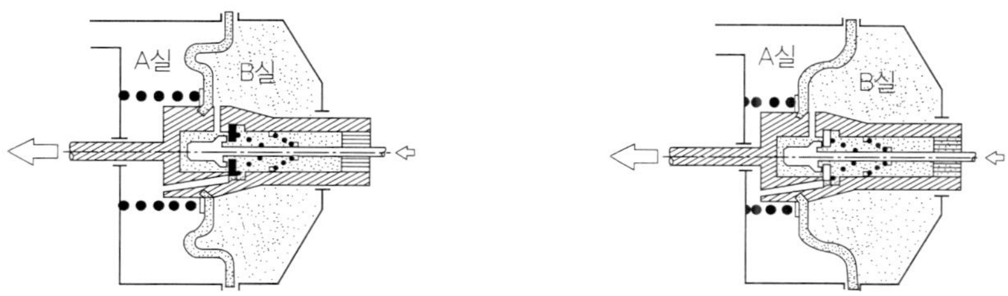

(a) 부분 제동시(1단계) (b) 완전 제동시(2단계)

그림 24. 브레이크페달을 밟을 때

(3) 배력장치의 고장시 작동

제동 배력장치에 고장이 발생할 경우 배력작용만 없을 뿐 제동작용은 그대로 발생된다. 하지만 부스터내의 피스톤 리턴 스프링(booster return spring)의 스프링 상수값 때문에 제동을 하기 위해서는 큰 답력이 요구된다.

[2] 원격조작형(하이드로 마스터)

마스터실린더와 배력기구가 서로 분리되어 있는 형을 분리형 진공식 배력장치 또는 하이드로 마스터(hydro master)라 한다.

(1) 브레이크 페달을 밟지 않은 상태

브레이크 페달을 밟지 않은 상태에서 마스터 실린더로부터 유압이 릴레이밸브 피스톤을 우측으로 밀지 않으므로 릴레이밸브와 다이어프램은 분리되어 있다. 따라서 A실과 B실은 에어클리너로부터 유입된 대기압 상태이므로 압력차가 없는 상태이다.

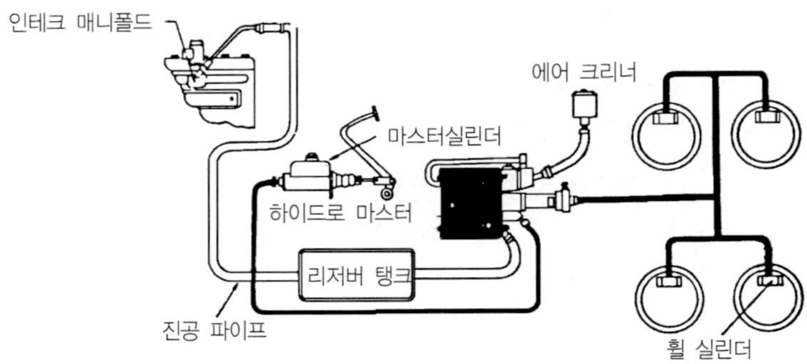

그림 25. 분리형 진공식 배력장치의 구성

(2) 제동시

브레이크 페달을 밟으면 마스터실린더로 부터 유압이 릴레이밸브 피스톤을 우측으로 밀어서 에어클리너로부터 B실로 유입되는 대기압을 차단시킨다. 따라서 대기압은 A실만 유입되고 B실에는 리저버 탱크로부터 진공압력이 유입되어 파워 피스톤(power piston)을 우측으로 이동시켜 배력작용이 발생한다.

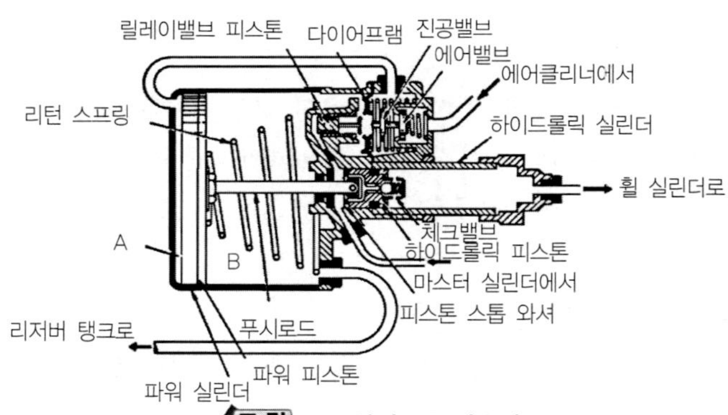

그림 26. 하이드로 마스터

2.7.3. 압축공기식 배력장치

압축공기식 배력장치는 작동유체인 진공압력대신에 압축공기를 사용하여 에어 마스터(air master)로써 배력작용을 하며, 원리와 구조는 진공식 배력장치와 거의 유사하다.

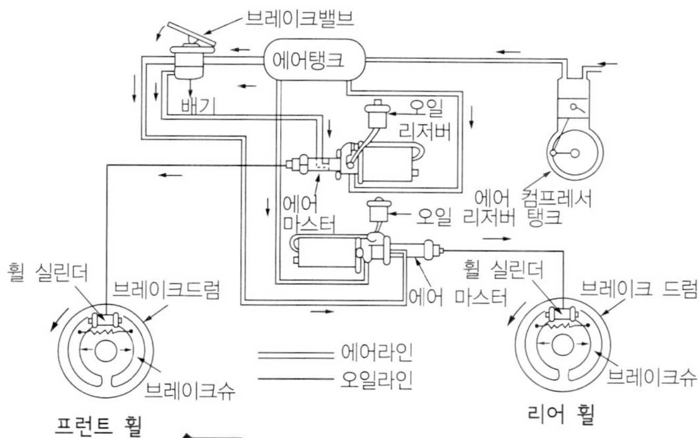

그림 27. 압축공기식 제동장치

약 6∼7kgf/cm^2 정도의 압축공기를 발생시키는 컴프레서(compressor), 에어탱크(air tank), 에어마스터 등으로 구성되어 있다. 압축공기식 배력장치는 유압식 및 진공식 배력장치에 비해 다음과 같은 장·단점이 있다.

[1] 장점

① 압축공기를 사용하므로 큰 제동력을 얻을 수 있다.
② 차량중량에 대한 제한을 거의 받지 않는다.
③ 브레이크 페달의 조작력에 대한 제한을 받지 않는다.
④ 에어 라인에 약간 누설이 발생되어도 제동작용은 가능하다.
⑤ 안전도와 조작이 쉬워 원격조종이 가능하다.
⑥ 압축공기를 이용하는 주변기기를 함께 사용할 수 있다.
⑦ 공기의 압력을 높이면 더욱 큰 제동력을 얻을 수 있다.

[2] 단점

① 공기탱크 및 별도의 장치들을 설치되어야 하므로 매우 복잡하다.
② 공기 압축기를 이용하여 압축공기를 발생시키므로 압축기를 작동하기 위하여 엔진의 출력 일부를 사용하여야 한다.

[3] 작동

(1) 제동시의 작동

브레이크페달을 밟으면 브레이크밸브에 대기하고 있던 압축공기는 에어 마스터의 릴레이밸브(relay valve)를 아래로 밀면 에어 마스터에 대기하고 있던 압축공기가 컨트롤 튜브(control tube)를 거쳐 A실에 유입된다. 따라서 파워 피스톤(power piston)은 리턴 스프링의 힘을 이기고 우측으로 이동하여 푸시로드(push rod)와 연결되어 있는 하이드롤릭 피스톤(hydraulic piston)을 밀어 제동작용을 한다.

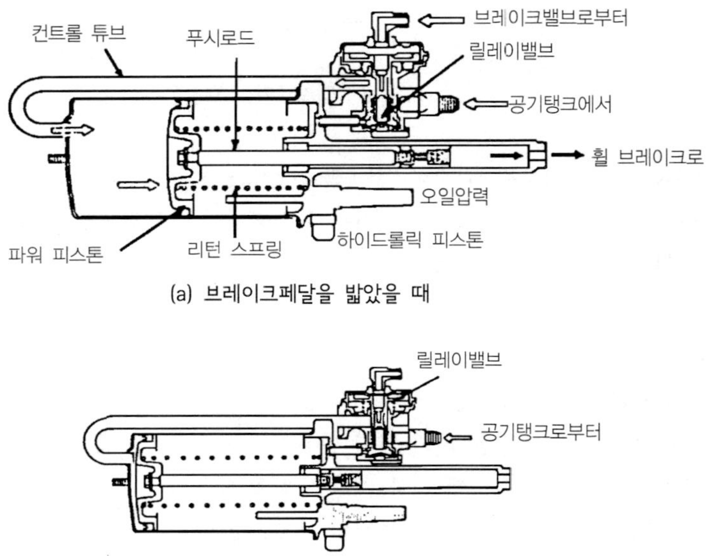

(a) 브레이크페달을 밟았을 때

(b) 브레이크페달을 밟지 않았을 때

그림 28. 에어 마스터 작동

(2) 제동 해제시의 작동

브레이크 페달을 놓으면 릴레이밸브에 압축공기가 작용하지 않기 때문에 리턴 스프링의 힘에 의해 파워 피스톤은 좌측으로 이동하여 제동작용을 해제한다.

2.8. 공기 브레이크(air brake)

공기 브레이크는 압축공기의 압력을 이용하여 브레이크를 작용시키는 것이며 주로 대형 차량에서 사용한다. 공기 브레이크는 유압 브레이크나 배력 브레이크에 비해 다음과 같은 특징이 있다.

① 공기 브레이크는 차량 중량이 아무리 커도 사용할 수 있다.
② 공기 브레이크는 공기가 조금 새어도 브레이크 성능이 현저하게 저하되지 않기 때문에 안전도가 높다.
③ 공기 브레이크는 베이퍼 록이 발생할 우려가 없다.
④ 공기 브레이크는 페달 밟는 양에 따라 제동력이 커지기 때문에 조작하기가 쉽다.
⑤ 압축공기의 압력을 높이면 더 큰 제동력을 얻을 수 있다.
⑥ 공기압축기 구동에 엔진의 출력이 일부 소모된다.
⑦ 구조가 복잡하고 값이 비싸다.

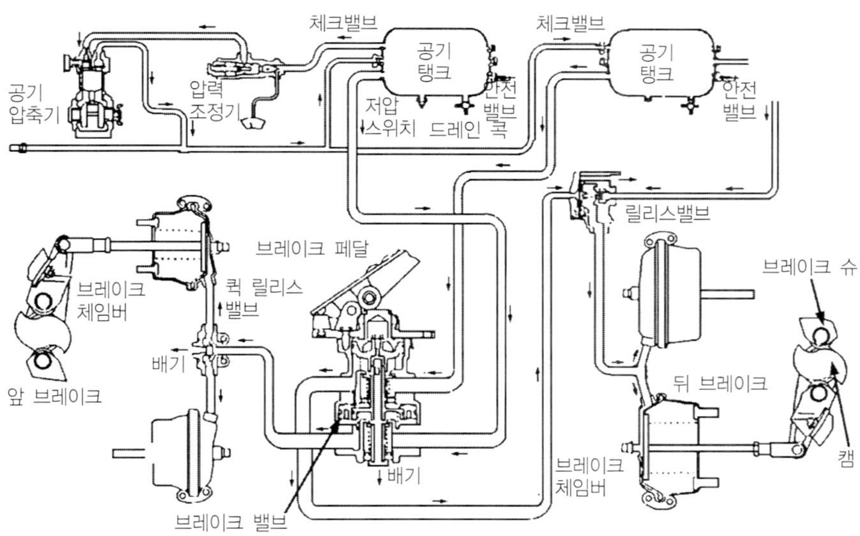

그림 29. 공기 브레이크의 배관 및 구조

2.8.1. 공기 브레이크의 작동

① 공기 압축기에서 만들어진 압축공기는 체크밸브를 거쳐 공기탱크로 보내지며 이곳에서 저장된다. 공기탱크 내의 공기는 압력조정기의 작용으로 항상 규정 압력(5~7kgf/cm^2)을 유지한다.

② 브레이크 페달을 밟으면 압축공기는 그 밟는 정도에 따르는 압력(약 0~7kgf/cm^2)으로 퀵 릴리스밸브를 거쳐 앞 브레이크 체임버에 작용한다. 또 일부는 릴레이밸브에 보내져 릴레이밸브를 작동시킨다. 브레이크밸브에서 릴레이밸브에 보내진 압력과 같은 압력의 공기가 공기탱크에서 직접 뒤 브레이크 체임버로 보내져 브레이크 작용을 한다.

③ 브레이크 체임버에 압축공기가 작용하면 다이어프램에 설치된 푸시로드가 휠 브레이크의 캠(cam)을 돌려 브레이크 슈를 양쪽으로 확장시킨다. 이에 따라 브레이크 슈가 드럼에 압착되어 제동력이 발생한다.

④ 브레이크 페달을 놓으면 브레이크밸브와 릴레이밸브 사이의 압축공기는 브레이크밸브의 배기구멍을 통해 대기 중에 방출된다. 또 앞 브레이크 체임버 내의 압축공기는 퀵 릴리스밸브에서 방출되어 브레이크를 신속하게 푼다.

2.8.2. 공기 브레이크의 구조

[1] 공기압축기(air compressor)

공기압축기는 엔진에 의해 구동되며, 압축공기를 생산한다. 실린더헤드(입구 밸브 쪽)에는 언로드밸브(unload valve)가 설치되어 있으며, 이 언로드밸브는 압력 조정기와 함께 공기탱크 내의 압력을 일정하게 유지한다.

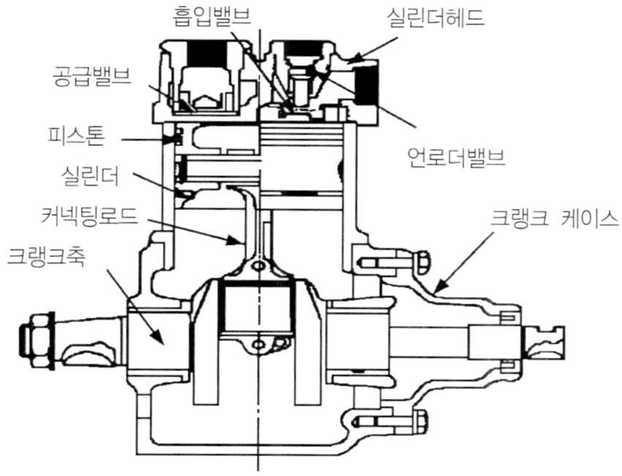

그림 30. 공기압축기의 구조

[2] 압력조정기와 언로드밸브

압력조정기는 공기탱크 내의 압력이 규정 값(5~7kgf/cm^2)이 되면 공기탱크에서 공기 입구로 들어온 압축공기가 스프링 장력을 이기고 밸브를 위로 밀어 올려 위 밸브 시트에 접촉시킨다. 이에 따라 압축공기는 공기 압축기의 언로드밸브 위쪽에 작동하여 언로드 밸브를 내려 민다.

따라서 흡입밸브가 열려 공기압축기 작동이 정지된다. 또 공기탱크 내의 압력이 규정 값 이하가 되면 언로드 밸브가 본래의 위치로 돌아가 공기 압축기의 작용이 다시 시작된다.

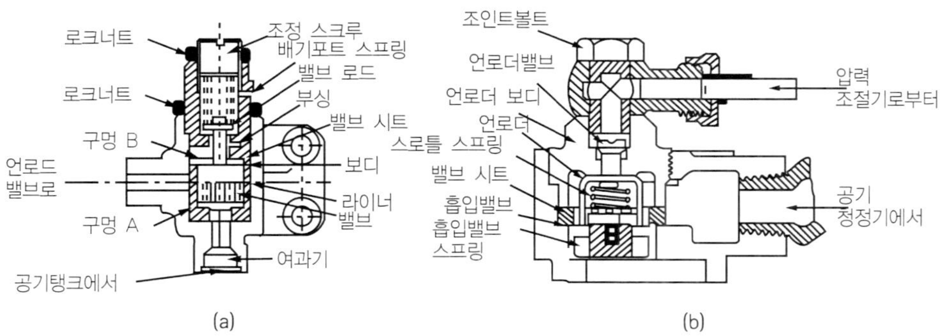

그림 31. 압력조정기와 언로드 밸브

[3] 공기탱크

공기탱크는 프레임의 사이드 멤버에 설치되어 공기압축기에서 보내 온 압축공기를 저장한다. 안전밸브는 탱크 내의 압력이 규정 값 이상이 되면 자동적으로 공기를 방출하여 탱크와 각 작동부분의 안전을 유지하는 작용을 한다.

[4] 브레이크밸브(brake valve)

브레이크밸브는 브레이크 페달, 플런저, 주 스프링, 배출밸브 및 공급밸브 등으로 되어 있다. 작동은 브레이크 페달을 밟으면 위쪽에 있는 플런저가 주 스프링을 사이에 두고 배출밸브를 아래쪽으로 이동시켜 배출구멍을 닫은 후 공급밸브를 연다. 이에 따라 공기탱크 내의 압축공기가 앞 브레이크의 퀵 릴리스밸브 및 뒤 브레이크의 릴레이밸브 그리고 각 브레이크 체임버로 보내져 제동 작용을 한다.

페달을 놓으면 플런저가 완전히 제자리로 복귀하여 배출밸브가 열리며 제동작용을 한 공기를 대기 중으로 배출시킨다.

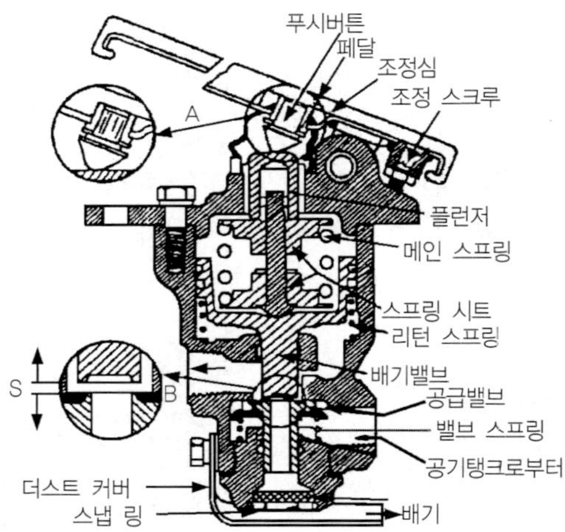

그림 32. 브레이크밸브

[5] 퀵 릴리스밸브(quick release valve)

퀵 릴리스밸브는 페달을 밟으면 브레이크밸브로부터 압축공기가 입구를 통하여 작동되면 밸브가 열려 앞 브레이크 체임버로 통하는 양쪽 구멍을 연다. 이에 따라 브레이크 체임버에 압축공기가 작동하여 브레이크 된다. 또 페달을 놓으면 브레이크 밸브로부터 공기가 배출됨에 따라 입구 압력이 낮아진다. 이에 따라 밸브는 스프링장력에 의해 제자리로 복귀하여 배기구멍을 열고 앞 브레이크 체임버 내의 공기를 신속히 배출시켜 브레이크를 푼다.

[6] 릴레이밸브(relay valve)

릴레이밸브는 페달을 밟아 브레이크밸브로부터 공기압력이 작동하면 다이어프램이 아래쪽으로 내려가 배기밸브를 닫고 공급밸브를 열어 공기탱크 내의 공기를 직접 뒤 브레이크 체임버로 보내어 브레이크 시킨다. 또 페달을 놓아 다이어프램 위에 작동하던 브레이크밸브로부터의 공기압력이 감소하면 브레이크 체임버 내의 압력이 다이어프램 위에 작동하던 압력보다 커지므로 다이어프램을 위로 밀어 올려 윗부분의 압력과 평행이 될 때까지 밸브를 열고 공기를 배출시켜 신속하게 브레이크를 푼다.

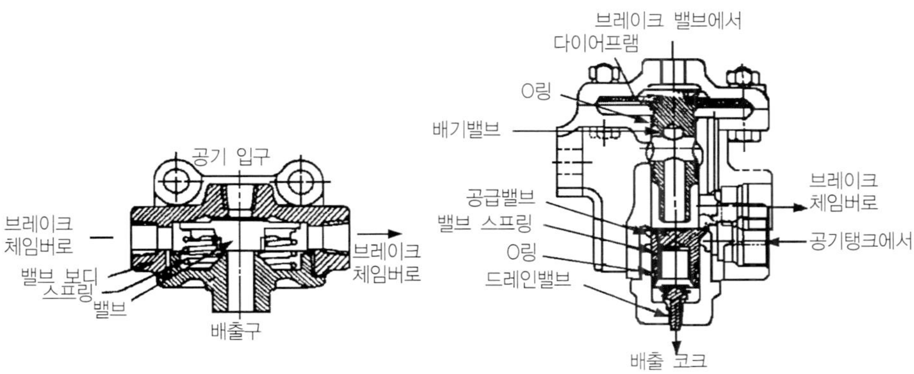

(a) 퀵 릴리스 밸브 (b) 릴레이 밸브

그림 33. 퀵 릴리스밸브와 릴레이밸브

[7] 브레이크 체임버(brake chamber)

브레이크 체임버는 페달을 밟아 브레이크밸브에서 조절된 압축 공기가 체임버 내로 유입되면 다이어프램은 스프링을 누르고 이동한다. 이에 따라 푸시로드가 슬랙 조정기를 거쳐 캠을 회전시켜 브레이크 슈가 확장하여 드럼에 압착되어 제동을 한다. 페달을 놓으면 다이어프램이 스프링 장력으로 제자리로 복귀하여 제동이 해제된다.

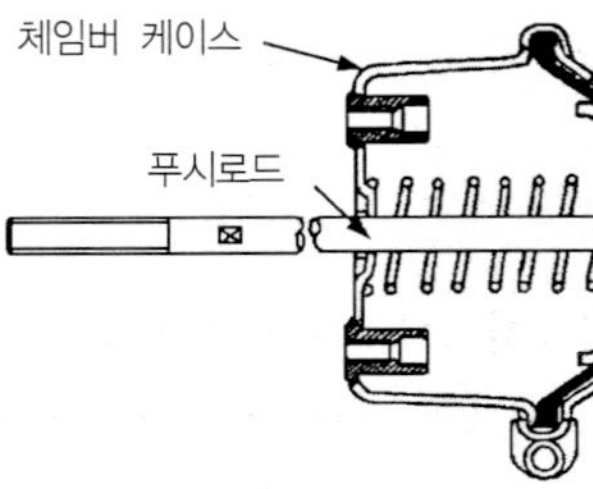

그림 34. 브레이크 체임버의 구조

[8] 저압 표시기

저압 표시기는 공기압력에 의해 작동되는 일종의 스위치이다. 작용하는 공기압력이 낮을 때에는 접점이 닫혀 계기판에 있는 경고등을 점등하고, 공기압력이 높아지면 다이어프램을 밀어 접점이 열린다.

[9] 체크밸브

체크밸브는 공기탱크의 아랫부분에 설치되어 있으며, 체크밸브와 안전밸브의 역할을 겸하게 되어 있다. 이 밸브는 공기압축기에서 압축공기가 보내 질 때에는 열려서 공기 압축기와 탱크를 통하게 하나 탱크 내의 압력이 규정 값이 되어 공기 압축기에서 압축공기가 오지 않을 때에는 밸브를 닫아 탱크 내의 공기가 누출되지 않도록 한다.

3. ABS(anti lock brake system)

ABS란 주행 중 제동을 할 때 바퀴의 고착을 방지하는 것으로 급제동 또는 노면의 악조건 상태에서 제동을 할 때 바퀴의 고착으로 인하여 차량이 제어 불능상태로 진행되어 조향조작력 상실뿐만 아니라 제동거리도 길어진다. ABS는 이러한 바퀴의 고착현상을 미연에 방지하여 최적의 점착력을 유지하므로 사전에 사고의 위험성을 감소시키는 예방 안전장치이다.

3.1. ABS의 설치목적

① 방향 안정성 확보(stability), 스핀(spin)방지
② 조향안정성 확보(steerability)
③ 제동거리 단축(stopping distance)

3.2. ABS의 효과

ABS의 효과는 주행조건 및 노면상태에 따라 차이가 크며, 노면 마찰계수(μ)이상의 제동성능 기대는 금물이며, 자동차방향 안정성 확보에는 운전자의 조향 능력이 조금은 필요하다는 것을 반드시 명심하여야 한다.

3.2.1. 직진주행 중 제동을 할 때

자동차가 직진방향으로 주행 중 한쪽 바퀴의 노면이 미끄러지기 쉬운 상태에 있고, 한쪽 바퀴의 노면이 통상적인 상태에서 제동을 할 때 ABS를 설치하지 않은 자동차는 마찰계수가 높은 방향으로 쏠려서 그림 35(a)와 같이 스핀을 일으킨다. 이와 반대로 ABS를 설치한 차량은 그림 35(b)와 같이 제동을 할 때 각 바퀴의 제동력이 독립적으로 제어되므로 직진상태로 제동되는 것은 물론 제동거리도 단축된다.

3.2.2. 선회 중에 제동을 할 때

주행 중 미끄러운 노면에서 선회를 할 때 급제동을 하면 ABS를 설치하지 않은 자동차는 바퀴가 고착되어 그림 36(a)와 같이 선회 코스의 접선방향으로 미끄러진다.

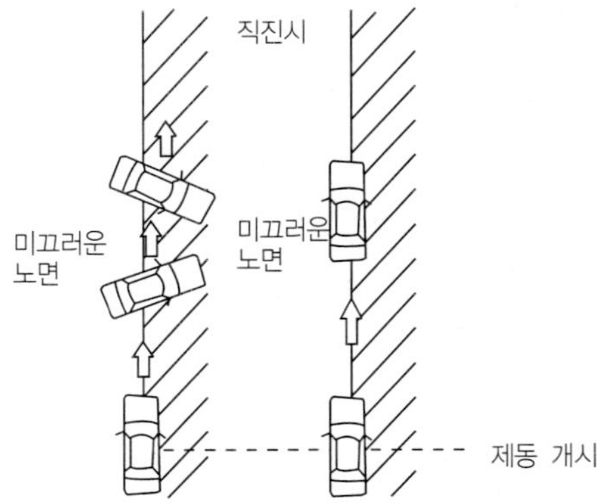

(a) ABS 비장착 차량 (b) ABS 장착차량

그림 35. 직진주행 중 제동을 할 때

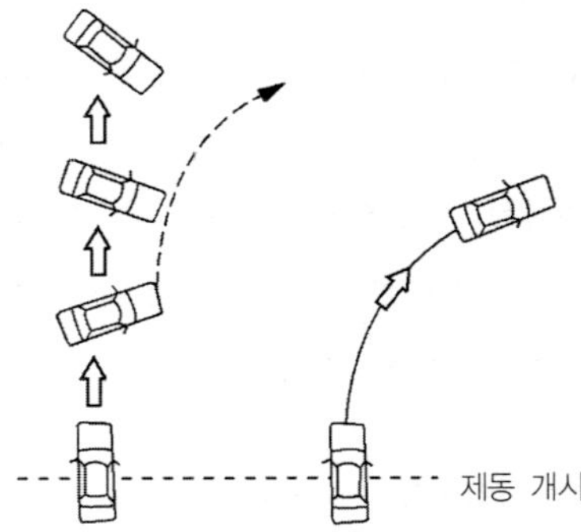

(a) ABS 비장착 차량 (b) ABS 장착차량

그림 36. 미끄러운 노면을 선회할 때

이에 반해 ABS 설치 자동차 그림 36(b)는 바퀴의 고착(lock)이 방지되어 선회 코스를 따라 운전자의 의지대로 주행을 할 수 있다. 즉, 제동제어를 할 때 노면의 상태에 따라 자동적으로 제동력을 제어하여 제동 안정성을 보다 높게 확보할 수 있는 장치이다.

3. 3. ABS의 제어 원리

3.3.1. 미끄러짐 비율과 노면과의 관계

① 주행 중 제동을 할 때 바퀴와 노면과의 마찰력으로 인하여 바퀴의 회전속도가 낮아진다. 이때 자동차 주행속도와 바퀴 회전속도에 차이가 발생하는 것을 미끄러짐 현상이라 하며, 그 미끄러짐 양을 백분율로 표시하는 것을 미끄러짐 비율(%)이라 한다.

② 제동을 할 때 바퀴와 노면의 마찰 특성으로 인한 ABS의 효과를 설명하면 다음과 같다. 주행 중 운전자가 브레이크 페달을 밟으면 라이닝과 드럼사이의 마찰로 인한 제동 토크가 발생하여 바퀴의 회전속도가 감소하고 바퀴의 회전속도는 차체의 속도보다 작아진다. 이것을 미끄러짐 현상이라고 하며 이 미끄러짐에 의하여 바퀴와 노면 사이에 발생하는 마찰력이 제동력이 된다. 그러므로 제동력은 미끄러짐의 크기에 의존하는 특성을 나타내며, 미끄러짐 비율은 미끄러짐의 크기를 나타내는 것이다.

③ 미끄러짐 비율을 한마디로 요약하면 주행 중 제동을 할 때 바퀴는 고착되나 관성에 의해 차체가 진행하는 것을 말한다. 미끄러짐 비율은 자동차 주행속도가 빠를수록, 제동 토크가 클수록 크다.

3.3.2. 제동력 및 코너링 포스의 특성

그림 37의 특성곡선은 제동 특성 및 코너링 특성에 대하여 바퀴와 노면 사이의 마찰계수와 바퀴의 미끄러짐 관계를 보이고 있다.

① 그림 37의 가로축은 바퀴의 미끄러짐 비율을 표시하고 0%는 바퀴의 노면에 대하여 회전하는 상태를 나타내고 100%는 바퀴가 고착된 상태이다.

② 브레이크 특성에 따라 미끄러짐 비율이 약 20% 전후에 최대 마찰계수가 얻어지지만 이후에는 감소한다. 코너링 포스의 특성에 따라서는 미끄러짐 비율이 증대하면 마찰계수는 감소하여 미끄러짐 비율이 100%에서는 마찰계수가 0이 된다.

이러한 현상은 마찰계수가 높은 노면이나 낮은 노면에서도 마찬가지이다. 따라서 바퀴가 고착(미끄러짐 비율 100%)되면 제동력이 저하되어 제동거리가 길어지며 코너링 포스를 잃어 조향 및 방향 안정성이 상실되어 자동차에 스핀이 일어날 수 있다. 즉 코너링 포스는 미끄러짐 비율 0%에서 최대가 되고 미끄러짐 비율 증가와 함께 감소하여 미끄러짐 비율 100%에서는 거의 0이 된다.

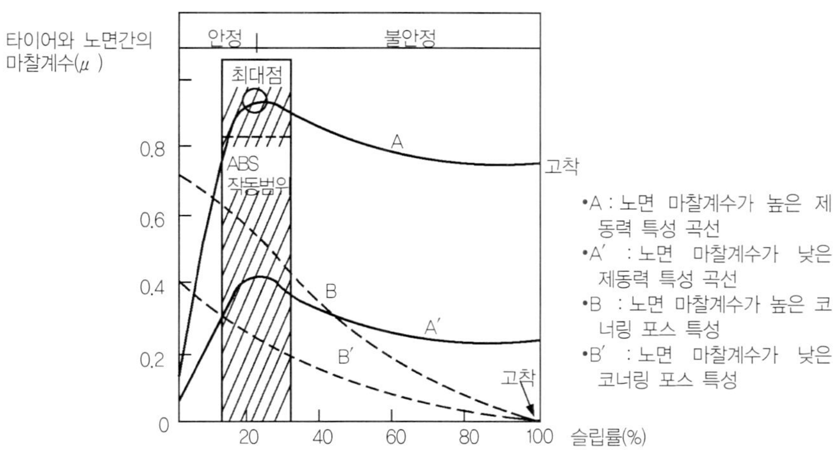

그림 37. 제동력과 코너링 포스의 특성

ABS는 이러한 원리를 기본적으로 하여 바퀴가 고착되는 현상이 발생할 때에 브레이크 유압을 제어하여 미끄러짐 비율을 최종적인 값을 그림 37의 빗금 친 부분에서 유지되도록 제동력을 최대한 발휘하여 사고를 미연에 방지한다.

3.3.3. 작동원리에 따른 제동력의 변화

[1] ABS를 설치하지 않은 자동차

급제동을 할 때 브레이크 유압은 일반적으로 바퀴의 고착이 발생할 정도로 과대해 진다. 이로 인하여 뜻하지 않은 사고가 발생할 가능성이 매우 높다.

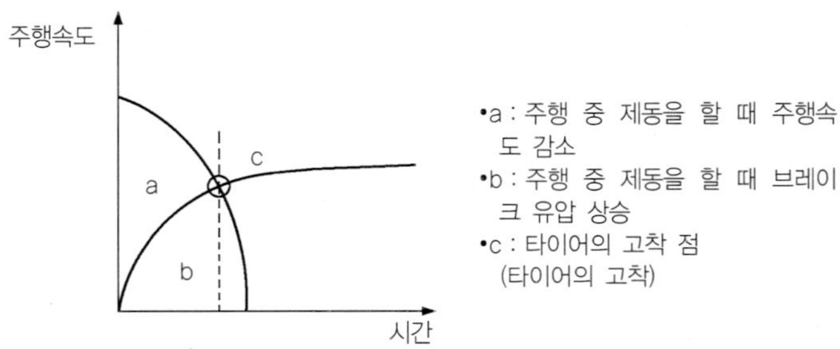

그림 38. ABS를 설치하지 않은 자동차

[2] ABS를 설치한 자동차

급제동을 할 때 휠 스피드 센서를 통하여 ABS-ECU로 전달된 바퀴의 감속도가 과대하여 바퀴가 고착되는 순간 그 바퀴의 브레이크 압력을 더 이상 증가시키지 않고 일정하게 유지시켜 적당한 점착력이 형성되어 제동거리의 단축에 영향을 준다.

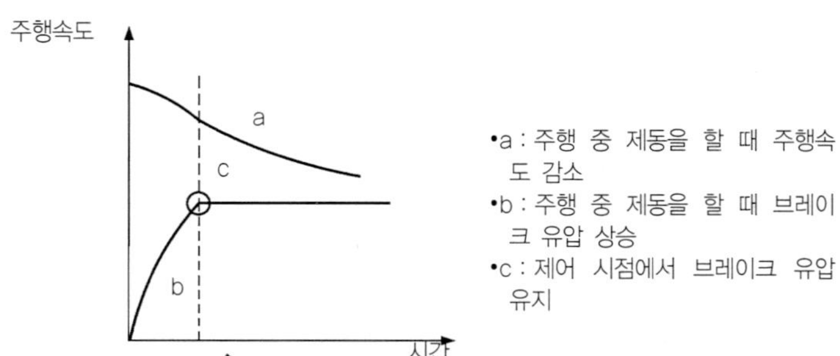

그림 39. ABS를 설치한 자동차

3. 4. ABS의 구성

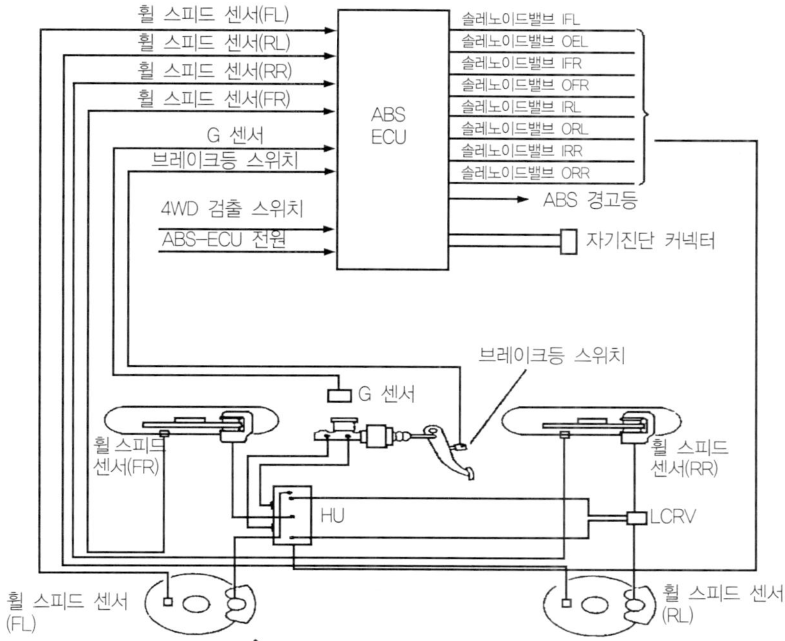

그림 40. ABS의 기본 개요도

① HECU(하이드로릭 & 일렉트로닉 컨트롤 유닛)
② 마스터 실린더
③ 앞 휠 스피드센서
④ 뒤 휠 스피드센서

그림 41. ABS의 구성부품

3.4.1. 휠 스피드센서

휠 스피드 센서(wheel speed sensor)는 마그네트와 코일로 구성되어 있으며, 톤 휠(tone wheel)은 휠 스피드 센서로부터 나오는 자속이 변화하며 교류전압이 발생한다.

이 교류 전압은 구동축의 회전속도에 비례하여 주파수가 변화하기 때문에 이에 의하여 4바퀴 각각의 회전속도를 검출한다. 센서의 제원은 다음과 같다.

저 항		간 극		최소 출력 전압(mVP-P)
FRT	RR	FRT	RR	
1260±80Ω	1.3~2.1kΩ	0.2~0.9mm	0.2~0.9mm	120
톤 휠의 잇수 앞 뒤 모두 47개				

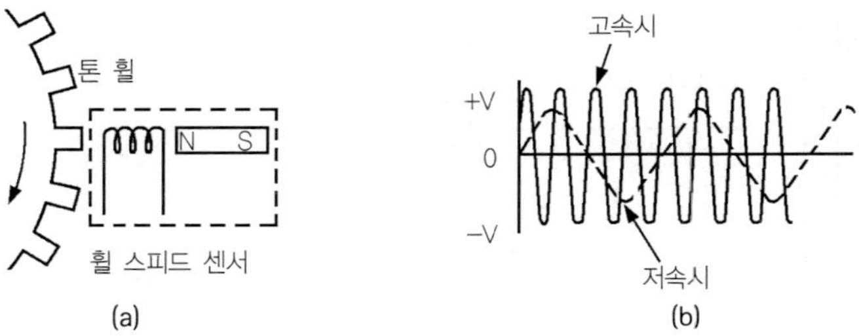

그림 42. 휠 스피드센서의 구조와 파형

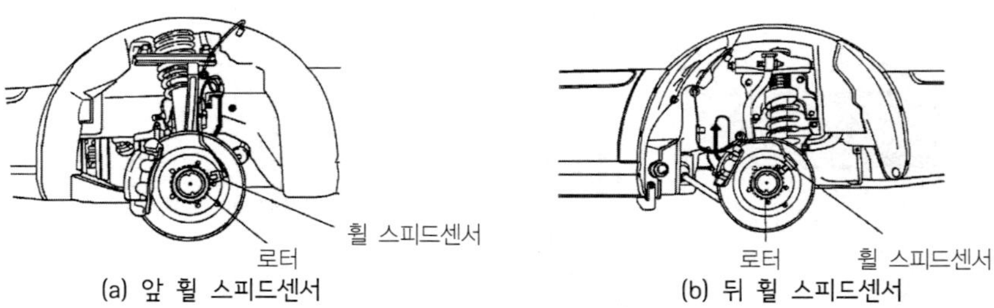

그림 43. 휠 스피드 센서의 설치위치

3.4.2. G-센서(4WD)

G-센서는 자동차 앞뒤 방향의 가속도를 검출하였을 때 전압 차이에 대응하는 신호를 ABS-ECU로 입력시킨다.

3.4.3. 하이드롤릭 유닛(유압 조절기, 모듈레이터)

하이드롤릭 유닛(hydraulic unit)은 ABS-ECU 제어신호에 의해서 각 휠 실린더로 가는 유압을 조절하여 바퀴의 회전상태를 제동 제어한다.

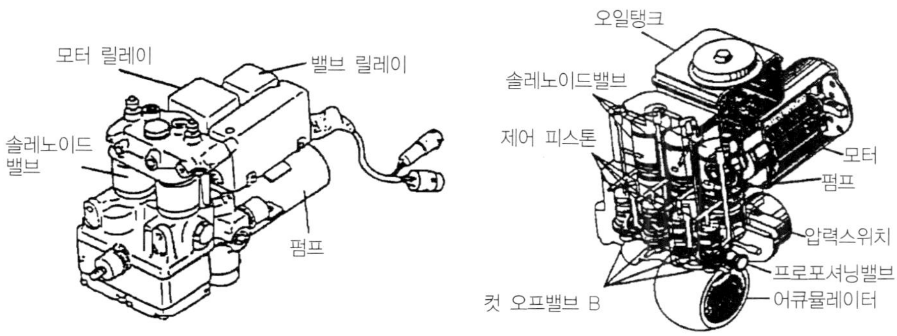

(a) 외부구조 (b) 내부구조

그림 44. 하이드롤릭 유닛의 구조

[1] 솔레노이드밸브(solenoid valve)

솔레노이드밸브는 ABS-ECU에 의해 전류가 ON일 때 코일에 발생된 자력에 의하여 플런저를 움직여 감압모드를 수행하고 전류가 OFF되면 스프링 장력에 의하여 플런저가 다시 닫혀 증압모드를 수행한다.

[2] 오일탱크(oil tank)

제동을 할 때 바퀴가 고착되기 직전에 ABS-ECU의 신호에 의해 솔레노이드밸브를 작동할 때 캘리퍼 내의 유압은 감압되며 이때 복귀된 브레이크 오일이 오일탱크로 들어가 저장된다.

[3] 어큐뮬레이터(accumulator)

어큐뮬레이터는 ABS가 작동할 때 펌프로부터 배출된 고압의 브레이크 오일을 일시적으로 저장하여 유압의 맥동을 완화시키는 역할을 한다.

[4] 펌프(pump)

펌프는 FL(front left)/RR(rear right), FR(front right)/RL(rear left)회로용 2개의 방사형 유압 발생 피스톤으로 구성되어 있으며, ABS가 작동할 때 유압을 발생시켜 압송하는 역할을 한다.

[5] 모터(motor)

모터는 12V DC 4극으로 구성되어 있으며 모터 축에 압입된 편심 캠의 회전으로 피스톤 펌프를 작동시키는 역할을 한다.

[6] ABS-ECU

ABS-ECU는 ABS 제어기능을 실행하는 중요부품으로 안전성과 직접 연결되는 만큼 매우 높은 신뢰성이 요구된다. 휠 스피드 센서 신호를 입력 처리하는 입력 증폭회로, 제어를 위한 연산과 페일 세이프(fail safe)를 실행하는 ABS제어 및 안전회로 및 하이드롤릭 유닛의 구동을 실행하는 출력회로, 전압을 일정하게 유지하는 전압 조정회로 및 고장을 기억하는 페일 메모리(fail memory)회로 등으로 구성되어 있다.

주요 연산부분은 2개의 마이크로컴퓨터(micro computer)를 사용하여 컴퓨터사이의 신호 이상을 감지하고 센서, 액추에이터 등의 고장진단 기능을 지니고 있으며, 고장이 발생한 경우에도 페일 세이프 기능이 작동하여 통상의 브레이크로 작동하도록 한다.

(1) ABS-ECU의 입・출력 신호

입력신호와 출력신호의 관계는 각 휠 스피드센서에서 신호를 받아 ABS-ECU 내의 프로그램(program)에 의해 연산을 실행하여 하이드롤릭 유닛 및 경고등에 대하여 제어신호를 출력 제어한다.

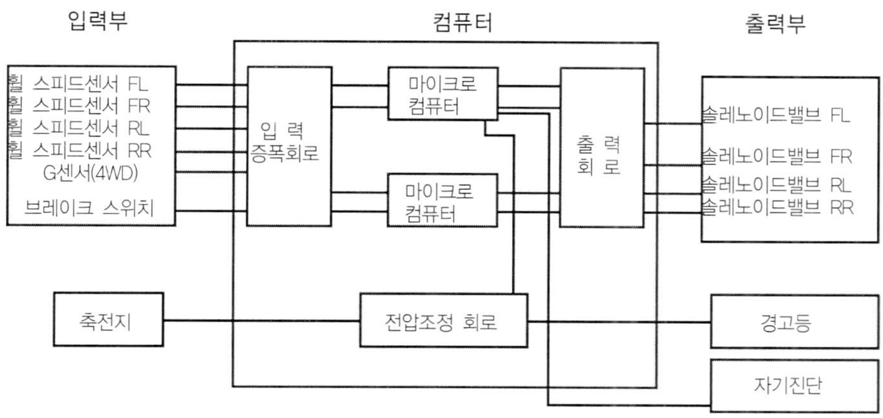

그림 45. ABS-ECU의 입·출력 블록도

(2) ABS-ECU의 연산

ABS-ECU는 4개의 휠 스피드 센서의 신호 또는 G-센서(4WD의 경우)의 신호에 의하여 각각의 바퀴 가·감속도를 연산하여 바퀴의 미끄러짐 상태를 판단하고 상태에 맞춰서 하이드롤릭 유닛내의 솔레노이드밸브에 대한 증압·감압모드를 결정하여 제어신호를 출력한다.

(3) 최초 점검기능

엔진을 시동한 후 자동차 주행속도가 약 6km/h 정도에 도달하면 하이드롤릭 유닛의 각 솔레노이드밸브, 휠 스피드 센서, 모터 펌프 및 하니스 와이어링(harness wiring)에 대한 전기적 점검을 실행하여 이상 유무를 진단한다.

(4) 페일 세이프

ABS-ECU 신호계통, 하이드롤릭 유닛계통 및 ABS-ECU 본체에 이상이 발생한 경우 페일 세이프 회로는 솔레노이드밸브로 전원을 공급하는 릴레이를 OFF시킴과 동시에 제어 신호 출력을 정지하고 경고등을 점등시켜 운전자에게 ABS 이상을 알리며, 이 경우 ABS를 설치하지 아니한 자동차와 동일한 조건으로 통상 브레이크 기능을 확보한다.

4. 전자 제동력 분배제어(EBD)

4. 1. EBD(electronic brake-force distribution control)의 필요성

주행 중 급제동을 하면 자동차 무게의 이동으로 인하여 뒷바퀴가 앞바퀴보다 먼저 고착되어 자동차 스핀발생으로 인한 사고를 일으킬 수 있다. 그러므로 이에 대한 대응 방법으로 P밸브(프로 포셔닝밸브 - 승용차에 부착)나 또는 LCRV(load conscious reducing valve), LSPV(load sensing proportioning valve - 소형 상용자동차에 부착)을 설치하여 뒷바퀴의 유압을 앞바퀴 보다 감소시켜 뒷바퀴가 먼저 고착되는 것을 방지하였다.

그러나 P밸브나 LCRV 또는 LSPV 등이 고장을 일으켰을 때 운전자가 알 수 없으며, 고장이 발생하면 급제동을 할 때 차체의 스핀이 발생할 수 있다. 이런 문제점을 해소하기 위해 뒷바퀴와 앞바퀴를 동일하게 제어하거나 또는 뒷바퀴가 늦게 고착되도록 ABS-ECU가 제어하는 방식을 EBD(전자 제동력 분배제어)라 한다.

4. 2. EBD의 원리

기존의 P밸브 대신 ABS-ECU에 논리(logic)를 추가하여 뒷바퀴 제동력을 요구 유압 분배곡선(이상 제동 배분곡선)에 가깝게 제어한다. 즉, 제동할 때 각각의 휠 스피드 센서로부터 미끄러짐 비율을 연산하여 뒷바퀴 미끄러짐 비율을 앞바퀴보다 항상 작거나 동일하게 유압을 제어한다. 따라서 뒷바퀴의 고착이 앞바퀴 보다 먼저 일어나지 않는다.

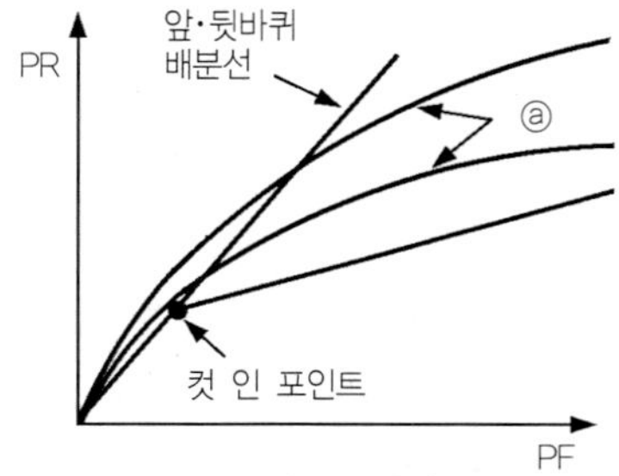

(a) P밸브 장착차량

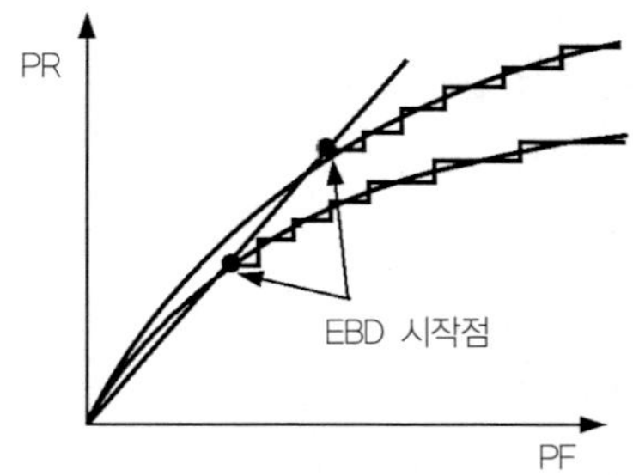

(b) EBD 장착차량

그림 46. EBD의 원리

그림 46(a)의 ⓐ부분만큼 뒷바퀴 유압을 크게 할 수 있어 제동력이 향상되며, 마찰재료 산포에 따른 각 바퀴의 요구 분배곡선으로 제동력을 조절할 수 있어 전체 제동력이 향상된다.

4. 3. EBD의 작동과 효과

4.3.1. EBD의 작동

뒷바퀴가 앞바퀴보다 먼저 고착되기 직전에 ABS-ECU는 고착되려는 바퀴 쪽의 NC (normal closed)밸브를 ON(열림)으로 하여 고착되려는 바퀴의 브레이크 유압을 감소시켜 고착을 방지한다. 이때 제동력이 감소하여 바퀴가 회전하면 다시 NC밸브를 OFF(닫음)하여 가해진 유압을 캘리퍼로 전달한다. 이때 모터 펌프는 작동하지 않는다.

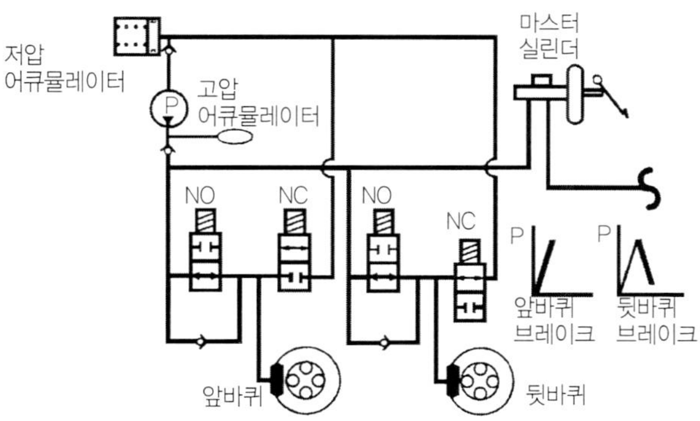

솔레노이드 밸브	NO	OFF
	NC	OFF
펌프 모터		OFF
※뒷바퀴 NC밸브만 ON		

그림 47. EBD의 작동

4.3.2. EBD의 효과

기존의 P밸브보다 뒷바퀴의 제동력을 향상시키므로 제동거리가 단축되며, 또한 뒷바퀴의 유압을 각각 독립제어가 가능하므로 선회하면서 제동할 때 안정성이 확보된다. 그리고 브레이크페달 밟는 힘이 감소하며, 제동할 때 뒷바퀴의 제동효과가 증가하므로 앞바퀴 브레이크 패드 마모 및 온도상승 등이 감소하여 안정된 제동효과를 얻을 수 있다. EBD만 설치한 경우와 EBD와 P밸브를 함께 설치한 경우의 효과는 다음과 같다.

	EBD만 설치한 경우	EBD와 P밸브를 함께 설치한 경우
일반 성능 비교	자동차의 무게가 무겁고, 고속인 상태에서 급제동을 하면 30bar보다 훨씬 큰 압력 제어가 가능하므로 이상적인 뒤 브레이크 유압 분배가 가능하다.	자동차의 무게가 무겁고, 고속인 상태에서 급제동을 하면 30bar보다 훨씬 큰 압력의 제어가 요구되지만 P밸브가 30bar 정도의 압력에서 유지시키므로 EBD기능이 한정된다.
고장이 발생하였을 때	일반적인 브레이크로 전환되지만 P밸브가 없어 스핀 발생이 염려된다.	일반적인 브레이크로 전환되며, P밸브는 계속 작동되어 자동차의 스핀을 방지한다.

4.3.3. EBD의 안정성

ABS의 고장 원인 중 다음과 같은 사항에서도 EBD는 계속 작동하므로 ABS보다 고장률이 감소된다.

① 휠 스피드 센서 1개 고장

② 모터 펌프 고장

③ 전압 저하 고장

EBD가 고장일 때에는 기존의 주차 제동등를 점등시켜 운전자에게 경고한다. 그리고 EBD의 페일 세이프(fail safe)는 다음과 같다.

고장 원인	EBD 제어계통		경고등	
	ABS	EBD	ABS	EBD
None	작동	작동	OFF	OFF
센서 1개 고장	비 작동	작동	ON	OFF
모터펌프 고장	비 작동	작동	ON	OFF
전압 저하 고장	비 작동	작동	ON	OFF
센서 2개 이상 고장, 밸브 고장, ECU 고장, 기타 고장	비 작동	비 작동	ON	ON

5. TCS(traction control system)

TCS는 눈길, 빗길 따위의 미끄러지기 쉬운 노면에서 차량을 출발하거나 가속할 때 과잉의 구동력이 발생하여 타이어가 공회전하지 않도록 차량의 구동력을 제어하는 시스템이다.

원리는 구동바퀴가 미끄러지는 것을 컴퓨터가 탐지하면, 자동으로 엔진 출력을 떨어뜨려 휠 스핀을 방지하고 브레이크를 작동시켜 미끄러짐을 억제하는 것이다. 코너링 때에는 한쪽 타이어가 헛도는 것을 방지함으로써 코너링 성능도 개선되며 타이어가 미끄러졌을 때, 좌우 타이어의 회전수에 차이가 있을 때, 타이어가 펑크 났을 때 작동한다.

5.1. TCS의 종류

5.1.1. ETCS(engine intervention traction control) & 흡입공기량 제한방식

이 방식은 엔진의 회전력을 감소시켜 구동력을 제한하는 것으로 국내에 처음 TCS가 도입되었을 당시에 주로 사용하였다. ETCS는 TCS와 ABS가 분리된 형식으로 브레이크를 제어하기 어려웠다. 현재 사용하고 있는 TCS는 브레이크 제어와 함께 엔진 점화시기 제어인 EM(engine management)제어를 실행한다. 그러나 흡입공기량 제어는 실행하지 않는다.

[1] 점화시기 지각제어

엔진 ECU가 TCS와 통신을 통해 점화시기를 늦추어 엔진 회전력을 감소시킨다.

[2] 흡입공기량 제한제어

메인 스로틀밸브 제어방식과 보조 스로틀밸브 제어방식이 있으며, 엔진으로 유입되는 흡입공기량을 제한하여 엔진 회전력을 감소시켜 TCS기능을 수행한다.

5.1.2. BTCS(brake traction control system)

이 방식은 구동바퀴에서 미끄럼이 발생하는 바퀴에 제동유압을 가해 구동력을 저하시키는 것으로 TCS 효과가 EM방식에 비해 우수하다.

5.1.3. FTCS(full traction control system)

이 방식은 TCS에서 구동바퀴가 미끄러진다고 판단하면 엔진 ECU로 신호를 보내어 점화시기 늦춤(지각)을 요구하고 또 TCS는 하이드로릭 유닛의 유압모터를 구동시켜 제동유압을 형성하여 미끄러지는 바퀴에 제동을 가해 미끄럼을 억제한다.

FTCS의 장점은 부품수요 감소(통합)를 통한 가격 경쟁력 우위와 효과적인 제어가 가능한 점이다. ABS와 TCS의 통합제어로 가장 이상적이다.

5. 2. TCS의 기능 및 제어

5.2.1. TCS의 기능 특성

① 미끄러운 도로면에서 발진 및 가속할 때 미세한 가속페달 조작이 불필요하여 주행성능을 향상시킨다(미끄럼제어).

② 일반적인 도로에서 선회하면서 가속할 때 운전자의 의지대로 가속을 보다 안정되게 하여 주행성능을 향상시킨다(트레이스 제어).

③ 가속페달의 조작빈도를 감소시켜 선회능력을 향상시킨다(트레이스 제어).

④ 미끄러운 도로면에서 뒤 휠 스피드 센서로 구한 차체속도와 앞 휠 스피드 센서로 구한 구동바퀴의 회전속도를 검출 비교하여 구동바퀴의 미끄럼 비율이 적절하도록 감소시켜 주행성능을 향상시킨다.

⑤ TCS OFF모드 선택으로 TCS를 설치하지 않은 차량과 동일하게 작동이 가능하므로 스포티(sporty)한 운전 및 다양한 운전영역을 제공한다.

5.2.2. TCS의 작동원리

[1] 미끄럼 비율에 관련되는 힘

① 구동력은 바퀴와 도로면과의 사이에서 미끄럼 현상에 의해 발생되며 바퀴에 구동력을 전달시켜 차량을 가속한 경우 속도를 유지하고 있는 상태에서의 정도차이는 있지만 미끄럼이 발생한다고 볼 수 있다.

② 차량이 주행할 때 바퀴가 도로면에 대하여 미끄럼 상태이면 바퀴의 회전속도와 접지점 속도와는 차이(미끄러짐 속도)가 발생한다.

[2] 미끄럼 비율

바퀴의 회전속도에 대한 미끄럼 비율은 미끄럼 속도/바퀴 회전속도를 나타내며 공식은 다음과 같다.

$$미끄럼\ 비율 = \frac{구동축\ 바퀴\ 회전속도 - 차량\ 실제\ 주행속도}{구동축\ 바퀴\ 회전속도} \times 100$$

[3] 미끄럼 비율과 구동력, 횡력의 관계

(1) 구동력(traction force)

미끄럼 비율이 0일 때에는 전혀 발생하지 않는다. 미끄럼 비율에 비례하여 증가하다가 미끄럼 비율 15~20% 정도에서 최대가 되며, 그 이상미끄럼 비율이 증가하면 반대로 낮아진다.

(2) 횡력(side force)

미끄럼 비율이 0일 때 최대가 되며 미끄럼 비율이 증가함에 따라 저하된다.

(3) 미끄럼 비율 제어

미끄럼 비율 제어가 가능하다면 큰 구동력을 얻는 경우는 미끄럼 비율이 20% 정도이고 큰 코너링 포스를 얻는 경우는 미끄럼 비율이 0%일 때 이다. 즉 TCS는 엔진출력을 자동으로 제어하는 것으로 미끄럼 비율을 최적으로 제어하여 주행·회전성을 높이는 장치라 할 수 있다.

[4] 미끄럼제어의 작동원리

미끄럼제어는 ABS 작동원리와 같이 바퀴 미끄럼 비율을 제어하여 바퀴의 구동 및 횡력을 차량의 운전상황에 대응하여 최적의 상태로 제어하는 것이다. 차량이 주행할 때 바퀴에는 가속으로 인한 구동력과 회전에 의한 횡력이 발생한다.

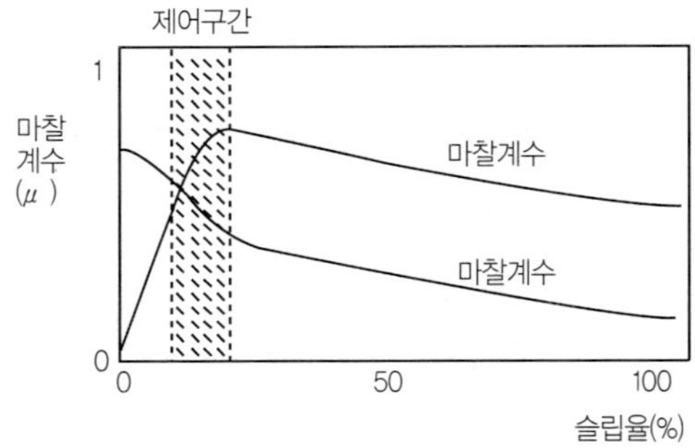

그림 48. 미끄럼 제어영역

5.3. TCS의 구성요소 및 작동원리

5.3.1. TCS 입·출력계통

입력신호는 4바퀴로부터 휠 스피드센서가 입력되어 미끄럼비율은 연산하는 데이터로 쓰인다. 또 운전자가 TCS스위치 OFF여부를 TCS OFF스위치로부터 입력받고 현재 브레이크가 제동상태인지 여부를 브레이크스위치를 통해 입력받는다. 출력부분은 하이드로릭 유닛 유압모터와 TCS관련 솔레노이드밸브, TCS관련 지시등, CAN통신으로 구성된다.

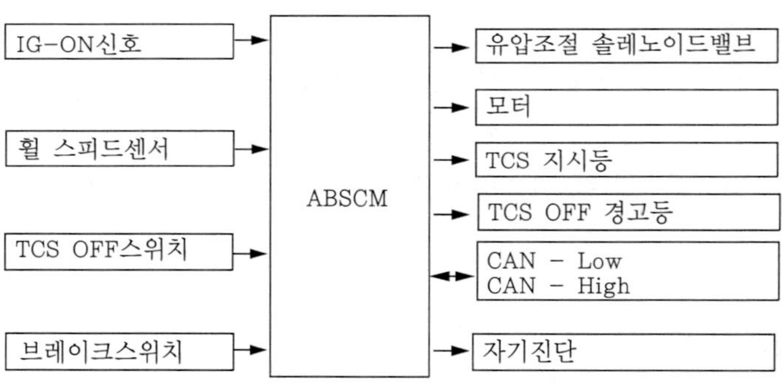

그림 49. TCS의 입·출력도

5.3.2. FTCS 구성요소의 기능 및 작동원리

[1] 휠 스피드 센서

휠 스피드 센서는 ABS. EBD, TCS제어의 핵심신호로 이용되는데 구동바퀴인 앞바퀴 쪽과 피동바퀴인 뒷바퀴 쪽의 회전속도를 정밀 연산하여 TCS기능을 수행한다.

[2] TCS 선택스위치

운전자가 TCS기능을 선택할 수 있도록 하는 스위치이며, 스위치를 누를 때마다 ON과 OFF가 반복된다. TCS의 OFF를 선택한 경우에는 ABS와 EBD만 작동한다.

그림 50. TCS 선택스위치

[3] 하이드로릭 유닛

하이드로릭 유닛은 ABS와 달리 TC(traction control)밸브가 설치되어 있으며, TC밸브가 작동할 때 유압은 펌프에서 고압 어큐뮬레이터를 거쳐 바퀴로 공급된다.

[4] TCS 경고등 제어

(1) 경고등 기능

TCS작동 등은 TCS가 작동할 때 점등되는 지시등이고, TCS OFF 등은 운전자가 TCS OFF를 선택하거나 TCS계통에 문제가 발생하면 운전자에게 경고하기 위한 경고등으로 점등된다.

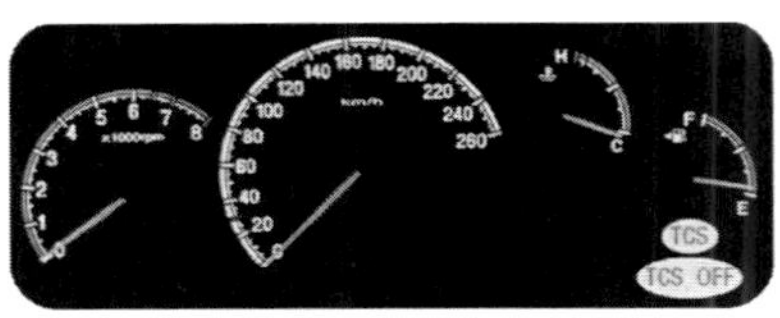

그림 51. TCS 경고등

(2) 경고등 점등조건

① TCS를 제어할 때 3Hz로 점멸된다.

② 점화스위치를 ON 후 3초간 점등된다.

③ TCS에 고장이 있을 때 점등된다.

④ TCS스위치 OFF때 점등(TCS는 스위치 OFF때 TCS OFF 경고등 점등)된다.

⑤ 그 외는 소등된다.

6. 차량자세 제어장치(VDC : vehicle dynamic control)

6.1. VDC의 개요

VDC시스템은 스핀(SPIN) 또는 언더 스티어(UNDER STEER) 등의 발생을 억제하여 이로 인한 사고를 미연에 방지할 수 있다. 이는 차량에 스핀 또는 언더 스티어 등의 발생 상황에 도달하면 이를 감지하여 자동적으로 내측 또는 외측 차륜에 제동을 가해 차량의 자세를 제어함으로써 이로 인한 차량의 안정된 상태를 유지하며(ABS 연계 제어), 스핀한계 직전에 자동 감속하고(TCS 연계 제어), 이미 발생된 경우에는 각 휠 별로 제동력을 제어하여 스핀이나 언더 스티어의 발생을 미연에 방지하여 안정된 운행을 하게 한다.

VDC는 요 모멘트(yaw moment), 자동 감속제어, ABS제어, TCS제어 등에 의해 스핀방지, 오버 스티어 제어 굴곡로 주행시 요윙(yawing) 발생 방지, 제동시의 조정 안정성 향상, 가속시 조종 안정성 향상 등의 효과가 있다.

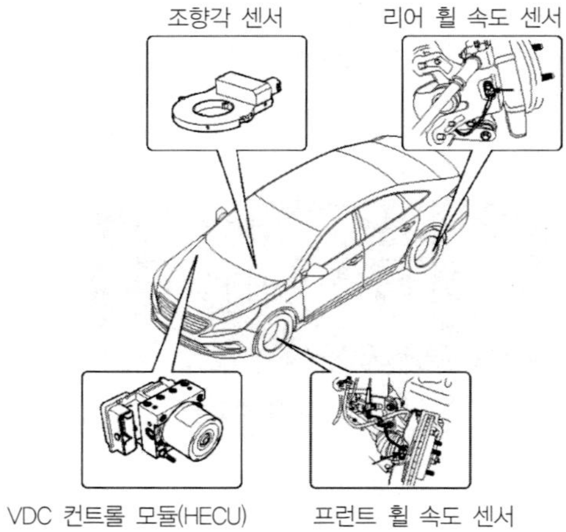

그림 52. VDC 구성도

이 시스템은 브레이크 제어식, TCS시스템에 요 레이트(yaw rate) & 횡 가속도 센서, 마스터실린더 압력센서, 휠 조향각 센서를 추가한 구성으로 차속, 조향각 센서, 마스터실린더 압력센서로부터 운전자의 조종 의도를 판단하고, 요 레이트 & 횡가속도 센서로부터 차체의 자세를 계산하여 운전자가 별도의 제동을 하지 않아도 4륜을 개별적으로 자동 제동해서 차량의 자세를 제어하여 모든 방향(앞 · 뒤 · 옆 방향)에 대한 안정성을 확보한다.

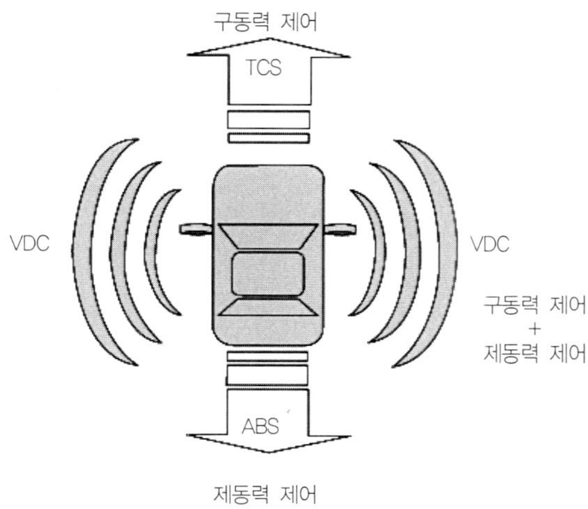

그림 53. VDC 기본 개요도

6. 2. 제어의 개요

VDC시스템은 ABS/EBD제어, 트랙션 컨트롤(TCS), 요 컨트롤 기능을 포함한다. 컨트롤 유닛(HECU)은 4개의 휠 속도센서에서 구형파(square wave)로 나오는 휠 센서 신호(전류 신호)를 이용하여, 차속 및 4개의 휠의 가 · 감속을 산출한 후 ABS/EBD가 작동해야 할지 아닐지를 판단한다. 트랙션 컨트롤(TCS) 기능은 브레이크 압력제어 및 CAN통신을 통해 엔진 토크를 저감시켜서 구동방향의 휠 슬립을 방지한다.

요 컨트롤 기능은 요레이트 센서, 횡가속도 센서, 마스터실린더 압력센서, 조향 휠 가속도 센서, 휠 속도센서 등의 입력신호를 연산하여 자세 제어의 기준이 되는 요 모멘트와 자동 감속 제어의 기준이 되는 목표 감속도를 산출하여 이를 기초로 4륜 각각의 제동압력 및 엔진의 출력을 제어함으로써 차량의 안정성을 확보한다.

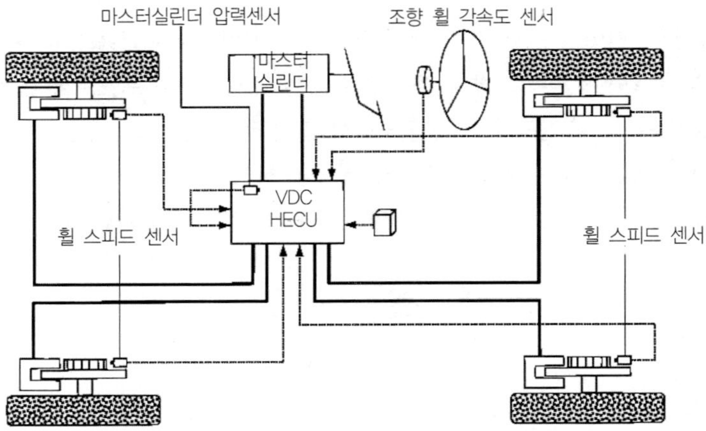

그림 54. VDC제어의 개요

만약 차량의 자세가 불안정하다면(오버 스티어, 언더 스티어), 요 컨트롤 기능은 특정 휠에 브레이크 압력을 주고, CAN통신으로 엔진 토크 저감 신호를 보낸다. 점화스위치에서 ON 후 컨트롤 유닛(HECU)은 지속적으로 시스템 고장을 자기진단 한다. 만약 시스템 고장이 감지되면, HECU는 ABS 및 VDC 경고등을 통해 시스템 고장을 운전자에게 알려준다.

6.3. 베리언트 코딩(variant coding)

VDC제어시 사용되는 차량 파라메터의 차이로 인해 소프트웨어가 달라진다. VDC가 CAN을 통해 수신된 데이터(엔진 종류, 엔진 배기량, T/M종류)를 바탕으로 분류된 variant code 값을 ECU 메모리에 저장한다.

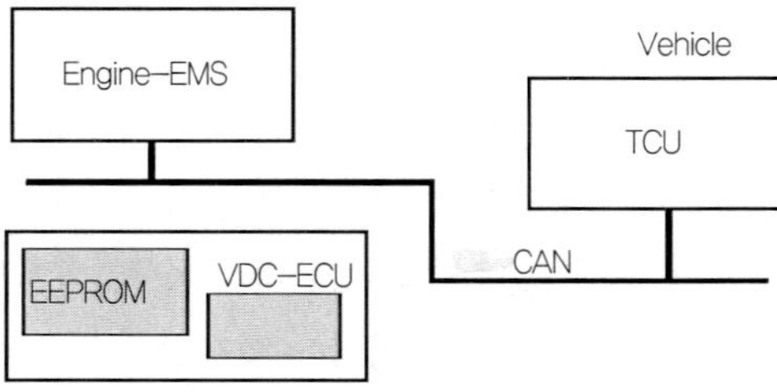

그림 55. 베리언트 코딩

이후 VDC는 메모리에 저장된 Code 값을 바탕으로 하여 필요로 하는 각종 파라메터 값을 load하여 사용한다. 단, 신품의 VDC 모듈 교환시는 IG KEY ON하는 순간 VDC 모듈에 사양인식을 자동으로 수행하므로 진단 장비를 사용하지 않아도 된다.

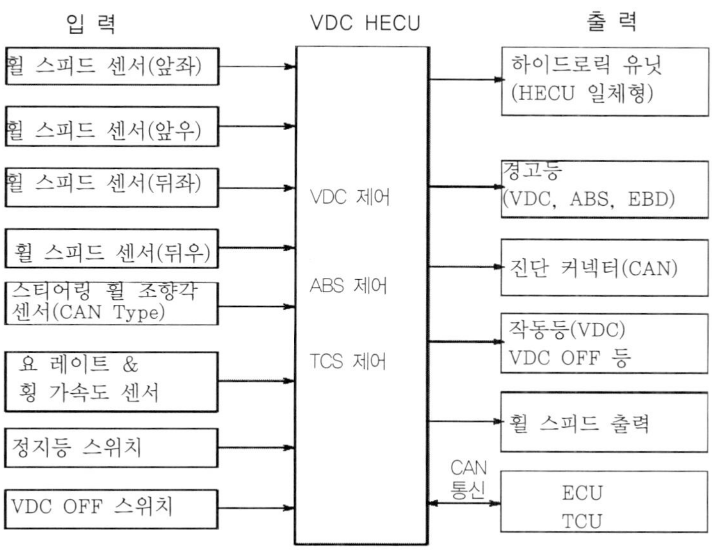

그림 56. VDC 입출력도

6. 4. VDC의 작동원리

[1] 1단계

VDC는 운전자의 의도를 분석한다.

[2] 2단계

VDC 차량의 거동 상태 분석

차량 회전속도 + 측면으로 작동하는 힘 → ECU는 차량 거동을 판단

[3] 3단계

VDC 제동력을 통한 차량자세 제어

① ECU는 필요한 대책을 계산한다.

② 유압조절 장치는 신속히 각 바퀴의 제동력을 독립적으로 조절한다.

③ 엔진과 연결된 통신라인을 통하여 엔진 출력을 조절한다.

6. 5. 경고등 제어

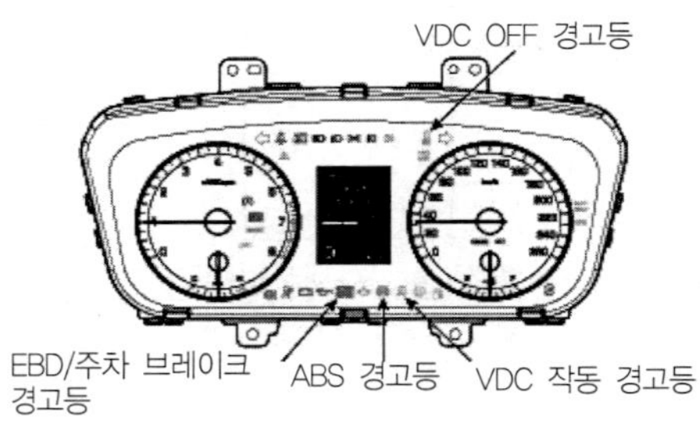

그림 57. VDC 경고등

6.5.1. ABS 경고등

ABS 경고등 모듈은 ABS 기능의 자기진단 및 고장 상태를 표시하며 경고등은 다음의 경우에 점등된다.

① 점화스위치 ON시 3초간 점등되며 자기진단하여 ABS시스템이 이상 없을 시 소등된다(초기화 모드).

② 시스템 이상 발생시 점등된다.

③ 자기진단 중 점등된다.

④ ECU 커넥터 탈거시 점등된다.

⑤ 점등 중 ABS 제어 중지 및 ABS 비장착 차량과 동일하게 일반 브레이크만 작동된다.

6.5.2. EBD 경고등/주차 브레이크 경고등

EBD 경고등 모듈은 EBD 기능의 자기진단 및 고장 상태를 표시한다. 단, 주차브레이크 스위치가 ON일 경우에는 EBD 기능과는 상관없이 항상 점등된다. EBD 경고등은 다음의 경우 점등된다.

① 점화스위치 ON시 3초간 점등되며 EBD 관련 이상 없을 시 소등된다(초기화 모드).

② 주차 브레이크 스위치가 ON시 점등된다.

③ 브레이크 오일 부족시 점등된다.

④ 자기진단 중 점등된다.

⑤ ECU 커넥터 탈거시 점등된다.

⑥ EBD 제어 불능시 점등된다(EBD 작동 안됨).

㉮ 솔레노이드밸브 고장시

㉯ ECU 고장시

㉰ 과전압 이상시

㉱ 밸브 릴레이 고장시

㉲ 휠 센서 3개 이상 고장시

6.5.3. VDC 작동/경고등

VDC 작동/경고등은 VDC 기능 작동, 자기진단 및 고장상태를 표시한다. VDC 작동/경고등은 다음의 경우에 점등한다.

① 점화스위치 ON 후 초기화 모드시 3초간 점등된다.

② 자기진단 중 점등된다.

③ 시스템 고장으로 인하여 VDC 기능이 금지될 때 점등된다.

④ VDC 제어 작동 중 2Hz로 점멸된다.

6.5.4. VDC OFF등

VDC OFF등은 VDC ON/OFF 스위치에 의한 VDC기능 ON/OFF 상태를 표시한다. VDC OFF등은 다음의 경우에 점등된다.

① 점화스위치 ON 후 초기화 모드시 3초간 점등된다.

② 운전자에 의해 VDC OFF 스위치가 입력될 때 점등된다.

6.5.5. VDC ON/OFF 스위치(VDC 사양 적용시)

VDC ON/OFF 스위치는 운전자의 입력으로 VDC 기능을 ON/OFF 상태로 전환하는데 쓰인다. VDC ON/OFF 스위치는 노말 오픈 순간 접점 스위치로 IGN에 접촉된다.

7. 긴급 제동 보조(AEB)시스템

AEB(autonomous emergency braking)시스템은 운전자의 주의 산만과 같은 요인으로 제동 시점이 늦어지거나 제동력이 충분히 확보되지 않아 발생할 수 있는 사고에 대한 충돌회피 또는 피해경감을 목적으로 하는 기능이다.

전방 감지 센서를 이용하여 도로의 상황을 파악하여 위험요소 판단시 운전자 경고, 비상 제동을 수행하여 충돌을 방지하거나, 충돌속도를 낮추는 기능을 수행한다.

7.1. 제어 해제 조건

7.1.1. 운전자의 정상적 해제

① AEB OFF 선택시

② VDC 2단 OFF 선택시

7.1.2. 운전자의 동작 해제

① 최대 작동 속도 초과

② 기어 위치 P 또는 R

③ 가속페달 30% 이상시

7.1.3. 시스템 이상 해제

① 레이더, 카메라, ECU 고장시
② 연관 타모듈 및 CAN 통신 고장시

7.2. 한계 상황

7.2.1. 환경적 요인

① 눈, 비, 안개 등의 기상 조건
② 역광, 반사광으로 카메라 인식 불가시
③ 카메라 및 레이더 오염

7.2.2. 카메라 및 레이더 감지 한계

① 갑자기 끼어드는 차량 및 보행자(화각 이외)
② 전방 물체의 폭이 좁은 경우
③ 야간 전방 차량의 후미 등이 비대칭 이거나 꺼진 경우
④ 다가오는 차량과 후진 접근 차량

7.3. 작동 원리

① 시간은 차속에 따라 가변된다.
② 1단계 : 충돌 위험이 감지되면 시각(Display) 경보 및 음성경보를 수행한다.
③ 2단계 : 충돌 위험이 높아지면 엔진 토크 저감 및 자동 제동을 수행한다.
④ 3단계 : 충돌 위험시 긴급제동을 수행한다.
⑤ 자동 제동 완료 후 : 일정시간 제동력을 유지한 후 제동제어를 해제한다.
⑥ 75km/h 이상의 주행 중에는 3단계 경보조건으로 넘어가지 않는다. 풀 오토 브레이킹 및 안전벨트 완전 조임 제동 수행은 불가
⑦ 75km/h 이하의 직진 및 완만한 곡선로 주행 중에는 경보 후 3단계를 수행한다. 단, 노면 상태에 따라 30km/h 이상의 중 고속에서 충돌이 발생 할 수 있다.
⑧ 180km/h 이하의 직진 및 완만한 곡선로 주행 중에는 음성 경보 후 자동제동을 수행하여 차량의 속도를 저감한다.

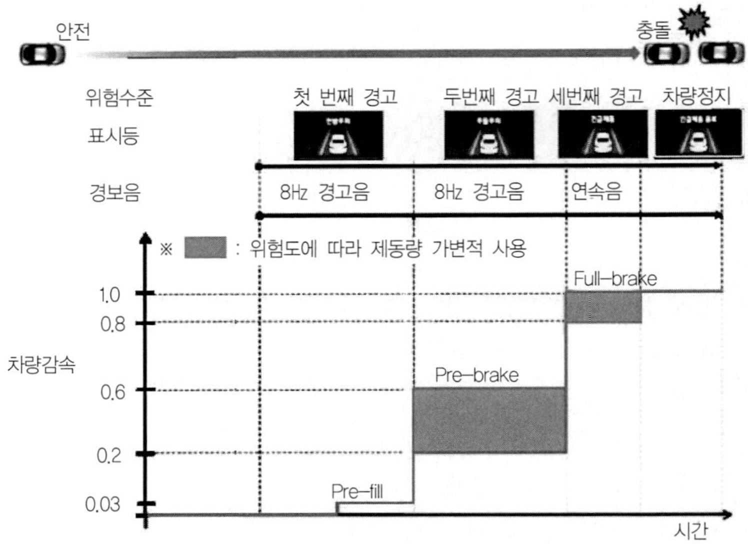

그림 58. VDC 작동원리

⑨ 80km/h 이상에서는 충돌 회피가 불가능하며, 오프셋(Off set)이 50% 미만이어야 한다. 오프셋(Off set)은 선 행차와 자 차량과의 선상 불일치 율을 말한다.

⑩ 후진차 및 대항 차량에 대해서는 반응하지 않는다.

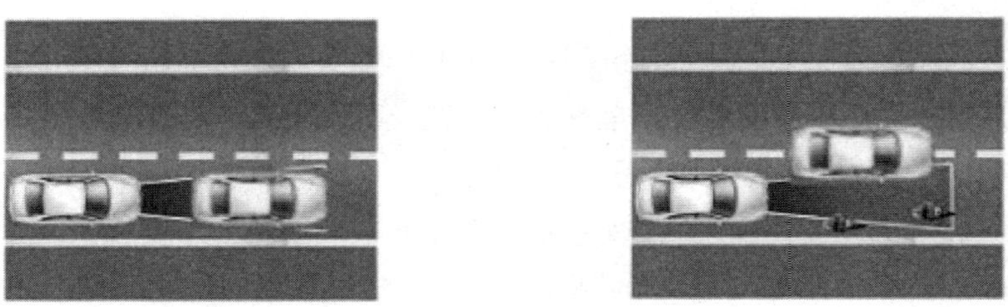

(a) 오프셋 0%　　(b) 오프셋 100%

그림 59. 오프셋

8. 전자식 주차브레이크(EPB)

8.1. EPB의 개요

페달 또는 레버로 케이블을 당겨 주차 브레이크를 작동시키는 대신 스위치 조작으로 모터 구동을 통해 주차 브레이크를 작동함으로써 운전자 편의성을 향상한다. EPB(electric parking brake)는 전자 파킹 브레이크라 한다. 이 EPB는 페달 또는 레버로 케이블을 작동 시키는 기존의 주차 브레이크 시스템과는 달리, 운전자의 간편한 버튼 스위치 조작에 의해서 전기 신호가 ECU로 전달되어 ECU가 각 캘리퍼에 있는 EPB 액추에이터를 작동시켜 캘리퍼 내의 피스톤을 밀어서 제동력을 발생시키는 시스템이다.

EPB 주요 기능으로는 차량 정차 상태에서 스위치 조작으로 주차 브레이크를 작동 및 해제하는 정차기능, 유압 브레이크 고장 등으로 인한 위급상황에서 EPB로 제동을 하는 비상제동 기능, 차량 정지 시 점화스위치 OFF되면 자동으로 주차 브레이크가 체결되는 기능 등을 가지고 있다.

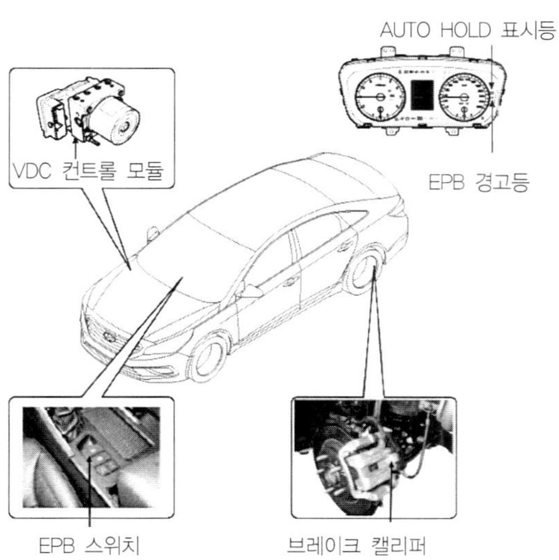

그림 60. EPB의 구성도

8. 2. EPB의 주요기능

8.2.1. 주차브레이크 작동(static apply)

차량 정지 상태에서 EPB 스위치를 당겨 수동으로 주차 브레이크를 체결하는 기능이며, 계기판에 브레이크 경고등이 점등된다.

8.2.2. 평지 감소력 체결(RCF : reduced clamp force on flat)

정차시 8% 미만 경사로에서 엔진 회전 중에 EPB 스위치를 당겨 작동시키면 감소된 체결력으로 체결된다. 이때, 스위치를 3초 이상 작동시키면 최대 힘의 주차 브레이크 체결로 전환된다.

8.2.3. 주차 브레이크 작동 해제(static release)

EPB 스위치를 수동으로 눌러 주차 브레이크를 해제 할 수 있다. 단, 아래 조건이 만족되는 경우에 해제되지만 점화스위치가 OFF시 주차 브레이크 해제는 불가능하다.

① 점화스위치가 ON일 때

② 브레이크 페달을 밟은 상태

8.2.4. 자동 작동 해제(DAA : drive away assist)

아래의 모든 조건이 만족된 경우 가속페달을 천천히 밟아 주차 브레이크를 자동으로 해제 시킬 수 있다.

① 엔진이 켜져 있는 상태

② 운전자 안전벨트를 착용한 상태

③ 운전석 도어, 엔진 후드 및 트렁크가 닫힌 상태

④ 변속 레버가 R/D 또는 스포츠 모드에 있는 경우

8.2.5. 전자제어 감속기능(ECD : electric controlled deceleration)

주행 중 EPB 스위치를 조작하면 VDC에게 작동 명령을 송부하여 감속한다(브레이크 시스템 고장 등 비상시 사용). EPB 액추에이터가 아닌 VDC의 유압 브레이크를 이용하여 감속한다.

8.2.6. 후륜 잠김 방지 감속기능(RWU : rear wheel unlocker)

VDC 고장시 주행 중 EPB 스위치를 조작하면 EPB 액추에이터를 작동하여 감속된다(리어 휠 록되지 않게 조절함).

8.2.7. 자동 체결(auto apply)

AUTO HOLD 스위치를 켠 상태에서 차량을 정지한 후 점화스위치 OFF하면 자동으로 주차 브레이크가 체결된다. 이때 EPB 스위치를 누른 상태에서 점화스위치를 OFF하면 자동 체결 기능이 작동하지 않는다.

8.2.8. 차량 흐름 감지 재체결(RAR : roll away reclamp)

주차 후 차량의 움직임 발생시 주차 브레이크를 재체결 기능이다. 휠 속도로 차량 움직임을 파악하며 CAN 통신 수신되는 기간까지 모니터링이 가능하다.

8.2.9. 고온 재체결(HTR : high temperature reclamp)

주차 브레이크를 체결할 때 브레이크가 과열된 상태(작동 조건은 350℃ 이상)이면 온도차로 생기는 체결력 손실 보상을 위해 일정 시간 후 주차 브레이크를 자동으로 재체결하는 기능이다.

8.2.10. 협조 제어 체결(EAR : external apply/release)

다른 시스템 요청에 따른 EPB 체결 기능이다(ESC 명령으로 AVH → EPB 체결 구현 가능).

8.2.11. 패드 교체 모드(pad change mode)

브레이크 패드 교체를 위해 브레이크 캘리퍼의 피스톤을 후퇴시킬 수 있는 기능으로 GDS를 차량의 진단 커넥터에 연결하여 사용한다.

8.2.12. 차량 주행여부 감지(DSD : dynamic standstill detection)

고장으로 인한 휠 속도 신호가 없을 때 주차 브레이크를 작동하는 기능이다.

차량 운행시 일정한 체결력을 적용하여 천천히 감속할 수 있으며, EPB 스위치를 계속 하여 당기면 주차 브레이크를 최대 힘으로 체결시킬 수 있다.

8.3. 주차 브레이크 비상 해제방법(수동식)

EPB가 고장 났을 때 주차 브레이크 비상 해제를 위한 작업으로 액추에이터 또는 EPB의 직접 손상 또는 전원선 단선 등이 의심되어 GDS 또는 전기적 방법으로 해제가 불가능할 때 사용하는 최후의 방법으로 작업은 평탄하고 안전한 곳에서 이루어져야 하며 주차 브레이크를 해제할 때는 반드시 차량이 움직이지 않도록 안전하게 작업 되어야 한다.

① 차량에 장착되어 있는 리어 캘리퍼 뒷면에 스크류를 탈거한다.

② 내측 바닥의 스핀들을 스크류를 탈거한 동일 공구를 이용하여 시계방향으로 0.5~1 회전 하면 주차 브레이크는 해제 된다.

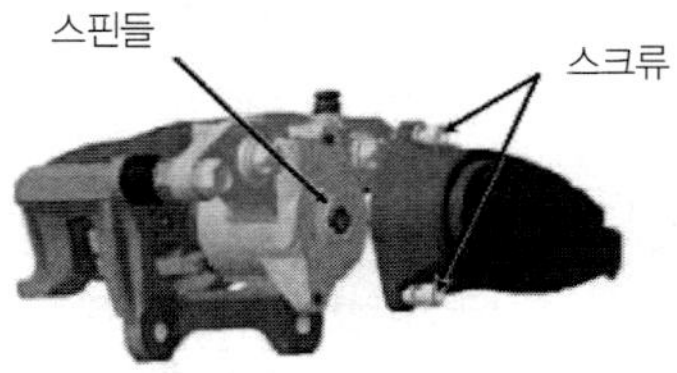

그림 61. 캘리퍼 뒷면 스크류 탈거 및 스핀들 회전

8.4. 자동 정차기능(auto hold)

변속레버 D/R/N단 혹은 스포츠 모드에서 브레이크 페달을 밟고 차량이 정지한 후 브레이크 페달에서 발을 떼고 있어도 정지 상태를 계속 유지하는 기능이다. D/R단 혹은 스포츠모드에서 가속페달을 밟고 출발하면 자동으로 브레이크 상태가 해제되어 차량 출발이 가능하다. 자동 정차기능은 안전을 위해서 다음과 같은 조건에서는 작동되지 않는다.

① 운전석 안전벨트 해제와 운전석 도어 열림이 동시에 발생하였을 때

② 엔진 후드가 열렸을 때

③ 트렁크가 열렸을 때

④ 변속 레버가 P(주차) 위치에 있을 때

⑤ 전자 파킹 브레이크가 작동 중 일 때

자동정차 상태(녹색등)에서 다음과 조건이 발생하면 안전을 위해서 주차 브레이크(EPB 작동)로 전환된다. "AUTO HOLD" 표시등이 녹색에서 흰색으로 바뀌고, 빨간색 브레이크 경고등이 점등된다.

① 운전석 안전벨트 해제와 운전석 도어 열림이 동시에 이루어졌을 때
② 엔진 후드가 열렸을 때
③ 트렁크가 열렸을 때
④ 가파른 언덕길이나 내리막길에 정차 했을 때
⑤ 10분 이상 정차했을 때
⑥ 차량의 움직임이 여러 번 감지될 때

8.4.1. 설정

① 운전석 도어, 엔진 후드, 트렁크가 닫혀 있는 상태에서 운전석 안전벨트 체결 또는 브레이크 페달을 밟은 상태에서 AUTO HOLD 스위치를 누른다. 이때, 계기판에 흰색 "AUTO HOLD" 표시등이 점등된다.
② 주행 중 브레이크 페달을 밟고 차량이 멈추면 자동 정차 기능이 되면서 "AUTO HOLD" 표시등이 흰색에서 녹색으로 바뀐다. 이때 브레이크 페달에서 발을 떼어도 차량은 정지 상태를 유지한다.
③ EPB가 작동중일 경우에는 자동 정차 기능은 작동하지 않고 표시등은 흰색을 유지한다.

8.4.2. 해제

수동으로 해제를 원할 경우, 브레이크 페달을 밟은 상태에서 AUTO HOLD 스위치를 눌러 자동 정차 기능을 해제한다. "AUTO HOLD" 표시등은 녹색에서 소등한다.

9. 제동장치 실습

안전 및 주의사항

1. 제동장치 관련 장치 정비 전 정비지침서를 숙지하여 실습순서를 정하고 공구 및 실습 기기와 재료 등을 충분히 준비한다.
2. 실습장 및 주위를 깨끗이 정리정돈하고 유류 등의 인화성 물질은 안전하게 별도로 보관하며 소화기를 비치하여 화재사고에 대비한다.
3. 제동장치 관련 장치 정비시작 전 안전교육을 실시한다.
4. 복잡한 부분을 분해할 경우에는 조립작업을 쉽게 하기 위하여 기능상이나 외관상 악영향이 없는 부분에 각인(刻印) 또는 조립 표시등을 하여 둔다.
5. 자동차를 자동차 리프트로 들어 올릴 때는 주변의 안전 상태를 확인해야 한다.
6. 부품을 분해하면서 조립되었던 상태・변형・오작동부분 및 손상 등을 점검한다.
7. 피스톤 컵 등의 고무 제품은 원칙적으로 재사용해서는 안 되며, 특히 피스톤 컵의 립은 유밀을 유지하는데 중요한 기능을 하므로 조립할 때 손상되지 않도록 해야 한다.
8. 마스터 실린더 및 휠 실린더 등을 세척시 알코올이나 브레이크 오일을 사용해야 한다.
9. 분해한 부품은 순서대로 잘 정리하여야 하며 또 교환하여야 하는 부품과 다시 사용할 부품을 구분하여 정리하고 다시 사용할 부품은 충분히 청소 및 세척을 한다.
10. 정비시 오일 및 부품을 떨어지지 않도록 하며 작업장 바닥에 이물질이 있으면 즉시 닦아낸다.
11. 브레이크 오일이 도장 면에 묻을 경우에는 즉시 닦아 내야 한다.
12. 볼트 및 너트 체결시 적절한 공구를 사용하여 무리한 힘을 가하지 말고 정비지침서에 규정된 토크로 조인다.
13. 브레이크 오일은 지정 메이커 순정품을 사용한다.
14. 실습 종료 후 실습장 주위의 정리정돈을 깨끗이 한다.

실습기기 및 재료

공구 및 측정기기

일반 공구세트, 특수공구, 작업등, 에어공구, 전동공구, 토크렌치, 바이스, 프레스, V블록, 고임목, 변속기 잭, 리프트, 안전스탠드, 다이얼 게이지, 실린더 게이지, 마이크로미터, 자기진단기, 베어링 풀러, 직각자, 스냅링 플라이어, 줄자, 안전보호구(방독면, 방진마스크, 보안경, 보호 장갑, 방진 보호복, 작업복)

실습재료

제동장치 관련 장치 교환부품, 브레이크 전용오일, 그리스, 세척유, 걸레, ESC장착 차량

▣ 기타

정비지침서, 장비 및 공구 사용설명서

9.1. 제동장치의 고장진단

고장현상	원 인	정 비
스폰지 페달	브레이크시스템에 오일 누유	수리
	브레이크시스템에 공기 유입	공기 빼기 작업
	피스톤 씰 마모 또는 파손	교환
	리어 브레이크슈 간극 조정 이상	조정
	마스터실린더 고장	교환
브레이크 끌림	브레이크페달 자유유격 최소	조정
	주차 브레이크 케이블 길이 조정 이상	조정
	주차 브레이크 케이블이 걸림	수리
	리어 브레이크슈 간극 조정이상	조정
	패드 및 라이닝 균열 또는 비틀어짐	교환
	피스톤 걸림	교환
	피스톤 얼어 있음	교환
	앵커 또는 리턴 스프링 고장	교환
	부스터 시스템 진공이 샘	교환
	마스터실린더 고장	교환
브레이크 편 제동	피스톤 걸림	교환
	패드 또는 라이닝 오일 묻음	교환
	피스톤 얼어 있음	교환
	디스크 긁힘	교환
	패드 및 라이닝 균열 또는 비틀어짐	교환
브레이크가 풀리지 않는다	마스터실린더의 리턴 스프링이 불량하다.	교환
	마스터실린더의 리턴 구멍이 막혔다.	교환
	브레이크 드럼과 라이닝이 소결되었다.	교환
	피스톤 1차 컵이 부풀었다.	교환
	라이닝 간극이 없다.	조정
	마스터실린더의 푸시로드 길이가 너무 길다.	조정

고장현상	원 인	정 비
브레이크 페달을 밟았을 때 조향핸들이 쏠린다	앞바퀴 얼라인먼트가 불량하다.	조정 또는 교환
	조향 너클이 휘었다.	교환
	타이어의 공기 압력이 낮거나 불평등하다.	조정
	스태빌라이저 바가 파손되었다.	교환
	좌우 타이어의 공기압력이 같지 않다.	조정
	라이닝의 접촉이 불량하다.	조정 또는 교환
브레이크 소음	브레이크 드럼이 편마모 되었다	교환
	패드 또는 라이닝 균열 또는 비틀어짐	교환
	장착볼트 느슨함	재조임
	디스크 긁힘	교환
	슬라이딩 핀 마모	교환
	패드 또는 라이닝 미끄러움	교환
	앵커 또는 리턴 스프링 고장	교환
브레이크 페달의 자유간극이 크다	브레이크 패드 심 손상	교환
	홀드다운 스프링 손상	교환
	브레이크계통에 공기가 들어 있다.	공기 빼기 작업
	브레이크 드럼이 마모되었다.	교환
브레이크가 듣지 않는다	피스톤 컵에서 오일이 샌다.	교환
	브레이크 오일이 누설되고 있다.	수리
	브레이크 라이닝이 과대 마모되었다.	교환
	브레이크 오일이 부족하다.	오일 보충
	브레이크계통에 공기가 들어 있다.	공기빼기 작업
	브레이크 드럼과 슈의 간극이 너무 과다하다.	조정
	오일회로의 잔압이 낮다.	교환
	마스터실린더의 피스톤 컵이 파손되었다.	교환

9. 2. 브레이크 페달

9.2.1. 브레이크 페달 높이측정 및 조정

[1] 브레이크페달 높이측정

곧은 자를 이용하여 바닥(토우 보드)과 페달 패드 윗면과의 거리를 측정한다.

[2] 브레이크페달 높이 조정

① 제동등 스위치를 브레이크페달 암과 접촉되지 않게 이동시킨다.

② 푸시로드 고정너트를 풀고 플라이어로 푸시로드를 돌려 브레이크페달의 높이가 규정 값이 되도록 조정한다.

③ 제동등 스위치의 바깥쪽 케이스와 브레이크페달 암사이의 치수가 규정 값(0.5~1.0 mm)이 되도록 제동등 스위치를 조정하고 고정 너트로 스위치를 정해진 위치에 고정시킨다.

9.2.2. 브레이크페달의 유격 점검·조정

[1] 브레이크페달 유격점검

① 엔진의 가동을 정지시키고 페달을 2~3회 정도 밟아 브레이크 부스터의 진공을 없앤 후 곧은 자를 설치하고 손으로 페달을 누르면서 저항 전의 이동량을 점검한다. 페달의 유격은 3~8mm 정도이다. 페달의 유격이 규정 값 이하이면 제동등 스위치의 바깥쪽 케이스와 페달 사이 간극이 규정 값과 일치하는가를 점검한다.

② 엔진을 가동시킨 후 브레이크 페달을 약 50kgf의 힘으로 밟았을 때 브레이크 페달과 바닥사이의 간극을 측정한다. 이때 44mm 이상 되어야 한다.

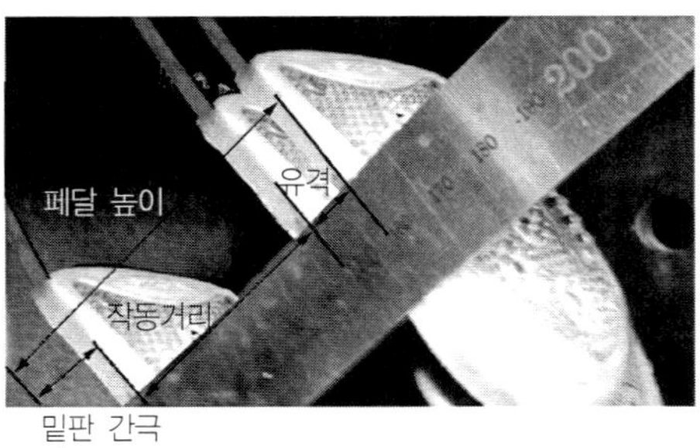

그림 62. 유격 및 작동거리 측정

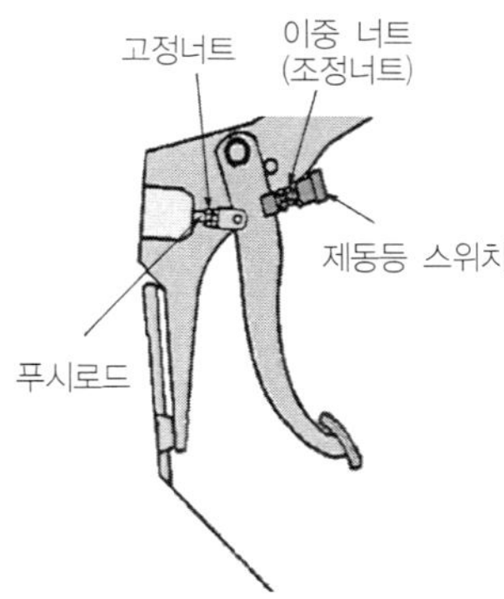

그림 63. 유격 조정

[2] 브레이크페달 유격 조정

규정 값이 되도록 푸시로드 고정너트를 풀고 푸시로드를 플라이어로 돌려 조정한 후 고정 너트를 조인다.

표 자유간극, 밑판간극, 작동거리 규정값

차 종	페달 높이	자유간극	밑판간극	작동거리
EF 소나타	176mm	3~8mm	44mm 이상	132mm
소나타 Ⅲ	177mm	4~10mm	44mm 이상	132mm
아반떼 XD	170mm	3~8mm	61mm 이상	133mm
그랜저 XG	176±0.3mm	3~8mm	44mm 이상	128mm
베르나	163.5mm	3~8mm	50mm 이상	135mm

9.2.3. 브레이크페달 탈거 및 조립

[1] 브레이크페달 탈거

① 브레이크페달 리턴 스프링을 분리한 후 조향 컬럼 지지 멤버를 분리한다(필요시).

② 제동등 스위치를 분리하고, 클러치 스위치 커넥터를 분리한 후 코터 핀과 클레비스 핀을 분리한다.

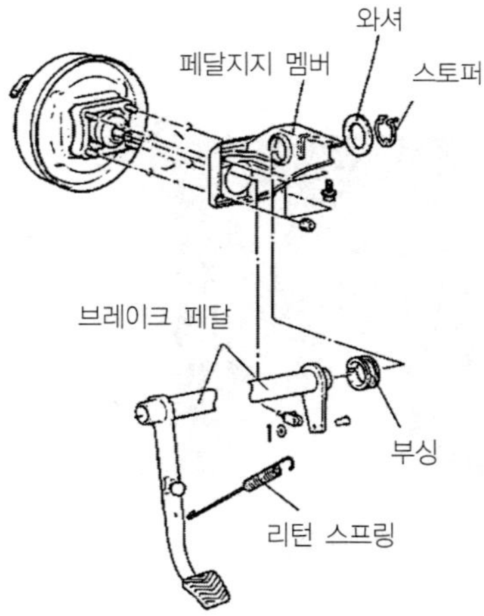

그림 64. 브레이크페달의 구성부품

③ 스토퍼 및 와셔를 오른쪽 페달 지지 멤버에서 분리한다.
④ 부스터 마운팅 너트를 풀고 오른쪽 페달 지지 멤버를 분리한다.
⑤ 운전석 쪽에서 브레이크페달을 분리한 후 페달로드 부싱 및 웨이브와셔를 분리한다.
⑥ 페달 지지 멤버 고정 볼트와 너트를 풀고 왼쪽 페달 지지 멤버를 분리한다.
⑦ 장착은 탈거의 역순으로 한다.

[2] 브레이크페달 점검

① 부싱의 마멸을 점검한다.
② 브레이크 페달의 비틀림을 점검한다.
③ 브레이크 페달 리턴 스프링의 손상을 점검한다.

9. 3. 브레이크계통 공기빼기작업

① 차량을 리프트로 상승시킨다.
② 공기빼기 작업을 위해 캘리퍼 및 휠 실린더의 에어브리더 스크류에 브레이크액이 외부로 튀는 것을 방지하기 위하여 투명 튜브를 끼고 한쪽 끝은 용기에 담는다.

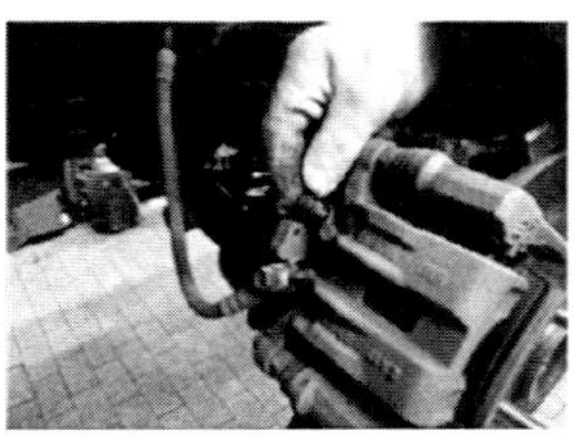

그림 65. 앞바퀴 에어브리더 스크류

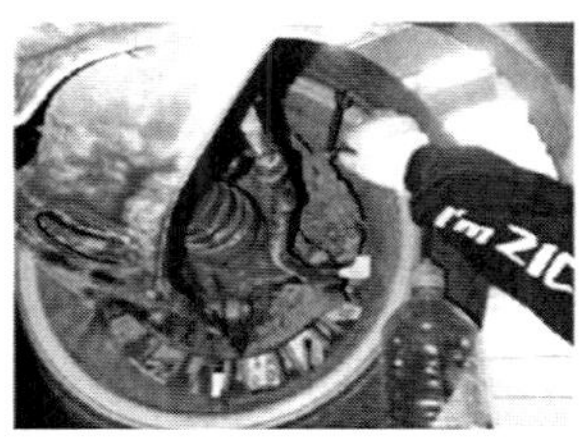

그림 66. 앞바퀴 투명 튜브 설치

그림 67. 뒤 바퀴 투명 튜브 설치

그림 68. 오일 보충

③ 브레이크 오일 캡을 열어 브레이크액을 채운다.

④ 차량을 들어 올린 후 1명은 운전석에 앉아 브레이크페달을 여러 번 나누어 밟아 잔압이 형성되도록 한 후 브레이크를 밟은 상태에서 차량 아래쪽 사람에게 신호한다.

⑤ 신호를 받은 차량 아래쪽 사람은 캘리퍼 또는 휠 실린더의 에어브리더 스크류를 돌려 공기를 배출하고 잠근 후 운전석 사람에게 신호를 준다. 계통내의 공기가 모두 빠질 때까지 ③번부터 ⑤번 항목을 수차례 반복하여 모든 바퀴의 에어빼기를 한다.

⑥ 공기빼기는 마스터실린더에서 먼 곳부터 실시한다.

⑦ 공기빼기가 완료되면 에어빼기 호스를 제거하고 에어브리더 스크류를 고정한 다음 유압계통에 오일누출 유무를 점검한다.

⑧ 브레이크 오일탱크에 규정의 오일량으로 보충한다.

⑨ 리프트를 하강시킨다.

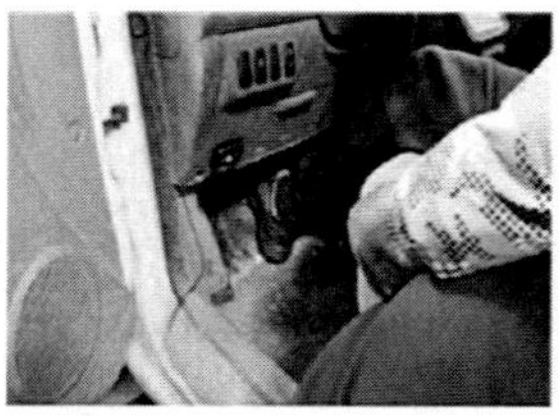

그림 69. 브레이크페달 밟기

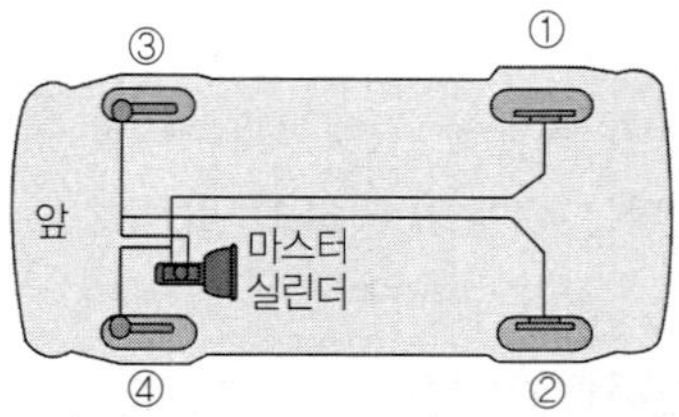

그림 70. 공기빼기 순서

9. 4. 마스터실린더(master cylinder)

9.4.1. 마스터실린더 탈거

① 브레이크오일 레벨센서의 커넥터를 분리하고, 오일탱크에서 브레이크오일을 빼낸다.

② 마스터실린더에서 브레이크 파이프를 분리하고 플러그를 설치한다.

③ 마스터실린더 푸시로드와 연결된 클레비스 핀을 빼낸다.

④ 마스터실린더 고정 너트를 풀고 프로 포셔닝밸브 설치 브래킷을 떼어낸 다음 마스터실린더를 들어 올려 빼낸다.

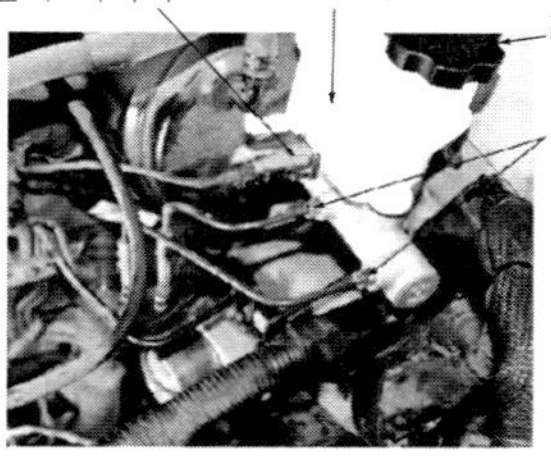

그림 71. 마스터 실린더 탈거

그림 72. 마스터 실린더 고정 너트

9.4.2. 마스터실린더 장착

① 브레이크 부스터 리액션 피스톤과 마스터실린더 1차 피스톤사이의 간극을 조정한다.

② 프로포셔닝 밸브 설치 브래킷과 함께 브레이크 부스터에 마스터실린더를 설치한 후 마스터 실린더에 브레이크 파이프를 연결한다.

③ 브레이크 오일탱크에 오일을 채운 후 공기빼기작업을 실시한다.

9.5. 브레이크 부스터(brake booster)

9.5.1. 체크밸브(check valve)시험

① 브레이크 부스터 어셈블리에서 부스터 호스를 분리 후 엔진을 시동한다.

② 손으로 체크밸브 구멍을 막고 진공이 느껴지는가를 점검한다.

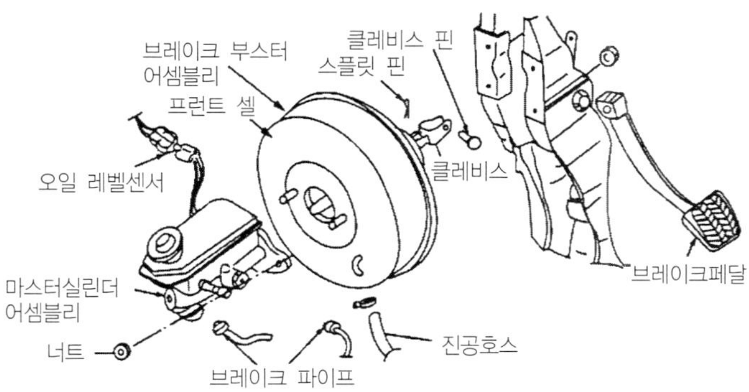

그림 73. 브레이크 부스터의 구조

9.5.2. 브레이크 부스터 탈거

① 클레비스 핀을 빼내고, 브레이크페달과 클레비스를 분리한다.
② 브레이크 오일 레벨센서를 떼어낸다.
③ 브레이크 파이프를 분리하고 마스터 실린더 어셈블리를 떼어낸다.
④ 부스터에서 진공호스를 분리한다.
⑤ 부스터 고정 너트를 풀고 부스터 어셈블리를 떼어낸다.

9.5.3. 브레이크 부스터 설치

① 부스터 어셈블리를 설치하고 마운팅 너트를 규정 토크로 죈다.
② 클레비스 핀으로 브레이크 페달과 클레비스를 연결하고 클레비스 핀에 분할 핀을 설치한다.
③ 마스터실린더를 설치한 후 브레이크 파이프를 설치한다.
④ 부스터에 진공호스를 연결한다. 이 때 진공호스의 방향이 틀리지 않도록 주의한다.
⑤ 브레이크 오일 레벨센서를 설치하고, 브레이크 오일을 마스터실린더 오일탱크에 채운 다음 공기빼기작업을 한다.
⑥ 브레이크 오일의 누출과 페달을 점검 및 조정한다.
⑦ 설치 후 클레비스와 페달 접촉부분에 그리스를 충분히 바른다.

9.5.4. 브레이크 부스터 작동시험

[1] 테스터없이 시험하는 방법

① 엔진을 1~2분 정도 가동을 하다가 가동을 정지시킨 후 정상적으로 페달을 밟는 힘으로 브레이크 페달을 여러 번 밟는다. 브레이크페달이 처음에는 완전히 들어가다가 점차적으로 페달이 올라오면 부스터(booster)는 정상적으로 작동하는 것이며 페달 높이가 변화하지 않으면 부스터는 손상된 것이다.
② 엔진의 가동을 정지시킨 상태에서 브레이크페달을 여러 번 밟았을 때 페달의 높이가 변화하지 않는지를 점검한 후, 브레이크페달을 밟은 상태로 엔진 시동한다. 이때 페달이 약간 아래로 들어가면 부스터는 양호한 상태이다. 그러나 페달이 상승하면 부스터는 손상된 것으로 판단한다.

③ 엔진을 가동시킨 상태에서 브레이크페달을 밟고 엔진의 가동을 정지시킨 후 30초 동안 페달을 밟고 있었을 때 페달의 높이가 변화하지 않으면 부스터는 양호한 상태이며 페달이 상승하면 부스터는 손상된 상태이다.

위의 세 가지 시험이 만족스러우면 부스터의 성능은 양호한 것이며, 한 가지라도 조건을 만족치 못할 경우에는 체크밸브, 진공호스 및 부스터 등이 손상된 것이다.

[2] 게이지를 사용한 작동점검

① 압력게이지, 진공게이지, 압력계를 아래 그림과 같이 접속하고 압력게이지의 압축공기를 배출시킨 후에 실시한다. 엔진을 시동한 후 진공게이지가 500mmHg에 도달하면 엔진의 가동을 정지시킨다. 엔진의 가동을 정지시킨 후 15초 동안 진공 게이지의 진공압력이 저하되는 수치가 25mmHg 이하이면 양호한 것으로 판정한다.

② 게이지가 설치된 상태에서 엔진을 시동한 후 브레이크 페달을 약 20kgf의 힘으로 밟은 상태에서 진공게이지가 500mmHg에 도달하면 엔진의 가동을 정지한다. 엔진의 가동을 정지시킨 후 15초 동안의 진공게이지 수치의 저하량이 25mmHg 이하이면 양호한 것으로 본다.

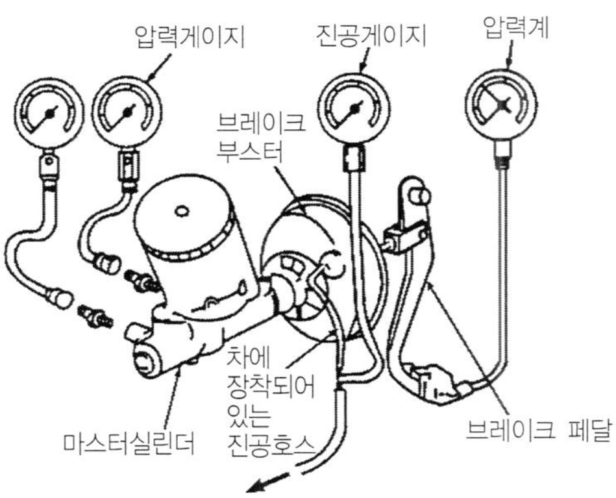

그림 74. 게이지의 설치상태

9. 6. 디스크 브레이크(disk brake)

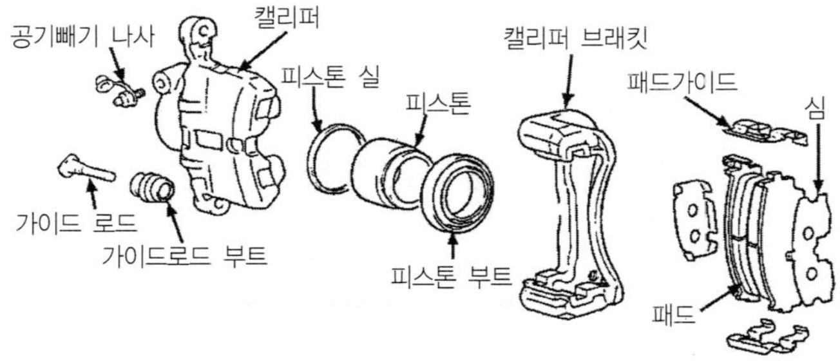

그림 75. 디스크 브레이크의 구성부품

9.6.1. 브레이크 패드(brake pad) 탈거 및 조립

① 차량을 리프트에 진입시켜 차량을 들어 올린다.

② 드라이버를 이용하여 차량 바퀴의 휠 커버를 탈거한다.

③ 바퀴의 휠 볼트를 탈거한다.

④ 공구를 이용하여 캘리퍼 피스톤 하부 볼트를 탈거한다.

⑤ 캘리퍼 피스톤을 위로 들어 올린다.

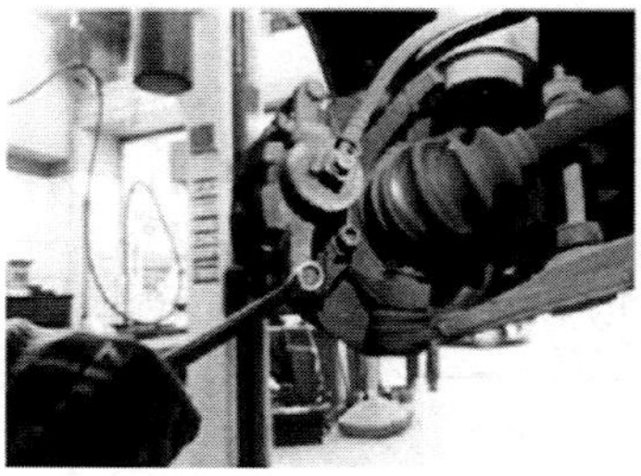

그림 76. 피스톤 하부 볼트 탈거

그림 77. 피스톤을 위로 올린다.

⑥ 드라이버를 이용하여 패드를 탈거한다.

⑦ 밀려나온 캘리퍼 피스톤을 특수공구를 이용하여 압착시켜 밀어 넣는다.

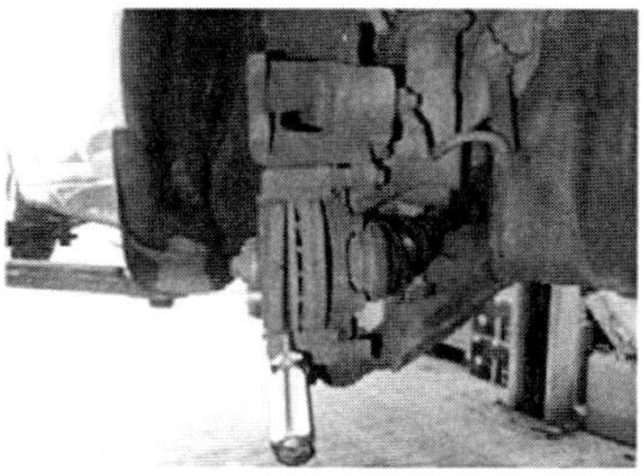

그림 78. 패드 탈거

그림 79. 피스톤 압착

⑧ 브레이크 패드를 설치한다.

⑨ 패드 교환시 커버심(소음방지를 위하여 패드심을 덮고 있는 얇은 강판)을 탈거 전과 같이 장착하여준다.

⑩ 캘리퍼 피스톤을 내려 볼트를 조립한다.

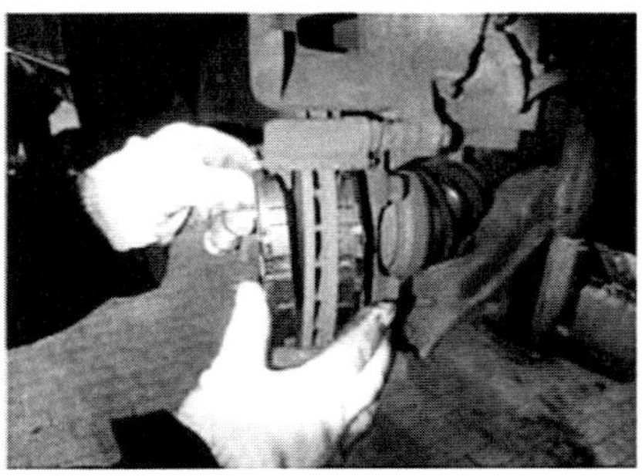

그림 80. 패드 설치

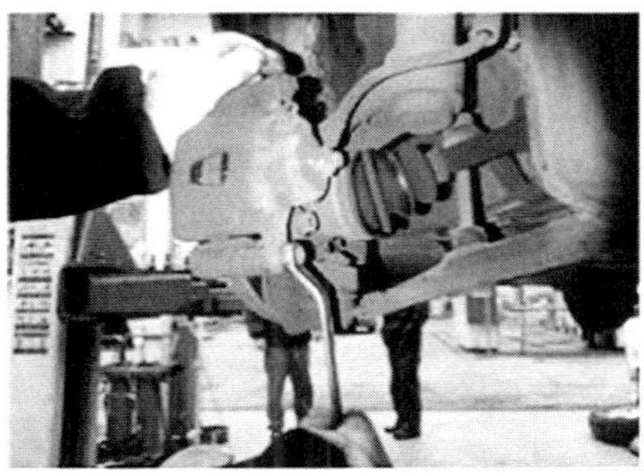

그림 81. 볼트 조립

⑪ 공구를 이용하여 볼트를 고정한다.

⑫ 페달을 여러번 밟아 주어 피스톤이 제자리로 가도록 한다.

⑬ 바퀴를 장착한다.

⑭ 차량을 하강시킨다.

9.6.2. ABS 패드 탈거 및 조립

① 차량을 리프트에 진입시켜 차량을 들어 올린다.

② 드라이버를 이용하여 차량 바퀴의 휠 커버를 탈거한다.
③ 휠 볼트를 탈거한다.
④ 공구를 이용하여 캘리퍼 피스톤 하부 볼트를 탈거한다.
⑤ 캘리퍼 피스톤을 위로 들어 올린다.
⑥ 드라이버를 이용하여 패드를 탈거한다.
⑦ 밀려나온 캘리퍼 피스톤을 특수공구를 이용하여 압착시켜 밀어 넣는다(ABS 캘리퍼 피스톤도 일반 캘리퍼 피스톤처럼 대부분 밀어서 압착시키나 ABS 캘리퍼에는 돌려서 압착하는 방식이 있으며 이 방식은 밀어서 넣으면 캘리퍼가 손상이 된다).

그림 82. ABS 돌려서 넣는 방식 캘리퍼 피스톤

그림 83. ABS 특수공구

⑧ 브레이크 패드를 설치한다.
⑨ 패드 교환시 커버심(소음방지를 위하여 패드심을 덮고 있는 얇은 강판)을 탈거 전과 같이 장착하여준다.
⑩ 캘리퍼 피스톤을 내려 볼트를 조립한다.
⑪ 공구를 이용하여 볼트를 고정한다.
⑫ 페달을 여러번 밟아 주어 피스톤이 제자리로 가도록 한다.
⑬ 바퀴를 장착한다.
⑭ 차량을 하강시킨다.

9.6.3. 캘리퍼(caliper) 정비

[1] 캘리퍼 탈거 및 조립

① 차량을 리프트에 진입시키고 차량을 들어올린다.

② 타이어를 탈거한다.

③ 바퀴를 탈거한 후 작업하기 좋도록 허브를 돌려놓는다.

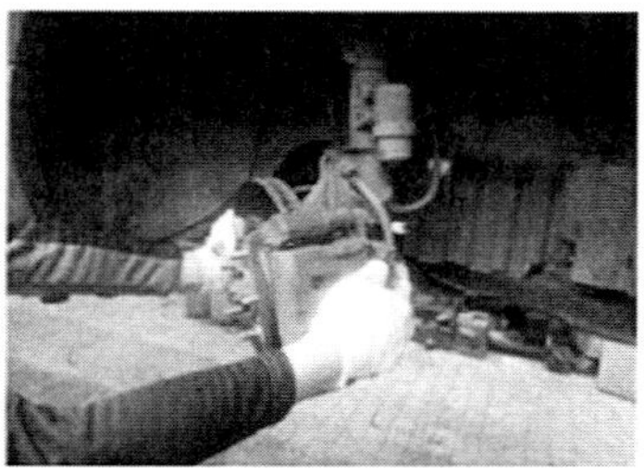

그림 84. 허브를 돌려 놓는다

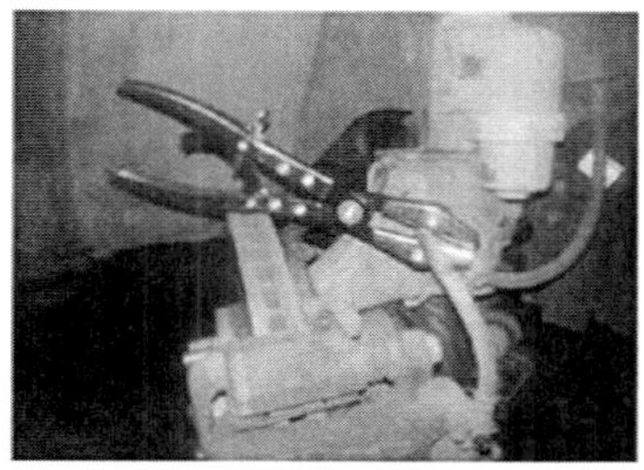

그림 85. 바이스 플라이어로 파이프 물기

④ 바이스 플라이어를 사용하여 브레이크 파이프를 물어준다.

⑤ 브레이크 파이프 고정 볼트를 탈거한다.

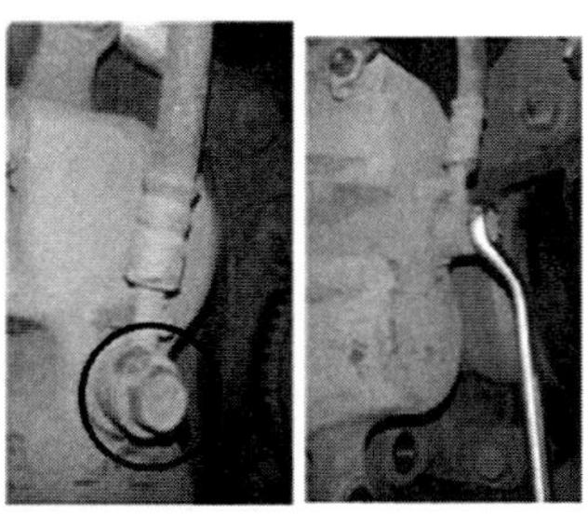

그림 86. 파이프 고정 볼트 탈거

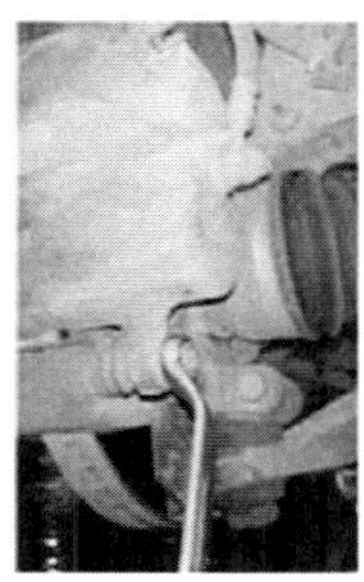

그림 87. 캘리퍼 하단 볼트 탈거

⑥ 캘리퍼 피스톤 하단의 볼트를 공구를 이용하여 탈거한다.

⑦ 캘리퍼 피스톤을 위로 들어올린다.

그림 88. 피스톤 위로 올린다.

그림 89. 패드 탈거

⑧ 브레이크 패드를 탈거한다.

⑨ 브레이크 캘리퍼 브래킷 고정 볼트 2개를 탈거한다.

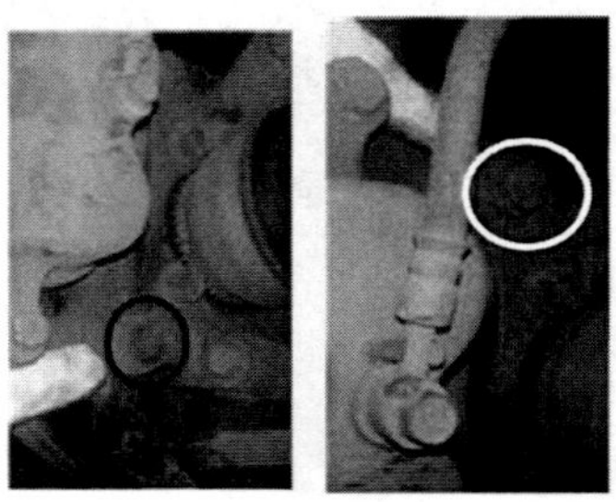

그림 90. 브래킷 고정 볼트 탈거

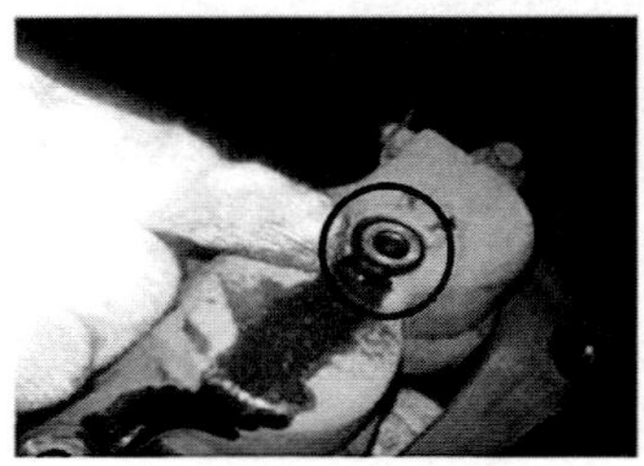

그림 91. 동 와셔

⑩ 브레이크 캘리퍼의 오일호스 자리에 동 와셔가 끼워져 있으므로 분실하지 않도록 한다.

⑪ 조립은 탈거의 역순으로 한다.

⑫ 조립이 끝난 후 에어빼기를 한다.

[2] 캘리퍼 점검

① 캘리퍼의 손상, 균열, 부식, 마멸을 점검한다.

② 피스톤의 손상, 균열, 외면의 마멸을 점검한다.

③ 슬리브 및 핀의 손상, 부식을 점검한다.

④ 패드 스프링과 부트의 손상을 점검한다.

⑤ 피스톤 면은 샌드페이퍼를 사용해서는 안 되며 모든 고무부품은 신품으로 교환한다.
⑥ 마이크로미터(디스크 두께 점검), 다이얼 게이지(디스크 런 아웃 점검) 등으로 디스크를 검사한다.

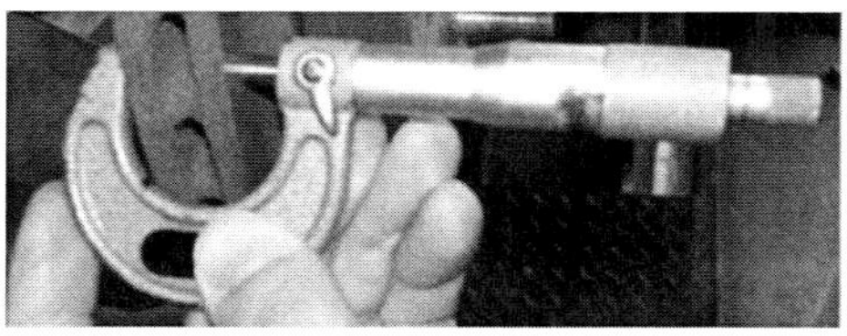

그림 92. 디스크 두께 점검

그림 93. 디스크 런 아웃 점검

표 런아웃, 디스크 마모량 규정값 및 한계값

차 종	런아웃 한계값	디스크 마모량	
		규정값	한계값
EF 소나타	0.08mm 이하	24mm	22.4mm
소나타 Ⅲ	0.10mm 이하	22mm	20mm
아반떼 XD	0.18mm 이하	19mm	17mm
그랜저 XG	0.08mm 이하	24mm	22.4mm
누비라	0.06mm 이하	24mm	22mm
레조	0.03mm 이하	24mm	22mm

⑦ 필요하면 다음의 순서로 브레이크 디스크를 교환한다.

㉮ 조향 너클에서 토크 판을 분리하고 이것을 철사로 지지한다.

㉯ 풀러를 사용하여 허브에서 구동축을 분리하고 브레이크 디스크와 허브를 분리한다.

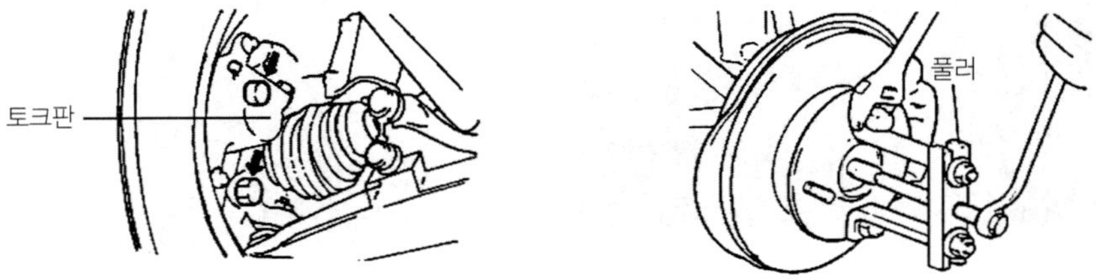

(a) 토크판 분해 (b) 허브분해

그림 94. 브레이크 디스크 교환

㉰ 브레이크 디스크와 허브를 구동축에 설치한다.

㉱ 허브 너트와 와셔를 설치하고 너트를 조인다. 이때 조임토크는 20~26kgf·m이다.

㉲ 조향 너클에 토크 판을 설치한다.

9. 7. 뒤 브레이크(rear brake)

9.7.1. 드럼 브레이크(drum brake)

[1] 탈거

① 차량을 리프트에 진입시키고 들어 올린다.

② 휠 및 타이어를 탈거한다.

③ (+)드라이버(또는 전용 해머 드라이버)를 이용하여 드럼 고정 피스를 탈거한다.

④ 드럼을 해머로 가볍게 두드리며 드럼을 탈거한다.

⑤ 플라이어를 사용하여 홀드다운스프링 리테이너를 잡고 누른 상태에서 돌려 컵 와셔, 슈 홀드다운 스프링, 슈 홀드 다운핀을 탈거한다. 이때, 리테이너를 잘못 잡아 튕겨져 나가는 경우가 있으니 주의하며 탈거한다.

그림 95. 브레이크슈

그림 96. 홀드다운 스프링 탈거

⑥ 상부 리턴스프링을 벌려 탈거한다.

⑦ 자동 조정 스프링 및 간극조절 스톱퍼를 탈거한다.

⑧ 슈 어저스터를 탈거한다.

그림 97. 상부 리턴 스프링 탈거

그림 98. 슈 어저스터 탈거

⑨ 하부 리턴 스프링을 탈거한다.

⑩ 다른 한쪽 홀드다운 스프링 역시 탈거한다.

⑪ 주차브레이크 레버에서 주차브레이크 케이블을 탈거한다.

그림 99. 하부 리턴 스프링 탈거

그림 100. 주차브레이크 케이블 탈거

[2] 브레이크 드럼 점검

① 브레이크 드럼의 안지름을 측정하고 다이얼 게이지로 브레이크 드럼의 런 아웃을 점검한다.

② 브레이크 슈 라이닝의 두께를 측정한다.

③ 브레이크 드럼과 라이닝의 접촉상태가 적절한가를 점검한다.

④ 휠 실린더 바깥쪽의 과도한 부식 및 손상을 점검한다.

⑤ 배킹 판(backing plate)의 마멸과 손상을 점검한다.

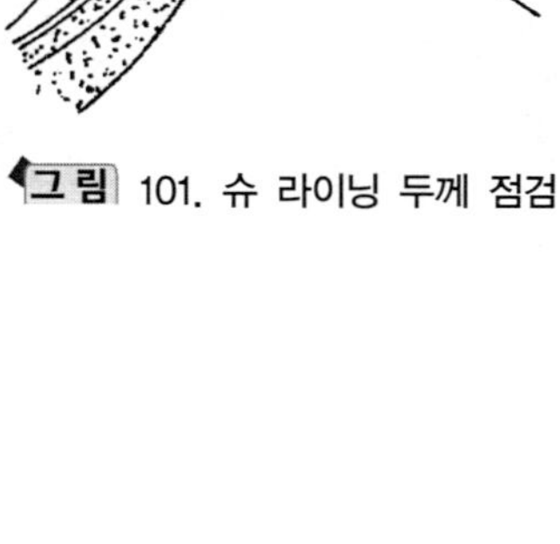

그림 101. 슈 라이닝 두께 점검

[3] 조립

① 라이닝의 주차브레이크 레버에 주차브레이크 케이블을 연결한다.
② 라이닝 홀드다운 스프링으로 한쪽 라이닝을 고정한다.
③ 하부 리턴스프링을 먼저 걸고 다른 한쪽의 라이닝을 백 플레이트에 안착시킨 후 홀드다운스프링으로 라이닝을 고정시킨다.
④ 슈 어저스터를 끼운다.
⑤ 간극조절 스톱퍼를 끼운다.
⑥ 간극조절 스톱퍼 스프링 및 상부 리턴스프링을 끼운다.
⑦ (-)드라이버를 사용하여 적절히 간극을 조정한다.

그림 102. 간극조절 스톱퍼 조립

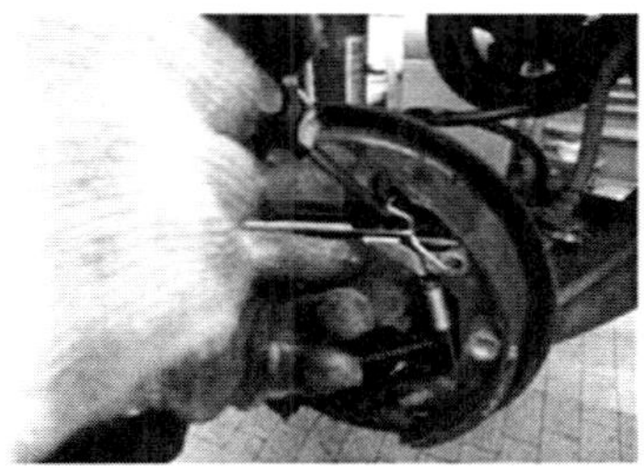
그림 103. 간극 조정

⑧ 고정 볼트 홈을 맞춰 브레이크 드럼을 끼운다.
⑨ (+)드라이버를 사용하여 브레이크 드럼 고정 볼트를 체결한다.
⑩ 바퀴를 끼우고 휠 너트를 손으로 충분히 돌린 후 규정토크로 조인다.
⑪ 리프트를 하강시킨다.

9.7.2. 휠 실린더(wheel cylinder) 교환

① 차량을 리프트에 진입시키고 들어 올린다.
② 타이어를 탈거한다.
③ 드라이버를 이용하여 드럼 고정 피스를 탈거한다.
④ 드럼을 해머로 가볍게 두드리며 드럼을 탈거한다.

그림 104. 고정 피스 탈거

그림 105. 드럼 탈거

⑤ 브레이크 파이프 호스에 바이스 플라이어를 사용하여 물어놓는다.

그림 106. 바이스 플라이어로 브레이크 파이프 호스 물리기

⑥ 플라이어를 사용하여 슈 홀드다운 스프링을 탈거한다.

⑦ 브레이크 라이닝을 탈거한다(라이닝을 탈거하지 않고 작업할 수 있는 차량은 라이닝 탈거를 하지 않는다).

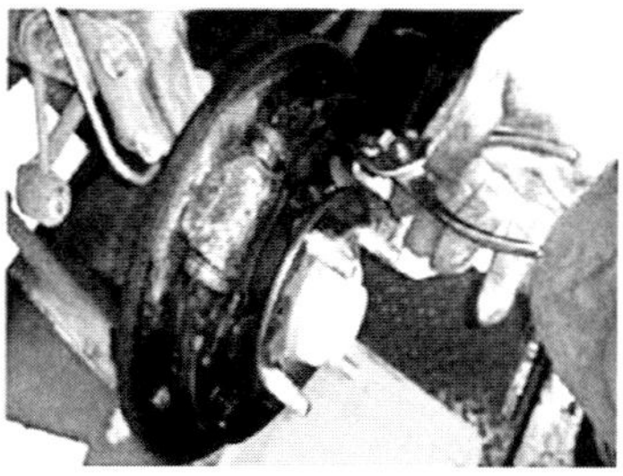

그림 107. 홀드다운 스프링 탈거

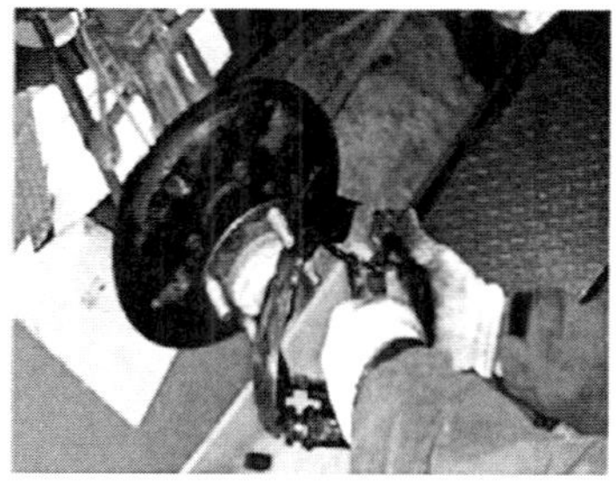

그림 108. 라이닝 탈거

⑧ 백 플레이트 뒷면의 휠 실린더에 연결된 브레이크 파이프를 공구를 사용하여 탈거한다.

⑨ 공구를 사용하여 휠 실린더 고정 볼트를 탈거한다.

그림 109. 파이프 탈거

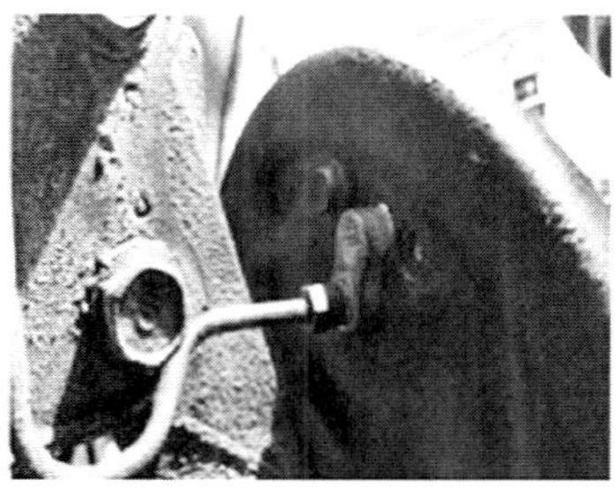

그림 110. 고정볼트 탈거

⑩ 휠 실린더 분해시 다음 사항에 주의한다.

㉮ 조립 전에 실린더 및 내부 부품을 알코올로 세척한다.

㉯ 피스톤 컵 및 실린더에 충분히 브레이크 오일을 바른다.

㉰ 피스톤 컵과 더스트 부트는 신품을 사용하여야 한다.

㉱ 공기빼기나사에 있는 볼(steel ball)을 분실하지 않도록 주의한다.

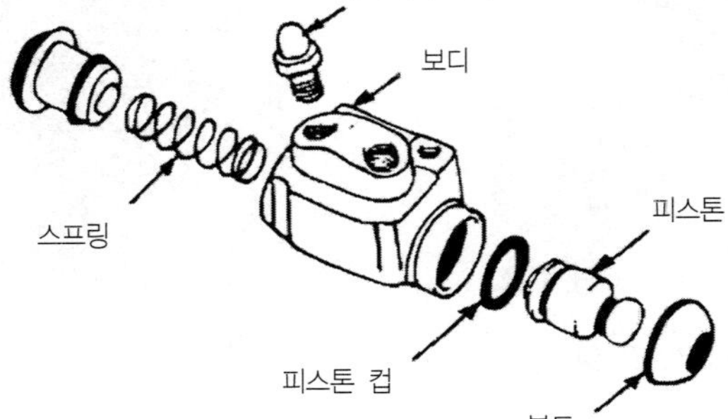

그림 111. 휠 실린더 분해도

⑪ 휠 실린더 고정 볼트와 브레이크 파이프를 연결하고 브레이크 라이닝을 조립한다.
⑫ 브레이크 드럼을 끼운다.
⑬ 브레이크 호스에 물어 놓았던 바이스 플라이어를 제거한다.
⑭ 드라이버를 이용하여 드럼 고정 피스를 체결한다.
⑮ 바퀴를 끼우고 휠 너트를 손으로 충분히 돌린 후 휠 고정너트를 체결한다.
⑯ 에어빼기를 한 후 차량을 하강시킨다.

9.8. 주차 브레이크(parking brake)

9.8.1. 드럼방식의 주차 브레이크

[1] 드럼방식의 주차브레이크 떼어내기

① 메인 콘솔을 분리한 후 케이블 조정기, 핀, 이퀄라이저 및 너트 홀더를 풀고 주차 브레이크 케이블을 떼어낸다.
② 주차 브레이크 스위치와 브레이크 레버를 떼어낸다.
③ 뒤 시트 쿠션을 분리하고 카페트를 걷어낸다.
④ 주차 브레이크 케이블 클램프와 그로메트(grommet)을 분리한다.
⑤ 바퀴와 브레이크 드럼을 분리한 다음 뒤 허브를 분리한다.
⑥ 슈 리턴 스프링 및 슈 홀드다운 핀을 분리한다.
⑦ 케이블 클립을 분리한 다음 케이블 끝을 트레일링 슈에서 분리한다.

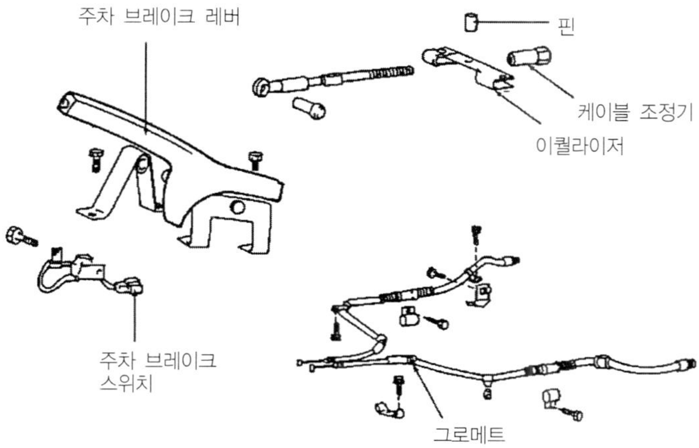

그 림 112. 드럼방식 주차 브레이크의 구성부품

⑧ 주차 브레이크 케이블을 하체 쪽에서 빼낸다.

[2] 드럼방식의 주차브레이크 점검

① 주차 브레이크 스위치의 작동을 점검한다.
② 주차 브레이크 레버 래칫의 마멸을 점검한다.
③ 주차 브레이크 케이블의 작동 또는 손상을 점검한다.

[3] 드럼방식의 주차브레이크 설치

① 주차 브레이크 케이블의 좌우 식별표시를 확인하고 정확히 설치한다.
② 슈와 슈 리턴 스프링을 설치할 때 조정기 레버를 완전히 뒤로 놓는다.
③ 그로메트을 설치한 다음 래칫 판이나 래칫 폴의 미끄럼운동 부분에 그리스를 바른다.
④ 케이블 조정기를 설치한 후 주차 브레이크 행정을 조정한다.

9.8.2. 디스크방식의 주차 브레이크

[1] 디스크방식의 주차 브레이크 떼어내기

① 뒷바퀴와 뒤 캘리퍼 어셈블리를 분리한 다음 뒤 디스크 로터와 허브 어셈블리 및 베어링을 분리한다.
② 1차 슈와 슈 리턴 스프링 및 조정기 어셈블리를 분리한다.
③ 2차 슈와 슈 리턴 스프링 및 슈 홀드다운 스프링을 분리한다.
④ 부트가 파손되지 않도록 주의하면서 레버에서 주차 브레이크 케이블 클레비스를 분리한다. 또 레버와 슬라이더 어셈블리는 브레이크 바깥쪽으로 당긴다.
⑤ 클립을 분리한 다음 고정 볼트를 풀고 현가 암에서 배킹판을 분리한다.

[2] 디스크방식의 주차 브레이크 점검

① 라이닝의 마멸 및 오일 또는 그리스의 오염을 점검한다.
② 슈 둘레의 꺾임이나 휘어짐을 점검한다.
③ 케이블 조정기 어셈블리의 휨과 조정을 점검한다.
④ 스프링의 파손, 과도한 휨, 늘어짐을 점검한다.
⑤ 레버와 슬라이더의 균열, 휨, 마멸을 점검한다.
⑥ 드럼면의 물때, 마멸 또는 오염을 점검한다.
⑦ 부트의 파손, 균열을 점검한다.

[3] 디스크방식의 주차 브레이크 설치

① 배킹판을 설치 플랜지에 설치하고 볼트를 대각선 순서로 조인다. 이때 조임 토크는 5~6kgf · m이다.
② 배킹판 턱에 그리스를 바르고 배킹판과 접촉하는 슬라이더 암과 레버와 슬라이더 사이에도 그리스를 바른다.
③ 부트가 파손되지 않도록 주의하면서 배킹판 위에 있는 윈도로우 레버 어셈블리를 설치한다. 레버는 케이블 클레비스용 톱니가 자동차의 뒤쪽을 향하게 하여 긴 쪽을 먼저 배킹판에 밀어 넣는다. 슬라이더는 레버의 위에 놓아야 하며 원활한 회전을 위하여 그리스를 바른다.

슬라이더의 긴 암은 배킹판의 뒤쪽으로 향하여야 하며 어셈블리는 부드럽게 미끄럼 운동을 하고 회전하여야 한다. 주차 브레이크의 클레비스를 레버의 톱니에 연결한다.

④ 2차 슈를 적당한 위치에 놓는다. 배킹판의 뒤에 있는 구멍을 통하여 홀드다운 핀을 밀어 넣고 플라이어 등으로 핀의 양쪽 끝이 완전히 나올 때까지 슈웨브(shoe web)에 홀드다운 스프링을 누른다. 핀을 90° 회전시키고 스프링을 천천히 놓는다. 이때 스프링 구멍에 양쪽 끝이 정확히 들어갔는가를 확인한다.

⑤ 1차 슈를 설치한다. 레버와 슬라이더의 탭 끝은 슈 웨브와 접촉하여야 한다.

⑥ 케이블 조정기 어셈블리를 접어 길이를 줄이고 너트를 1회전 정도 풀어 자유롭게 회전하도록 한 후 슈 밑 부분에 있는 구멍사이로 케이블 조정기 어셈블리를 설치한다.

⑦ 플라이어를 사용하여 상·하 슈 리턴 스프링을 설치한다.

⑧ 슈 웨브의 윗부분이 앵커 블록과 접촉하는가를 확인하고 필요시에는 주차브레이크 케이블을 조정한다. 이때 케이블 클레비스로 레버의 끝을 밀어 레버 어셈블리의 기능을 점검하고 슈의 움직임을 검사한다. 레버의 탭(tab) 끝은 슈에 대하여 움직여야 하며 슬라이더의 탭 끝은 다른 슈와 완전히 접촉하여야 한다.

⑨ 허브를 설치한다.

⑩ 로터 드럼부분의 안지름을 측정한다.

⑪ 중앙에서 브레이크 슈 바깥지름을 드럼 안지름보다 0.5mm 적게 조정한다. 조정은 조정 너트를 아래 그림과 같은 방향으로 돌리면 되며, 케이블 조정기 어셈블리는 좌·우측이 동일한 부품이다.

⑫ 로터와 고정 스크루를 죈다.

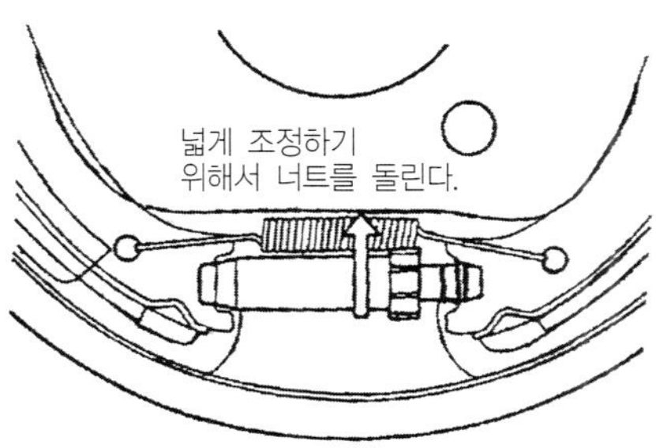

그림 113. 조정 너트

9.8.3. 정지등(스톱) 램프 스위치

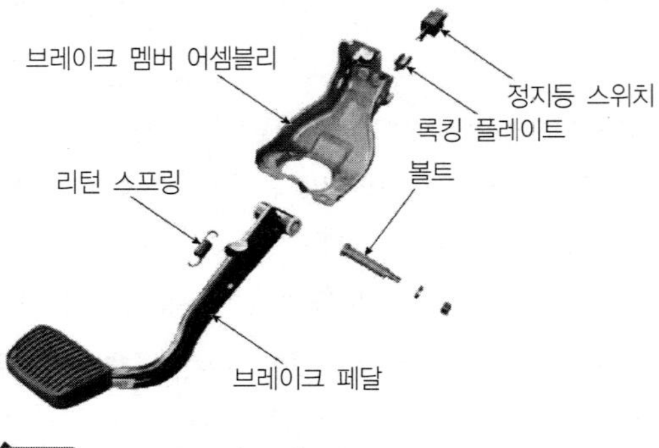

그림 114. 정지등(스톱) 램프 스위치 위치

[1] 스톱 램프 스위치 간극조정

① 점화스위치를 OFF하고 배터리 (-)단자를 분리한다.

② 크래쉬 패드 로어 패널을 분리한다.

③ 운전석 무릎 에어백을 탈거한다.

④ 스톱램프 스위치의 간극(1~2mm)을 확인한다.

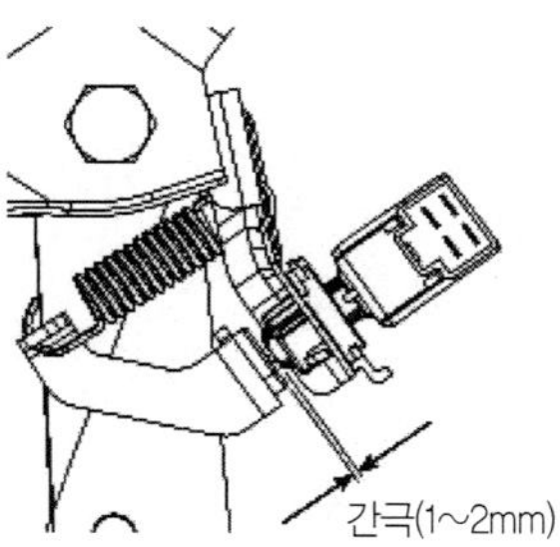

그림 115. 스톱 램프 스위치 간극점검

⑤ 스위치 간극이 규정값과 차이가 나면 스톱 램프 스위치를 탈거하고 장착부의 클립 등 주변 부품의 손상 여부를 확인한다.

⑥ 이상이 없으면 스톱 램프 스위치를 재 장착한 후 간극을 재확인한다.

[2] 탈거

① 점화스위치를 OFF하고 배터리(-) 단자를 분리한다.
② 크래쉬 패드 로어 패널을 분리한다.
③ 운전석 무릎 에어백을 탈거한다.
④ 스톱 램프 스위치 커넥터를 분리한다.

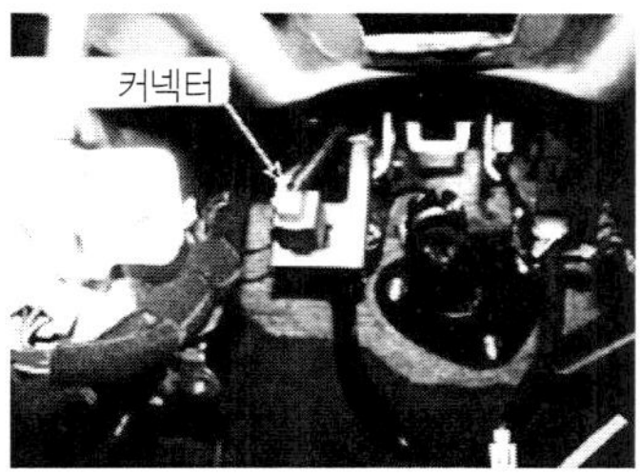

그림 116. 스톱 램프 스위치 커넥터 분리

⑤ 록킹 플레이트를 화살표 방향으로 당긴다.
⑥ 스톱 램프 스위치를 반시계방향으로 45° 돌려 탈거한다.

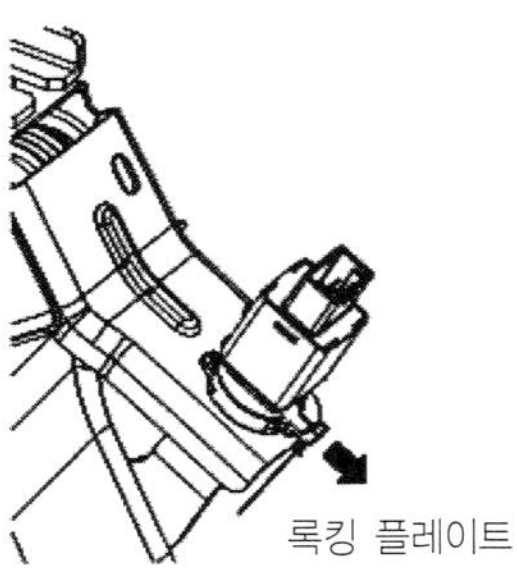

그림 117. 록킹 플레이트 당기기

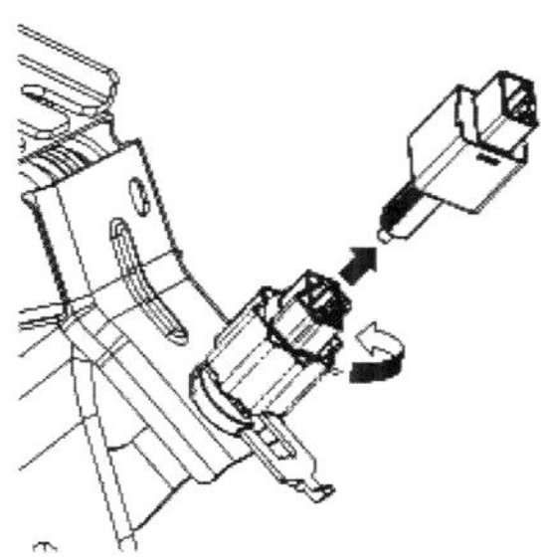

그림 118. 스톱 램프 스위치 탈거

[3] 점검

① 단자부 정상 체결 상태를 확인한다. 정상적으로 커넥터가 체결되는지 체결 흔적의 유/무로 확인할 수 있다.
② 단품 저항을 점검한다.

저 항(Ω)	3번-4번	1번-2번
로드 미 돌출(스위치 OFF)	무한대	0
로드 돌출(스위치 ON)	0	무한대

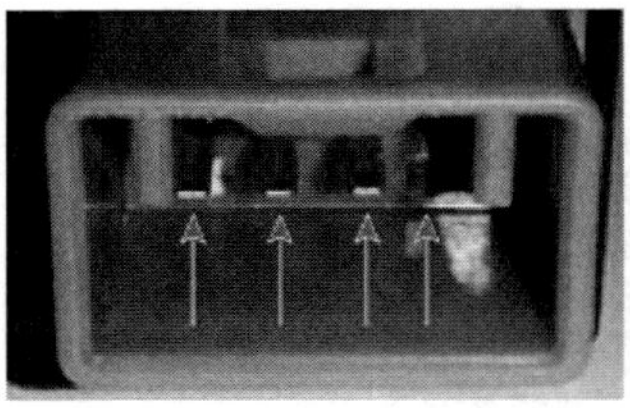

그림 119. 스톱램프 스위치 커넥터 체결 흔적 점검

그림 120. 스톱 램프 스위치 저항점검

[4] 장착

① 브레이크 페달이 움직이지 않게 고정하고, 스톱 램프 스위치를 접점부가 보이지 않게 삽입한다.

② 스톱 램프 스위치를 시계 방향으로 45° 회전하고 록킹 플레이트를 밀어 체결한다.

③ 자동 생성된 스톱 램프 스위치 간극(1~2mm)을 확인한다. 스톱 램프 스위치 간극이 틀릴 경우 스톱 램프 스위치를 다시 탈거하여 재장착 한다.

④ 스톱 램프 스위치 커넥터를 연결한다.

⑤ 운전석 무릎 에어백을 장착한다.

⑥ 크래쉬 패드 로어 패널을 장착한다.

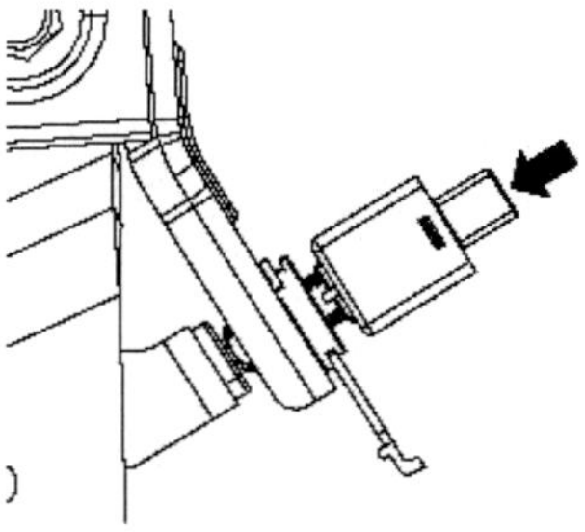

그림 121. 스톱 램프 스위치 삽입

9.8.4. 전자식 주차 브레이크(EPB)

[1] EPB 강제구동

① 진단커넥터 단자에 GDS를 연결한다.

② 점화스위치를 ON 한다.

③ 차종을 선택한다.

④ EPB를 선택한다.

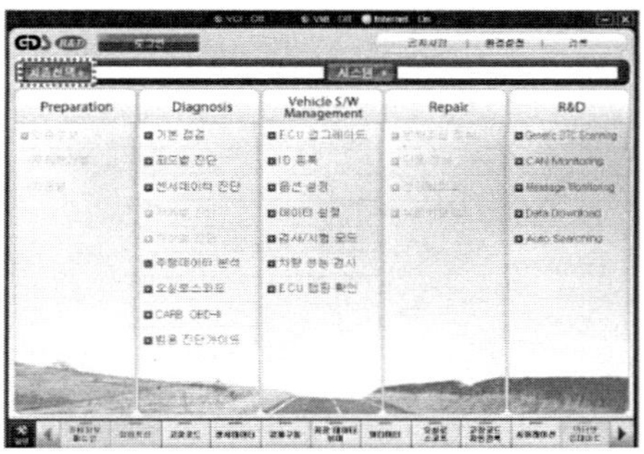

그림 122. 차종선택

그림 123. EPB를 선택

⑤ 강제구동을 선택한다.

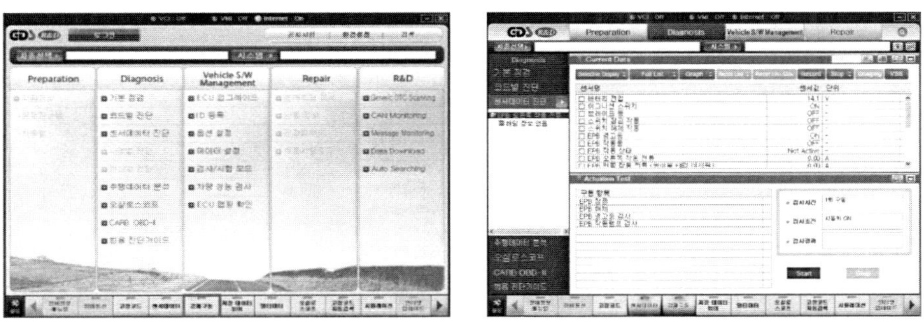

그림 124. 강제구동 선택

[2] 탈거

① 허브 캡을 탈거한다.
② 차량을 리프트에 들어 올린 후 안전을 확인한다.
③ 리어 휠 및 타이어를 리어 허브에서 탈거한다.
④ GDS 진단 장비를 사용해 전자 파킹 브레이크를 해제한다.
⑤ 가이드 로드 볼트를 분리하고 캘리퍼 바디를 분리한다.
⑥ 캘리퍼 캐리어에서 브레이크 패드 및 리테이너를 탈거한다.

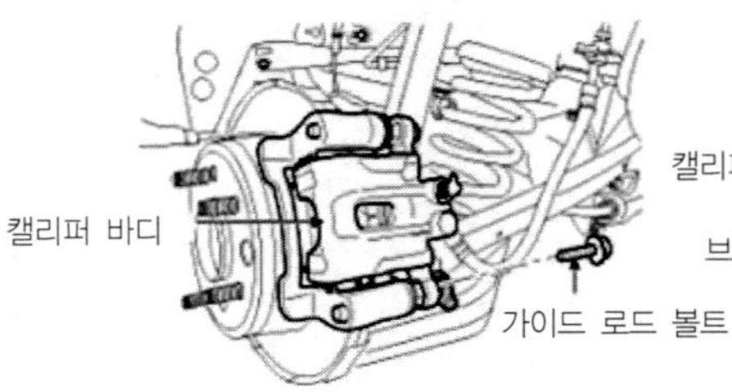

그림 125. 캘리퍼 바디 분리

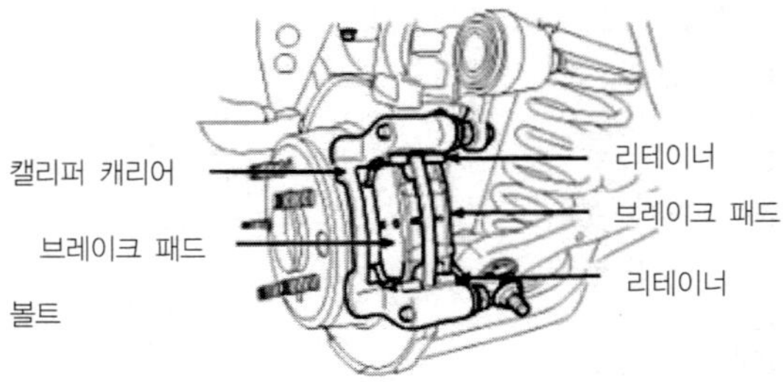

그림 126. 브레이크 패드 및 리테이너 탈거

⑦ 전자 파킹 브레이크 액추에이터 커넥터를 분리한다.

그림 127. 커넥터 분리

⑧ 캘리퍼 어셈블리에서 브레이크호스 연결볼트를 탈거한다.
⑨ 캘리퍼 고정볼트를 분리하고 캘리퍼 어셈블리를 탈거한다.

[3] 장착

① 장착은 탈거의 역순으로 한다.

② 공기빼기 작업을 실시한다.

③ 장착 후 EPB 스위치를 3회 이상 눌러 주차 브레이크 작동을 확인한다.

④ 주차 브레이크 작동등은 해제시 소등되고, 작동시 점등되어야 한다.

⑤ 30% 경사로에서 주차가 가능해야 한다.

9. 9. ABS 정비

9.9.1. 하이드롤릭 유닛(유압 조절기) 탈거

그림 128. 하이드롤릭 유닛

① 점화스위치를 OFF시킨다.

② ABS-ECU 더블 로크 커넥터를 위쪽으로 당겨 커넥터를 분리한 후 파이프를 탈거하고 하이드롤릭 유닛 어셈블리를 탈거한다. 이때 주의할 사항은 다음과 같다.

㉮ 하이드롤릭 유닛은 무거우므로 떼어낼 때 주의한다.

㉯ 하이드롤릭 유닛은 절대로 분해를 해서는 안 된다.

㉰ 하이드롤릭 유닛을 위·아래로 돌리거나 옆으로 세우지 않도록 한다.

㉱ 하이드롤릭 유닛에 충격을 주지 않도록 한다.

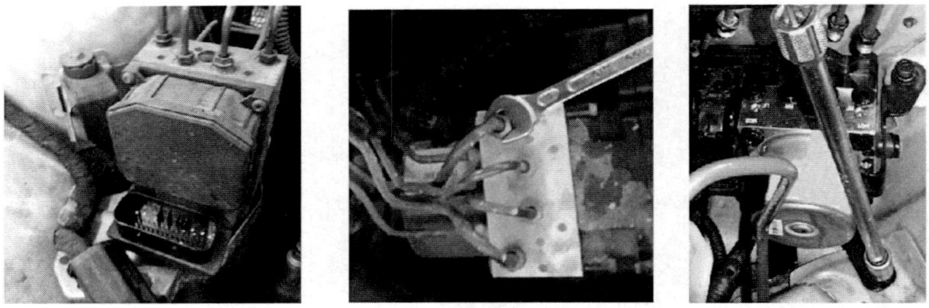

(a) 커넥터 탈거　　　(b) 파이프 탈거　　　(c) 하이드롤릭 탈거

그림 129. 하이드롤릭 커넥터, 파이프 탈거

9.9.2. 휠 스피드 센서

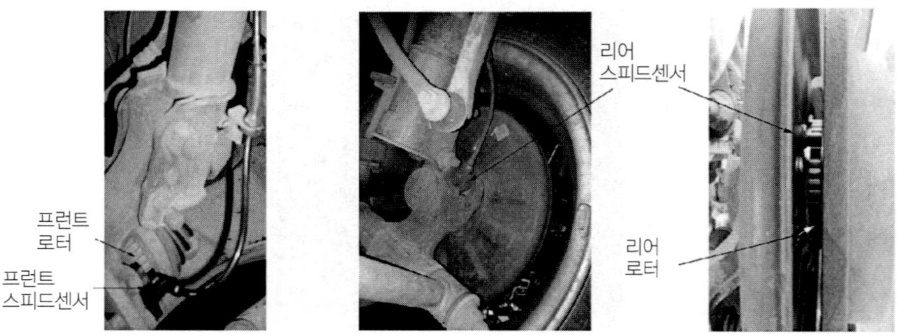

(a) 프런트 휠 스피드 센서　　　(b) 리어 휠 스피드 센서

그림 130. 휠 스피드 센서의 설치위치

[1] 휠 스피드 센서의 점검

① 폴 피스에 이물질 부착유무 및 손상유무를 점검하여 불량하면 신품으로 교환한다. 폴 피스는 자력성이 있으므로 금속물질이 쉽게 부착된다. 폴 피스가 손상된 경우에는 바퀴의 회전속도 감지능력이 불가능하게 된다.

② 휠 스피드 센서 단자사이의 저항 값을 측정한다. 이때 저항 값이 프런트는 1.4~2.2kΩ, 리어는 1.3~2.1kΩ 을 벗어난 경우에는 휠 스피드 센서를 신품으로 교환한다.

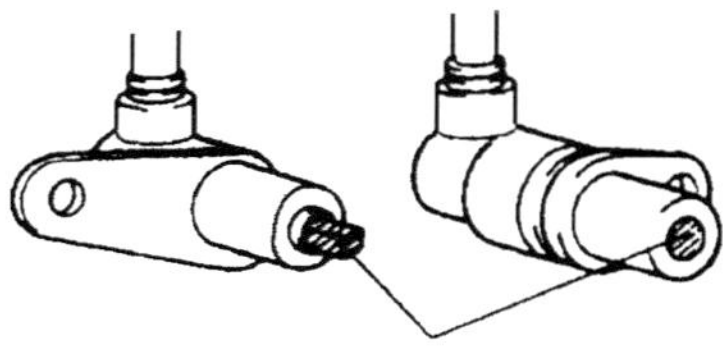

그림 131. 폴 피스 점검

그림 132. 휠 스피드센서 저항점검

③ 휠 스피드 센서 케이블의 손상 및 단선을 점검한다. 케이블의 손상 여부를 점검할 때 접속 불량 여부를 점검하기 위해 클램프 부근으로 케이블을 당기거나 구부려 보디의 케이블 클램프 부품을 떼어낸다.

[2] ABS 톤 휠 간극

① 시크니스 게이지를 이용하여 휠 스피드 센서와 톤 휠 사이의 간극을 점검한다.

② 간극이 규정값 내에 있지 않으면 톤 휠(로터)의 설치가 부정확하게 된 것이므로 재점검한다.

그림 133. 톤 휠 간극

표 톤 휠 간극 규정값

차 종	프런트(전륜)	리어(후륜)
EF 소나타	0.2~1.1mm	0.2~0.7mm
아반떼	0.2~1.3mm	0.2~1.3mm
아반떼 XD	0.2~0.9mm	0.2~0.9mm
엑센트	0.2~1.1mm	0.2~1.2mm
베르나	0.2~1.2mm	0.2~1.2mm
카렌스	0.7~1.5mm	0.6~1.6mm
라비타	0.2~1.2mm	0.2~1.2mm
테라칸	0.2~1.15mm	0.2~0.7mm
싼타페	0.2~1.15mm	0.2~0.7mm
투스카니	0.2~0.9mm	0.2~0.9mm

[3] 출력전압 측정

바퀴를 초당 1/2~1회전시키면서 측정을 하여 회로 테스터기로 측정시 70mV 이상, 오실로스코프 측정시 20mV/p-p 이상 되어야 한다.

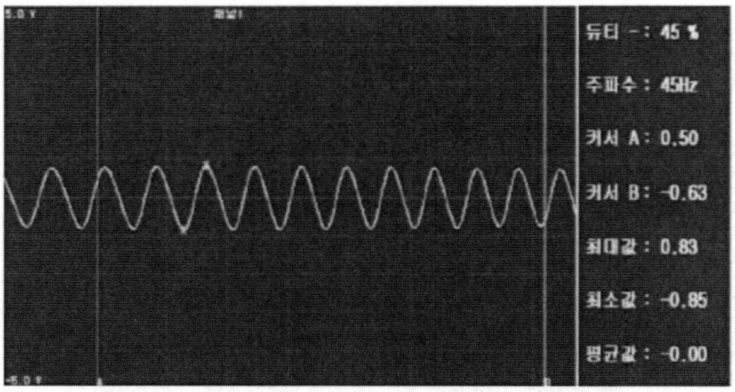

그림 134. 양호한 파형

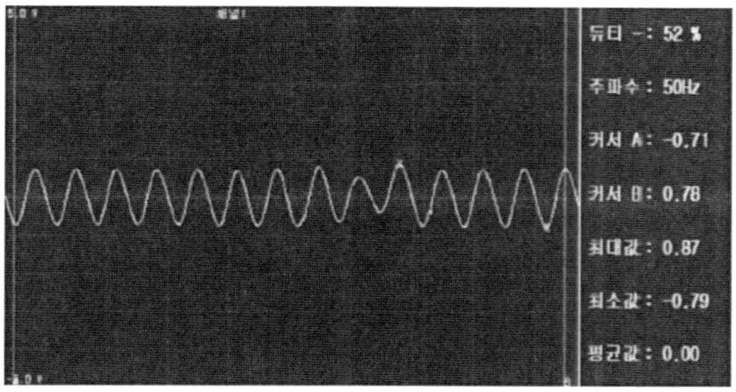

그림 135. 톤휠 1개 불량인 경우

9.9.3. ABS의 공기빼기작업

[1] 공기빼기 기본 작업

ABS에서는 특별한 공기빼기 과정은 없고, 일반 브레이크장치의 공기빼기와 동일한 방법으로 하면 된다.

① 오일탱크 캡을 연 후 브레이크 탱크에 브레이크 오일을 채운다.

② 휠 실린더 공기빼기나사에 비닐 튜브를 연결한 후 브레이크 오일 용기에 튜브를 끼운다.

③ 브레이크페달을 여러 번 천천히 밟는다.

④ 브레이크페달을 완전히 밟았을 때 브레이크오일이 모두 빠질 때까지 공기빼기 나사를 푼 후 공기빼기 나사를 잠근다.

⑤ 브레이크 오일에 거품이 생기지 않을 때까지 ③, ④과정을 반복한 다음 공기빼기 나사를 조인다.

⑥ 각 바퀴에 위의 과정을 순서에 맞추어 반복 작업을 한다.

[2] 하이드로릭 유닛 교환 후 공기빼기 작업

① Hi-DS 스캐너의 ON키를 눌러 전원을 공급한다(MENU키와 ON키를 같이 누르고 있으면 전원이 OFF된다).

② 전원이 공급되면 기본 로고 화면이 나타난 후 소프트웨어 카드 로고가 나타난다.

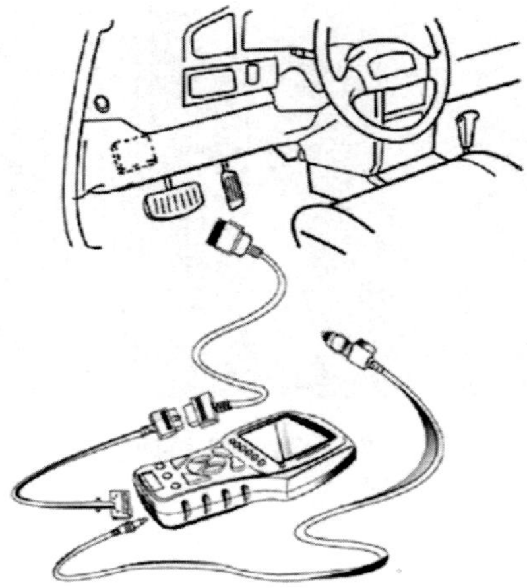

그림 136. 다용도 테스터 설치

③ 로고 화면 상태에서 엔터(ENT) 키를 누르면 기능 선택 화면이 나타난다.

④ 차종별 진단기능을 선택하는 경우에는 방향 이동키를 사용하여 커서를 차량통신에 위치시키고 엔터키를 누르면 차량 제조회사를 선택하는 화면이 나타난다.

기능 선택
01. 차량통신
02. 스코프/미터/출력
03. 주행 DATA 검색
04. PC 통신
05. 환경설정
06. 리프로그래밍

그림 137. 기능선택 화면

1. 차종별 진단기능
01. 현 대 자 동 차
02. 기 아 자 동 차
03 GM 대 우 차
04. 쌍 용 자 동 차
05. 르 노 삼 성 차

그림 138. 제조회사 선택화면

⑤ 점검 대상 차량을 방향키를 이동하여 해당 제조회사를 선택하고 엔터키를 누르면 차종을 선택하는 화면이 나타난다.

⑥ 방향 이동키를 사용하여 커서를 점검대상 차종에 위치시키고 엔터키를 누르면 제어장치 선택 화면이 나타난다.

차종 선택			13/29
01.	르망	11.	누비라
02.	에스페로	12.	누비라 Ⅱ
03	프린스	13.	매그너스
04.	슈퍼살롱	14.	레조
05.	씨에로	15.	다마스/라보
06.	넥시아	16.	라세티
07.	뉴프린스	17.	라세티(86~
08.	뉴브로엄	18.	라세티 프리미어
09.	라노스	19.	칼로스
10.	레간자	20.	칼로스V

그림 139. 차종선택 화면

제어장치 선택	3/6
차종 : 매그너스	
01.	엔진제어
02.	자동변속
03.	제동제어
04.	에어백
05.	EPS
06.	ISU

그림 140. 제어장치 선택화면

⑦ 방향 이동키를 사용하여 커서를 "제동제어" 에 위치시키고 엔터키를 누르면 진단기능 선택 화면이 나타난다.

제어장치 선택	7/10
차 종 : 매그너스	
제어장치 : 제동제어	
01.	자기진단
02.	센서출력
03.	액추에이터 검사
04.	센서출력 & 자기진단
05.	센서출력 & 액추에이터
06.	센서출력 & 미터/출력
07.	HCU 공기빼기

그림 141. HCU 공기빼기 선택

⑧ 진단기능 선택 화면에서 방향 이동키를 사용하여 커서를 "HCU 공기빼기" 에 위치시키고 엔터키를 누르면 에어브리딩 화면이 나타난 후 순서대로 왼쪽 앞쪽부터 우측 앞쪽, 뒤 우측, 뒤 좌측 순으로 지시대로 한다.

에어브리딩

매그너스 제동제어 **LF** = >RF = >RR = >LR

앞/좌측 에어브리딩

조건 : IG, 키 ON, 엔진 OFF

블리드 유닛을 설치 후,
앞/좌측 블리드 스크류를 연다

(▲/▼)키로 선택 후 ENT를 누르시오

그림 142. 에어 브리딩

⑨ 임의 작동시험에서 해당 솔레노이드를 강제적으로 작동시켜 공기빼기 작업을 한다. 공기빼기 작업의 순서는 다음과 같다.

㉮ 점화스위치를 ON(엔진 정지)시킨다.

㉯ 브레이크페달을 3~4회 밟는다.

㉰ 원하는 위치의 솔레노이드밸브의 공기빼기 나사를 푼다.

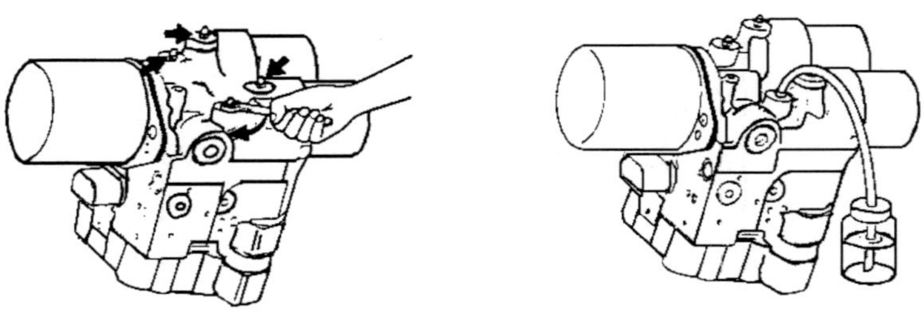

(a) 위치 (b) 비닐튜브 설치

그림 143. 블리더 스크루

㉱ 테스터의 선택번호를 눌러 각각의 솔레노이드의 밸브를 작동시킨다.

에어브리딩

매그너스 제동제어 LF =>RF=>RR=>LR

진행시간 : 총 38초 중 13초

펌프모터와 관련된 밸브 작동 중!

페달을 반복해서 밟으시오

[다음] [종료]

그림 144. 솔레노이드밸브 작동

㉤ 브레이크 페달을 계속 밟는다.

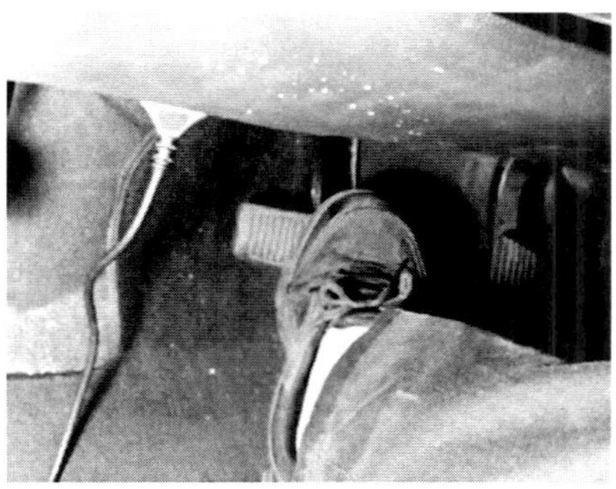

그림 145. 브레이크를 계속 밟아준다.

㉥ 공기유출이 있으면 YES를 눌러 작업을 다시 한다.

에어브리딩

매그너스 제동제어 LF =>RF=>RR=>LR

공기빼기 완료!!

공기유출이 계속됩니까?

[NO] [YES]

그림 146. 공기빼기 완료

㉳ 브레이크 오일에 기포의 발생이 없으면 공기빼기 나사를 조인다.

㉴ 우측 앞쪽, 뒤 우측, 뒤 좌측도 공기빼기 작업을 한다.

에어브리딩
매그너스 제동제어 LF=>RF=>RR=> **LR**
공기빼기 완료!!
01. 뒤/좌측 블리드 스크류를 잠그시오 02. 모든 브리드 스크류가 올바로 잠겨 있는지 다시한번 점검하십시오 03. 브레이크 압력이 높아질 때까지 브레이크 페달을 반복적으로 밟으시오
ENTER를 누르십시오.

그림 147. 작업 완료

9.9.4. ABS 브레이크 고장진단

① Hi-DS 스캐너의 ON키를 눌러 전원을 공급한다(MENU키와 ON키를 같이 누르고 있으면 전원이 OFF된다).

② 전원이 공급되면 기본 로고 화면이 나타난 후 소프트웨어 카드 로고가 나타난다.

③ 로고 화면 상태에서 엔터(ENT) 키를 누르면 기능 선택 화면이 나타난다.

④ 차종별 진단기능을 선택하는 경우에는 방향 이동키를 사용하여 커서를 차량통신에 위치시키고 엔터키를 누르면 차량 제조회사를 선택하는 화면이 나타난다.

기능 선택
01. 차량통신
02. 스코프/미터/출력
03. 주행 DATA 검색
04. PC 통신
05. 환경설정
06. 리프로그래밍

그림 148. 기능선택 화면

1. 차종별 진단기능
01. 현 대 자 동 차
02. 기 아 자 동 차
03 GM 대 우 차
04. 쌍 용 자 동 차
05. 르 노 삼 성 차

그림 149. 제조회사 선택화면

⑤ 점검 대상 차량을 방향키를 이동하여 해당 제조회사를 선택하고 엔터키를 누르면 차종을 선택하는 화면이 나타난다.

⑥ 방향 이동키를 사용하여 커서를 점검대상 차종에 위치시키고 엔터키를 누르면 제어장치 선택 화면이 나타난다.

차종 선택			29/49
21.	EF 쏘나타	31.	다이너스티
22.	쏘나타 Ⅲ	32.	뉴그랜져
23	쏘나타 Ⅱ	33.	그랜져
24.	쏘나타	34.	그레이스
25.	스랜져(TG)	35.	리베로
26.	뉴-그랜져 XG	36.	포토 Ⅱ
27.	그랜져 XG	37.	뉴-포터
28.	마르샤	38.	스타렉스
29.	에쿠스	39.	그랜드스타렉스
30.	뉴다이너스티	40.	택시

그림 150. 차종선택 화면

제어장치 선택	4/7
차종 : 에쿠스	
01. 엔진제어 가솔린	
02. 엔진제어 LPG	
03. 자동변속	
04. 제동제어	
05. 에어백	
06. 현가장치	
07. 정속주행	

그림 151. 제어장치 선택화면

⑦ 방향 이동키를 사용하여 커서를 "제동제어"에 위치시키고 엔터키를 누르면 엔진 사양에 대한 화면이 나타난다.

⑧ 커서를 해당 사양에 위치시키고 엔터키를 누르면 통신시작을 알리는 화면이 나온 후 진단기능 선택화면이 나타난다.

진단기능 선택	1/7
차 종 : 에쿠스	
제어장치 : 제동제어	
01. 자기진단	
02. 센서출력	
03. 액추에이터 검사	
04. 센서출력 & 자기진단	
05. 센서출력 & 액추에이터	
06. 센서출력 & 미터/출력	
07. 주행데이터 검색	

그림 152. 진단기능 선택화면

⑨ 진단기능 선택 화면에서 방향 이동키를 사용하여 커서를 자기진단에 위치시키고 엔터키를 누르면 자기진단을 실시 중 화면이 나타난 후 자기진단 결과 화면이 나타난다.

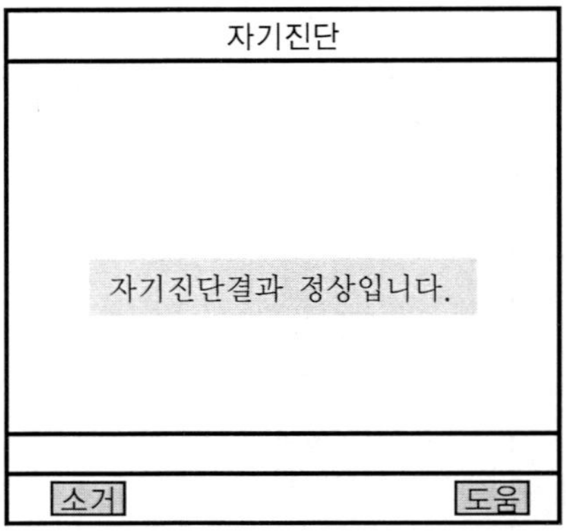

그림 153. 정상인 경우 화면

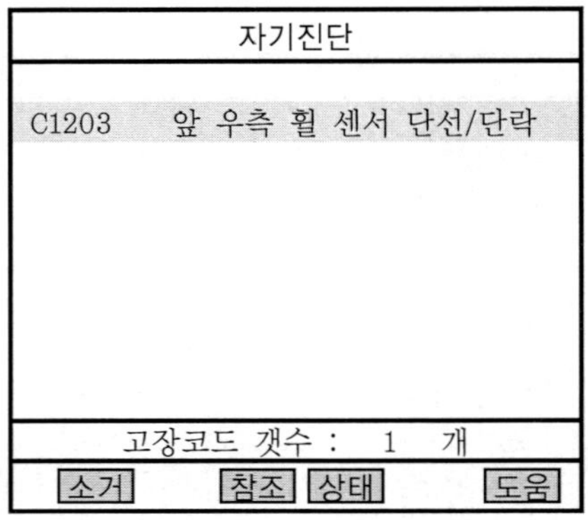

그림 154. 고장개소 있을 때 출력화면

⑩ 고장개소가 있을 때 ESC 키를 누르고 센서출력을 선택하여 ENTER 키를 누르면 센서 출력 화면이 나타난다. 커서 이동키를 이용하여 고장개소 센서로 이동하여 도움(F6)에서 기준을 선택하면 기준값이 나타난다.

⑪ 고장개소를 기억소거시 소거(F1)를 선택하고 ENT를 누르면 된다.

선행학습 보고서

선 행 학 습 명	제동장치 정비				
실 습 목 적	제동장치 원리와 역할 이해, 점검, 진단, 수리, 정비, 교환, 검사				
실 습 일	월 일	학 번		성 명	

1. 학습내용	평가항목	성취수준		
		상	중	하
제동장치 서술형	파스칼의 원리에 대하여 기술하시오.			

2. 학습내용	평가항목	성취수준		
		상	중	하
제동장치 서술형	마스터 실린더의 기능을 기술하시오.			

3. 학습내용	평가항목	성취수준		
		상	중	하
제동장치 서술형	브레이크장치에서 페이드현상과 베이퍼 록 현상에 대하여 기술하시오.			

4. 학습내용	평가항목	성취수준		
		상	중	하
제동장치 서술형	브레이크에서 자기작동 작용에 대하여 기술하시오.			

5. 학습내용	평가항목	성취수준		
		상	중	하
제동장치 서술형	디스크 브레이크의 장단점에 대하여 기술하시오.			

6. 학습내용	평가항목	성취수준		
		상	중	하
제동장치 서술형	브레이크장치에서 진공 배력방식의 원리에 대하여 기술하시오.			

7. 학습내용	평가항목	성취수준		
		상	중	하
제동장치 서술형	브레이크장치에서 드럼의 구비조건에 대하여 기술하시오.			

8. 학습내용	평가항목	성취수준		
		상	중	하
제동장치 서술형	공기브레이크의 구성 요소에 대하여 기술하시오.			

9. 학습내용	평가항목	성취수준		
		상	중	하
제동장치 서술형	ABS의 기능에 대하여 기술하시오.			

10.	학습내용	평가항목	성취수준		
			상	중	하
	제동장치 서술형	ABS의 차륜 속도 센서에 기능 및 역할에 대하여 기술하시오.			

11.	학습내용	평가항목	성취수준		
			상	중	하
	제동장치 서술형	ABS의 구성부품 및 기능에 대하여 기술하시오.			

12.	학습내용	평가항목	성취수준		
			상	중	하
	제동장치 서술형	전자 제동력 분배제어(EBD : electronic brake-force distribution control)의 기능에 대하여 기술하시오.			

13.	학습내용	평가항목	성취수준		
			상	중	하
	제동장치 서술형	전자제어 구동력 조절장치(TCS)의 제어방식 종류에 대하여 기술하시오.			

14.	학습내용	평가항목	성취수준		
			상	중	하
	제동장치 서술형	TCS의 구성요소 및 작동원리에 대하여 기술하시오.			

선 행 학 습 명	제동장치 점검				
실 습 목 적	제동장치 원리와 역할 이해, 점검, 진단, 수리, 정비, 교환, 검사				
실 습 일	월 일	학 번		성 명	

1. 학습내용	평가항목	성취수준		
		상	중	하
제동장치 점검	브레이크페달 유격 및 작동거리를 측정하고 불량시 유격 및 페달 높이를 조정하시오.			

점검항목	규정값(한계값)	측정값	판 정	정비 및 조치사항
브레이크페달 유격			□ 양호 □ 불량	
브레이크페달 작동거리			□ 양호 □ 불량	
브레이크페달 높이			□ 양호 □ 불량	
브레이크페달 밑판 간극			□ 양호 □ 불량	

2. 학습내용	평가항목	성취수준		
		상	중	하
제동장치 점검	마스터 실린더(master cylinder)를 차량에서 탈거한 후 분해하여 이상부위를 점검하여 수리 또는 교환하고 조립 후 장착하고 오일을 규정량 주입 후 에어빼기를 하시오.			

3. 학습내용	평가항목	성취수준		
		상	중	하
제동장치 점검	주차 브레이크를 탈거한 후 점검하여 이상부위를 수리 또는 교환하고 조립 후 레버 노치를 점검 하고 규정으로 조정하시오.			

점검항목	규정값(한계값)	측정값	판 정	정비 및 조치사항
주차브레이크 레버 노치			□ 양호 □ 불량	

<table>
<tr><th rowspan="2">4. 학습내용</th><th rowspan="2">평가항목</th><th colspan="3">성취수준</th></tr>
<tr><th>상</th><th>중</th><th>하</th></tr>
<tr><td>제동장치 점검</td><td>휠 스피드센서 단품 저항을 점검하시오.</td><td></td><td></td><td></td></tr>
</table>

<table>
<tr><th colspan="3">점검항목</th><th>규정값(한계값)</th><th>측정값</th><th>판 정</th><th>정비 및 조치사항</th></tr>
<tr><td rowspan="4">저항</td><td rowspan="2">앞</td><td>좌</td><td></td><td></td><td>□ 양호 □ 불량</td><td></td></tr>
<tr><td>우</td><td></td><td></td><td>□ 양호 □ 불량</td><td></td></tr>
<tr><td rowspan="2">뒤</td><td>좌</td><td></td><td></td><td>□ 양호 □ 불량</td><td></td></tr>
<tr><td>우</td><td></td><td></td><td>□ 양호 □ 불량</td><td></td></tr>
</table>

<table>
<tr><th rowspan="2">5. 학습내용</th><th rowspan="2">평가항목</th><th colspan="3">성취수준</th></tr>
<tr><th>상</th><th>중</th><th>하</th></tr>
<tr><td>제동장치 점검</td><td>ABS차량에서 진단기(스캐너)로 점검하여 기록·판정하시오.</td><td></td><td></td><td></td></tr>
</table>

점검항목	이상부위	내용 및 상태	판 정	정비 및 조치사항
ABS 자기진단			□ 양호 □ 불량	

<table>
<tr><th rowspan="2">6. 학습내용</th><th rowspan="2">평가항목</th><th colspan="3">성취수준</th></tr>
<tr><th>상</th><th>중</th><th>하</th></tr>
<tr><td>제동장치 점검</td><td>휠 스피드 센서와 로터 사이의 간극을 점검하시오.</td><td></td><td></td><td></td></tr>
</table>

<table>
<tr><th colspan="3">점검항목</th><th>규정값(한계값)</th><th>측정값</th><th>판 정</th><th>정비 및 조치사항</th></tr>
<tr><td rowspan="4">간극</td><td rowspan="2">앞</td><td>좌</td><td></td><td></td><td>□ 양호 □ 불량</td><td></td></tr>
<tr><td>우</td><td></td><td></td><td>□ 양호 □ 불량</td><td></td></tr>
<tr><td rowspan="2">뒤</td><td>좌</td><td></td><td></td><td>□ 양호 □ 불량</td><td></td></tr>
<tr><td>우</td><td></td><td></td><td>□ 양호 □ 불량</td><td></td></tr>
</table>

<table>
<tr><th rowspan="2">7. 학습내용</th><th rowspan="2">평가항목</th><th colspan="3">성취수준</th></tr>
<tr><th>상</th><th>중</th><th>하</th></tr>
<tr><td>제동장치 점검</td><td>휠 스피드 센서의 출력 파형을 점검하시오.</td><td></td><td></td><td></td></tr>
</table>

<table>
<tr><th colspan="3">점검항목</th><th>파 형</th><th>판 정</th><th>정비 및 조치사항</th></tr>
<tr><td rowspan="4">간극</td><td rowspan="2">앞</td><td>좌</td><td></td><td>□ 양호 □ 불량</td><td></td></tr>
<tr><td>우</td><td></td><td>□ 양호 □ 불량</td><td></td></tr>
<tr><td rowspan="2">뒤</td><td>좌</td><td></td><td>□ 양호 □ 불량</td><td></td></tr>
<tr><td>우</td><td></td><td>□ 양호 □ 불량</td><td></td></tr>
</table>

CHAPTER 09

에어백시스템[SRS]

[NCS를 활용한] Synthesis Automotive Chassis

학습목표

에어백 시스템장치 정비란 에어백시스템의 역할 및 원리를 이해하고 관련부품을 포함한 각종 센서의 입력값과 규정값을 상호비교 분석하여 컨트롤 모듈의 정상작동 여부를 점검하여 센서 및 배선의 수리와 부품을 교환하는 능력이다.

1. 정비지침서에 따라 에어백시스템 장치를 파악하고 관련 장치의 작동상태를 확인할 수 있다.
2. 안전작업 절차에 따라 에어백시스템 장치를 점검할 수 있다.
3. 정비지침서에 따라 에어백 시스템장치의 고장원인을 파악할 수 있다.
4. 정비지침서에 따라 에어백 시스템장치의 조정 목록을 확인하여 조정내용을 파악할 수 있다.
5. 차종에 따라 조정부품 · 규정치를 확인하여 초기설정 범위 값으로 조정할 수 있다.
6. 정비지침서에 따라 관련 장비를 선택하여 사용할 수 있다.
7. 정비지침서에 따라 탈거조립절차 계획을 수립하여 관련된 지식을 바탕으로 장비 · 공구를 준비할 수 있다.
8. 에어백 시스템장치 관련 부품들의 점검 · 진단결과에 따라 에어백 시스템장치 부품을 교환할 수 있다.
9. 정비지침서에 따라 에어백 시스템장치의 교환 목록을 확인하여 교환할 수 있다.
10. 전기회로도에 관한 지식에 따라 전기의 흐름을 파악하여 수리할 수 있다.
11. 정비지침서에 따라 교환 · 수리가능여부를 판단하여 수리부품을 확인할 수 있다.
12. 에어백 시스템장치에 관련된 진단내용에 따라 에어백 시스템장치를 수리할 수 있다.
13. 정비지침서에 따라 작업 후 에어백 시스템장치의 작동 상태 · 장치를 검사할 수 있다.
14. 정비지침서에 따라 고장진단장비를 사용하여 검사할 수 있다.
15. 안전작업 절차에 따라 에어백 시스템장치를 검사할 수 있다.

1. 에어백시스템(SRS: supplemental restraint system)의 개요

자동차가 충돌 및 추돌시 탑승자의 안전장치로서는 좌석 안전띠(seat belt), 벨트 프리텐셔너(belt pretensioner), 에어백(air bag) 등이 있다. 에어백은 안전벨트를 착용한 상태에서 자동차가 충돌로 인한 사고가 발생할 경우 탑승자의 부상 및 손상을 최소화시키기 위한 시트벨트 보조 안전장치(supplemental restraint system)이다.

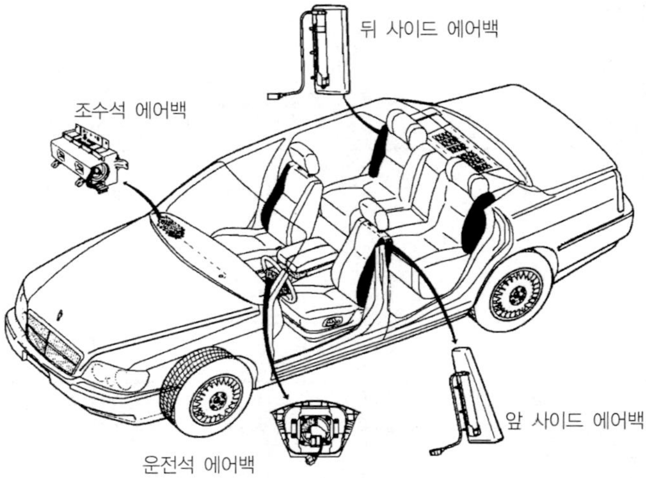

그림 1. SRS시스템

차량이 전방 또는 측면으로 부터의 충돌에 의해 설정 값 이상의 충격력을 감지하면 차량의 임팩트 센서는 이를 전기적 신호로써 검출하여 SRS ECU로 보낸다. SRS의 작동조건에 해당되면 핸들의 중앙부, 조수석 크러쉬 패드 및 사이드부의 SRS 인플레터 점화제에 점화되고 질소가스 발생제에도 같이 점화된다. 이 때 발생하는 폭발력을 이용하여 에어백을 부풀려 탑승자를 보호한다.

1.1. 필요성

자동차 사고는 운전자가 인식하는 경우뿐만 아니라 인식하지 못하는 상황에서도 발생한다. 인식이 가능한 경우 차량의 감속이 어느 정도 가능하지만 인식 못하는 경우는 가감속도가 그대로 유지된 상태이므로 충돌에 대한 예방대책을 연구하는데 있어서 충돌이 운전자나 승차인원에게 미치는 영향을 미리 예측할 필요가 있다.

자동차가 정면으로 충돌할 경우 차체는 충돌에 따른 충격량을 흡수하기 위하여 차체는 찌그러지면서 어느 정도 충격량을 줄여준다. 이 때 차체가 흡수할 수 있는 충격량이 적을 경우 충격에 의한 영향은 운전자와 승차인원에게 전달되어 상해를 입히게 될 것이다.

모의 충돌시험에서 인체 모형(dummy)의 충돌한 후 거동을 보면, 충격의 방향이 후방으로 향하므로 운전자의 상체가 시트백(seat back)과 헤드 레스트(head rest)와 부딪치게 된다. 그 후 운전자의 상체는 시트백과 헤드 레스트의 반동에 의해 다시 전방으로 향하게 되어 운전자는 머리 부분이 핸들에 부딪쳐 큰 상해를 입게 된다. 이러한 현상을 감안할 때 운전자와 승차정원의 안전을 도모하기 위하여 구속장치로서 기본적인 안전장치는 좌석안전띠이고 이때 탑승자의 가슴과 안면을 보호하기 위한 보조장치가 에어백이다.

(a) (b)

그림 2. 에어백의 작동

1.2. 시트 벨트

자동차 안전기준에 관한 규칙에 자동차에는 좌석안전띠를 설치할 것을 의무화 하고 있다. 안전벨트는 2점식(lap type), 대각선식(diagonal type), 3점식(three point type), 풀하니스식(full harness type)의 종류가 있으며 일정한 성능과 강도 등을 규정하고 있다.

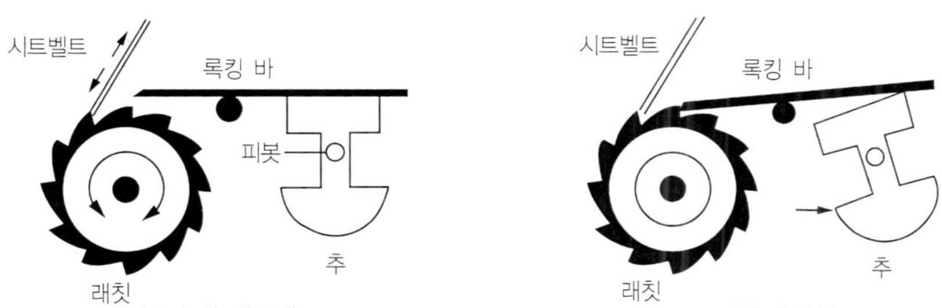

(a) 통상 착용시 (b) 충돌시

그림 3. 시트 벨트의 작동원리

2. SRS의 제어 및 구성

2.1. SRS의 제어

2.1.1. SRS의 작동조건

① IG 키 "ON" 상태에서 일정 차속 이상으로 주행 되어야 한다.
② 정면 또는 45° 이내의 충돌 및 추돌에 의한다. 후방충돌, 전복, 경미한 충돌 및 추돌시에는 작동되지 않는다.
③ 프런트 임팩트 센서와 SRS ECU 내의 안전센서가 동시에 "ON" 되어야 한다.
④ 위 조건을 동시에 모두 만족해야 SRS는 작동되며, 한번 작동된 에어백은 교체하여야 한다.

2.1.2. SRS의 작동

자동차가 충돌 및 추돌할 경우 차량 전면에 장착된 임팩트 센서는 그 충격의 크기를 감지한다. 센서로부터 설정된 이상의 감속도 값이 감지되면 센서의 작동과 더불어 ECU는 SRS의 작동 유무를 결정한다.

ECU는 점화제에 점화함과 동시에 착화제를 연소시키면, 이 때 발생하는 기체의 팽창을 이용하여 에어백을 순간적으로 팽창시킨다. 에어백이 완전히 팽창되는 순간에 에어백과 접촉되어 2차 충격의 운동을 감소시킨다.

2.2. SRS의 구성

2.2.1. 임펙트 센서

[1] 프런트 임펙트 센서

정면 에어백시스템(DAB, PAB, BPT)은 차량의 중앙에 설치된 SRS ECU와 2개의 프런트 임팩트 센서(front impact sensor)로 구성되어 있으며, SRS ECU만이 정면 에어백시스템에 전개 명령을 내릴 수 있다. 하지만 전방 충돌에 관한 정보는 임팩트 센서에 의존한다. 이 때 임팩트 센서는 차량 전방의 상황을 SRS ECU에 연속적으로 알려주는 지능형 가속 센서로서의 역할로 SRS ECU를 지원한다.

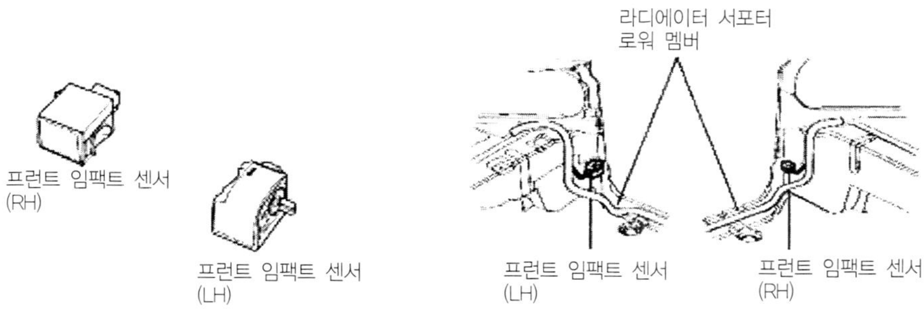

그림 4. 프런트 임펙트 센서 및 설치위치

충돌 발생시 SRS ECU는 차량 전방의 임팩트 센서로부터 전송되는 충돌 심각도 레벨(crash severity level) 및 자체 내장 가속도 센서 신호를 충돌 알고리즘으로 분석하여 에어백 전개여부 및 전개시간을 결정한다.

Tip ● 용어정리

① 운전석 에어백 모듈(DAB: driver air bag module)
② 조수석 에어백 모듈(PAB: passenger air bag module)
③ 측면 에어백 모듈(SAB: side air bag module)
④ 커튼 에어백 모듈(CAB: curtain air bag module)
⑤ 벨트 프리텐셔너(BPT: belt pre-tensioner)

[2] 사이드 임펙트 센서

측면 에어백시스템(SAB, CAB)은 차량의 중앙에 설치된 SRS ECU와 2개의 사이드 임펙트 센서(좌우측 각 1개)로 구성되어 있으며, SRS ECU만이 에어백과 벨트 프리텐셔너에 전개명령을 내릴 수 있다. 그러나 측면 에어백기능과 관련하여, SRS ECU는 임팩트 센서의 지원을 받으며, 이 때 임팩트 센서는 좌-우측면의 차량 상태를 SRS ECU에 연속적으로 알려주는 지능형 가속센서 역할과 SRS ECU를 지원하는 역할을 한다.

임팩트 센서 중 하나의 센서가 가속 레벨을 SRS ECU에 통보하면, SRS ECU는 정해진 알고리즘에 의해 이 신호를 내부적으로 해석하여, 그 결과가 전개 상황이 아니면 측면 에어백시스템을 전개하지 않는다.

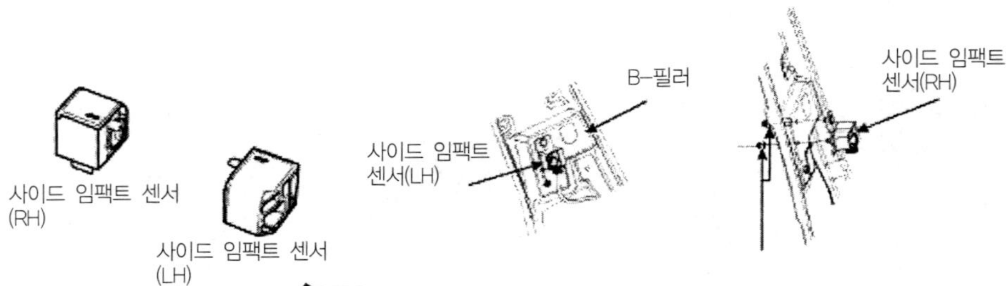

그림 5. 사이드 임팩트 센서 및 설치위치

[3] 조수석 승객 감지센서(PPD : passenger presence detect)

1차적으로 사고가 발생하였을 때 에어백이 불필요하게 점화되는 것을 방지하기 위해 설치한다. 승객의 감지조건은 다음과 같다.

① 승객이 있음 : 15kg 이상의 무게를 감지한 때

② 승객이 없음 : 0.6kg 이하의 무게를 감지한 때

③ 그레이 존 : 0.6~15kg사이의 무게를 감지한 때

④ 조수석 승객 감지센서(PPD) 인터페이스 유닛은 PPD의 저항 변화를 가지고 승객의 탑승 여부를 감지한다.

⑤ 승객이 있음에서 승객 없음으로 변환될 때 오판을 방지하기 위해 9.6초 후 승객 없음으로 인정한다.

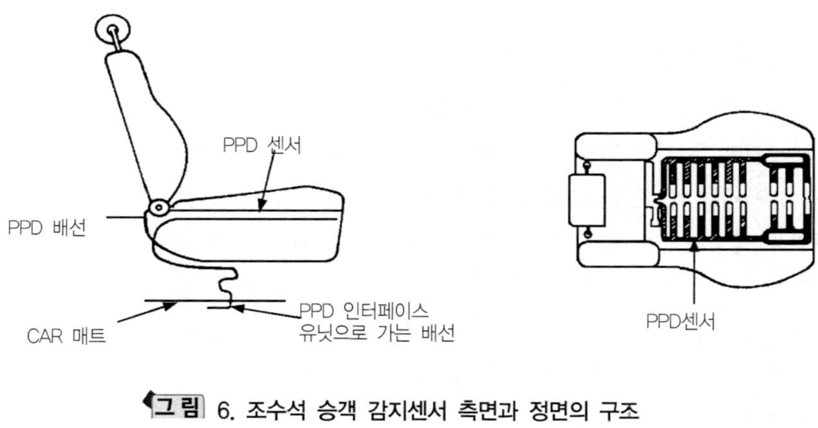

그림 6. 조수석 승객 감지센서 측면과 정면의 구조

2.2.2. 에어백 모듈(air bag module)

에어백 모듈은 에어백, 패트 커버(pat cover), 인플레이터(inflator)와 에어백 고정용 부품으로 이루어져 있으며, 운전석 에어백은 조향핸들 중앙에 장착되어 있고 조수석 에어백은 글로우 박스 상단면에 장착된다.

또한 에어백 모듈은 분해품목이 아니므로 분해 및 저항측정을 하지 말아야 한다. 저항측정시 뜻하지 않은 에어백 전개로 위험을 초래할 수 있다. 에어백의 크기는 운전석은 60ℓ, 조수석은 125ℓ 이다.

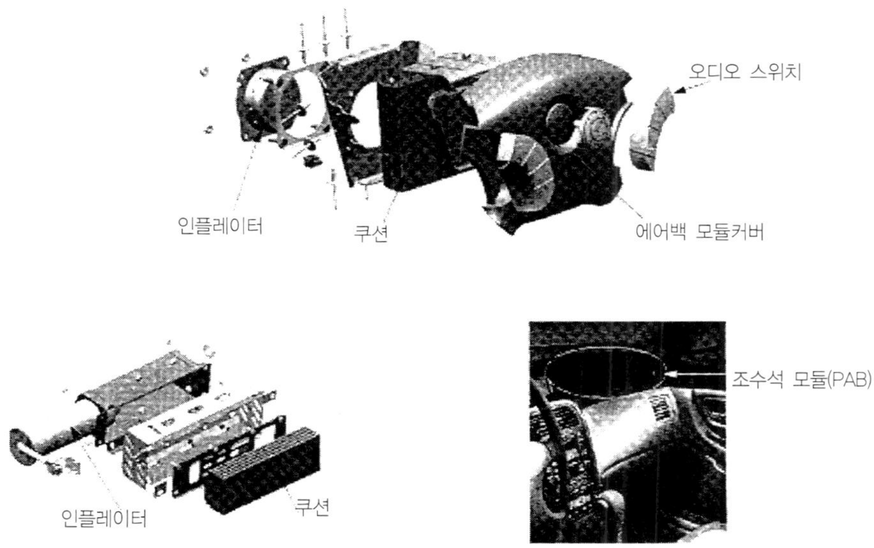

그림 7. 운전석 및 조수석 에어백 모듈

[1] 에어백

에어백은 내측에 나이론제의 면으로 되어 있으며 내측에는 인플레이터와 함께 장착된다. 에어백은 점화회로에서 발생한 질소가스에 의하여 팽창하고 팽창 후 짧은 시간 후 배출공에서 질소가스를 배출하여 사고 후 에어백에 눌리는 것을 방지한다.

[2] 패트 커버

우레탄 커버에서 에어백 전개시 입구가 갈라져 고정부를 지점으로 전개하여 에어백이 밖으로 튕겨 나와 팽창하는 구조로 되어 있다. 또한 패트 커버에는 그물망이 형성되어 있으므로 전개시 파편이 날라 승객에게 상해를 주는 것을 방지한다.

[3] 인플레이터

인플레이터는 화약 점화제방식과 하이브리드식이 있으며 화약 점화제방식은 운전석 용이고 하이브리드식은 조수석용이다. 화약 점화식 인플레이터 내에는 점화제, 가스발생기, 디퓨져 스크린 등을 알루미늄제 용기에 넣은 것으로 에어백 모듈 하우징에 장착된다. 인플레이터 내에는 점화 전류가 흐르는 전기 접속부가 있어 화약에 전류가 흐르면 화약이 연소하여 점화제가 연소되면 그 열에 의하여 가스 발생제가 연소한다. 연소에 의하여 급격히 발생한 질소가스가 디퓨져 스크린을 통하여 에어백 안으로 유입된다. 디퓨져 스크린은 연소가스에 이물질제거 필터 외에도 가스온도의 냉각과 가스음을 저감하는 역할을 한다.

하이브리드 방식 인플레이터는 에어백 모듈안에 일정량의 가스를 보관해 놓은 상태에서 차량 충돌시 가스와 에어백을 연결하는 통로를 화약에 의하여 폭파 후 연결시키면 보관해 놓았던 가스에 의해 백이 팽창하는 구조로 되어있다.

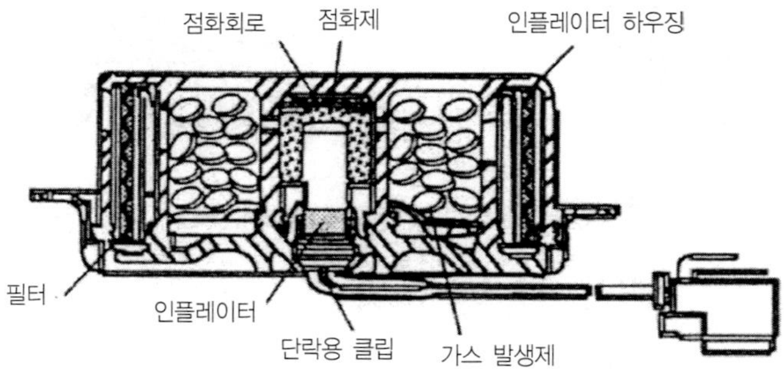

그림 8. 인플레이터의 구조

2.2.3. 클럭 스프링(clock spring)

클럭 스프링은 조향핸들과 스티어링 칼럼사이에 장착되며 에어백 ECU와 에어백 모듈사이의 접촉방법을 종래의 혼과 같은 방식이 아닌 배선에 의한 연결을 한다. 그러나 일반 배선을 사용하여 연결하면 좌우 조향시 배선이 꼬여 단선이 되고 만다. 이러한 단점을 보완한 클럭 스프링은 내부에 좌우로 감길 수 있는 종이모양의 배선을 장착하여 조향핸들의 회전각에 맞추어 에어백과 ECU사이의 전원을 항시 연결하고 있다.

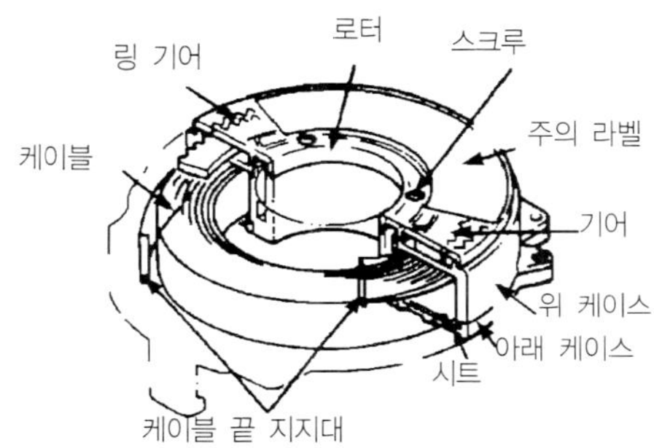

그림 9. 클럭 스프링의 구조

2.2.4. SRS ECU

SRS ECU는 에어백시스템을 제어하며 시스템 고장시 경고등을 점등시켜 운전자에게 고장여부를 알려준다. 에어백시스템에서 탈거시 경고등이 점등되도록 한 단락 바와 2차 잠금장치를 설치하여 접촉 불량 및 이탈을 방지한다.

[1] SRS ECU(보조 안전시스템 제어 모듈)

SRS ECU는 내부에 설치된 센서에 의해 감지되는 정면 충격 또는 사이드 임팩트 센서에서 측면 충격을 탐지한 후, 측면 에어백 전개 요청신호를 탐지하여 에어백 모듈을 팽창시킬 것인지를 결정 한다. 또한 점화조건에 의해 벨트 프리텐셔너 점화회로를 동작시킨다.

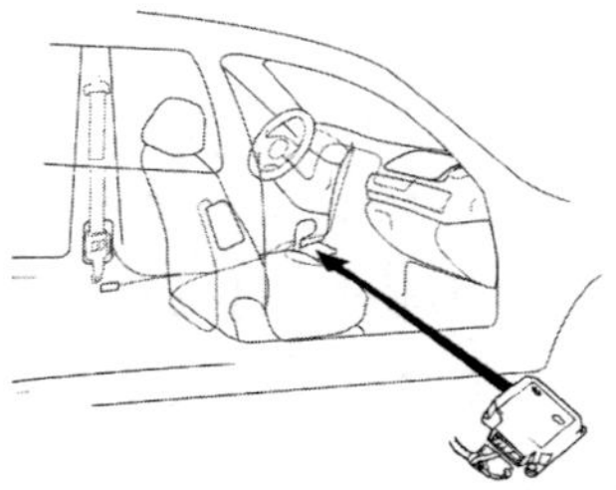

그림 10. SRS ECU

[2] DC/DC 컨버터

전원 공급장치의 DC/DC 컨버터는 승압 및 감압 컨버터로 이루어져 있으며 2개의 정면 에어백 점화 회로용의 점화 전압과 내부 작동 전압을 공급한다. 내부 작동 전압이 설정된 한계값 이하이면 재설정이 수행된다.

[3] 안전 센서(safing sensor)

전기 기계식 센서로서 모든 요구된 전개 조건 하에서는 에어백 점화회로를 활성화 하고, 보통의 차량 운전 조건에서는 에어백 점화회로를 비 활성화시키는 기능을 가지고 있다. 안전 센서는 스프링을 이용한 두개의 접점을 갖는 전기 기계식 스위치이며, 만일 규정된 한계치를 넘는 감속도가 감지되면 안전센서는 닫히게 된다. 대부분의 차량 주행조건에서는 안전센서가 닫히지 않도록 그 동작 한계치는 충분히 높아야 한다. 이것은 에어백 점화회로에서의 원치 않는 전개를 방지하는 부가적인 방법이다.

[4] 백업 전원

SRS ECU는 별도의 에너지 전원을 사용하여 차량 전압이 낮거나 차량 정면충돌로 전원이 상실되는 경우 잠시 동안 팽창에 필요한 에너지를 제공한다.

[5] 자기진단

SRS ECU는 차량의 전원이 켜져 있는 동안 연속적으로 현재의 SRS작동 상태를 모니터하고 시스템의 기능장애를 감지한다.

기능장애는 스캐너를 사용하여 진단 장애 코드의 형태로 표시할 수 있다.

[6] 에어백 경고등 점등

SRS ECU에 오류가 감지되면 계기판에 있는 지시등에 신호를 보내어 운전자에게 경고한다. 전원 키를 처음 켜면 지시등이 6초간 점등되었다가 소등되어 SRS ECU의 작동을 확인한다.

[7] 고장코드 기록

시스템에 일단 오류가 발생하면 SRS ECU는 고장코드의 형태로 오류를 기억시키고 고장코드는 자기진단기로만 삭제할 수 있다.

[8] 자기진단 커넥터

SRS ECU 메모리에 기억된 데이터는 운전석 크래시 패드 밑의 커넥터를 통해 자기진단기와 같은 외부 출력 장치로 연결된다.

2.2.5. SRS의 와이어 하네스

에어백 와이어링은 노란색 튜브에 싸여 있어 다른 시스템 와이어링과 구별된다. 또한 운전석, 조수석, 측면 에어백, 커튼 에어백 및 벨트 프리텐셔너의 커넥터 내부에는 단락바가 내장되어 있어 커넥터가 분리되었을 때 점화회로를 단락시켜 줌으로서 에어백 모듈 정비시 우발적인 작동(폭발)을 방지할 수 있다. 커넥터들은 불완전한 연결로 인한 SRS의 비작동을 방지하기 위하여 2중 이상의 안전장치로 체결하도록 되어 있다.

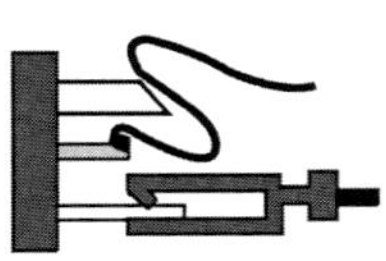
(a) 접촉시

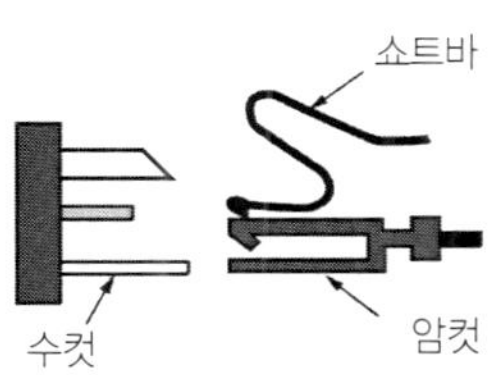

(b) 미접촉시

그림 11. SRS 커넥터

2.2.6. SRS 경고등의 작동

SRS ECU의 동작 상태에 따라 IG ON 직후, 초기 상태의 경고등 동작 형태는 다음과 같은 세가지의 경우가 있다.

① 충돌 기록이 있거나 외부 고장의 기록 횟수가 5회 이상인 경우 경고등은 지속적으로 점등된다. 활성 고장이 존재하는 경우는 고장 내용이 사라질 때까지 계속해서 점등된다.

② 일시적 외부 고장의 기록 횟수가 1회 이상 5회 미만인 경우 6초간 점등된 후 꺼진다.

③ 정상상태인 경우 초기 고장진단 동안 1Hz로 6초간 점멸하며 그 후에는 꺼진다.

2. 3. 사이드 에어백

사이드 에어백은 안전띠 착용 여부와 관계없이 측면 충돌이 발생하였을 때 사이드 임팩트 센서의 충격 감지에 의해 SRS ECU에서 전개 여부를 판단한다.

2.3.1. 사이드 에어백

측면 충돌시 센터 필러 하단의 측면 임팩트 센서에서 감지한 측면 충돌 데이터 값을 SRS ECU로 보내면 측면에 내장되어 있는 사이드 에어백을 작동시켜 승객의 머리와 가슴 부위를 효과적으로 보호해 주는 안전 보조장치이다.

2.3.2. 리어 에어백

기존의 에어백은 정면 충돌시 앞좌석의 탑승객만 고려한 에어백시스템이므로 뒷좌석 승객에 대한 보호는 불가능하였다. 그러나 리어 에어백은 정면 충돌시 벨트를 착용한 뒷좌석 탑승객을 보호뿐만 아니라 벨트를 착용하지 않은 뒷좌석 탑승객의 전방 이동으로 발생되는 앞좌석 탑승객의 상해를 감소시키는 효과를 함께한다.

3. 에어백의 작동

에어백의 작동은 자동차의 충돌 상황에 따라 작동 여부는 달라진다. 즉, 정면충돌일 때의 차속과 측면 충돌에 따라 에어백의 전개 상황은 달라진다.

표 에어백의 작동조건

작동부 \ 작동조건		전면 에어백			프리텐셔너		사이드 에어백			
		운전석	조수석	리어	전,좌	전,우	전,좌	전,우	후,좌	후,우
정면충돌	16km/h 이하				●	●				
	24km/h 이상	●	●	●	●	●				
	조수석 비착석	●		●	●	●				
	뒷좌석 비착석	●	●		●	●				
측면충돌	좌측충돌				●	●	●		●	
	우측충돌				●	●		●		●
후면충돌										

[1] 정면충돌

(1) 16km/h 이하

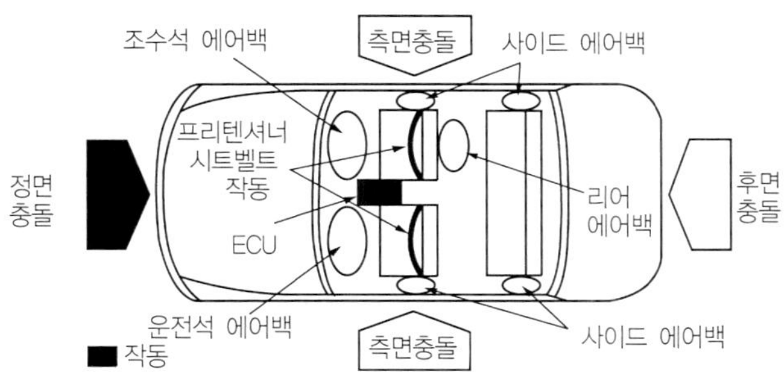

그림 12. 정면충돌(16km/h 이하)시 에어백 전개도

(2) 24km/h 이상

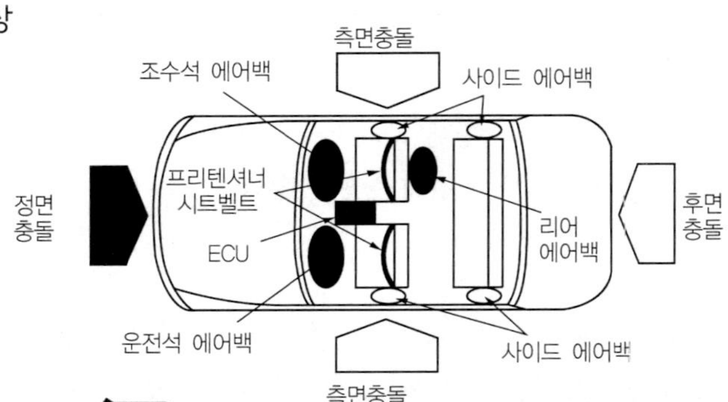

그림 13. 정면충돌(24km/h 이상)시 에어백 전개도

(3) 조수석 비착석

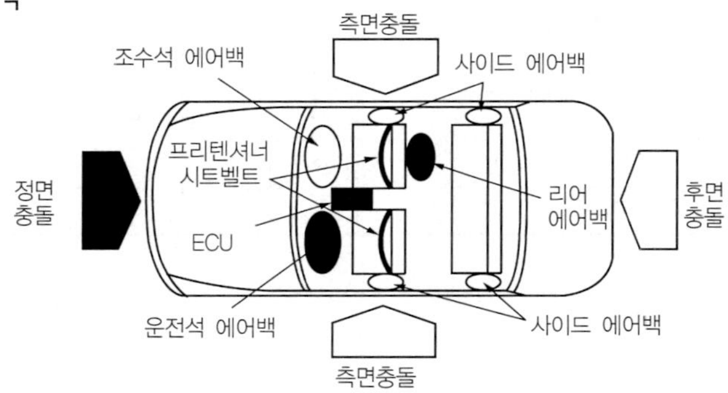

그림 14. 정면충돌(조수석 비착석)시 에어백 전개도

(4) 뒷좌석 비착석

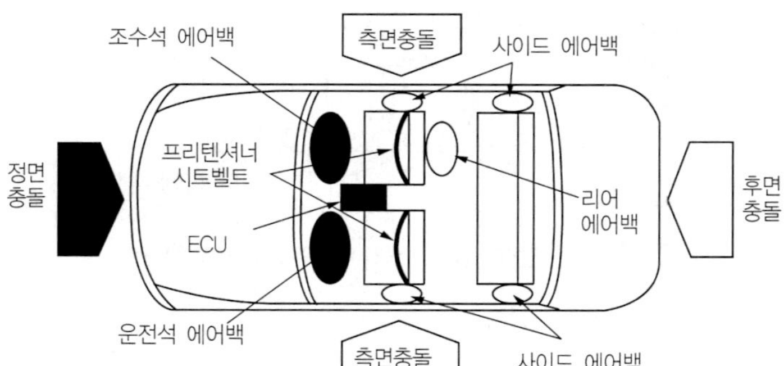

그림 15. 정면충돌(뒷좌석 비착석)시 에어백 전개도

[2] 측면충돌

(1) 좌측

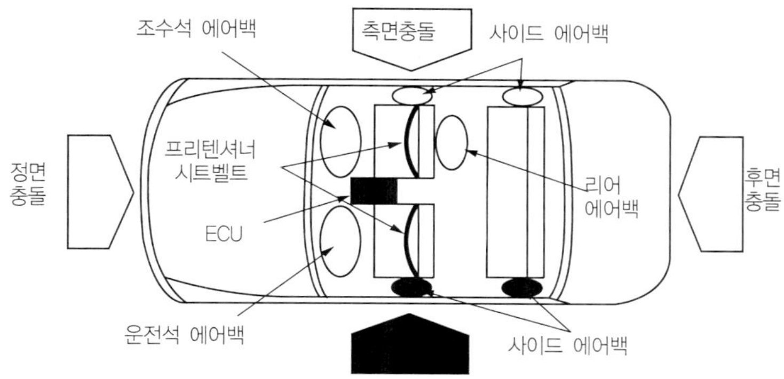

그림 16. 측면충돌(좌측)시 에어백 전개도

(2) 우측

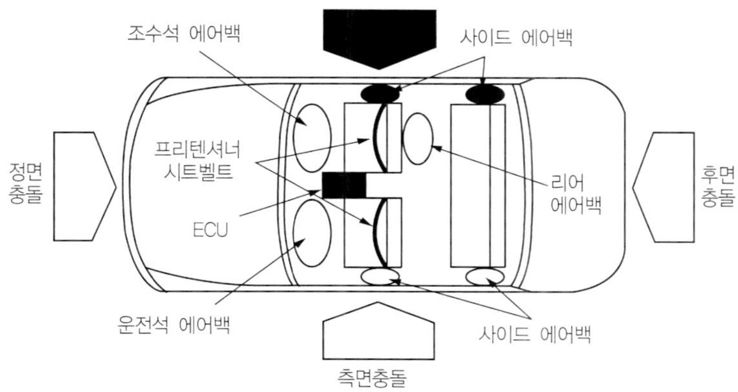

그림 17. 측면충돌(우측)시 에어백 전개도

[3] 후면충돌

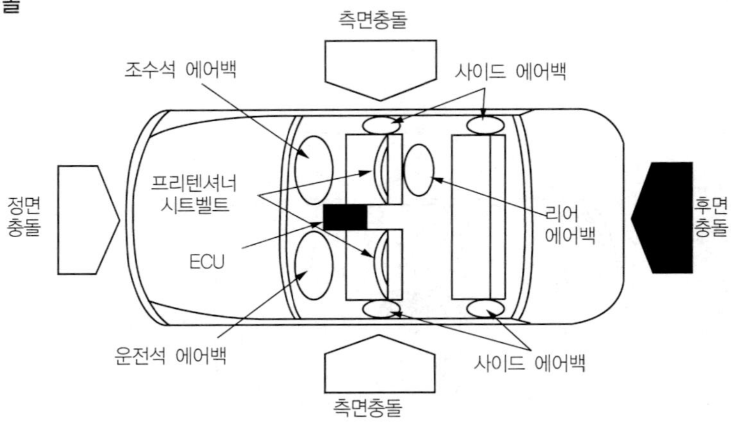

그림 18. 후면충돌시 에어백 전개도

4. 벨트 프리텐셔너(belt pre-tensioner)

4.1. 벨트 프리텐셔너의 개요

충돌시 에어백이 작동하기 전 프리텐셔너를 작동시켜 안전벨트의 느슨한 부분을 되감아 충돌로 인하여 움직임이 심해질 승객을 확실히 시트에 고정 시키므로 크래시 패드나 전면 유리에 승객이 부딪히는 것을 예방하며, 어어백 전개시 올바른 자세를 가질 수 있게 해준다.

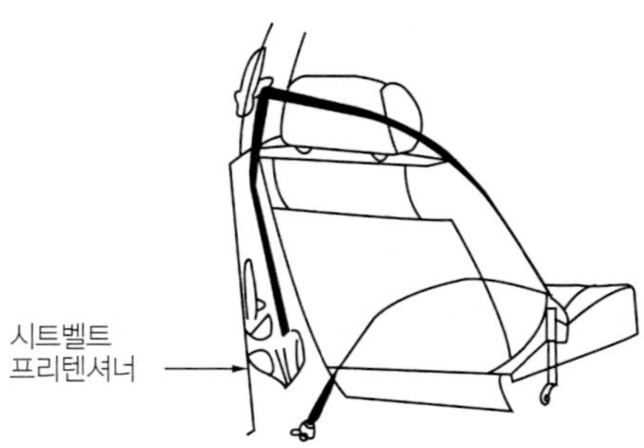

그림 19. 벨트 프리텐셔너

4.2. 벨트 프리텐셔너 작동

자동차 충돌시 SRS ECU로부터 신호를 받아 프리텐셔너 시트벨트에 내장된 점화장치(가스 발생기)가 폭발되면 폭발시 발생된 압력에 의해 점화장치 앞쪽에 위치한 알루미늄 볼이 이동하면서 스핀들을 역회전시켜 벨트를 감아줌으로서 승객이 앞쪽으로 이동하여 상해를 입는 것을 방지한다. 작동된 프리텐셔너는 반드시 교환되어야 하나 SRS ECU는 6번까지 프리텐셔너를 점화시킨 수 있으므로 재사용이 가능하다.

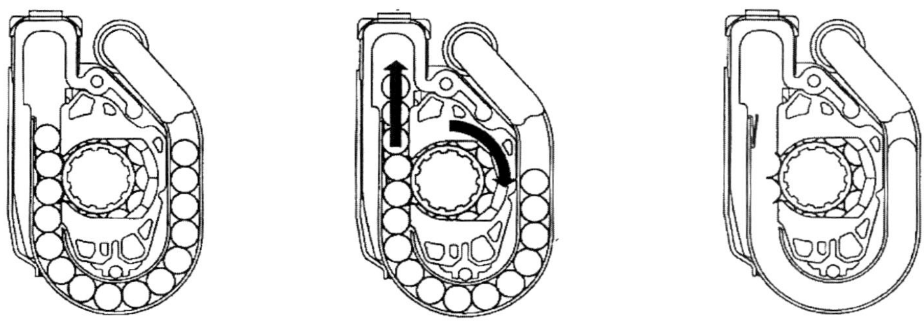

(a) 작동전 (b) 작동중 (c) 작동후

그림 20. 벨트 프리텐셔너의 작동

4.2.1. 버클 스위치 상태에 따른 두 가지 한계 연산

ECU 내부의 정면충돌을 판정하는 센서는 시트벨트 버클 스위치 상태를 감지하여 승객의 벨트 착용 유무를 판단하고, 이 조건에 의해서 정면 에어백 전개의 시기 조절 및 벨트 점화제어를 수행하는 두 가지의 한계를 연산하는 장치이다. 벨트 미 착용시는 착용시에 비해 충돌시 승객의 거동이 빨라지므로 이에 따라 정면 에어백을 다소 빨리 전개하고, 착용시보다 한계치를 다소 낮게 설정한다.

[1] 안전벨트를 착용하였을 경우

벨트 프리텐셔너는 정면 에어백 보다 다소 낮은 충돌 속도 조건에서 동작을 하도록 설정한다. 즉, 정면 에어백은 높은 한계값에서 벨트 프리텐셔너는 낮은 한계값에서 동작시킨다.

[2] 안전벨트를 착용하지 않았을 경우

정면 에어백의 전개는 착용시에 비하여 다소 낮은 속도에서 전개되도록 한계치를 설정한다. 즉, 이 경우에는 낮은 한계값에서 정면 에어백을 전개되도록 한다. 이 때 벨트 프리텐셔너는 동작시키지 않는다. 즉 벨트 착용시의 벨트 프리텐셔너 한계값과 벨트 미 착용시의 정면 에어백 한계값은 결국 같은 수준의 한계값이다.

[3] 시트벨트 버클 스위치가 고장인 경우 또는 ECU 초기 고장진단 중일 경우

이때에는 벨트 착용 유무나 고장의 판단을 확실히 보장하기 어려운 경우가 발생하며, 이때 정면 에어백 및 벨트 프리텐셔너 동작은 다음과 같이 제어한다.

① 정면 에어백의 경우 : 벨트 미착용시의 경우로 가정하고 한계값에서 전개한다.
② 벨트 프리텐셔너의 경우 : 벨트 착용시의 경우로 낮은 한계값에서 전개한다.
③ 시트 벨트 버클 스위치가 없는 경우에도 고장인 경우와 마찬가지로 제어한다.

5. SRS의 실습

안전 및 주의사항

1. 에어백 시스템장치 정비 전 정비지침서를 숙지하여 실습순서를 정하고 공구 및 실습 기기와 재료 등을 충분히 준비한다.
2. 실습장 및 주위를 깨끗이 정리정돈하고 유류 등의 인화성 물질은 안전하게 별도로 보관하며 소화기를 비치하여 화재사고에 대비한다.
3. 에어백 시스템장치 정비시작 전 안전교육을 실시한다.
4. 에어백 시스템장치 정비전 배터리(-) 케이블을 분리한 후 최소한 30초 동안 기다린다.
5. 클럭 스프링을 장착하기 전에 앞바퀴를 전방으로 정렬시킨 후 클럭 스프링을 항상 중립 위치에 일치시킨다.
6. 에어백 모듈이나 클럭 스프링을 분해하거나 수리하지 않아야 한다.
7. 복잡한 부분을 분해할 경우에는 조립작업을 쉽게 하기 위하여 기능상이나 외관상 악영향이 없는 부분에 각인(刻印) 또는 조립 표시등을 하여 둔다.
8. 자동차를 자동차 리프트로 들어 올릴 때는 주변의 안전 상태를 확인해야 한다.
9. 부품을 분해하면서 조립되었던 상태·변형·오작동부분 및 손상 등을 점검한다.
10. 분해한 부품은 순서대로 잘 정리하여야 하며 또 교환하여야 하는 부품과 다시 사용할 부품을 구분하여 정리하고 다시 사용할 부품은 충분히 청소 및 세척을 한다.
11. 정비시 부품을 떨어지지 않도록 하며 작업장 바닥에 이물질이 있으면 즉시 닦아낸다.

12. 볼트 및 너트 체결시 적절한 공구를 사용하며, 정비지침서에 규정된 토크로 조인다.
13. 실습 종료 후 실습장 주위의 정리정돈을 깨끗이 한다.

실습기기 및 재료

공구 및 측정기기

일반 공구세트, 특수공구, 작업등, 에어공구, 전동공구, 토크렌치, 종합진단기, 안전보호구(방독면, 방진마스크, 보안경, 보호 장갑, 방진 보호복, 작업복)

실습재료

에어백 모듈, 벨트 프리텐셔너, SRS ECU, 클럭 스프링, 프런트, 사이드 임펙트 센서, 조수석 감지센서, 에어백 시스템장치 장착 차량

기타

정비지침서, 장비 및 공구 사용설명서

5.1. 에어백 모듈 및 클럭 스프링의 탈착

① 배터리(−) 케이블을 분리한 후 배터리로부터 멀리 위치시킨다. 정비하기 전에 배터리 케이블을 분리한 후 최소한 30초 동안 기다린다.

② 시동키를 차량으로 부터 빼낸다.

③ 육각렌치를 사용하여 에어백 모듈 마운팅 볼트를 풀고 에어백 모듈을 분리한다.

④ 에어백 모듈의 분해시 주의사항은 다음과 같다.

㉮ 운전석 에어백이나 클럭 스프링 분리/장착 작업 이전에는 항상 앞바퀴를 전방으로 정렬시킨다.

㉯ 클럭 스프링을 장착하기 전에, 앞바퀴를 전방으로 정렬시킨 후 클럭 스프링을 항상 중립 위치에 일치시킨다. 만약 클럭 스프링이 중립위치에 있지 않은 경우, 스티어링 휠이 완전하게 회전되지 않거나, 클럭 스프링 내의 플랫 케이블이 손상된다. 또한 에어백이 정상적으로 작동하지 않아 운전자에게 심각한 부상을 야기할 수 있다.

㉰ 에어백 모듈이나 클럭스프링을 분해하거나 수리하지 않는다. 만약 불량이라면 교환한다.

㉣ 에어백 모듈이나 클럭 스프링을 바닥에 떨어뜨리지 말고, 물, 그리스, 오일에 접촉되지 않도록 보관한다. 그리고 찍힘, 균열, 변형 또는 녹 발생 시 이를 교환한다.

㉤ 에어백 모듈은 편평한 곳에 놓는다. 그리고 패드면을 위쪽으로 향하게 하며, 그 위에 아무것도 올려놓아서는 안된다.

㉥ 에어백 모듈을 93℃ 이상 되는 곳에 보관하지 않는다.

㉦ 에어백 전개 후 클럭스프링과 에어백 모듈은 교환해야 한다.

㉧ 전개된 에어백을 취급할 때는 항상 장갑과 보안경을 착용한다.

㉧ 미 전개된 에어백 모듈은 절차에 따라 취급한다.

⑤ 에어백 모듈 커넥터를 분리하고, 에어백을 분리한다. 탈거된 에어백 모듈은 깨끗하게 청소한 후 패드 커버측이 윗쪽으로 가도록 위치시킨다.

그림 21. 운전석 에어백 모듈의 분리

⑥ 특수공구를 사용하여 스티어링 휠을 분리한다. 이때 스티어링 휠을 해머로 두드리지 말아야 한다. 해머로 두드릴 경우 충격흡수용 칼럼장치가 손상될 수 있다.

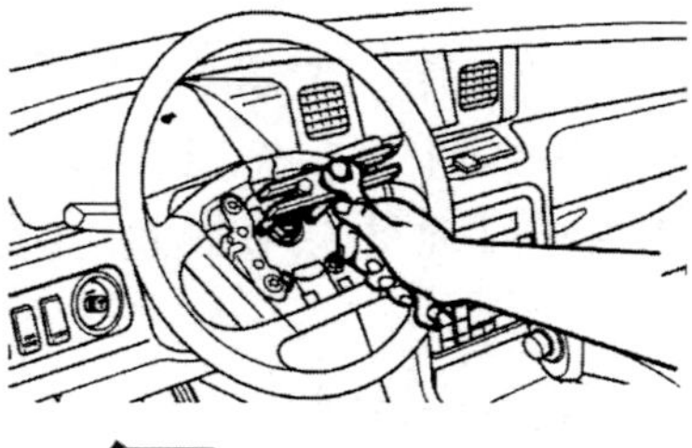

그림 22. 조향핸들의 분리

⑦ 스티어링 칼럼 로워 슈라우드(덮개)와 어퍼 슈라우드를 분리한다.

⑧ 에어백 록 커넥터를 바깥쪽으로 밀어 펼친 상태에서 스크류 드라이버를 사용하여 클럭 스프링 커넥터를 분리한다. 클럭 스프링 커넥터를 분리할 때 과도한 힘을 가해서는 안된다.

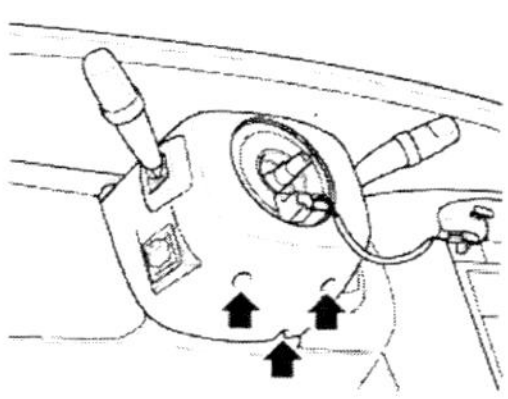

그림 23. 슈라우드의 분리

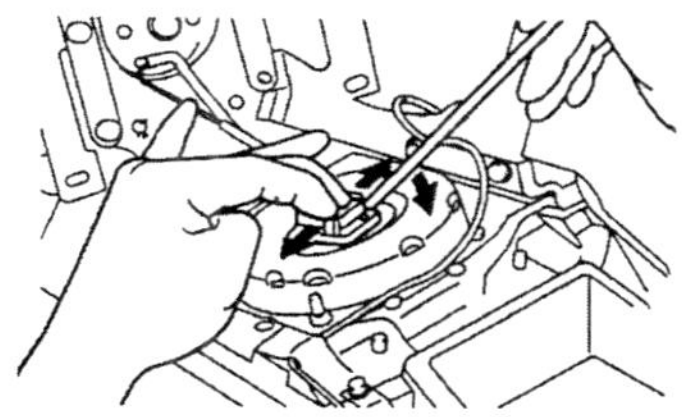

그림 24. 에어백 커넥터의 분리

5.2. 에어백 모듈 및 클럭 스프링의 점검 및 수리

점검 중 문제가 생긴 부품이 발견되었을 때 에어백 모듈을 신품으로 교환한다. 규정 테스터기를 사용할지라도 에어백 모듈의 회로 저항을 측정하지 말아야 한다. 테스터기로 회로저항을 측정하였을 때 에어백 작동으로 심한 부상을 입을 수도 있다.

① 커버의 먼지, 균열 또는 변형을 점검한다.

② 에어백 모듈의 먼지, 균열 또는 변형을 점검한다.

③ 후크 및 커넥터의 손상, 터미널의 손상 및 하니스의 묶음을 점검한다.

④ 에어백 인플레이터 케이스의 움푹 들어간 곳, 균열 또는 변형을 점검한다.

⑤ 에어백 모듈을 스티어링 휠에 장치한 후 휠 얼라인먼트를 맞춘다.

⑥ 클럭 스프링의 점검

㉮ 점검 후 한개라도 비정상적 위치가 발견되면 신품으로 클럭스프링을 교환한다.

㉯ 커넥터 및 보호 튜브의 손상 및 터미널 변형을 점검한다.

5.3. 시트벨트 프리텐셔너

① 배터리 (-)케이블을 분리시킨다. 최소한 30초 이상 기다려야 한다.

② 시트벨트 로워 앵커 볼트와 어퍼 앵커 볼트를 분리한다.

③ 센터 필러 로워 트림을 분리한다.

㉮ 프런트 도어 스카프 트림을 분리한다.

㉯ 리어 도어 스카프 트림을 분리한다.

㉰ 프런트, 리어 도어 오프닝 웨더 스트립을 분리한다.

㉱ 센터 필러 로워 트림을 분리한다.

④ 센터 필러 어퍼 트림을 분리한다.

㉮ 센터 필러 어퍼 트림 캡을 분리한다.

㉯ 센터 필러 어퍼 트림 스크류를 분리한다.

㉰ 센터 필러 어퍼 트림을 분리한다.

⑤ 시트벨트 프리텐셔너를 분리한다.

㉮ 가스 발생기의 커넥터를 분리한다.

㉯ 프리텐셔너 리트랙트 볼트를 분리한다.

㉰ 프리텐셔너 시트벨트 커넥터를 분리한다.

5.4. 고장진단

① 시동 스위치를 OFF에 위치시킨다.

② 대쉬패널 아래쪽에 있는 DLC(data link connector)에 자기진단기 커넥터를 연결한다.

③ 자기진단기의 전원 터미널을 시거라이터 소켓에 연결한다.

④ 시동 스위치를 ON 시킨 후 자기진단기를 켠다.

⑤ 자기진단 코드를 점검한다.

⑥ 문제를 발견 보수·수정 후 자기진단기를 사용하여 문제가 생긴 코드를 삭제한다.

⑦ 자기진단기를 분리한다.

선행학습 보고서

선 행 학 습 명	에어백(SRS) 정비				
실 습 목 적	에어백의 원리와 역할 이해, 점검, 진단, 수리, 정비, 교환, 검사				
실 습 일	월 일	학 번		성 명	

1. 학습내용	평가항목	성취수준		
		상	중	하
에어백 서술형	에어백의 필요성에 대하여 서술하시오.			

2. 학습내용	평가항목	성취수준		
		상	중	하
에어백 서술형	SRS의 작동조건에 대하여 설명하시오.			

3. 학습내용	평가항목	성취수준		
		상	중	하
에어백 서술형	SRS-ECU로 입력되는 센서에는 어떤 종류들이 있는가 ?			

4. 학습내용	평가항목	성취수준		
		상	중	하
에어백 서술형	시트 벨트 프리텐셔너(seat belt pre-tensioner)는 어떤 장치인지를 설명하시오.			

선 행 학 습 명	에어백(SRS) 점검				
실 습 목 적	에어백의 원리와 역할 이해, 점검, 진단, 수리, 정비, 교환, 검사				
실 습 일	월 일	학 번		성 명	

1. 학습내용	평가항목	성취수준		
		상	중	하
에어백 점검	주어진 자동차의 SRS에서 각종 센서 및 시스템 작동상태를 점검하고 이상이 있으면 이상 내용을 기록표에 기록하고 정비하시오.			

점검항목	규정값(한계값)	측정값	판 정	정비 및 조치사항
SRS 점검			□ 양호 □ 불량	